矩 阵 之 美

（算 法 篇）

耿修瑞　朱亮亮　著

科学出版社

北　京

内 容 简 介

本书对多种经典矩阵算法进行了新颖、全面且深入的解读. 具体而言, 第 1 章从代数、几何、分析和概率等多个角度详细介绍了最小二乘法; 第 2 章对主成分分析进行了深入解析, 涵盖代数、几何、子空间逼近与概率视角; 第 3 章探讨了一种新兴的非对称数据分析方法——主偏度分析, 并深入剖析了其性质和理论内涵; 第 4 章介绍了典型相关分析及其关键性质, 并从几何角度对其本质进行了进一步的阐释; 第 5 章聚焦于非负矩阵分解, 探讨了其与混合像元分析、奇异值分解、聚类分析及 KKT 条件的关联; 第 6 章重点介绍局部线性嵌入, 并将其与其他典型非线性特征提取方法进行了系统比较; 第 7 章深入介绍经典的傅里叶变换, 并从矩阵角度对其内涵进行了新的诠释; 第 8 章介绍了一种新颖的一阶统计分析方法——连通中心演化, 重点阐明其在数据中心识别方面的优势和潜力; 第 9 章探讨了 (广义) 瑞利商, 展示了其在十种不同场景中的广泛应用. 附录部分还收录了向量范数与矩阵范数、矩阵微积分等常用概念和公式.

本书可供高等学校理工科本科生、研究生、科研人员及对矩阵理论与应用感兴趣的读者参考使用.

图书在版编目(CIP)数据

矩阵之美. 算法篇 / 耿修瑞, 朱亮亮著. -- 北京 : 科学出版社, 2025. 1.
ISBN 978-7-03-080508-9

I. O151.21

中国国家版本馆 CIP 数据核字第 2024NJ6076 号

责任编辑: 胡庆家 / 责任校对: 彭珍珍
责任印制: 张 伟 / 封面设计: 无极书装

科学出版社 出版

北京东黄城根北街 16 号
邮政编码: 100717
http://www.sciencep.com

北京九天鸿程印刷有限责任公司印刷
科学出版社发行 各地新华书店经销

*

2025 年 1 月第 一 版 开本: 720×1000 1/16
2025 年 1 月第一次印刷 印张: 19 1/4
字数: 386 000

定价: 148.00 元
(如有印装质量问题, 我社负责调换)

作 者 简 介

耿修瑞，中国科学院空天信息创新研究院研究员、博士生导师，中国科学院大学岗位教授. 长期致力于矩阵基础理论、矩阵算法研究及其多学科应用，取得了丰硕成果. 研究领域涵盖高光谱遥感图像处理 (如波段选择、目标检测、混合像元分析等)、基础图像处理算法 (如特征提取、图像匹配、聚类分析等)，以及矩阵理论的核心概念与基本定理 (如赝角度、完美差分矩阵、矩阵开方定理等). 在相关领域提出了诸多开创性理论和方法，为矩阵理论及其应用作出了重要贡献.

朱亮亮，现任合肥工业大学计算机与信息学院讲师、硕士生导师，遥感信息处理课程组组长. 主要研究方向为高光谱图像处理、图像匹配及信号处理等. 将矩阵相关理论深入应用于研究实践，在相关领域取得了一系列重要科研成果，为理论发展和应用创新作出了积极贡献.

前　　言

作为人类理性思维的智慧结晶和工程应用中的核心工具, 矩阵在科学技术的诸多领域发挥着至关重要的作用. 针对实践中的各种应用问题, 研究人员发展出了功能各异的经典矩阵算法. 本书通过九个章节, 深入剖析了其中最精妙、最优雅的九类矩阵算法, 既展示了矩阵的简洁与实用, 又彰显了它的美妙与神奇. 具体内容包括:

第 1 章 (最小二乘法): 本章主要通过投影矩阵体现矩阵在曲线 (面) 拟合中的能力. 为了解决行星轨道的拟合问题, 高斯率先提出了最小二乘法. 本章从代数 (矩阵的广义逆)、几何 (样本空间的正交投影) 以及概率 (误差项的高斯分布) 三个角度, 全面解析了最小二乘法的基本内涵.

第 2 章 (主成分分析): 本章主要通过协方差矩阵体现矩阵在子空间逼近中的能力. 主成分分析是最常用的数据降维方法. 本书首先将降维问题转化为观测数据协方差矩阵的特征值与特征向量问题, 然后从几何 (样本空间的超椭球)、子空间逼近 (总体最小二乘法) 和概率 (数据的高斯分布) 等多个角度, 对主成分分析进行深入而全面的诠释.

第 3 章 (主偏度分析): 本章主要通过协偏度张量体现矩阵 (张量) 在非高斯 (非对称) 分析中的能力. 主偏度分析是主成分分析从二阶统计到三阶统计的自然拓展, 它可以用来描述和处理数据中的非对称结构. 本章首先将数据的极值偏度问题转化为数据协偏度张量的特征分析问题, 然后讨论了协偏度张量特征对的多种求解方法. 特别地, 我们在本章首次揭示了主偏度分析与单形体之间的内在联系, 并基于此给出了主偏度分析的几何解释.

第 4 章 (典型相关分析): 本章主要通过互相关矩阵体现矩阵在变化分析中的能力. 典型相关分析是衡量两组变量之间相关关系的经典工具. 本书首先从互相关分析出发, 将两组变量的相关性问题转化为其互相关矩阵的特征值与特征向量问题. 然后, 从互相关分析的相似性指标问题引出典型相关分析, 并证明了二者之间的内在关系. 特别地, 结合矩阵特征值求解的幂法, 首次给出了典型相关分析的几何解释.

第 5 章 (非负矩阵分解)：本章主要通过非负矩阵体现矩阵在优化分析中的能力. 非负矩阵分解是揭示数据内在结构的热门工具，尤其适用于非负数据的特征提取和表示. 本章首先从梯度下降法出发，引出非负矩阵分解的乘式迭代规则，然后从概率、混合像元分析、奇异值分解、聚类分析、KKT 条件等多个角度对其进行了全方位的解读.

第 6 章 (局部线性嵌入)：本章主要通过局部权重矩阵体现矩阵在非线性分析中的能力. 局部线性嵌入是用于 "化曲为直" 的经典数据非线性分析工具. 本书首先将保持局部结构的非线性降维问题转化为由局部权重构建的对称矩阵的特征值与特征向量问题，然后分析了其与拉普拉斯映射、随机邻域嵌入、多维尺度变换以及等距特征映射等其他经典非线性分析工具的异同.

第 7 章 (傅里叶变换)：本章主要通过循环移位矩阵体现矩阵在时、频分析中的能力. 傅里叶变换是将信号从时域或空间域转换到频域的经典工具. 本章从傅里叶级数入手，逐步引出傅里叶变换、离散傅里叶变换、快速傅里叶变换、完美差分矩阵以及离散余弦变换. 特别地，深刻揭示了循环移位矩阵与离散傅里叶变换以及 sinc 插值之间的内在关联.

第 8 章 (连通中心演化)：本章主要通过相似度矩阵体现矩阵在多尺度分析中的能力. 连通中心演化是用于数据一阶统计分析的天然工具. 本章将图论中途径个数的概念推广到实数情形，分别给出了连通度、相对连通度以及连通中心等重要概念，继而提出了连通中心演化这一用于数据中心确定的理想工具，并针对其复杂度问题给出了相应的解决方案.

第 9 章 (瑞利商)：本章主要通过矩阵的瑞利商体现矩阵在多因素分析中的能力. 广义瑞利商是统筹处理多因素数据的经典工具. 本章首先阐述了广义瑞利商的相关概念和取值范围，然后介绍了其在多学科中的广泛应用.

通过以上矩阵算法的详细介绍，我们不仅感受到它们在解决实际问题中的强大能力，更深深感动于矩阵背后那种深藏的优雅与秩序. 这些算法如同连接数学世界与现实世界的一座座桥梁，使我们得以洞察隐藏在数据之后的隐秘结构和深邃规律. 在这一过程中，矩阵不仅仅是数字或符号的简单排列，更是帮助我们揭示自然规律和复杂系统内在结构的强大工具.

感谢王磊博士、朱鑫雯博士、高靖瑜博士、肖松毅博士、修迪博士、申奕涵博士、于鸿坤博士、叶锦州博士、周艺康博士、朱家乐博士、程士航博士、马欣蕾博士、白经纬博士、王林亿博士、朱亦然博士以及俞婷恩、王兴斌、朱时新、宋哲斌等同学对本书稿件的仔细校对.

　　感谢赵永超研究员、唐海蓉副研究员、于凯副研究员、姜亢副研究员、计璐艳博士和张鹏博士等老师和同事的鼓励和支持.

　　由于水平有限，书中难免有不妥之处，请各位读者、专家、同仁批评指正.

作　者

2024 年 10 月

目　　录

第 1 章　最小二乘法

最小二乘法 (Least Squares, LS) 自诞生以来, 在诸多领域已经得到了广泛的应用. 本章将首先分别从行空间和列空间的角度给出线性方程组的两个图像, 然后从代数、几何、概率等角度对最小二乘法给出全方位的诠释.

1.1　问 题 背 景

1766 年, 德国有一位名叫约翰·提丢斯 (Johann Daniel Titius, 1729—1796) 的大学教授, 写了下面的数列

$$\frac{3 \times 2^n + 4}{10}, \quad n = -\infty, 0, 1, 2, 3, \cdots.$$

令人惊奇的是, 他发现这个数列的每一项与当时已知的六大行星 (水星、金星、地球、火星、木星、土星) 到太阳的距离比例 (地球到太阳的距离定义为 1) 有一定的联系. 提丢斯的朋友——天文学家波得 (Johann Elert Bode, 1747—1826) 深知这一发现的重要意义, 就于 1772 年公布了提丢斯的这一发现. 这串数从此引起了众多科学家的极大重视, 并被称为提丢斯–波得定则 (即太阳系行星与太阳平均距离的经验规则). 当时, 人们还没有发现天王星和海王星, 认为土星就是距太阳最远的行星. 1781 年, 英籍德国人赫歇尔 (William Herschel, 1738—1822) 在接近 19.6 的位置上 (即数列中的第 8 项, 见图 1.1) 发现了天王星, 从此, 人们就对这一定则深信不疑了. 根据这一定则, 在数列的第 5 项即 2.8 的位置上也应该对应一颗行星, 只是还没有被发现. 于是, 许多天文学家和天文爱好者便以极大的热情, 踏上了寻找这颗新行星的征程.

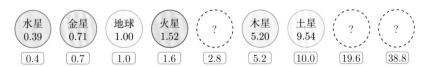

图 1.1　六大行星到太阳的距离 (近似) 比例, 其中假定地球到太阳的距离为 1

1801 年, 意大利天文学家皮亚齐 (Giuseppe Piazzi, 1746—1826) 终于在相应位置发现了一颗小行星 (即谷神星). 遗憾的是, 经过 40 天的跟踪观测后, 由于谷

神星运行至太阳背后, 皮亚齐就失去了谷神星的位置. 随后全世界的科学家利用皮亚齐的观测数据开始寻找谷神星, 但是大多数人根据计算的结果来寻找谷神星都没有收获. 时年 24 岁的高斯 (Johann Carl Friedrich Gauss, 1777—1855) 采用了一种新方法 (即为最小二乘法) 计算了谷神星的轨道. 奥地利天文学家奥伯斯 (Heinrich Wilhelm Matthias Olbers, 1758—1840) 根据高斯计算出来的轨道重新发现了谷神星. 高斯使用的最小二乘法于 1809 年发表在他的著作《天体运动论》中, 而法国科学家勒让德 (Adrien-Marie Legendre, 1752—1833) 于 1806 年独立发现了最小二乘法, 但因不为世人所知而默默无闻. 两人曾为谁最早创立最小二乘法原理发生争执. 最小二乘法自创立以来, 在自然科学乃至社会科学的各个领域得到了广泛的应用.

由于最小二乘法大多用于线性方程组的求解, 因此, 接下来我们首先给出线性方程组的两个图像.

1.2　线性方程组的两个图像

对于下面包含 m 个方程、n 个未知量的线性方程组

$$
\begin{cases}
a_{11}x_1 + a_{12}x_2 + \cdots + a_{1n}x_n = b_1, \\
a_{21}x_1 + a_{22}x_2 + \cdots + a_{2n}x_n = b_2, \\
\qquad\qquad\qquad\vdots \\
a_{m1}x_1 + a_{m2}x_2 + \cdots + a_{mn}x_n = b_m,
\end{cases}
\tag{1.1}
$$

可以将其写成矩阵 (向量) 形式

$$
\mathbf{A}\boldsymbol{x} = \boldsymbol{b},
$$

其中

$$
\mathbf{A} = \begin{bmatrix}
a_{11} & a_{12} & \cdots & a_{1n} \\
a_{21} & a_{22} & \cdots & a_{2n} \\
\vdots & \vdots & \ddots & \vdots \\
a_{m1} & a_{m2} & \cdots & a_{mn}
\end{bmatrix}
$$

为线性方程组的系数矩阵,

$$\boldsymbol{x} = \begin{bmatrix} x_1 \\ x_2 \\ \vdots \\ x_n \end{bmatrix}, \quad \boldsymbol{b} = \begin{bmatrix} b_1 \\ b_2 \\ \vdots \\ b_m \end{bmatrix}$$

分别为待求解的变量组成的向量和方程组右边的常数项组成的向量.

对于线性方程组 (1.1), 一般可以从两个角度来理解: 行空间角度和列空间角度. 从行空间角度, 该方程组可以认为是 n 维空间中 m 个超平面的交集. 从列空间角度, 该方程组的常向量 $\boldsymbol{b}$ 可以认为是系数矩阵 $\mathbf{A}$ 的列向量的线性组合, 其中 $\boldsymbol{x}$ 的分量为组合系数.

1.2.1　线性方程组的行空间图像

(1.1) 中的线性方程组由 m 个线性方程构成, 其中每一个方程均代表 n 维空间中的一个超平面. 以其中的第 i 个方程为例, 即

$$a_{i1}x_1 + a_{i2}x_2 + \cdots + a_{in}x_n = b_i.$$

显然, 该方程是 n 维空间中以系数矩阵 $\mathbf{A}$ 的第 i 个行向量 $[a_{i1} \quad a_{i2} \quad \cdots \quad a_{in}]$ 为法方向的 $n-1$ 维超平面. 而线性方程组 (1.1) 的解则可以认为是这 m 个 $n-1$ 维超平面的交集, 此即为线性方程组的行空间图像. 其中, 由系数矩阵 $\mathbf{A}$ 的所有行向量张成的线性空间称为 $\mathbf{A}$ 的行空间.

下面以一个简单的线性方程组为例给出线性方程组行空间图像的直观理解, 即

$$\begin{cases} 2x_1 + x_2 = 3, \\ x_1 + 2x_2 = 3. \end{cases} \tag{1.2}$$

显然, 该方程组由二维平面上的两条直线方程构成 (如图 1.2), 即直线方程 $2x_1 + x_2 = 3$ 和直线方程 $x_1 + 2x_2 = 3$. 两条直线的法线分别为系数矩阵的两个行向量. 这两条直线的交点 (1,1) 即为该线性方程组的唯一解.

在方程组中的未知数和方程的个数都非常少的时候, 利用方程组的行空间图像来理解线性方程组或许是一种不错的选择 (如图 1.2). 但当方程组的未知数和方程组的个数比较多的时候, 行空间图像的方式将很难得到方程组的清晰图像. 比如当 $m = n = 3$ 时, 线性方程组 (1.1) 的解对应于三维空间中三个二维平面的交集. 尽管我们仍然可以通过类似于图 1.2 的方式分别画出三个平面, 然后再探讨它们的交集情况. 但是, 与平面上两条直线的相交问题相比, 三维空间中三个平面的相交情况无论从绘图, 还是从交集结构角度, 都明显要复杂一些. 进一步地, 当方

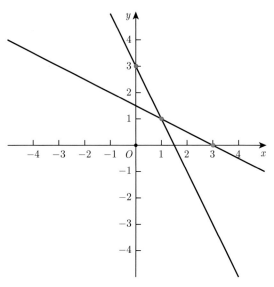

图 1.2　线性方程组的行空间图像

程组的变量的个数和方程的个数更多时, 利用行空间图像的方式来理解线性方程组, 将更为繁琐, 甚至不可接受.

　　从行空间图像的角度来理解线性方程组, 可以得到一些有悖于我们常识的有意思的结论. 比如, 当 $m = n = 4$ 时, (1.1) 变为

$$\begin{cases} a_{11}x_1 + a_{12}x_2 + a_{13}x_3 + a_{14}x_4 = b_1, \\ a_{21}x_1 + a_{22}x_2 + a_{23}x_3 + a_{24}x_4 = b_2, \\ a_{31}x_1 + a_{32}x_2 + a_{33}x_3 + a_{34}x_4 = b_3, \\ a_{41}x_1 + a_{42}x_2 + a_{43}x_3 + a_{44}x_4 = b_4, \end{cases} \tag{1.3}$$

该方程组包含 4 个变量和 4 个方程. 其中每个方程对应着四维空间的一个三维超平面. 不妨假设该方程组的系数矩阵 **A** 非奇异. 从行空间图像角度, (1.3) 的解对应 4 个三维超平面的交集. 如果我们联立前两个方程, 则可以得到四维空间中的一个二维平面 S_1. 相应地, 后两个方程联立也同样可以得到四维空间中的另一个二维平面 S_2. 因此, 从行空间图像角度, (1.3) 的解也可以认为对应着这两个二维平面的交集. 由系数矩阵的非奇异性, 我们知道该方程组只有唯一解 $\boldsymbol{x} = \mathbf{A}^{-1}\boldsymbol{b}$. 这意味着, S_1 与 S_2 相交且只交于一点. 因此, 在四维空间中, 两个平面可以只相交于一个点.

从上面两个平面交于一个点的例子可以看出, 在三维空间中不可能出现的事情, 在四维空间中却真实地发生了. 因此, 在大多数情况下, 尽管行空间图像并不是一个处理线性方程组的好的方式, 但它却有助于增进我们对高维世界的理解.

1.2.2 线性方程组的列空间图像

记 $\mathbf{A} = [\boldsymbol{a}_1 \quad \boldsymbol{a}_2 \quad \cdots \quad \boldsymbol{a}_n]$, 则线性方程组 (1.1) 可以表示为

$$x_1\boldsymbol{a}_1 + x_2\boldsymbol{a}_2 + \cdots + x_n\boldsymbol{a}_n = \boldsymbol{b}, \tag{1.4}$$

即方程组 (1.1) 右边的常数向量 $\boldsymbol{b}$ 可以表示为系数矩阵 $\mathbf{A}$ 的列向量的线性组合, 且组合系数为待求的未知变量. 此即为线性方程组的列空间图像, 其中由系数矩阵 $\mathbf{A}$ 的所有列向量张成的线性空间称为 $\mathbf{A}$ 的列空间.

从列空间图像的角度, (1.2) 可以重新表示为

$$x_1 \begin{bmatrix} 2 \\ 1 \end{bmatrix} + x_2 \begin{bmatrix} 1 \\ 2 \end{bmatrix} = \begin{bmatrix} 3 \\ 3 \end{bmatrix}. \tag{1.5}$$

在 (1.5) 中, 方程组的常数项向量表示为系数矩阵的两个列向量的线性组合, 且组合系数分别为两个待求的变量 x_1, x_2. 显然 $x_1 = x_2 = 1$ 即为满足 (1.5) 的解. 从图 1.3 可以看出, 我们也可以将 $\boldsymbol{x} = [x_1 \quad x_2]^{\mathrm{T}}$ 看作 $\boldsymbol{b}$ 在 $\eta = \{(2,1),(1,2)\}$ 坐标系下的坐标.

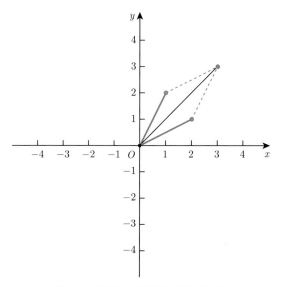

图 1.3 线性方程组的列空间图像

接下来, 我们分别从行空间图像角度和列空间图像角度探讨一下线性方程组的解的存在性. 从行空间图像角度, 当线性方程组的各个方程所对应的超平面的交集非空的时候, 线性方程组有解; 反之, 则无解. 从列空间图像角度, 当线性方程组右边的常数项向量位于系数矩阵的列空间时, 方程有解; 否则, 无解. 从中可以看出, 相对于线性方程组的行空间图像, 线性方程组的列空间图像更为简洁、清晰.

对于一个线性方程组, 当常数项向量位于系数矩阵的列空间时, 可以很容易得到方程组的精确解. 而当常数项向量不能由系数矩阵的列向量线性表出时, 我们可以引入最小二乘法来得到方程组的近似解.

1.3 线性方程组的最小二乘解

由线性方程组的求解理论可知, 在求解线性方程组时, 当方程的个数多于未知数 (变量) 的个数时, 方程往往无解, 此类方程组称为矛盾方程组或超定方程组. 最小二乘法是求解矛盾方程组的经典方法. 下面分别从行空间图像角度和列空间图像角度给出最小二乘法的两种解法.

1.3.1 最小二乘法的行空间方法

不妨假设线性方程组 (1.1) 是矛盾方程组. 从行空间图像的角度, 即不存在一组系数 $x_1, x_2, \cdots, x_n$, 使得方程组 (1.1) 中的每一个方程都成立. 那么, 退而求其次, 我们希望存在一组系数 $x_1, x_2, \cdots, x_n$, 使得方程组的每一个方程都尽量成立, 即对于每一个方程, 我们希望 $a_{i1}x_1 + a_{i2}x_2 + \cdots + a_{in}x_n = b_i (i = 1, 2, \cdots, m)$ 尽量成立. 因此, 自然而然, 我们可以用 $\left(\sum_{j=1}^{n} a_{ij}x_j - b_i\right)^2$ 来衡量第 i 个方程在这组系数下的误差. 此时, 针对线性方程组, 这组系数的求解问题就可以转化为如下优化模型

$$\min_{x_1, x_2, \cdots, x_n} f(x_1, x_2, \cdots, x_n) = \sum_{i=1}^{m}\left(\sum_{j=1}^{n} a_{ij}x_j - b_i\right)^2. \tag{1.6}$$

为了得到上述优化模型的最优解, 我们可以首先求解目标函数的稳定点, 即满足目标函数相对于每个自变量的偏导数都为 0 的点. 由于

$$\frac{\partial f(x_1, x_2, \cdots, x_n)}{\partial x_k} = 2\sum_{i=1}^{m} a_{ik}\left(\sum_{j=1}^{n} a_{ij}x_j - b_i\right) \stackrel{\text{令}}{=} 0, \quad k = 1, 2, \cdots, n,$$

因此, 目标函数稳定点的求解可以转化为如下线性方程组的求解,

$$
\begin{cases}
\displaystyle\sum_{i=1}^{m}\sum_{j=1}^{n} a_{i1}a_{ij}x_j = \sum_{i=1}^{m} a_{i1}b_i, \\[2mm]
\displaystyle\sum_{i=1}^{m}\sum_{j=1}^{n} a_{i2}a_{ij}x_j = \sum_{i=1}^{m} a_{i2}b_i, \\[2mm]
\qquad\qquad\vdots \\[2mm]
\displaystyle\sum_{i=1}^{m}\sum_{j=1}^{n} a_{in}a_{ij}x_j = \sum_{i=1}^{m} a_{in}b_i.
\end{cases}
\tag{1.7}
$$

显然 (1.7) 是一个有 n 个未知量 n 个方程的线性方程组, 令

$$
\tilde{\mathbf{A}} = \begin{bmatrix}
\displaystyle\sum_{i=1}^{m} a_{i1}a_{i1} & \displaystyle\sum_{i=1}^{m} a_{i1}a_{i2} & \cdots & \displaystyle\sum_{i=1}^{m} a_{i1}a_{in} \\
\displaystyle\sum_{i=1}^{m} a_{i2}a_{i1} & \displaystyle\sum_{i=1}^{m} a_{i2}a_{i2} & \cdots & \displaystyle\sum_{i=1}^{m} a_{i2}a_{in} \\
\vdots & \vdots & \ddots & \vdots \\
\displaystyle\sum_{i=1}^{m} a_{in}a_{i1} & \displaystyle\sum_{i=1}^{m} a_{in}a_{i2} & \cdots & \displaystyle\sum_{i=1}^{m} a_{in}a_{in}
\end{bmatrix}, \quad
\tilde{\boldsymbol{b}} = \begin{bmatrix}
\displaystyle\sum_{i=1}^{m} a_{i1}b_i \\
\displaystyle\sum_{i=1}^{m} a_{i2}b_i \\
\vdots \\
\displaystyle\sum_{i=1}^{m} a_{in}b_i
\end{bmatrix},
$$

则 (1.7) 的解为

$$
\boldsymbol{x} = \tilde{\mathbf{A}}^{-1}\tilde{\boldsymbol{b}}.
\tag{1.8}
$$

尽管 (1.8) 的表达式比较简洁, 但由于 (1.7) 的系数矩阵 $\tilde{\mathbf{A}}$ 过于繁杂, 因此实际应用中我们大多从线性方程组的列空间图像角度给出方程组的最小二乘解.

1.3.2　最小二乘法的列空间方法

当线性方程组 (1.1) 为矛盾方程组时, 从列空间图像的角度, 这意味着常数项向量 $\boldsymbol{b}$ 不在方程组 (1.1) 的系数矩阵 $\mathbf{A}$ 的列空间中, 或者说 $\boldsymbol{b}$ 不能由 $\mathbf{A}$ 的列向量线性表出. 同样地, 退而求其次, 我们可以寻求找到一组系数 $x_1, x_2, \cdots, x_n$, 使得 $x_1\boldsymbol{a}_1 + x_2\boldsymbol{a}_2 + \cdots + x_n\boldsymbol{a}_n = \mathbf{A}\boldsymbol{x}$ 与向量 $\boldsymbol{b}$ 尽量接近. 不妨用这两项之差的 2-范数的平方来衡量它们之间的误差, 这样, 这组系数的求解问题可以转化为如下优化模型

$$
\min_{\boldsymbol{x}} f(\boldsymbol{x}) = \|\mathbf{A}\boldsymbol{x} - \boldsymbol{b}\|^2.
\tag{1.9}
$$

为了得到 (1.9) 的最优解, 我们同样需要先找到目标函数的稳定点. 首先, 将目标函数展开可以得到

$$f(\boldsymbol{x}) = \|\mathbf{A}\boldsymbol{x} - \boldsymbol{b}\|^2 = (\mathbf{A}\boldsymbol{x} - \boldsymbol{b})^{\mathrm{T}}(\mathbf{A}\boldsymbol{x} - \boldsymbol{b}) = \boldsymbol{x}^{\mathrm{T}}\mathbf{A}^{\mathrm{T}}\mathbf{A}\boldsymbol{x} - 2\boldsymbol{x}^{\mathrm{T}}\mathbf{A}^{\mathrm{T}}\boldsymbol{b} + \boldsymbol{b}^{\mathrm{T}}\boldsymbol{b}.$$

利用矩阵微积分公式 (相关知识见附录 B) 可以得到

$$\frac{\partial f(\boldsymbol{x})}{\partial \boldsymbol{x}} = 2\mathbf{A}^{\mathrm{T}}\mathbf{A}\boldsymbol{x} - 2\mathbf{A}^{\mathrm{T}}\boldsymbol{b}.$$

令 $\dfrac{\partial f(\boldsymbol{x})}{\partial \boldsymbol{x}} = \mathbf{0}$, 有

$$\boldsymbol{x} = \left(\mathbf{A}^{\mathrm{T}}\mathbf{A}\right)^{-1}\mathbf{A}^{\mathrm{T}}\boldsymbol{b} = \mathbf{A}^{\dagger}\boldsymbol{b}, \tag{1.10}$$

此即为线性方程组的最小二乘解, 其中 $\mathbf{A}^{\dagger} = \left(\mathbf{A}^{\mathrm{T}}\mathbf{A}\right)^{-1}\mathbf{A}^{\mathrm{T}}$ 称为矩阵 $\mathbf{A}$ 的广义逆.

事实上, 模型 (1.9) 与 (1.6) 是等价的, 所以 (1.9) 可以认为是 (1.6) 的矩阵 (向量) 表达. 注意到

$$\tilde{\mathbf{A}} = \mathbf{A}^{\mathrm{T}}\mathbf{A}, \quad \tilde{\boldsymbol{b}} = \mathbf{A}^{\mathrm{T}}\boldsymbol{b}.$$

因此, 两种方式得到的线性方程组的最小二乘解 (1.10) 与 (1.8) 也是等价的. 但毫无疑问, 与基于行空间图像的方法相比, 基于列空间图像的最小二乘解更为简洁、直观、优美.

1.3.3　直线拟合

最小二乘法在诸多领域和学科得到了广泛的应用, 而本节着重介绍最小二乘法在直线拟合中的应用. 已知一组观测点 $(x_1, y_1), (x_2, y_2), \cdots, (x_n, y_n)$ 分布在直角坐标系中 (如图 1.4), 如何用一条直线拟合这些散点呢?

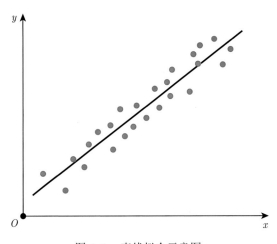

图 1.4　直线拟合示意图

不妨假设待求的直线方程为

$$y = ax + b, \tag{1.11}$$

其中 a 代表直线的斜率, b 为直线的截距, 它们均为待求的未知变量. 显然, 我们希望已知的 n 个观测都满足该直线方程, 即

$$\begin{cases} ax_1 + b = y_1, \\ ax_2 + b = y_2, \\ \qquad \vdots \\ ax_n + b = y_n. \end{cases} \tag{1.12}$$

实际应用中, (1.12) 往往为矛盾方程, 即不存在 a, b 使得上述方程组的各个方程都成立. 因而, 退而求其次, 我们接下来转而寻求 a, b, 使得 (1.12) 尽量成立. 借鉴 (1.6), 我们可以建立直线拟合的优化模型为

$$\min_{a,b} f(a,b) = \sum_{i=1}^{n} (ax_i + b - y_i)^2. \tag{1.13}$$

方便起见, 我们可以类比 (1.9), 将 (1.13) 中的目标函数重新表示为自变量为向量的情形, 这样, (1.13) 可以转化为如下形式

$$\min_{\boldsymbol{c}} f(\boldsymbol{c}) = \|\mathbf{X}\boldsymbol{c} - \boldsymbol{y}\|^2, \tag{1.14}$$

其中,

$$\mathbf{X} = \begin{bmatrix} \boldsymbol{x} & \mathbf{1} \end{bmatrix} = \begin{bmatrix} x_1 & 1 \\ x_2 & 1 \\ \vdots & \vdots \\ x_n & 1 \end{bmatrix}, \quad \boldsymbol{y} = \begin{bmatrix} y_1 \\ y_2 \\ \vdots \\ y_n \end{bmatrix}, \quad \boldsymbol{c} = \begin{bmatrix} a \\ b \end{bmatrix}.$$

根据 (1.10), 可得 (1.14) 的最小二乘解为

$$\boldsymbol{c} = \left(\mathbf{X}^{\mathrm{T}} \mathbf{X} \right)^{-1} \mathbf{X}^{\mathrm{T}} \boldsymbol{y}. \tag{1.15}$$

下面用一个非常简单的例子来直观展示最小二乘法的求解过程.

例 1.1　用直线 $y = ax + b$ 来拟合平面上的三个点: $(1,1), (2,1)$ 和 $(3,3)$.

解　根据给定的三个点的坐标, 显然有 $x_1 = 1, x_2 = 2, x_3 = 3$; $y_1 = 1, y_2 = 1, y_3 = 3$.

记

$$\mathbf{X} = \begin{bmatrix} 1 & 1 \\ 2 & 1 \\ 3 & 1 \end{bmatrix}, \quad \boldsymbol{y} = \begin{bmatrix} 1 \\ 1 \\ 3 \end{bmatrix},$$

根据公式 (1.15) 可得

$$\boldsymbol{c} = \left(\mathbf{X}^{\mathrm{T}}\mathbf{X}\right)^{-1}\mathbf{X}^{\mathrm{T}}\boldsymbol{y}$$

$$= \left(\begin{bmatrix} 1 & 2 & 3 \\ 1 & 1 & 1 \end{bmatrix} \begin{bmatrix} 1 & 1 \\ 2 & 1 \\ 3 & 1 \end{bmatrix}\right)^{-1} \begin{bmatrix} 1 & 2 & 3 \\ 1 & 1 & 1 \end{bmatrix} \begin{bmatrix} 1 \\ 1 \\ 3 \end{bmatrix}$$

$$= \begin{bmatrix} 1 \\ -\dfrac{1}{3} \end{bmatrix},$$

即, 待求直线方程为 $y = x - \dfrac{1}{3}$, 见图 1.5.

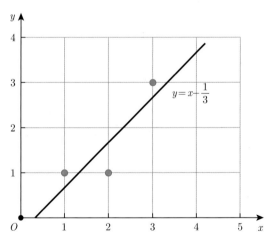

图 1.5　三个点及其对应的拟合直线

1.4　最小二乘法的几何解释

对于方程组 (1.1), (1.4) 给出了其列空间表达, 即 $x_1\boldsymbol{a}_1 + x_2\boldsymbol{a}_2 + \cdots + x_n\boldsymbol{a}_n = \boldsymbol{b}$. 当此方程组为矛盾方程组时, 即当 $\boldsymbol{b}$ 不能由系数矩阵 $\mathbf{A}$ 的列向量线性表出时,

(1.10) 给出的方程组的最小二乘解 $x = \left(A^T A\right)^{-1} A^T b$ 即为我们想要的一组系数. 利用这组系数对 A 的各个列向量进行线性组合, 将得到 A 的列空间的一个新元素 Ax. 显然, 这个新元素 Ax 在 A 的列空间, 而向量 b 不在 A 的列空间, 那么它们之间存在什么关系呢?

事实上, 由于 $Ax = A\left(A^T A\right)^{-1} A^T b$, 记

$$P_A = A\left(A^T A\right)^{-1} A^T, \tag{1.16}$$

显然 Ax 与 b 之间的关系为

$$Ax = P_A b. \tag{1.17}$$

即, 将 P_A 作用于 b, 就能得到 Ax, 那么矩阵 P_A 又是一个什么矩阵呢? 它具有什么性质呢? 事实上, P_A 就是由矩阵 A 构建的投影矩阵, 将其作用于任何一个向量, 都会将该向量投影到矩阵 A 的列空间. 因此, 当 $x = \left(A^T A\right)^{-1} A^T b$ 时, Ax 就是向量 b 在 A 的列空间的投影, 或者说, Ax 是 A 的列空间中距离向量 b 最近的向量. 也即, 当 (1.1) 为矛盾方程组时, 虽然不存在一组系数 $x_1, x_2, \cdots, x_n$, 使得 $x_1 a_1 + x_2 a_2 + \cdots + x_n a_n = b$ 成立, 但是方程组的最小二乘解 $x = \left(A^T A\right)^{-1} A^T b$, 会使得 $x_1 a_1 + x_2 a_2 + \cdots + x_n a_n$(即 Ax) 最大程度靠近 b.

总结而言, 从几何角度, 最小二乘法相当于将常数项向量 b 往系数矩阵 A 的列空间上进行正交投影.

接下来, 我们给出投影矩阵的严格定义.

定义 1.1 (投影矩阵) 具有对称性的幂等矩阵, 即为投影矩阵.

从定义可以看出, 当一个矩阵 P 为投影矩阵时, 根据对称性, 必然有 $P^T = P$. 根据幂等性, 必然有 $P^2 = P$. 投影矩阵为幂等矩阵, 意味着, 在一个空间上投影一次和投影两次甚至多次, 结果是一样的.

在实际应用中, 我们还经常用到投影矩阵 P 的正交补投影矩阵 $P^\perp$, 其中

$$P^\perp = I - P, \tag{1.18}$$

即正交补投影矩阵等于单位阵与投影矩阵之差. 对于 (1.16) 中的矩阵 P_A, 容易验证其满足投影矩阵的定义, 即 $P_A^T = P_A$, $P_A^2 = P_A$. 相应地, P_A 的正交补投影矩阵为 $P_A^\perp = I - P_A$, 将 $P_A^\perp$ 作用于任意列向量, 则将该向量投影到矩阵 A 的列空间的正交补空间. 值得注意的是, 上述投影矩阵 P_A 的定义一般要求矩阵 A 为列满秩矩阵. 当 A 为行满秩矩阵的时候, 可先将其转置为列满秩矩阵 A^T, 相应的投影矩阵为 $P_{A^T} = A^T\left(A A^T\right)^{-1} A$, 将 P_{A^T} 作用于任意向量, 则可以将该向量投影到矩阵 A 的行空间.

仍以上述的直线拟合为例. 显然, 这 n 个观测对 $(x_1, y_1), (x_2, y_2), \cdots, (x_n, y_n)$ 可以认为是二维空间的 n 个散点. 同时, 也可以将这些观测看作 n 维样本空间的两个向量

$$\boldsymbol{x} = [x_1 \quad x_2 \quad \cdots \quad x_n]^{\mathrm{T}}, \quad \boldsymbol{y} = [y_1 \quad y_2 \quad \cdots \quad y_n]^{\mathrm{T}}.$$

利用 $y = ax + b$ 对这组散点进行直线拟合, 相当于寻找参数 a, b 使得向量方程 $\boldsymbol{y} = a\boldsymbol{x} + b\boldsymbol{1}$ 成立或者尽量成立. 从样本空间来看, 其实就是找到向量 $\boldsymbol{x}$ 与 $\boldsymbol{1}$ 的最佳线性组合, 使得该组合与向量 $\boldsymbol{y}$ 尽量接近. 这相当于将向量 $\boldsymbol{y}$ 投影到向量 $\boldsymbol{x}$ 与 $\boldsymbol{1}$ 所张成的平面上, 而投影点 $\boldsymbol{y}'$ 即为该平面上距离点 $\boldsymbol{y}$ 最近的点 (图 1.6).

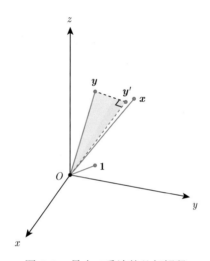

图 1.6   最小二乘法的几何解释

其中 $\boldsymbol{x} = [1 \quad 2 \quad 3]^{\mathrm{T}}$, $\boldsymbol{y} = [1 \quad 1 \quad 3]^{\mathrm{T}}$, $\boldsymbol{1} = [1 \quad 1 \quad 1]^{\mathrm{T}}$, 最小二乘法对应着三个向量之间的投影关系. 当以 $y = ax + b$ 来拟合散点时, 对应到样本空间, 相当于寻求向量 $\boldsymbol{y}$ 到向量 $\boldsymbol{x}$ 和 $\boldsymbol{1}$ 所张成平面 $(\mathrm{span}(\boldsymbol{x}, \boldsymbol{1}))$ 上的投影 $\boldsymbol{y}'$

1.5   最小二乘法的概率解释

本节将从概率角度, 对最小二乘法给出进一步解释. 仍以平面上一组观测点 $(x_1, y_1), (x_2, y_2), \cdots, (x_n, y_n)$ 的直线拟合为例. 在模型 (1.14) 中, 目标函数 $f(a, b) = \sum_{i=1}^{n}(ax_i + b - y_i)^2$ 代表因变量 y 的总体观测误差. 注意到, 这个总体观测误差由 n 个部分构成. 其中的每一项 $(ax_i + b - y_i)^2$ 均代表相应观测点的因变量的观测误差. 即, 对于每个观测点的因变量的观测误差, 都用模型解 $ax_i + b$ 与观测值 y_i 的差的平方来衡量. 这正是相应的方法命名为最小二乘法而不是最小一乘或者最小三乘的原因所在. 接下来, 从概率的角度对这一问题进行进一步阐述.

在直线拟合问题中, 由于 (1.12) 一般为矛盾方程, 因此我们可以把 (1.12) 写为如下的形式

$$
\begin{cases}
y_1 = ax_1 + b + \varepsilon_1, \\
y_2 = ax_2 + b + \varepsilon_2, \\
\quad\quad\vdots \\
y_n = ax_n + b + \varepsilon_n,
\end{cases}
\tag{1.19}
$$

其中, ε_i 为第 i 个因变量 y_i 的观测误差, 它对应着不能被线性模型刻画的因素. 由于误差的不确定性, 其中的每一个观测误差 ε_i 都可以看作一个随机变量. 假设 ε_i 服从均值为 0、标准差为 σ 的正态分布, 即 $\varepsilon_i \sim N(0, \sigma^2)$, 则其概率密度函数为[①]

$$
f(\varepsilon_i) = \frac{1}{\sqrt{2\pi}\sigma} \exp\left(-\frac{\varepsilon_i^2}{2\sigma^2}\right).
\tag{1.20}
$$

这意味着, 在给定 x_i 和参数 a, b 的情况下, 因变量 y_i 也服从同样的正态分布, 即

$$
f(y_i \mid x_i; a, b) = \frac{1}{\sqrt{2\pi}\sigma} \exp\left(-\frac{(ax_i + b - y_i)^2}{2\sigma^2}\right).
\tag{1.21}
$$

我们可以定义所有观测数据关于参数 a, b 的似然 (Likelihood) 函数如下

$$
L(a, b) = f(y_1, y_2, \cdots, y_n \mid x_1, x_2, \cdots, x_n; a, b).
\tag{1.22}
$$

显然, 似然函数 $L(a, b)$ 为给定 $x_1, x_2, \cdots, x_n$ 和参数 a, b 情况下, $y_1, y_2, \cdots, y_n$ 的联合概率密度函数. 不妨假设所有的误差项 ε_i 独立同分布, 那么联合概率密度函数等于所有因变量的概率密度函数的乘积, 即

$$
f(y_1, y_2, \cdots, y_n \mid x_1, x_2, \cdots, x_n; a, b) = \prod_{i=1}^{n} f(y_i \mid x_i; a, b),
\tag{1.23}
$$

因此,

$$
L(a, b) = \prod_{i=1}^{n} f(y_i \mid x_i; a, b) = \prod_{i=1}^{n} \frac{1}{\sqrt{2\pi}\sigma} \exp\left(-\frac{(ax_i + b - y_i)^2}{2\sigma^2}\right).
\tag{1.24}
$$

---

① 在本书中, 模型误差函数和概率密度函数都用 $f(\cdot)$ 来表示, 请读者注意区分.

选择合适的参数 a,b, 使得观测数据出现的可能性最大 (即 $L(a,b)$ 最大), 即为关于参数 a,b 的最大似然问题. 为了便于求解, 定义 $l(a,b) = \ln(L(a,b))$, 显然最大化 $L(a,b)$ 与最大化 $l(a,b)$ 是等价的. 由于

$$
\begin{aligned}
l(a,b) &= \ln\left(\prod_{i=1}^{n} f\left(y_i \mid x_i; a,b\right)\right) = \ln\left(\prod_{i=1}^{n} \frac{1}{\sqrt{2\pi}\sigma} \exp\left(-\frac{(ax_i + b - y_i)^2}{2\sigma^2}\right)\right) \\
&= \sum_{i=1}^{n} \ln\left(\frac{1}{\sqrt{2\pi}\sigma} \exp\left(-\frac{(ax_i + b - y_i)^2}{2\sigma^2}\right)\right) \\
&= n \ln\frac{1}{\sqrt{2\pi}\sigma} - \sum_{i=1}^{n} \frac{(ax_i + b - y_i)^2}{2\sigma^2},
\end{aligned}
\tag{1.25}
$$

并且 $\frac{1}{2\sigma^2}$ 为常数, 因此, 最大化 $l(a,b)$, 就相当于最小化 $\sum_{i=1}^{n}(ax_i + b - y_i)^2$. 而 $\sum_{i=1}^{n}(ax_i + b - y_i)^2$ 正好为 (1.13) 的目标函数, 即 $f(a,b) = \sum_{i=1}^{n}(ax_i + b - y_i)^2$. 因此, 在观测误差满足独立同高斯分布的前提下, 直线拟合问题的目标函数中的平方项是一个必然的结果.

从上面的推导可以看出, 各个观测点的模型误差满足独立同分布的高斯分布是最小二乘法能够行之有效的前提. 如果此条件不能得到满足, 用最小二乘法拟合数据在很多情况下将不能得到合理的结果.

由于各个观测互不影响, 因此不同观测点的观测误差之间的独立性一般都是成立的, 那么接下来我们重点关注每一个观测点的模型误差是否都满足高斯分布. 事实上, 概率论中的中心极限定理为这个前提条件的成立提供了一定的理论保证.

定理 1.1 (中心极限定理) 假设随机变量 $\delta_1, \delta_2, \cdots, \delta_n$ 相互独立, 在一定条件下[①], 它们的平均 $\frac{1}{n}\sum_{i=1}^{n}\delta_i$ 随着 n 的增大趋于高斯分布.

对于上述直线拟合问题中的观测数据的每一个误差项 ε_i, 都可以认为它由多种不相干的因素构成, 而每一个因素也可以认为是一个随机变量, 不妨将其记为 $\varepsilon_{ij}, j = 1, 2, \cdots, k$, 其中 k 为随机因素的个数. 因此, ε_i 可以表示为多个随机变量的平均, 即 $\varepsilon_i = \frac{1}{k}\sum_{j=1}^{k}\varepsilon_{ij}$. 而当这些随机因素的个数比较大时, 根据中心极限定理, 它们的平均 ε_i 必然趋于高斯分布. 因此, 一般情况下, 我们假设直线拟合中不能被模型刻画的观测误差满足高斯分布是合理的.

---

① 在 Lindeberg-Levy 定理中这个条件为随机变量具有相同的分布, 在 Lindeberg-Feller 定理中这个条件为 Lindeberg 条件, 该条件不要求随机变量具有相同的分布.

1.6 最小二乘法在应用中的问题

前面的几节给出最小二乘法的相关理论结果, 但在实际应用中, 针对不同的应用场景, 最小二乘法还存在着各种问题. 接下来, 我们将对其中的变量问题、约束问题、病态问题、异常问题、目标函数问题等几个常见的问题展开讨论.

1.6.1 变量问题

在本小节, 我们仍以直线拟合为例, 探讨最小二乘法中的变量问题. 在 1.3.3 节中, 对于给定的一组散点 $(x_1, y_1), (x_2, y_2), \cdots, (x_n, y_n)$, 通过最小二乘法, 我们给出了拟合这组散点的直线方程 $y = ax + b$. 这样做, 其实隐含了一个前提条件: x 为自变量, y 为因变量. 那么我们不免要问, 对于同样的这组散点, 如果把 y 当作自变量, x 当作因变量, 即用 $x = a'y + b'$ 来拟合这组散点是否可以得到同样的结果呢? 或者说, 用 $x = a'y + b'$ 来拟合这组散点, 和用 $y = ax + b$ 来拟合这组散点是否会得到同一条直线呢? 容易验证, 如果它们为同一条直线, 必有下列等式成立,

$$\begin{cases} a' = \dfrac{1}{a}, \\ b' = -\dfrac{b}{a}. \end{cases} \tag{1.26}$$

接下来我们把 y 当作自变量, x 当作因变量, 用 $x = a'y + b'$ 来拟合这组散点. 同样记

$$\boldsymbol{x} = [x_1 \quad x_2 \quad \cdots \quad x_n]^{\mathrm{T}}, \quad \boldsymbol{y} = [y_1 \quad y_2 \quad \cdots \quad y_n]^{\mathrm{T}}, \quad \mathbf{1} = [1 \quad 1 \quad \cdots \quad 1]^{\mathrm{T}},$$

这组散点的直线拟合方程 $x = a'y + b'$ 的确定, 相当于寻求系数 a', b', 使得下面的方程组尽量成立,

$$\begin{cases} a'y_1 + b' = x_1, \\ a'y_2 + b' = x_2, \\ \qquad \vdots \\ a'y_n + b' = x_n, \end{cases} \tag{1.27}$$

其对应的向量形式为

$$a'\boldsymbol{y} + b'\mathbf{1} = \boldsymbol{x}.$$

令

$$\mathbf{Y} = [\boldsymbol{y} \quad \mathbf{1}], \quad \boldsymbol{c}' = [a' \quad b']^{\mathrm{T}},$$

则最佳系数 a', b' 的确定问题转化为如下优化模型

$$\min_{\boldsymbol{c}'} g\left(\boldsymbol{c}'\right) = \left\| \mathbf{Y}\boldsymbol{c}' - \boldsymbol{x} \right\|^2. \tag{1.28}$$

借鉴 (1.14) 可以得到 (1.28) 的最小二乘解为

$$\boldsymbol{c}' = \left(\mathbf{Y}^{\mathrm{T}}\mathbf{Y}\right)^{-1}\mathbf{Y}^{\mathrm{T}}\boldsymbol{x}. \tag{1.29}$$

至此, 我们通过自变量和因变量位置的互换给出了两种直线拟合的方式. 那么, 这两种直线拟合的方式是否等价呢? 下面我们仍然用第 1.3.3 节的例 1.1 中的三个散点 $(1,1),(2,1),(3,3)$ 来对此问题进行验证. 记

$$\mathbf{Y} = \begin{bmatrix} 1 & 1 \\ 1 & 1 \\ 3 & 1 \end{bmatrix}, \quad \boldsymbol{x} = \begin{bmatrix} 1 \\ 2 \\ 3 \end{bmatrix},$$

根据公式 (1.29), 可以得到

$$\boldsymbol{c}' = \left(\mathbf{Y}^{\mathrm{T}}\mathbf{Y}\right)^{-1}\mathbf{Y}^{\mathrm{T}}\boldsymbol{x} = \begin{bmatrix} 0.75 \\ 0.75 \end{bmatrix},$$

对应的直线方程 (如图 1.7) 为

$$x = 0.75y + 0.75,$$

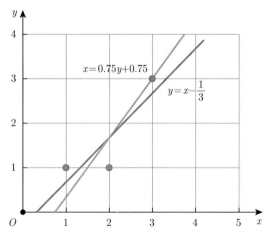

图 1.7   分别用 $y = ax + b$ 和 $x = a'y + b'$ 拟合散点, 得到不同的直线方程

即 $a' = b' = 0.75$, 显然 $a' \neq \dfrac{1}{a}, b' \neq -\dfrac{b}{a}$, 即等式 (1.26) 不成立. 这说明, 这两种直线拟合得到的结果是不等价的. 从图 1.7 也可以看出, 利用 $x = a'y + b'$ 得到的拟合直线与利用 $y = ax + b$ 拟合的直线并不是同一条直线.

接下来, 我们从模型的目标函数本身来对上述现象进行进一步解释. 当用 $y = ax + b$ 来拟合散点时, 模型的目标函数 (见 (1.13) 或者 (1.14)) 反映的是各个散点在 y 轴方向到拟合直线的距离的平方和 (图 1.8 (a)). 而当用 $x = a'y + b'$ 来拟合散点时, 模型的目标函数 (见 (1.28)) 则反映的是各个散点在 x 轴方向到拟合直线的距离的平方和 (图 1.8 (b)). 即在 $y = ax + b$ 中, x 为自变量, y 为因变量, 此时的最小二乘解把因变量 y 的观测误差降到最小. 而在 $x = a'y + b'$, y 为自变量, x 为因变量, 此时的最小二乘解则使得因变量 x 的观测误差降至最小. 总的来说, 最小二乘法总是使得因变量的观测误差达到最小.

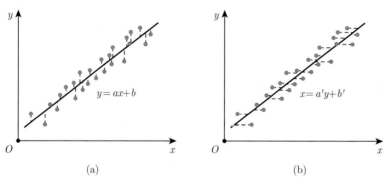

图 1.8　当 x 和 y 互为自变量和因变量时直线拟合的直观解释
(a) x 为自变量; (b) y 为自变量

从上面的讨论可以看出, 对于给定的观测数据, 选哪个变量作为自变量, 哪个变量作为因变量将会对最终的最小二乘结果产生较大的影响. 那么, 在实际的应用中, 该如何界定自变量与因变量呢? 一个基本的原则就是, 应当选择观测误差小甚至没有观测误差的变量作为自变量; 相应地, 观测误差大的变量应当被选择为因变量.

真实的数据可能存在所有的观测变量误差都比较大的情况, 此时用前面任何一种最小二乘法都可能导致较大的误差. 这种情况下, 各个变量地位相当, 没有明显的因果关系, 解决此类问题一般需要引入总体最小二乘法. 图 1.9 给出两个变量时总体最小二乘法的直观解释. 它最终得到的直线将会使各个散点到该直线距离 (即垂直距离或垂线距离) 的平方和最小. 由于总体最小二乘可以归结为主成分分析, 我们将在第 2 章对其展开进一步讨论, 这里就不再赘述.

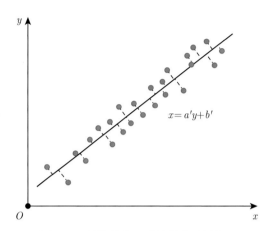

图 1.9   总体最小二乘法的直观解释
此时变量 x 和 y 都有较大的误差, 且没有明显的因果关系

此外, 从几何角度, 当以 $x = a'y + b'$ 来拟合这组散点时, 在样本空间中相当于寻找向量 $\boldsymbol{x} = [x_1 \quad x_2 \quad \cdots \quad x_n]^{\mathrm{T}}$ 到向量 $\boldsymbol{y} = [y_1 \quad y_2 \quad \cdots \quad y_n]^{\mathrm{T}}$ 与 $\boldsymbol{1} = [1 \quad 1 \quad \cdots \quad 1]^{\mathrm{T}}$ 所张成的平面的投影点 $\boldsymbol{x}'$ (图 1.10). 显然, 这与图 1.6 所表示的是完全不同的几何关系. 这再次说明了用 $y = ax+b$ 进行直线拟合与用 $x = a'y+b'$ 进行直线拟合一般情况下将得到不同的结果.

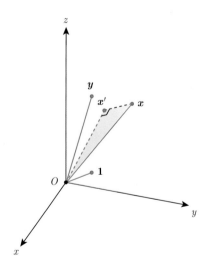

图 1.10   最小二乘法的几何解释
其中 $\boldsymbol{x} = [1 \quad 2 \quad 3]^{\mathrm{T}}$, $\boldsymbol{y} = [1 \quad 1 \quad 3]^{\mathrm{T}}$, $\boldsymbol{1} = [1 \quad 1 \quad 1]^{\mathrm{T}}$, 最小二乘法对应着三个向量之间的投影关系. 当以 $x = a'y + b'$ 来拟合散点时, 对应到样本空间, 相当于寻求向量 $\boldsymbol{x}$ 到向量 $\boldsymbol{y}$ 和 $\boldsymbol{1}$ 所张成平面 $(\mathrm{span}(\boldsymbol{y}, \boldsymbol{1}))$ 上的投影 $\boldsymbol{x}'$

1.6.2　约束问题

上述所有最小二乘法的理论和实例, 均对未知量没有任何约束. 在实际应用中, 这些变量可能会有实际的物理意义, 因此需要对它们添加相应的约束以满足相应的物理性质.

仍然假设 (1.1) 为矛盾方程组, 同时假设未知变量 $\boldsymbol{x}$ 需要满足 m 个等式约束 $h_i(\boldsymbol{x}) = 0 \ (i = 1, 2, \cdots, m)$ 和 p 个不等式约束 $\mathrm{g}_j(\boldsymbol{x}) \leqslant 0 \ (j = 1, 2, \cdots, p)$, 则相应的最优化模型为

$$
\begin{cases}
\min_{\boldsymbol{x}} & f(\boldsymbol{x}) = \|\mathbf{A}\boldsymbol{x} - \boldsymbol{b}\|^2 \\
\mathrm{s.t.} & h_i(\boldsymbol{x}) = 0, \quad i = 1, 2, \cdots, m, \\
& \mathrm{g}_j(\boldsymbol{x}) \leqslant 0, \quad j = 1, 2, \cdots, p.
\end{cases} \tag{1.30}
$$

一般情况下, 此模型不存在类似于 (1.10) 的解析解. 在经典的最优化理论里面提供了解决这类问题的诸多方法, 并且很多方法都被收录在诸多应用软件中, 因此这里就不再对此问题展开讨论. 下面用一个简单的例子, 从几何上给出约束最小二乘一个直观的解读.

假设系数矩阵 $\mathbf{A}$ 由三维空间中的两个向量组成, 即 $\mathbf{A} = [\boldsymbol{a}_1 \ \ \boldsymbol{a}_2]$. 为了直观起见, 不妨假设 $\boldsymbol{a}_1, \boldsymbol{a}_2$ 都在平面 Oxy 内 (如图 1.11 所示), 并且分别用点 A_1, A_2 表示. 同时假设常数项向量 $\boldsymbol{b}$ 在 Oyz 平面, 并用点 B 表示.

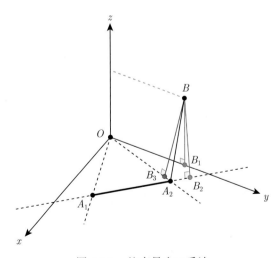

图 1.11　约束最小二乘法

点 B 的 4 种不同投影方式对应着 4 种不同约束的最小二乘法, 其中 B_1 对应着模型的无约束最小二乘解, B_2 对应着模型的等式约束最小二乘解, B_3 对应着模型的非负约束最小二乘解, $B_4(A_2)$ 对应着模型非负、等式约束最小二乘解

当没有任何约束项时, 线性方程组的求解问题等价于求解下面的最优化模型

$$\min_{\boldsymbol{x}} f(\boldsymbol{x}) = \|\mathbf{A}\boldsymbol{x} - \boldsymbol{b}\|^2. \tag{1.31}$$

正如 (1.10) 所给出的, 此模型存在解析解, 并且此模型的解等价于点 B 往 OA_1, OA_2 所张成的平面的投影, 对应投影点 B_1.

如果只考虑等式约束, 并假设只有一个等式约束 $\mathbf{1}^{\mathrm{T}}\boldsymbol{x} = 1$, 其中 $\mathbf{1} = [1 \quad 1]^{\mathrm{T}}$, 即 $\boldsymbol{x}$ 的两个分量之和为 1. 此时, 线性方程组的求解问题可以转化为如下等式约束的最优化问题

$$\begin{cases} \min_{\boldsymbol{x}} & f(\boldsymbol{x}) = \|\mathbf{A}\boldsymbol{x} - \boldsymbol{b}\|^2 \\ \text{s.t.} & \mathbf{1}^{\mathrm{T}}\boldsymbol{x} = 1. \end{cases} \tag{1.32}$$

此模型也存在解析解 (具体请参考第 6.3 节), 并且此模型的解等价于点 B 往 A_1, A_2 两个点所在直线的投影, 对应投影点 B_2.

如果只考虑不等式约束, 并假设只有一个不等式约束 $\boldsymbol{x} \geqslant \mathbf{0}$, 即 $\boldsymbol{x}$ 的所有分量都是非负的. 此时, 线性方程组的求解问题可以转化为如下非负约束的最优化问题

$$\begin{cases} \min_{\boldsymbol{x}} & f(\boldsymbol{x}) = \|\mathbf{A}\boldsymbol{x} - \boldsymbol{b}\|^2 \\ \text{s.t.} & \boldsymbol{x} \geqslant \mathbf{0}. \end{cases} \tag{1.33}$$

此模型不存在解析解, 但可以通过最优化理论中的罚函数、有效集等方法得到该模型的最优解. 此模型的解等价于点 B 往两个点 A_1, A_2 所对应的向量所夹的黄色区域的投影, 对应投影点 B_3(此时的投影点可以理解为点 B 到黄色区域的最短距离点).

如果同时考虑上述的等式约束和非负约束, 此时, 线性方程组的求解问题可以转化为如下两个约束的最优化问题

$$\begin{cases} \min_{\boldsymbol{x}} & f(\boldsymbol{x}) = \|\mathbf{A}\boldsymbol{x} - \boldsymbol{b}\|^2 \\ \text{s.t.} & \boldsymbol{x}^{\mathrm{T}}\mathbf{1} = 1, \quad \boldsymbol{x} \geqslant \mathbf{0}. \end{cases} \tag{1.34}$$

此模型也不存在解析解, 但是也可以用罚函数、有效集等方法得到该模型的最优解. 此模型的解等价于点 B 往 A_1, A_2 两个点所连接的线段的投影, 对应投影点 B_4(此时的投影点可以理解为点 B 到该线段的最短距离点). 值得注意的是, 此时的投影点 B_4 与点 A_2 是重合的, 因此在图 1.11 中我们并没有标出 B_4.

1.6.3 病态问题

对于一个线性方程组 $\mathbf{A}\boldsymbol{x} = \boldsymbol{b}$, 当其系数矩阵的条件数很大时, 此方程组为病态方程组. 此时, $\mathbf{A}$ 或者 $\boldsymbol{b}$ 的微小扰动都可能导致方程组的解 $\boldsymbol{x}$ 发生较大的变动. 比如线性方程组

$$\begin{cases} 5x + 7y = 0.5, \\ 7x + 10y = 0.7 \end{cases} \tag{1.35}$$

的解为 $x = 0.1, y = 0$. 如果我们对 (1.35) 中右边的常数项 $\boldsymbol{b}$ 进行微调, 使得线性方程组变为

$$\begin{cases} 5x + 7y = 0.51, \\ 7x + 10y = 0.69, \end{cases}$$

则方程组的解变为 $x = 0.27, y = -0.12$. 可见 $\boldsymbol{b}$ 的微小变动引起了方程的解的较大变动. 之所以会产生这个现象, 正是因为该方程组的系数矩阵具有较大的条件数. 接下来我们首先给出矩阵的条件数的定义.

定义 1.2 (矩阵的条件数) 矩阵 $\mathbf{A}$ 的条件数等于 $\mathbf{A}$ 的范数与 $\mathbf{A}^{-1}$ 的范数的乘积 (矩阵范数相关定义见附录 A), 即 $\mathrm{cond}(\mathbf{A}) = \|\mathbf{A}\|\|\mathbf{A}^{-1}\|$.

可以验证, 当取矩阵的 2-范数时, 矩阵 $\mathbf{A}$ 的条件数等于该矩阵的最大奇异值与最小奇异值之比, 即

$$\mathrm{cond}(\mathbf{A}) = \frac{\sigma_{\max}}{\sigma_{\min}},$$

其中 $\sigma_{\max}$ 为矩阵 $\mathbf{A}$ 的最大奇异值, 而 $\sigma_{\min}$ 为 $\mathbf{A}$ 的最小奇异值.

在 (1.35) 中, 计算可知系数矩阵 $\mathbf{A}$ 有两个奇异值, 分别为 $\sigma_1 = 14.933$, $\sigma_2 = 0.067$. 显然, 矩阵 $\mathbf{A}$ 的两个奇异值相差悬殊, 这必然导致 $\mathbf{A}$ 具有较大的条件数

$$\mathrm{cond}(\mathbf{A}) = \frac{\sigma_1}{\sigma_2} = 222.9955.$$

相应地, 线性方程组 (1.35) 为病态方程组.

为了缓解线性方程组中系数矩阵的病态问题, 常用的方法是在优化模型 (1.9) 中加入一个正则项 (这也是岭回归[1] 的思想), 得到如下最优化模型

$$\min_{\boldsymbol{x}} f(\boldsymbol{x}) = \|\mathbf{A}\boldsymbol{x} - \boldsymbol{b}\|^2 + \lambda\|\boldsymbol{x}\|^2. \tag{1.36}$$

这里 λ 为一个需要人为设定的正数. 为了得到 (1.36) 的解, 我们可以先计算目标函数对自变量的导数, 并令其等于零向量,

$$\frac{\partial f(\boldsymbol{x})}{\partial \boldsymbol{x}} = 2\mathbf{A}^{\mathrm{T}}\mathbf{A}\boldsymbol{x} - 2\mathbf{A}^{\mathrm{T}}\boldsymbol{b} + 2\lambda\boldsymbol{x} \overset{\text{令}}{=} \mathbf{0},$$

可得

$$\boldsymbol{x} = \left(\mathbf{A}^{\mathrm{T}}\mathbf{A} + \lambda\mathbf{I}\right)^{-1}\mathbf{A}^{\mathrm{T}}\boldsymbol{b}, \tag{1.37}$$

其中 $\mathbf{I}$ 为相应阶数的单位矩阵.

当矩阵 $\mathbf{A}$ 的条件数很大时, $\mathbf{A}^{\mathrm{T}}\mathbf{A}$ 必然包含一个相对特别小的特征值, 而对应的逆矩阵 $\left(\mathbf{A}^{\mathrm{T}}\mathbf{A}\right)^{-1}$ 必然对某些方向 (比如属于该特征值的特征向量方向) 的向量具有极大的放大作用, 这正是相应的线性方程组为病态方程组的原因所在. 而 (1.37) 中扰动项 $\lambda\mathbf{I}$ 的加入, 使得 $\mathbf{A}^{\mathrm{T}}\mathbf{A} + \lambda\mathbf{I}$ 的条件数一般情况下都要远小于 $\mathbf{A}^{\mathrm{T}}\mathbf{A}$ 的条件数, 从而可以一定程度克服线性方程组的病态问题.

1.6.4　异常问题

在直线拟合问题中, 当因变量和自变量的观测点的分布呈现一定的线性关系时, 可以用最小二乘法得到很好的拟合结果. 但在实际应用中, 当观测点受到噪声污染的时候 (如图 1.12), 直接利用最小二乘法对包括噪声点在内的所有观测点进行直线拟合在很多情况下难以得到理想的结果.

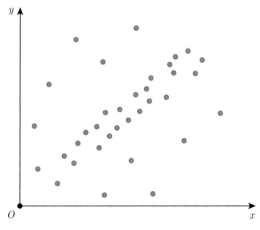

图 1.12　受噪声污染的观测数据

为了解决噪声污染下的直线拟合问题, 研究人员发展了各种策略, 其中常用的包括加权最小二乘法、Huber 回归、随机采样一致性 (Random Sample Consensus, RANSAC)[2] 等方法. 接下来, 简要介绍一下 RANSAC 的大体思路.

　　利用 RANSAC 进行直线拟合可以分为初筛和拟合两个阶段. 在初筛阶段, 随机给出包含 s 个散点的原始观测点的一个子集, 然后对这 s 个点利用最小二乘法进行直线拟合. 设定一个阈值 d, 记录下所有的观测点中与该直线的距离小于 d 的点 (称为内点), 并将所有的内点存储在一个集合 S_i 中. 重复以上步骤, 当出现内点个数增加的情形, 则更新 S_i. 对最终的内点集合 S_i 进行直线拟合即为我们想要的最终结果. 图 1.13 — 图 1.15 给出了初筛过程的简单示意图, 从中可以看出, 图 1.15 包含了更多的内点, 利用这些内点进行直线拟合显然会得到我们想要的结果.

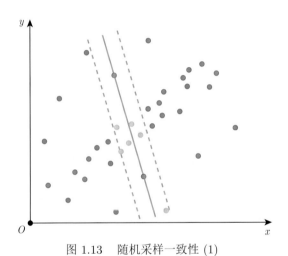

图 1.13　　随机采样一致性 (1)

随机子集的散点标为红色, 距离随机子集的拟合直线的距离小于给定阈值的点标为黄色 (本图中有 6 个点)

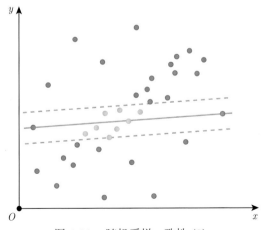

图 1.14　　随机采样一致性 (2)

随机子集的散点标为红色, 距离随机子集的拟合直线的距离小于给定阈值的点标为黄色 (本图中有 8 个点)

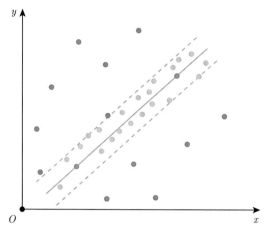

图 1.15   随机采样一致性 (3)

随机子集的散点标为红色, 距离随机子集的拟合直线的距离小于给定阈值的点标为黄色 (本图中有 21 个点)

1.6.5 目标函数问题

最小二乘法不但可以用于直线拟合, 而且可以用于曲线拟合; 不仅可以处理单变量的观测数据, 同时也可以处理多变量的观测数据 (对应曲面拟合).

给定一组观测数据 $(x_1, y_1), (x_2, y_2), \cdots, (x_n, y_n)$, 下面给出用 m 次多项式来拟合这些散点的过程,

$$y = f(x) = a_0 x^m + a_1 x^{m-1} + \cdots + a_{m-1} x + a_m.$$

注意到, 参数 $\boldsymbol{a} = [a_0 \quad a_1 \quad \cdots \quad a_m]^{\mathrm{T}}$ 的确定等价于下面的最优化问题

$$\min_{\boldsymbol{a}} g(\boldsymbol{a}) = \|\mathbf{X}\boldsymbol{a} - \boldsymbol{y}\|^2, \tag{1.38}$$

其中,

$$\boldsymbol{x}_i = [x_1^i \quad x_2^i \quad \cdots \quad x_n^i]^{\mathrm{T}}, \quad i = 1, 2, \cdots, m,$$

$$\boldsymbol{y} = [y_1 \quad y_2 \quad \cdots \quad y_n]^{\mathrm{T}},$$

$$\mathbf{1} = [1 \quad 1 \quad \cdots \quad 1]^{\mathrm{T}},$$

$$\mathbf{X} = [\boldsymbol{x}_m \quad \cdots \quad \boldsymbol{x}_1 \quad \mathbf{1}]^{\mathrm{T}},$$

则很容易得到 (1.38) 的最小二乘解为

$$\boldsymbol{a} = (\mathbf{X}^{\mathrm{T}}\mathbf{X})^{-1}\mathbf{X}^{\mathrm{T}}\boldsymbol{y}. \tag{1.39}$$

比较 (1.15) 可以看出, 直线拟合和曲线拟合并没有本质的区别.

在多数情况下, 对于一组给定的观测点, 我们首先需要选取适当的目标函数, 然后利用最小二乘法对其进行直线或者曲线拟合. 但有些情况下, 我们很难用一个简单的函数来描述给定的散点分布, 如图 1.16 . 对于这种情况的曲线拟合, 该如何进行处理呢?

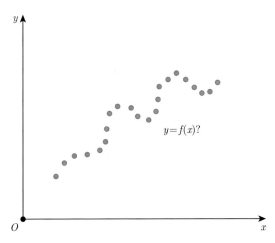

图 1.16　未知目标函数表达式的曲线拟合问题

第一种常用的方法是采用多项式对上述散点进行拟合. 如果多项式的次数设定合理, 在多数情况下, 多项式拟合都会得到不错的结果. 但在多项式拟合中, 多项式的次数是一个需要人为设定的量, 不合理的次数会导致过拟合或者欠拟合现象.

第二种常用的方法则是利用局部最小二乘法对任意形状的散点分布进行曲线拟合. 假设最终的拟合函数为 $y = f(x)$, 自变量 x 的每一个位置处, 相应的 y 值只需要利用该位置附近的若干观测点进行直线拟合确定. 该方法隐含了一个前提, 即数据的分布在局部是线性或者接近线性的. 在观测点足够多, 分布足够密的时候, 利用局部最小二乘法一般都会得到不错的结果.

1.7 小 结

至此, 本章的主要内容总结为以下 6 条:

(1) 从行空间角度看, 线性方程组的解为各个方程所对应的超平面的交集.

(2) 从列空间角度看, 线性方程组的常数项向量为系数矩阵的各个列向量的线性表出, 且表出系数即为待求的解.

(3) 最小二乘法是求解矛盾方程组的常用方法.

(4) 代数上, 线性方程组的最小二乘解对应着矩阵的广义逆操作.

(5) 几何上, 线性方程组的最小二乘解等价于线性方程组的常数项向量在系数矩阵的列空间的正交投影.

(6) 概率上, 最小二乘法基于线性方程组模型误差服从高斯分布.

第 2 章　主成分分析

主成分分析 (Principal Component Analysis, PCA) 是最常用的数据降维手段. 本章首先介绍一些基本统计概念, 然后给出主成分分析的模型, 并推导其求解方法, 接着从几何、子空间逼近、概率、信息论等角度对主成分分析给出不同的诠释.

2.1　问 题 背 景

主成分分析首先是由卡尔·皮尔逊 (Karl Pearson) 在 1901 年引入的, 但当时只针对非随机变量进行讨论. 之后哈罗德·霍特林 (Harold Hotelling) 将此方法推广到随机向量的情形. 主成分分析自诞生以来, 已经在诸多领域得到了极为广泛的应用.

下面我们首先从一个简单的例子入手, 讨论一下主成分分析的应用背景. 对于图 2.1 中线段上的 5 个点 A, B, C, D, E, 可以采用多种方式对其进行定量描述.

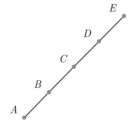

图 2.1　线段上的 5 个点

首先, 我们可以把该线段放在实轴上 (图 2.2), 则可得到这 5 个点在实轴上的坐标分别为 a_1, a_2, a_3, a_4, a_5. 可以将其表示为向量的形式

$$\boldsymbol{x} = [a_1 \quad a_2 \quad a_3 \quad a_4 \quad a_5]. \tag{2.1}$$

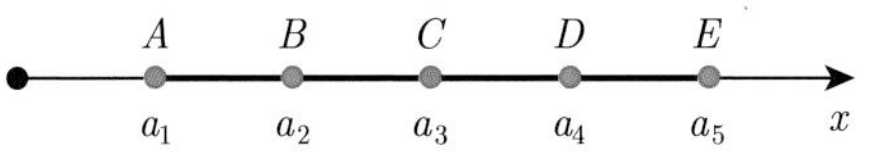

图 2.2　在实轴上, A, B, C, D, E 这 5 个点可以用它们的坐标定量描述, 分别为
a_1, a_2, a_3, a_4, a_5

其次, 也可以把线段放在二维平面的直角坐标系中 (图 2.3), 这样就可以得到这 5 个点的坐标分别为 (x_1, y_1), (x_2, y_2), (x_3, y_3), (x_4, y_4), (x_5, y_5). 将其表示为矩阵形式, 有

$$\mathbf{X} = \begin{bmatrix} x_1 & x_2 & x_3 & x_4 & x_5 \\ y_1 & y_2 & y_3 & y_4 & y_5 \end{bmatrix}. \tag{2.2}$$

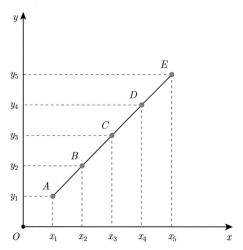

图 2.3   在平面直角坐标系中, A, B, C, D, E 这 5 个点可以用如下 5 个坐标定量描述:
(x_1, y_1), (x_2, y_2), (x_3, y_3), (x_4, y_4), (x_5, y_5)

最后, 如果把线段放在三维空间的直角坐标系中 (图 2.4), 就可以得到这 5 个点的坐标分别为 $(\alpha_1, \beta_1, \gamma_1)$, $(\alpha_2, \beta_2, \gamma_2)$, $(\alpha_3, \beta_3, \gamma_3)$, $(\alpha_4, \beta_4, \gamma_4)$, $(\alpha_5, \beta_5, \gamma_5)$. 将其表示为矩阵形式, 有

$$\mathbf{X} = \begin{bmatrix} \alpha_1 & \alpha_2 & \alpha_3 & \alpha_4 & \alpha_5 \\ \beta_1 & \beta_2 & \beta_3 & \beta_4 & \beta_5 \\ \gamma_1 & \gamma_2 & \gamma_3 & \gamma_4 & \gamma_5 \end{bmatrix}. \tag{2.3}$$

从 (2.1) 到 (2.3) 可以看出, 尽管它们的表达形式各不相同, 但是它们所表达的是同一个对象, 即线段上的 5 个点. 很显然, 这 5 个点的本征维度为 1, 用一个维度或一个特征足以表达出这 5 个点包含的所有信息. 公式 (2.2) 和 (2.3) 虽然也可以完整地表达出这 5 个点的全部信息, 但相对于公式 (2.1), 它们分别用了两个特征和三个特征, 对应的表达则显得冗余且不直观, 因此通常采用 (2.1) 对这 5 个点进行定量表达.

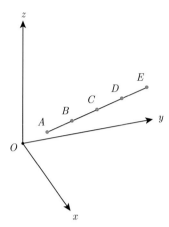

图 2.4 在三维空间直角坐标系中, A, B, C, D, E 这 5 个点可以用如下 5 个坐标定量描述: $(\alpha_1, \beta_1, \gamma_1), (\alpha_2, \beta_2, \gamma_2), (\alpha_3, \beta_3, \gamma_3), (\alpha_4, \beta_4, \gamma_4), (\alpha_5, \beta_5, \gamma_5)$

上面的例子表明, 在对象本征维度已知的情况下, 可以选用合适的坐标系简洁、直观地定量表达对象. 遗憾的是, 在实际应用中, 给定任意一个 p 个特征、n 个观测的数据对象

$$\mathbf{X} = \begin{bmatrix} x_{11} & x_{12} & \cdots & x_{1n} \\ x_{21} & x_{22} & \cdots & x_{2n} \\ \vdots & \vdots & \ddots & \vdots \\ x_{p1} & x_{p2} & \cdots & x_{pn} \end{bmatrix},$$

我们往往很难直观地判断出该矩阵的本征维度. 因此, 给定一个数据对象, 如何有效判断出该数据的本征维度, 将是一个在理论和应用上都非常有意义的问题. 主成分分析正是处理此类问题的最为常用的手段.

2.2 基本统计概念

在讨论主成分分析的基本原理之前, 本节首先给出相关的基本数学概念.

2.2.1 随机变量的数字特征

定义 2.1 若 X 为离散型随机变量, 其概率质量函数为 $P(X = x_i) = p_i, i = 1, 2, \cdots$, 如果级数 $\sum_{i=1}^{\infty} x_i p_i$ 绝对收敛, 则称其为 X 的**数学期望**, 简称 X 的**期望**, 记作 $\mathrm{E}\, X$ 或 $\mathrm{mean}(X)$, 即

$$\mathrm{E}\, X = \mathrm{mean}(X) = \sum_{i=1}^{\infty} x_i p_i.$$

若 X 为连续型随机变量, 其概率密度函数为 $f(x)$, 如果积分 $\displaystyle\int_{-\infty}^{+\infty} xf(x)dx$ 绝对收敛, 则称其为 X 的**期望**, 即

$$\mathrm{E}\,X = \mathrm{mean}(X) = \int_{-\infty}^{+\infty} xf(x)dx.$$

定义 2.2　若 X 为随机变量, 且 $\mathrm{E}(X - \mathrm{E}\,X)^2$ 存在, 则称其为 X 的**方差**, 记作 $\mathrm{D}\,X$ 或 $\mathrm{var}(X)$, 即

$$\mathrm{D}\,X = \mathrm{var}(X) = \mathrm{E}(X - \mathrm{E}\,X)^2.$$

定义 2.3　设 X 和 Y 是两个随机变量, 若 $\mathrm{E}((X - \mathrm{E}\,X)(Y - \mathrm{E}\,Y))$ 存在, 则称其为随机变量 X 与 Y 的**协方差**, 记为 $\mathrm{cov}(X, Y)$, 即

$$\mathrm{cov}(X, Y) = \mathrm{E}((X - \mathrm{E}\,X)(Y - \mathrm{E}\,Y)).$$

相应地, 称

$$\rho_{XY} = \frac{\mathrm{cov}(X, Y)}{\sqrt{\mathrm{D}\,X\,\mathrm{D}\,Y}}$$

为 X 与 Y 的**相关系数**.

定义 2.4　设 X 与 Y 是两个随机变量, 若 $\mathrm{E}\,X^k(k = 1, 2, \cdots)$ 存在, 则称它为 X 的 k **阶原点矩**; 若 $\mathrm{E}(X - \mathrm{E}\,X)^k(k = 1, 2, \cdots)$ 存在, 则称它为 X 的 k **阶中心矩**; 若 $\mathrm{E}\,X^kY^l(k, l = 1, 2, \cdots)$ 存在, 则称它为 X 和 Y 的 $k+l$ **阶混合原点矩**; 若 $\mathrm{E}(X - \mathrm{E}\,X)^k(Y - \mathrm{E}\,Y)^l$ 存在, 则称它为 X 和 Y 的 $k+l$ **阶混合中心矩**.

显然, 数学期望 $\mathrm{E}\,X$ 是随机变量 X 的一阶原点矩; 方差 $\mathrm{D}\,X$ 是 X 的二阶中心矩; 协方差 $\mathrm{cov}(X, Y)$ 是 X 与 Y 的二阶混合中心矩.

定义 2.5　设 n 维随机向量 $\boldsymbol{X} = (X_1, X_2, \cdots, X_n)$, 则称

$$\boldsymbol{\mu} = \mathrm{E}\,\boldsymbol{X} = \mathrm{mean}(X_1, X_2, \cdots, X_n) = (\mathrm{E}\,X_1, \mathrm{E}\,X_2, \cdots, \mathrm{E}\,X_n)$$

为 $\boldsymbol{X}$ 的**数学期望**, 或简称 $\boldsymbol{X}$ 的**期望**.

定义 2.6　设 n 维随机向量 $\boldsymbol{X} = (X_1, X_2, \cdots, X_n)$, 记

$$\sigma_{ij} = \mathrm{cov}(X_i, X_j) = \mathrm{E}(X_i - \mathrm{E}\,X_i)(X_j - \mathrm{E}\,X_j), \quad i, j = 1, 2, \cdots, n,$$

则称矩阵

$$\boldsymbol{\Sigma} = \mathrm{cov}(\boldsymbol{X}) = \begin{bmatrix} \sigma_{11} & \sigma_{12} & \cdots & \sigma_{1n} \\ \sigma_{21} & \sigma_{22} & \cdots & \sigma_{2n} \\ \vdots & \vdots & \ddots & \vdots \\ \sigma_{n1} & \sigma_{n2} & \cdots & \sigma_{nn} \end{bmatrix}$$

为随机向量 $\boldsymbol{X} = (X_1, X_2, \cdots, X_n)$ 的**协方差矩阵**. 如果记

$$\rho_{ij} = \frac{\sigma_{ij}}{\sqrt{\sigma_{ii}\sigma_{jj}}}, \quad i, j = 1, 2, \cdots, n,$$

则称矩阵

$$\mathrm{corr}(\boldsymbol{X}) = \begin{bmatrix} \rho_{11} & \rho_{12} & \cdots & \rho_{1n} \\ \rho_{21} & \rho_{22} & \cdots & \rho_{2n} \\ \vdots & \vdots & \ddots & \vdots \\ \rho_{n1} & \rho_{n2} & \cdots & \rho_{nn} \end{bmatrix}$$

为随机向量 $\boldsymbol{X} = (X_1, X_2, \cdots, X_n)$ 的相关矩阵或相关系数矩阵.

在实际应用中, 需要处理的往往是随机变量的观测数据, 因此, 接下来我们将给出几个常用的样本统计量[①].

2.2.2 样本统计量

定义 2.7 给定随机变量 X 的 n 个观测值 $x_1, x_2, \cdots, x_n$, 分别称[②]

$$\mu = \mathrm{mean}(\boldsymbol{x}) = \frac{1}{n} \sum_{i=1}^{n} x_i, \tag{2.4}$$

$$\sigma^2 = \mathrm{var}(\boldsymbol{x}) = \frac{1}{n} \sum_{i=1}^{n} (x_i - \mu)^2, \tag{2.5}$$

$$m_k = \frac{1}{n} \sum_{i=1}^{n} x_i^k, \quad k = 1, 2, \cdots, \tag{2.6}$$

$$m_k' = \frac{1}{n} \sum_{i=1}^{n} (x_i - \mu)^k, \quad k = 1, 2, \cdots \tag{2.7}$$

为随机变量 X 的样本 $x_1, x_2, \cdots, x_n$ 的样本均值、样本方差[③]、样本 k 阶原点矩和样本 k 阶中心矩. 其中 $\boldsymbol{x} = [x_1 \quad x_2 \quad \cdots \quad x_n]^{\mathrm{T}}$ 为由 $x_1, x_2, \cdots, x_n$ 这 n 个观测构成的样本列向量.

---

① 样本统计量和总体参数 (总体统计量) 是统计学中两个基本的概念, 一般用数据的样本统计量估计它的总体参数. 为了方便起见, 本书对样本统计量和总体参数的符号表达不做区分.

② 对于 $\mathrm{mean}(\cdot)$, $\mathrm{var}(\cdot)$ 等符号, 当括号中是随机变量时, 它们表示的是随机变量的数字特征, 而当括号中是观测向量时, 它们表示的是观测数据的样本统计量.

③ 样本方差的计算也可以采用公式 $\mathrm{var}(\boldsymbol{x}) = \frac{1}{n-1} \sum_{i=1}^{n} (x_i - \mu)^2$. 其中系数的选取取决于随机变量的均值情况. 当均值已知时, 系数使用 $\frac{1}{n}$, 而当均值为估计值的时候, 系数使用 $\frac{1}{n-1}$. 在本书中, 为了简单起见, 如果不做特别说明, 系数均取 $\frac{1}{n}$.

定义 2.8   给定随机变量 X 的 n 个观测值 $x_1, x_2, \cdots, x_n$, 以及随机变量 Y 的观测值 $y_1, y_2, \cdots, y_n$, 称

$$\mathrm{cov}(\boldsymbol{x}, \boldsymbol{y}) = \frac{1}{n} \sum_{i=1}^{n} (x_i - \mu_{\boldsymbol{x}})(y_i - \mu_{\boldsymbol{y}}) \tag{2.8}$$

为随机变量 X 和 Y 的样本 $\boldsymbol{x}$ 和 $\boldsymbol{y}$ 的样本协方差, 其中 $\boldsymbol{x}$ 定义如上, 而 $\boldsymbol{y}$ 是由 $y_1, y_2, \cdots, y_n$ 这 n 个观测构成的样本列向量 $\boldsymbol{y} = [y_1 \quad y_2 \quad \cdots \quad y_n]^{\mathrm{T}}$, 此外, $\mu_{\boldsymbol{x}}$ 和 $\mu_{\boldsymbol{y}}$ 分别为 $\boldsymbol{x}$ 和 $\boldsymbol{y}$ 的均值.

给定 p 维随机向量 $\boldsymbol{X}$ 的 n 个观测, 我们可以得到一个 $p \times n$ 的观测矩阵 $\mathbf{X}$, 即

$$\mathbf{X} = \begin{bmatrix} x_{11} & x_{12} & \cdots & x_{1n} \\ x_{21} & x_{22} & \cdots & x_{2n} \\ \vdots & \vdots & \ddots & \vdots \\ x_{p1} & x_{p2} & \cdots & x_{pn} \end{bmatrix}. \tag{2.9}$$

此时, 可以认为观测矩阵由随机向量的 n 个观测值构成, 即

$$\mathbf{X} = [\boldsymbol{x}_1 \quad \boldsymbol{x}_2 \quad \cdots \quad \boldsymbol{x}_n],$$

其中 $\boldsymbol{x}_i = [x_{1i} \quad x_{2i} \quad \cdots \quad x_{pi}]^{\mathrm{T}}(i = 1, 2, \cdots, n)$ 为随机向量 $\boldsymbol{X}$ 的第 i 个观测值. 也可以认为观测矩阵由 p 个随机变量的样本观测行向量构成, 即

$$\mathbf{X} = \begin{bmatrix} X_1 \\ X_2 \\ \vdots \\ X_p \end{bmatrix},$$

其中样本 $X_i = [x_{i1} \quad x_{i2} \quad \cdots \quad x_{in}](i = 1, 2, \cdots, p)$ 由随机向量 $\boldsymbol{X}$ 的第 i 个分量的 n 个观测构成[①].

定义 2.9   给定 p 维随机向量 $\boldsymbol{X}$ 的 n 个观测, 即

$$\mathbf{X} = [\boldsymbol{x}_1 \quad \boldsymbol{x}_2 \quad \cdots \quad \boldsymbol{x}_n] = \begin{bmatrix} X_1 \\ X_2 \\ \vdots \\ X_p \end{bmatrix},$$

---

① 这里的 X_i 表示的是行向量, 而在前文中大写斜体字母也被用来表示随机变量. 对于一个给定的大写斜体符号, 读者可以结合上下文判断其含义.

称

$$\boldsymbol{\mu} = \text{mean}(\mathbf{X}) = \begin{bmatrix} \text{mean}(X_1) \\ \text{mean}(X_2) \\ \vdots \\ \text{mean}(X_p) \end{bmatrix} = \begin{bmatrix} \mu_1 \\ \mu_2 \\ \vdots \\ \mu_p \end{bmatrix} \tag{2.10}$$

为随机向量 $\boldsymbol{X}$ 的样本 $\mathbf{X}$ 的**样本均值向量**. 其中

$$\mu_i = \text{mean}(X_i) = \frac{1}{n} \sum_{k=1}^{n} x_{ik}, \quad i = 1, 2, \cdots, p$$

为 X_i 的样本均值. 记

$$\sigma_{ij} = \text{cov}(X_i, X_j) = \frac{1}{n} \sum_{k=1}^{n} (x_{ik} - \mu_i)(x_{jk} - \mu_j), \quad i, j = 1, 2, \cdots, p$$

为 X_i, X_j 的样本协方差. 则

$$\boldsymbol{\Sigma} = \text{cov}(\mathbf{X}) = \begin{bmatrix} \sigma_{11} & \sigma_{12} & \cdots & \sigma_{1p} \\ \sigma_{21} & \sigma_{22} & \cdots & \sigma_{2p} \\ \vdots & \vdots & \ddots & \vdots \\ \sigma_{p1} & \sigma_{p2} & \cdots & \sigma_{pp} \end{bmatrix} \tag{2.11}$$

为随机向量 $\boldsymbol{X}$ 的样本 $\mathbf{X}$ 的**样本协方差矩阵**, 简称为 $\mathbf{X}$ 的协方差矩阵.

此外, 随机向量的其他样本统计量也可以给出类似的定义, 这里就不再赘述. 可以认为, 各个样本统计量是随机变量相应数字特征的估计值.

2.2.3 样本统计量的向量表示

1. 样本均值

给定随机变量 X 的 n 个观测值 $x_1, x_2, \cdots, x_n$, 样本均值的计算可以表示为

$$\mu = \text{mean}(\boldsymbol{x}) = \frac{1}{n} \sum_{i=1}^{n} x_i = \frac{1}{n} \mathbf{1}^{\mathrm{T}} \boldsymbol{x}, \tag{2.12}$$

其中 $\mathbf{1}$ 是所有元素均为 1 的 n 维列向量.

2. 样本方差

给定随机变量 X 的 n 个观测值 $x_1, x_2, \cdots, x_n$, 样本方差的计算可以表示为

$$\sigma^2 = \text{var}(\boldsymbol{x}) = \frac{1}{n}(\boldsymbol{x} - \mu\boldsymbol{1})^{\mathrm{T}}(\boldsymbol{x} - \mu\boldsymbol{1}). \tag{2.13}$$

当样本均值 $\mu = 0$ 时, 样本方差可以简单地表示为

$$\sigma^2 = \text{var}(\boldsymbol{x}) = \frac{1}{n}\boldsymbol{x}^{\mathrm{T}}\boldsymbol{x}. \tag{2.14}$$

需要注意的是, 如果样本向量 $\boldsymbol{x}$ 为行向量, 则需要将公式 (2.14) 调整为

$$\sigma^2 = \text{var}(\boldsymbol{x}) = \frac{1}{n}\boldsymbol{x}\boldsymbol{x}^{\mathrm{T}}. \tag{2.15}$$

3. 样本协方差

给定随机变量 X 的 n 个观测值 $x_1, x_2, \cdots, x_n$, 以及随机变量 Y 的 n 个观测值 $y_1, y_2, \cdots, y_n$, 它们的样本协方差的计算可以表示为

$$\text{cov}(\boldsymbol{x}, \boldsymbol{y}) = \frac{1}{n}(\boldsymbol{x} - \mu_{\boldsymbol{x}}\boldsymbol{1})^{\mathrm{T}}(\boldsymbol{y} - \mu_{\boldsymbol{y}}\boldsymbol{1}). \tag{2.16}$$

当样本均值 $\mu_{\boldsymbol{x}} = 0, \mu_{\boldsymbol{y}} = 0$ 时, 样本协方差可以简单地表示为

$$\text{cov}(\boldsymbol{x}, \boldsymbol{y}) = \frac{1}{n}\boldsymbol{x}^{\mathrm{T}}\boldsymbol{y}. \tag{2.17}$$

4. 样本均值向量

给定 p 维随机向量 $\boldsymbol{X}$ 的 n 个观测值 $\mathbf{X}$(见 (2.9)), 其样本均值向量的计算可以表示为

$$\boldsymbol{\mu} = \frac{1}{n}\mathbf{X}\boldsymbol{1}. \tag{2.18}$$

5. 样本协方差矩阵

给定 p 维随机向量 $\boldsymbol{X}$ 的 n 个观测值 $\mathbf{X}$, $\mathbf{X}$ 的样本协方差矩阵可以表示为

$$\boldsymbol{\Sigma} = \text{cov}(\mathbf{X}) = \frac{1}{n}(\mathbf{X} - \boldsymbol{\mu}\boldsymbol{1}^{\mathrm{T}})(\mathbf{X} - \boldsymbol{\mu}\boldsymbol{1}^{\mathrm{T}})^{\mathrm{T}} = \frac{1}{n}\mathbf{X}\mathbf{X}^{\mathrm{T}} - \boldsymbol{\mu}\boldsymbol{\mu}^{\mathrm{T}}. \tag{2.19}$$

当样本均值向量为零向量时, 即 $\boldsymbol{\mu} = \boldsymbol{0}$, 样本协方差矩阵可以简单地表示为

$$\boldsymbol{\Sigma} = \text{cov}(\mathbf{X}) = \frac{1}{n}\mathbf{X}\mathbf{X}^{\mathrm{T}}. \tag{2.20}$$

值得注意的是, (2.19) 中 $(\mathbf{X} - \boldsymbol{\mu}\mathbf{1}^{\mathrm{T}})$ 这一项可以表示为

$$\mathbf{X} - \boldsymbol{\mu}\mathbf{1}^{\mathrm{T}} = \mathbf{X} - \frac{1}{n}\mathbf{X}\mathbf{1}\mathbf{1}^{\mathrm{T}} = \mathbf{X}\left(\mathbf{I} - \frac{1}{n}\mathbf{1}\mathbf{1}^{\mathrm{T}}\right) = \mathbf{X}\mathbf{P}_{\mathbf{1}}^{\perp}, \tag{2.21}$$

其中,

$$\mathbf{P}_{\mathbf{1}}^{\perp} = \mathbf{I} - \mathbf{1}\mathbf{1}^{\dagger} = \mathbf{I} - \mathbf{1}\left(\mathbf{1}^{\mathrm{T}}\mathbf{1}\right)^{-1}\mathbf{1}^{\mathrm{T}} = \mathbf{I} - \frac{1}{n}\mathbf{1}\mathbf{1}^{\mathrm{T}}$$

为 n 维样本空间中元素全为 1 的向量 $\mathbf{1}$ 的正交补投影算子. 从 (2.21) 可以看出, 数据在 p 维特征空间的中心化操作对应着其在 n 维样本空间的正交投影.

此外, 关于 $\mathbf{X}\mathbf{X}^{\mathrm{T}}$ 的计算, 可以根据 $\mathbf{X}$ 的不同分块方式, 给出两种不同的理解方式. 当 $\mathbf{X}$ 按照如下方式分块时,

$$\mathbf{X} = \begin{bmatrix} X_1 \\ X_2 \\ \vdots \\ X_p \end{bmatrix},$$

矩阵 $\mathbf{X}\mathbf{X}^{\mathrm{T}}$ 中的每一个元素都可以认为是矩阵 $\mathbf{X}$ 中相应的两个行向量的内积, 即

$$\mathbf{X}\mathbf{X}^{\mathrm{T}} = \begin{bmatrix} X_1 X_1^{\mathrm{T}} & X_1 X_2^{\mathrm{T}} & \cdots & X_1 X_p^{\mathrm{T}} \\ X_2 X_1^{\mathrm{T}} & X_2 X_2^{\mathrm{T}} & \cdots & X_2 X_p^{\mathrm{T}} \\ \vdots & \vdots & \ddots & \vdots \\ X_p X_1^{\mathrm{T}} & X_p X_2^{\mathrm{T}} & \cdots & X_p X_p^{\mathrm{T}} \end{bmatrix}. \tag{2.22}$$

当 $\mathbf{X}$ 按照如下方式分块时,

$$\mathbf{X} = \begin{bmatrix} \boldsymbol{x}_1 & \boldsymbol{x}_2 & \cdots & \boldsymbol{x}_n \end{bmatrix},$$

矩阵 $\mathbf{X}\mathbf{X}^{\mathrm{T}}$ 可以认为是 n 个秩 1 矩阵的和, 即

$$\mathbf{X}\mathbf{X}^{\mathrm{T}} = \sum_{i=1}^{n} \boldsymbol{x}_i \boldsymbol{x}_i^{\mathrm{T}}. \tag{2.23}$$

接下来以一个简单的 2×3 阶的矩阵

$$\mathbf{X} = \begin{bmatrix} 1 & 1 & 1 \\ 1 & 2 & 3 \end{bmatrix}$$

为例 $(p = 2, n = 3)$ 直观比较公式 (2.22) 和 (2.23) 的区别, 见图 2.5 和图 2.6.

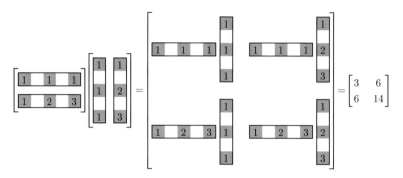

图 2.5　公式 (2.22) 矩阵乘法示意图

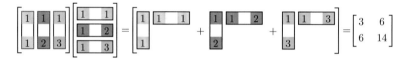

图 2.6　公式 (2.23) 矩阵乘法示意图

2.3　主成分分析的基本原理

给定一个 p 个特征、n 个观测的数据对象

$$\mathbf{X} = \begin{bmatrix} x_{11} & x_{12} & \cdots & x_{1n} \\ x_{21} & x_{22} & \cdots & x_{2n} \\ \vdots & \vdots & \ddots & \vdots \\ x_{p1} & x_{p2} & \cdots & x_{pn} \end{bmatrix},$$

可以将其看成 p 维空间的 n 个向量或者 n 个点. 尽管这 n 个向量在 p 维空间中, 但是正如图 2.4 所展示的那样, 它们的本征维度很可能不是 p. 也就是说, 尽管我们用 p 维空间来承载这些观测数据, 但这 n 个观测的整体信息很可能用一个更低维度的空间来表达就足够了. 那么, 该如何确定数据的本征维度呢?

2.3.1　任意方向的方差

为了寻求足以承载数据所有信息的低维子空间, 首先需要明确的就是用什么指标来表征数据的信息量. 主成分分析以方差为指标, 通过求取数据的方差极值方向从而得到足以表达数据信息的低维子空间[3, 4]. 由于观测数据 $\mathbf{X}$ 包含 p 个特征,为了得到数据的方差极值方向 $\boldsymbol{u} = [u_1 \quad u_2 \quad \cdots \quad u_p]^{\mathrm{T}}$, 我们首先需要将数据都投影到 $\boldsymbol{u}$ 方向, 得到

$$Y = \boldsymbol{u}^{\mathrm{T}}\mathbf{X}.$$

显然 Y 是一个包含 n 个元素的行向量, 可以认为它是一个新的随机变量的 n 个观测. 为了方便起见, 不妨假设 $\mathbf{X}$ 的均值向量为零向量, 即 $\boldsymbol{\mu} = \mathrm{mean}(\mathbf{X}) = \mathbf{0}$. 根据 (2.15) 可以得到 Y 的方差为

$$\mathrm{var}(Y) = \mathrm{var}(\boldsymbol{u}^{\mathrm{T}}\mathbf{X}) = \frac{1}{n}\boldsymbol{u}^{\mathrm{T}}\mathbf{X}\mathbf{X}^{\mathrm{T}}\boldsymbol{u} = \boldsymbol{u}^{\mathrm{T}}\boldsymbol{\Sigma}\boldsymbol{u}, \tag{2.24}$$

其中 $\boldsymbol{\Sigma} = \dfrac{1}{n}\mathbf{X}\mathbf{X}^{\mathrm{T}}$ 是观测数据的协方差矩阵.

公式 (2.24) 清晰地表明, 多元观测数据在任意方向的方差可以由数据的协方差矩阵 $\boldsymbol{\Sigma}$ 和投影方向 $\boldsymbol{u}$ 解析表达. 这个公式简洁、美观, 令人震撼! 首先, 它进一步加深了我们对协方差矩阵的理解, 即数据的协方差矩阵包含了数据的所有二阶统计信息. 其次, 它极大地便利了我们对方差极值方向的求解.

2.3.2 模型与求解

尽管 (2.24) 给出了数据在任意方向方差的解析表达, 但是注意到该方差的大小会受到 $\boldsymbol{u}$ 的范数 $\|\boldsymbol{u}\|$ 的大小的影响. 当 $\|\boldsymbol{u}\|$ 趋于无穷大时, $\mathrm{var}(\boldsymbol{u}^{\mathrm{T}}\mathbf{X})$ 可以趋于无穷大; 而当 $\|\boldsymbol{u}\|$ 趋于零时, $\mathrm{var}(\boldsymbol{u}^{\mathrm{T}}\mathbf{X})$ 也会趋于零. 因此, 有必要对 $\boldsymbol{u}$ 加以限制, 使得 $\mathrm{var}(\boldsymbol{u}^{\mathrm{T}}\mathbf{X})$ 不受 $\boldsymbol{u}$ 的长度的影响. 于是, 就得到如下的主成分分析优化模型

$$\begin{cases} \max\limits_{\boldsymbol{u}} & \mathrm{var}(\boldsymbol{u}^{\mathrm{T}}\mathbf{X}) = \boldsymbol{u}^{\mathrm{T}}\boldsymbol{\Sigma}\boldsymbol{u} \\ \mathrm{s.t.} & \boldsymbol{u}^{\mathrm{T}}\boldsymbol{u} = 1. \end{cases} \tag{2.25}$$

上述优化模型为等式约束的目标函数的极值问题, 可以用拉格朗日乘子法建立如下目标函数

$$\mathcal{L}(\boldsymbol{u}, \lambda) = \frac{1}{2}\boldsymbol{u}^{\mathrm{T}}\boldsymbol{\Sigma}\boldsymbol{u} + \frac{\lambda}{2}(1 - \boldsymbol{u}^{\mathrm{T}}\boldsymbol{u}). \tag{2.26}$$

该函数对 $\boldsymbol{u}$ 的偏导数如下

$$\frac{\partial\mathcal{L}(\boldsymbol{u}, \lambda)}{\partial\boldsymbol{u}} = \boldsymbol{\Sigma}\boldsymbol{u} - \lambda\boldsymbol{u}.$$

函数 $\mathcal{L}(\boldsymbol{u}, \lambda)$ 极值处的偏导数必然为零向量, 因此, 令 $\dfrac{\partial\mathcal{L}(\boldsymbol{u}, \lambda)}{\partial\boldsymbol{u}} = \mathbf{0}$ 可得到

$$\boldsymbol{\Sigma}\boldsymbol{u} = \lambda\boldsymbol{u}. \tag{2.27}$$

从 (2.27) 可以看出, 观测数据方差极值方向的求取可以归结为其协方差矩阵的特征值与特征向量问题. 方程 (2.27) 两边同时左乘 $\boldsymbol{u}^{\mathrm{T}}$, 结合 $\boldsymbol{u}$ 的单位向量约束, 可得

$$\boldsymbol{u}^{\mathrm{T}}\boldsymbol{\Sigma}\boldsymbol{u} = \lambda\boldsymbol{u}^{\mathrm{T}}\boldsymbol{u} = \lambda. \tag{2.28}$$

公式 (2.28) 明确地告诉我们, 协方差矩阵的特征值正好就是数据在对应特征向量方向的方差.

假设协方差矩阵 $\boldsymbol{\Sigma}$ 的 p 个特征值满足 $\lambda_1 \geqslant \cdots \geqslant \lambda_p$, 相应的特征向量记为 $\boldsymbol{u}_1, \cdots, \boldsymbol{u}_p$. 那么 $\boldsymbol{\Sigma}$ 的属于最大特征值 λ_1 的特征向量 $\boldsymbol{u}_1$ 即为数据的最大方差方向. 将数据 $\mathbf{X}$ 投影到该方向将得到数据的第一主成分

$$Y_1 = \boldsymbol{u}_1^{\mathrm{T}}\mathbf{X}.$$

接下来, 我们致力于寻找数据的第二个方差极值方向, 希望所求的新方向仍使得 $\mathrm{var}(\boldsymbol{u}^{\mathrm{T}}\mathbf{X}) = \boldsymbol{u}^{\mathrm{T}}\boldsymbol{\Sigma}\boldsymbol{u}$ 达到极值, 同时不受第一个方差极值方向的影响. 因此, 第二个方差极值方向的求取可以归结为如下优化模型

$$\begin{cases} \max\limits_{\boldsymbol{u}} \quad \mathrm{var}(\boldsymbol{u}^{\mathrm{T}}\mathbf{X}) = \boldsymbol{u}^{\mathrm{T}}\boldsymbol{\Sigma}\boldsymbol{u} \\ \mathrm{s.t.} \quad \boldsymbol{u}^{\mathrm{T}}\boldsymbol{u} = 1, \quad \boldsymbol{u}^{\mathrm{T}}\boldsymbol{u}_1 = 0. \end{cases} \tag{2.29}$$

与 (2.25) 不同的是, (2.29) 通过引入正交约束来规避第一个方差方向的影响. 这事实上等价于在 $\boldsymbol{u}_1$ 的正交补空间寻找数据的方差极值方向. 同样地, 可以利用拉格朗日乘子法对 (2.29) 进行求解. 首先构造 (2.29) 的拉格朗日函数为

$$\mathcal{L}(\boldsymbol{u}, \lambda, \mu) = \frac{1}{2}\boldsymbol{u}^{\mathrm{T}}\boldsymbol{\Sigma}\boldsymbol{u} + \frac{1}{2}\lambda(1 - \boldsymbol{u}^{\mathrm{T}}\boldsymbol{u}) + \mu\boldsymbol{u}^{\mathrm{T}}\boldsymbol{u}_1, \tag{2.30}$$

该函数对 $\boldsymbol{u}$ 求偏导数得

$$\frac{\partial\mathcal{L}(\boldsymbol{u}, \lambda, \mu)}{\partial\boldsymbol{u}} = \boldsymbol{\Sigma}\boldsymbol{u} - \lambda\boldsymbol{u} + \mu\boldsymbol{u}_1,$$

令偏导数为零向量得

$$\boldsymbol{\Sigma}\boldsymbol{u} = \lambda\boldsymbol{u} - \mu\boldsymbol{u}_1, \tag{2.31}$$

公式 (2.31) 两边同时左乘 $\boldsymbol{u}_1^{\mathrm{T}}$, 得

$$\boldsymbol{u}_1^{\mathrm{T}}\boldsymbol{\Sigma}\boldsymbol{u} - \lambda\boldsymbol{u}_1^{\mathrm{T}}\boldsymbol{u} + \mu\boldsymbol{u}_1^{\mathrm{T}}\boldsymbol{u}_1 = 0. \tag{2.32}$$

由于 $\boldsymbol{\Sigma}\boldsymbol{u}_1 = \lambda\boldsymbol{u}_1$ 以及 $\boldsymbol{u}_1^{\mathrm{T}}\boldsymbol{u} = 0$, 整理 (2.32) 可得 $\mu = 0$. 因此由 (2.31) 得 $\boldsymbol{\Sigma}\boldsymbol{u} = \lambda\boldsymbol{u}$. 这意味着 (2.29) 的极值方向也可以归结为协方差矩阵 $\boldsymbol{\Sigma}$ 的特征向量

问题. 又由于 $\boldsymbol{u}^{\mathrm{T}}\boldsymbol{u}_1 = 0$ 的约束, 可以推断使得 (2.29) 达到最大值的方向必然是 $\boldsymbol{\Sigma}$ 的第二大特征值 λ_2 所对应的特征向量 $\boldsymbol{u}_2$, 即 $\boldsymbol{u} = \boldsymbol{u}_2$. 以此类推, 我们仅需要求解出 (2.27) 的所有非零特征值所对应的特征向量, 即可得到原始数据的所有方差极值方向. 记

$$\boldsymbol{\Lambda} = \begin{bmatrix} \lambda_1 & 0 & \cdots & 0 \\ 0 & \lambda_2 & \cdots & 0 \\ \vdots & \vdots & \ddots & \vdots \\ 0 & 0 & \cdots & \lambda_p \end{bmatrix}, \quad \mathbf{U} = [\boldsymbol{u}_1 \quad \boldsymbol{u}_2 \quad \cdots \quad \boldsymbol{u}_p],$$

它们分别为协方差矩阵 $\boldsymbol{\Sigma}$ 的特征值矩阵和特征向量矩阵. 则最终的主成分变换公式为

$$\mathbf{Y} = \mathbf{U}^{\mathrm{T}}\mathbf{X}, \tag{2.33}$$

其中前 k 个主成分的贡献率定义为

$$\eta(k) = \frac{\lambda_1 + \lambda_2 + \cdots + \lambda_k}{\lambda_1 + \lambda_2 + \cdots + \lambda_p}. \tag{2.34}$$

在应用中, 可以根据给定的贡献率来确定需要保留的主成分的个数.

总结而言, 对于给定的一个 p 个特征、n 个观测的数据 $\mathbf{X}$, 对其进行主成分分析的主要步骤如下.

算法 2.1 主成分分析的主要步骤

1. 计算数据的均值向量且将数据中心化: $\boldsymbol{\mu} = \dfrac{1}{n}\mathbf{X}\mathbf{1}, \mathbf{X} = \mathbf{X} - \boldsymbol{\mu}\mathbf{1}^{\mathrm{T}}$
2. 计算协方差矩阵: $\boldsymbol{\Sigma} = \dfrac{1}{n}\mathbf{X}\mathbf{X}^{\mathrm{T}}$
3. 对 $\boldsymbol{\Sigma}$ 进行特征分解得到其特征值与特征向量: $\boldsymbol{\Sigma} = \mathbf{U}\boldsymbol{\Lambda}\mathbf{U}^{\mathrm{T}}$
4. 主成分变换: $\mathbf{Y} = \mathbf{U}^{\mathrm{T}}\mathbf{X}$

以上的主成分分析过程采用的是数据的协方差矩阵, 而在实际的应用中, 为了消除量纲的影响, 可以将协方差矩阵替换为相关系数矩阵. 下面给出一个主成分分析的简单例子.

例 2.1 假设观测数据为

$$\mathbf{X} = \begin{bmatrix} 1 & 2 & 3 \\ 1 & 1 & 3 \end{bmatrix},$$

试对该数据进行主成分分析.

解　显然该数据可以视为二维平面上的三个点 (即 $p = 2, n = 3$), 它们的坐标分别为 $(1,1)$, $(2,1)$ 和 $(3,3)$, 见图 2.7.

(1) 首先得到数据的均值向量为

$$\boldsymbol{\mu} = \frac{1}{3}\mathbf{X}\mathbf{1} = \frac{1}{3}\begin{bmatrix} 1 & 2 & 3 \\ 1 & 1 & 3 \end{bmatrix}\begin{bmatrix} 1 \\ 1 \\ 1 \end{bmatrix} = \begin{bmatrix} 2 \\ \dfrac{5}{3} \end{bmatrix},$$

然后将数据中心化, 即

$$\mathbf{X} = \mathbf{X} - \boldsymbol{\mu}\mathbf{1}^{\mathrm{T}} = \begin{bmatrix} -1 & 0 & 1 \\ -\dfrac{2}{3} & -\dfrac{2}{3} & \dfrac{4}{3} \end{bmatrix},$$

这里 $\mathbf{1} = \begin{bmatrix} 1 & 1 & 1 \end{bmatrix}^{\mathrm{T}}$ 是一个分量全为 1 的列向量.

(2) 计算协方差矩阵

$$\boldsymbol{\Sigma} = \frac{1}{3}\mathbf{X}\mathbf{X}^{\mathrm{T}} = \frac{1}{3}\begin{bmatrix} -1 & 0 & 1 \\ -\dfrac{2}{3} & -\dfrac{2}{3} & \dfrac{4}{3} \end{bmatrix}\begin{bmatrix} -1 & -\dfrac{2}{3} \\ 0 & -\dfrac{2}{3} \\ 1 & \dfrac{4}{3} \end{bmatrix} = \frac{1}{9}\begin{bmatrix} 6 & 6 \\ 6 & 8 \end{bmatrix}.$$

(3) 对协方差矩阵进行特征分解得 $\boldsymbol{\Sigma} = \mathbf{U}\boldsymbol{\Lambda}\mathbf{U}^{\mathrm{T}}$, 其中特征值和特征向量矩阵分别为

$$\boldsymbol{\Lambda} = \begin{bmatrix} \lambda_1 & 0 \\ 0 & \lambda_2 \end{bmatrix} = \begin{bmatrix} 1.4536 & 0 \\ 0 & 0.1019 \end{bmatrix},$$

$$\mathbf{U} = \begin{bmatrix} \boldsymbol{u}_1 & \boldsymbol{u}_2 \end{bmatrix} = \begin{bmatrix} 0.6464 & -0.7630 \\ 0.7630 & 0.6464 \end{bmatrix}.$$

(4) 主成分变换

$$\mathbf{Y} = \mathbf{U}^{\mathrm{T}}\mathbf{X} = \begin{bmatrix} -1.1551 & -0.5087 & 1.6637 \\ 0.3321 & -0.4309 & 0.0988 \end{bmatrix},$$

其中 $Y_1 = \boldsymbol{u}_1^{\mathrm{T}}\mathbf{X} = \begin{bmatrix} -1.1551 & -0.5087 & 1.6637 \end{bmatrix}$ 为第一主成分, 它对应着数据 $\mathbf{X}$ 在 $\boldsymbol{u}_1$ 方向的投影. $Y_2 = \boldsymbol{u}_2^{\mathrm{T}}\mathbf{X} = \begin{bmatrix} 0.3321 & -0.4309 & 0.0988 \end{bmatrix}$ 为第二主成分, 它对应着数据 $\mathbf{X}$ 在 $\boldsymbol{u}_2$ 方向的投影.

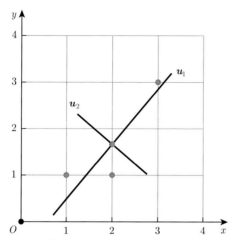

图 2.7 三个散点 $(1,1)$, $(2,1)$ 和 $(3,3)$ 的主成分变换

第一主成分和第二主成分方向分别为 $[0.6464\ \ 0.7630]^{\mathrm{T}}$, $[-0.7630\ \ 0.6464]^{\mathrm{T}}$；数据在这两个方向的方差分别为 $\lambda_1 = 1.4536$, $\lambda_2 = 0.1019$

从上面的计算可知, 数据在第一主成分方向上的方差为 $\lambda_1 = \boldsymbol{u}_1^{\mathrm{T}} \boldsymbol{\Sigma} \boldsymbol{u}_1 = 1.4536$, 而在第二主成分方向的方差为 $\lambda_2 = \boldsymbol{u}_2^{\mathrm{T}} \boldsymbol{\Sigma} \boldsymbol{u}_2 = 0.1019$. 第一个成分的贡献率达到了

$$\eta(1) = \frac{\lambda_1}{\lambda_1 + \lambda_2} = \frac{1.4536}{1.4536 + 0.1019} = 0.9345,$$

即数据的主要信息量分布在第一主成分.

2.4 主成分分析的几何解释

根据前面讲的主成分分析的基本原理和步骤, 我们可以对任意给定的数据进行主成分分析. 以图 2.8 中二维平面上的散点为例, 一旦给定一组散点, 总是可以找到这组数据的最大主成分方向和最小主成分方向. 并且, 这两个主成分方向可能会随着散点数量和散点分布形状的变化而变化. 然而, 有趣的是, 无论这两个主成分方向如何变化, 它们之间始终存在一个不变的关系, 即两个主成分方向必然互相垂直! 这个现象固然可以通过协方差矩阵的基本性质给出代数解释 (即, 任意实对称矩阵的特征向量必然正交), 但在其背后, 是否隐藏着更为深刻的几何机制呢?

对于具有 p 个特征、n 个观测的 $p \times n$ 大小的数据矩阵 $\mathbf{X}$, 我们一般把 $\mathbf{X}$ 的列向量所在的线性空间叫特征空间, $\mathbf{X}$ 的行向量所在的线性空间叫样本空间 (第 1 章已经使用了样本空间的概念). 这样, 矩阵 $\mathbf{X}$ 就可以认为由 p 维特征空间的 n 个 (列) 向量构成, 即

$$\mathbf{X} = [\boldsymbol{x}_1 \quad \boldsymbol{x}_2 \quad \cdots \quad \boldsymbol{x}_n]. \tag{2.35}$$

也可以认为 $\mathbf{X}$ 由 n 维样本空间的 p 个 (行) 向量构成, 即

$$\mathbf{X} = \begin{bmatrix} X_1 \\ X_2 \\ \vdots \\ X_p \end{bmatrix}. \tag{2.36}$$

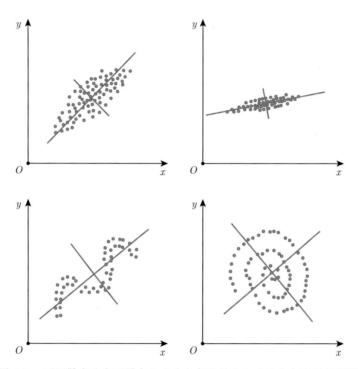

图 2.8   不同散点分布下最大主成分方向和最小主成分方向直观示意图

由于主成分分析模型的目标函数为 $\mathrm{var}(\mathbf{u}^{\mathrm{T}}\mathbf{X})$, 为了探寻主成分分析背后的几何机制, 我们有必要分析一下该目标函数中的 $\mathbf{u}^{\mathrm{T}}\mathbf{X}$ 这一项. 对于任意一个 p 维单位向量 $\boldsymbol{u} = [u_1 \quad u_2 \quad \cdots \quad u_p]^{\mathrm{T}}$, 根据 (2.35) 和 (2.36) 这两种 $\mathbf{X}$ 的不同的分块, $Y = \boldsymbol{u}^{\mathrm{T}}\mathbf{X}$ 也相应地有两种解释. 首先, 可以把 Y 看作 $\mathbf{X}$ 的 n 个列向量在 $\boldsymbol{u}$ 上的投影所得到的 n 个数值的集合, 即

$$Y = \boldsymbol{u}^{\mathrm{T}}\mathbf{X} = [\boldsymbol{u}^{\mathrm{T}}\boldsymbol{x}_1 \quad \boldsymbol{u}^{\mathrm{T}}\boldsymbol{x}_2 \quad \cdots \quad \boldsymbol{u}^{\mathrm{T}}\boldsymbol{x}_n]. \tag{2.37}$$

其次, 也可以把 Y 看作以 $\boldsymbol{u}$ 的 p 个分量作为权重的 $\mathbf{X}$ 的 p 个行向量的线性组合, 即

$$Y = \boldsymbol{u}^{\mathrm{T}}\mathbf{X} = u_1 X_1 + u_2 X_2 + \cdots + u_p X_p. \tag{2.38}$$

基于 (2.37), 我们更倾向于把 Y 当作一维空间的 n 个点的集合; 而基于 (2.38), 由于 $X_1, X_2, \cdots, X_p$ 均为 n 维空间的点或向量, 因此它们的线性组合 Y 也更倾向于被认为是 n 维空间的一个点或向量.

仍以上节例 2.1 中的数据为例 (直接使用中心化后的数据), 即

$$\mathbf{X} = \begin{bmatrix} -1 & 0 & 1 \\ -\dfrac{2}{3} & -\dfrac{2}{3} & \dfrac{4}{3} \end{bmatrix}.$$

显然, 如图 2.9 所示, 它对应二维平面上的三个蓝色的点

$$\boldsymbol{x}_1 = \begin{bmatrix} -1 \\ -\dfrac{2}{3} \end{bmatrix}, \quad \boldsymbol{x}_2 = \begin{bmatrix} 0 \\ -\dfrac{2}{3} \end{bmatrix}, \quad \boldsymbol{x}_3 = \begin{bmatrix} 1 \\ \dfrac{4}{3} \end{bmatrix}.$$

同时, 如图 2.10 所示, 它也对应三维空间上的两个蓝色的点

$$X_1 = \begin{bmatrix} -1 & 0 & 1 \end{bmatrix}, \quad X_2 = \begin{bmatrix} -\dfrac{2}{3} & -\dfrac{2}{3} & \dfrac{4}{3} \end{bmatrix}.$$

当选择 $\boldsymbol{u}$ 为 $45°$ 角方向单位向量时, 即 $\boldsymbol{u} = \begin{bmatrix} \dfrac{\sqrt{2}}{2} & \dfrac{\sqrt{2}}{2} \end{bmatrix}^{\mathrm{T}}$, 此时有

$$Y = \boldsymbol{u}^{\mathrm{T}}\mathbf{X} = \begin{bmatrix} -\dfrac{5\sqrt{2}}{6} & -\dfrac{\sqrt{2}}{3} & \dfrac{7\sqrt{2}}{6} \end{bmatrix}.$$

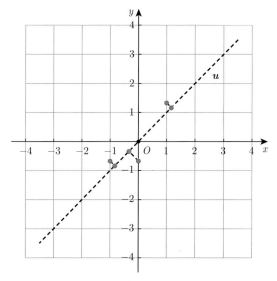

图 2.9　$Y = \boldsymbol{u}^{\mathrm{T}}\mathbf{X}$ 的特征空间解释

它相当于 $\mathbf{X}$ 的各个列向量在 $\boldsymbol{u}$ 方向上的投影

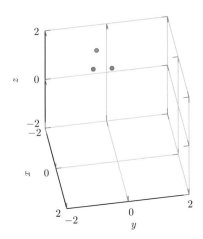

图 2.10　$Y = \boldsymbol{u}^{\mathrm{T}}\mathbf{X}$ 的样本空间解释
它相当于 $\mathbf{X}$ 的各个行向量以 $\boldsymbol{u}$ 的各个分量为权重的线性组合

基于 (2.37), 对应图 2.9 中三个红色的点, 它们相当于 $\mathbf{X}$ 的三个列向量在 $\boldsymbol{u}$ 方向的投影. 基于 (2.38), $Y = \left[-\dfrac{5\sqrt{2}}{6} \quad -\dfrac{\sqrt{2}}{3} \quad \dfrac{7\sqrt{2}}{6} \right]$ 对应图 2.10 中的一个红色的点, 它相当于 $\mathbf{X}$ 的两个行向量以 $\boldsymbol{u}$ 的两个分量为权重的线性组合.

接下来我们再来分析一下主成分分析模型的目标函数

$$\mathrm{var}(Y) = \mathrm{var}(\boldsymbol{u}^{\mathrm{T}}\mathbf{X}) = \boldsymbol{u}^{\mathrm{T}}\boldsymbol{\Sigma}\boldsymbol{u} = \frac{1}{n}\boldsymbol{u}^{\mathrm{T}}\mathbf{X}\mathbf{X}^{\mathrm{T}}\boldsymbol{u} = \frac{1}{n}\left\| \boldsymbol{u}^{\mathrm{T}}\mathbf{X} \right\|^{2} = \frac{1}{n}\left\| Y \right\|^{2}. \quad (2.39)$$

注意到, (2.39) 中左边这一项 $\mathrm{var}(Y)$ 代表数据 $\mathbf{X}$ 在 $\boldsymbol{u}$ 方向的方差, 它是 p 维空间中数据在 $\boldsymbol{u}$ 方向的统计量; 而 (2.39) 中最右边这一项中的 $\left\| Y \right\|^{2}$ 则代表 n 维样本空间中向量 Y 的几何量 (长度的平方). 也就是说, 主成分分析的目标函数既可以当作 p 维特征空间的统计量, 也可以看作 n 维样本空间的几何量. 那么读者不免要问, 从这两个角度看主成分分析有什么区别么? 或者说从样本空间看主成分分析有什么优势么?

我们知道, 几何量是一个相对于统计量更为直观的量. 对于给定的散点, 如果不经过计算的话, 在特征空间中我们很难直接判断出数据的各个主成分方向. 如果不利用协方差矩阵的代数性质的话, 也很难直接判断出这些主成分之间的相互关系. 而在样本空间, 特征空间中数据 $\mathbf{X}$ 在任意方向 $\boldsymbol{u}$ 的投影 $Y = \boldsymbol{u}^{\mathrm{T}}\mathbf{X}$ 的方差 $\mathrm{var}(Y)$ 对应样本空间的几何量 $\left\| Y \right\|^{2}$, 这似乎提供了一条从样本空间探寻数据主成分的途径. 问题的关键在于对于 $\mathbf{X}$ 的行向量的所有可能的线性组合 $Y = \boldsymbol{u}^{\mathrm{T}}\mathbf{X}$ (其中 $\boldsymbol{u}$ 为单位向量), 它们在样本空间中到底具有什么结构, 或者它们到底构成什么图形?

带着上面这个问题, 我们遍历所有的二维单位向量 u, 并用它们的分量对上面例子中的 $\mathbf{X}$ 的两个行向量 $X_1 = [-1 \quad 0 \quad 1]$ 和 $X_2 = \begin{bmatrix} -\dfrac{2}{3} & -\dfrac{2}{3} & \dfrac{4}{3} \end{bmatrix}$ 进行线性组合, 这样可以得到一个三维空间中的曲线, 如图 2.11 所示. 从图中可以看出, 这个曲线似乎是一个椭圆. 而椭圆上有两个特殊的点, 即椭圆长轴端点和椭圆短轴端点. 显然, 椭圆长轴端点是椭圆上所有点中距离原点 (椭圆中心) 最远的点, 而椭圆短轴端点是椭圆上所有点中距离原点最近的点.

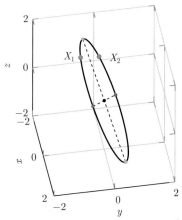

图 2.11 遍历二维单位向量对 $X_1 - \begin{bmatrix} -1 & 0 & 1 \end{bmatrix}$ 和 $X_2 - \begin{bmatrix} -\dfrac{2}{3} & -\dfrac{2}{3} & \dfrac{4}{3} \end{bmatrix}$ 线性组合得到的点的集合构成样本空间中的一个椭圆, 其长短轴端点 (绿色点和紫色点) 分别对应了数据的最大主成分和最小主成分

根据 (2.39) 中特征空间的方差极值和样本空间的距离极值的等价关系, 长轴端点必然对应特征空间的最大方差方向, 也就是说椭圆长轴端点就是数据的第一主成分! 同理, 椭圆短轴端点也必然是数据的最小主成分或第二主成分. 此外, 由于椭圆的长短轴必然垂直, 因此数据的各个主成分方向也必然垂直 (请读者思考). 需要强调的是, 这个椭圆完全由给定的数据确定. 一旦数据给定了, 这个椭圆在样本空间中的位置和性质也就确定了.

上面的例子展示了数据在具有 2 个特征、3 个观测的情况下, 其在二维特征空间的方差极值方向等价于该数据在三维样本空间中由其确定的椭圆的长短轴端点. 一般情况下, 对于 p 个特征、n 个观测的数据 $\mathbf{X}$, 该数据在样本空间中也唯一确定一个 p 维超椭球面, 其上的点都由 $\mathbf{X}$ 的行向量线性组合而成, 且组合系数向量为任意单位向量. 一旦数据给定了, 这个超椭球面在 n 维样本空间中的位置和形状也就完全确定了. 此外, 与上面的简单例子类似, 数据 $\mathbf{X}$ 在 p 维特征空间的方差极值方向等价于该数据在 n 维样本空间中由其确定的超椭球面的各个轴的端点.

上面的结论都建立在一个基本的假设或者猜想之上, 即用任意单位向量对原始数据 $\mathbf{X}$ 的行向量进行线性组合, 得到的散点 $\boldsymbol{u}^{\mathrm{T}}\mathbf{X}$ 都位于 n 维样本空间的 p 维超椭球面上. 这个猜想是否成立呢? 我们下面将给出严格的证明.

定理 2.1　对于具有 p 个特征、n 个观测的行满秩数据矩阵, 用任意 p 维单位向量 $\boldsymbol{u}$ 对 $\mathbf{X}$ 的各个行向量进行线性组合得到的散点 $\boldsymbol{u}^{\mathrm{T}}\mathbf{X}$ 总位于 n 维样本空间中的一个 p 维超椭球面上.

证明　用任意一个单位向量 $\boldsymbol{u}$ 对 $\mathbf{X}$ 的各个行向量进行线性组合得到 $Y = \boldsymbol{u}^{\mathrm{T}}\mathbf{X}$, 显然 Y 是一个 n 维行向量. 记 $\boldsymbol{y} = Y^{\mathrm{T}}$, 则 $\boldsymbol{y}$ 为 n 维列向量, 且有

$$\mathbf{X}^{\mathrm{T}}\boldsymbol{u} = \boldsymbol{y}. \tag{2.40}$$

由于 $\boldsymbol{y}$ 是 $\mathbf{X}^{\mathrm{T}}$ 的列向量的线性组合, 即 $\boldsymbol{y}$ 位于 $\mathbf{X}^{\mathrm{T}}$ 的列空间. 因此, 利用最小二乘法, 可以得到 $\boldsymbol{u}$ 的精确解为

$$\boldsymbol{u} = (\mathbf{X}\mathbf{X}^{\mathrm{T}})^{-1}\mathbf{X}\boldsymbol{y}. \tag{2.41}$$

因为 $\boldsymbol{u}$ 为单位向量, 即满足 $\boldsymbol{u}^{\mathrm{T}}\boldsymbol{u} = 1$, 因此 (2.41) 必然满足

$$\boldsymbol{y}^{\mathrm{T}}\mathbf{X}^{\mathrm{T}}(\mathbf{X}\mathbf{X}^{\mathrm{T}})^{-2}\mathbf{X}\boldsymbol{y} = 1, \tag{2.42}$$

即, $\boldsymbol{y}$ 是满足下述方程的解,

$$f(\boldsymbol{y}) = \boldsymbol{y}^{\mathrm{T}}\mathbf{X}^{\mathrm{T}}(\mathbf{X}\mathbf{X}^{\mathrm{T}})^{-2}\mathbf{X}\boldsymbol{y} - 1 = 0. \tag{2.43}$$

显然 $f(\boldsymbol{y}) = 0$ 为 n 维空间中的二次超曲面. 鉴于 $\mathbf{X}^{\mathrm{T}}(\mathbf{X}\mathbf{X}^{\mathrm{T}})^{-2}\mathbf{X}$ 是非负定实对称矩阵, 根据解析几何中曲面类型的判断准则可知, $f(\boldsymbol{y}) = 0$ 为 n 维空间中的一个 p 维超椭球面. ∎

总结而言, 类似于最小二乘法的几何解释, 样本空间为主成分分析的理解也提供了一个更加清晰、直观的视角.

例 2.2　平面上在正方形内均匀分布的二维散点 (图 2.12), 请给出该数据的方差极值方向.

解　首先, 在不经过计算的情况下, 似乎很难直观判断出该数据在各个方向方差的大小, 因此, 似乎也很难直接判断出该数据的方差极值方向. 但是, 根据定理 2.1, 我们知道该数据可以确定一个样本空间的椭圆, 由于椭圆的长短轴必然垂直, 因此该数据如果存在最大和最小方差方向时, 这两个方向也必然垂直. 但是由于该数据的特殊性, 二维特征平面上任意两个垂直方向的方差必然相等. 因此该数据在各个方向的方差也必然都相等. 也就是说, 该数据所确定的样本空间的椭圆其实是圆.

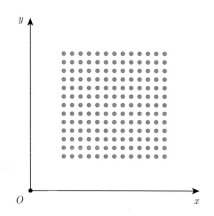

图 2.12   平面上以正方形形状均匀分布的散点

2.5   主成分分析的子空间逼近解释

本节从子空间逼近的角度对 PCA 进行解释. 对于具有 p 个特征、n 个观测的数据, 对其进行子空间逼近的含义就是我们希望找到一个能够尽量表征观测数据 $\mathbf{X}$ 的所有信息的低维子空间. 为了方便起见, 仍然假设 $\mathbf{X}$ 的均值向量为零向量.

不妨假设需要寻找的低维子空间的维度为 s $(s < p)$, 且 $\boldsymbol{q}_1, \boldsymbol{q}_2, \cdots, \boldsymbol{q}_s$ 为该子空间的一组标准正交基. 记

$$\mathbf{Q} = [\boldsymbol{q}_1 \quad \boldsymbol{q}_2 \quad \cdots \quad \boldsymbol{q}_s],$$

显然矩阵 $\mathbf{Q}$ 为列正交矩阵. 可以定义矩阵 $\mathbf{Q}$ 的正交投影矩阵为

$$\mathbf{P_Q} = \mathbf{Q}\mathbf{Q}^\dagger = \mathbf{Q}(\mathbf{Q}^\mathrm{T}\mathbf{Q})^{-1}\mathbf{Q}^\mathrm{T} = \mathbf{Q}\mathbf{Q}^\mathrm{T}, \tag{2.44}$$

将 $\mathbf{X}$ 投影到 $\mathbf{Q}$ 的列空间得

$$\mathbf{Y} = \mathbf{P_Q}\mathbf{X} = \mathbf{Q}\mathbf{Q}^\mathrm{T}\mathbf{X}. \tag{2.45}$$

如果矩阵 $\mathbf{Q}$ 的列空间是 $\mathbf{X}$ 的最佳逼近子空间, 则必然满足 $\mathbf{Y} = \mathbf{Q}\mathbf{Q}^\mathrm{T}\mathbf{X}$ 与 $\mathbf{X}$ 尽量接近. 我们不妨用它们之差的 F-范数的平方来衡量它们之间的误差, 于是可以建立如下关于 $\mathbf{Q}$ 的优化模型

$$\begin{cases} \min_{\mathbf{Q}} & \|(\mathbf{I}_p - \mathbf{Q}\mathbf{Q}^\mathrm{T})\mathbf{X}\|_\mathrm{F}^2 \\ \text{s.t.} & \mathbf{Q}^\mathrm{T}\mathbf{Q} = \mathbf{I}_s, \end{cases} \tag{2.46}$$

其中 $\mathbf{I}_p, \mathbf{I}_s$ 分别是 p 阶和 s 阶单位矩阵. 事实上, $\mathbf{P}_{\mathbf{Q}}^{\perp} = \mathbf{I}_p - \mathbf{Q}\mathbf{Q}^{\mathrm{T}}$ 是矩阵 $\mathbf{Q}$ 的正交补投影矩阵, 因此模型 (2.46) 也可以解读为: 寻求矩阵 $\mathbf{Q}$, 使得 $\mathbf{X}$ 在 $\mathbf{Q}$ 的列空间的正交补空间的投影分量尽量小. 又由于

$$
\begin{aligned}
\left\| (\mathbf{I}_p - \mathbf{Q}\mathbf{Q}^{\mathrm{T}})\mathbf{X} \right\|_{\mathrm{F}}^2 &= \operatorname{tr}\left(\mathbf{X}^{\mathrm{T}}\left(\mathbf{I}_p - \mathbf{Q}\mathbf{Q}^{\mathrm{T}} \right)\left(\mathbf{I}_p - \mathbf{Q}\mathbf{Q}^{\mathrm{T}} \right)\mathbf{X} \right) \\
&= \operatorname{tr}\left(\mathbf{X}^{\mathrm{T}}\left(\mathbf{I}_p - \mathbf{Q}\mathbf{Q}^{\mathrm{T}} \right)\mathbf{X} \right) \\
&= \operatorname{tr}\left(\mathbf{X}^{\mathrm{T}}\mathbf{X} \right) - \operatorname{tr}\left(\mathbf{X}^{\mathrm{T}}\mathbf{Q}\mathbf{Q}^{\mathrm{T}}\mathbf{X} \right),
\end{aligned} \tag{2.47}
$$

因此, 模型 (2.46) 中目标函数的最小化等价于 $\operatorname{tr}\left(\mathbf{X}^{\mathrm{T}}\mathbf{Q}\mathbf{Q}^{\mathrm{T}}\mathbf{X} \right)$ 的最大化. 进一步地, 因为

$$
\operatorname{tr}\left(\mathbf{X}^{\mathrm{T}}\mathbf{Q}\mathbf{Q}^{\mathrm{T}}\mathbf{X} \right) = \operatorname{tr}\left(\mathbf{Q}^{\mathrm{T}}\mathbf{X}\mathbf{X}^{\mathrm{T}}\mathbf{Q} \right),
$$

所以 (2.46) 可以转化为如下优化问题

$$
\begin{cases}
\displaystyle\max_{\mathbf{Q}} \ \operatorname{tr}\left(\mathbf{Q}^{\mathrm{T}}\mathbf{X}\mathbf{X}^{\mathrm{T}}\mathbf{Q} \right) \\[2mm]
\text{s.t. } \mathbf{Q}^{\mathrm{T}}\mathbf{Q} = \mathbf{I}_s.
\end{cases} \tag{2.48}
$$

而 (2.48) 的求解可以归结为矩阵 $\mathbf{X}\mathbf{X}^{\mathrm{T}}$ 的特征值与特征向量问题 (请读者思考并验证). 假设 $\lambda_1 \geqslant \lambda_2 \geqslant \cdots \geqslant \lambda_s$ 为 $\mathbf{X}\mathbf{X}^{\mathrm{T}}$ 的前 s 个最大的特征值, $\boldsymbol{u}_1, \boldsymbol{u}_2, \cdots, \boldsymbol{u}_s$ 为相应的特征向量, 则 $\mathbf{Q} = \begin{bmatrix} \boldsymbol{u}_1 & \boldsymbol{u}_2 & \cdots & \boldsymbol{u}_s \end{bmatrix}$ 为 (2.48) 的解, 而由 $\boldsymbol{u}_1, \boldsymbol{u}_2, \cdots, \boldsymbol{u}_s$ 这 s 个向量张成的 s 维子空间为待求的能够最大程度表征 $\mathbf{X}$ 所包含信息的子空间.

需要注意的是, 尽管待求的子空间是唯一确定的, 但是该空间的基可以有无穷多选择. 因此, 理论上 (2.48) 有无穷多解. 比如对于任意一个 $s \times s$ 的正交矩阵 $\mathbf{Q}_1$, 可以验证 $\mathbf{Q}\mathbf{Q}_1$ 也是 (2.48) 的解.

记 $\mathbf{X} = \begin{bmatrix} \boldsymbol{x}_1 & \boldsymbol{x}_2 & \cdots & \boldsymbol{x}_n \end{bmatrix}$, $\mathbf{Y} = \begin{bmatrix} \boldsymbol{y}_1 & \boldsymbol{y}_2 & \cdots & \boldsymbol{y}_n \end{bmatrix}$, 根据 (2.45), $\boldsymbol{y}_i(i = 1, 2, \cdots, n)$ 可以认为是 $\boldsymbol{x}_i(i = 1, 2, \cdots, n)$ 在 $\mathbf{Q}$ 的列空间的投影. 而 (2.46) 的目标函数则相当于所有这 n 个点的距离的平方和, 即

$$
\left\| (\mathbf{I}_p - \mathbf{Q}\mathbf{Q}^{\mathrm{T}})\mathbf{X} \right\|_{\mathrm{F}}^2 = \sum_{i=1}^{n} \left\| \boldsymbol{x}_i - \boldsymbol{y}_i \right\|^2 = \sum_{i=1}^{n} d_i^2. \tag{2.49}
$$

因此, 模型 (2.46) 的子空间逼近模型也可以解读为: 寻找一个特征空间的超平面[①], 使得观测数据的各个点到超平面的距离平方和最小. 通俗而言, 这相当于寻找一个

[①] 在本书中, 超平面泛指线性空间的子空间.

距离所有观测点都尽可能近的低维超平面, 也可以理解为用一个超平面去拟合给定的观测点.

当观测数据的特征数为 $p = 2$ 且待逼近的子空间维度为 $s = 1$ 时, (2.46) 就相当于寻找一个距离二维平面上各个观测点最近的直线, 而这正对应着直线拟合的总体最小二乘 (图 2.13).

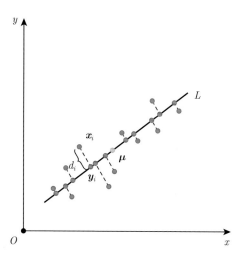

图 2.13 主成分分析的子空间逼近示意图

当观测样本为二维平面上的数据且待逼近的子空间的维数为 1 时, 主成分分析等价于直线拟合的总体最小二乘

例 2.3 试用主成分分析对平面上的三个点 $(1,1)$, $(2,1)$ 和 $(3,3)$ 进行直线拟合.

解 根据例 2.1 可知, 这三个点的均值向量为 $\boldsymbol{\mu} = \begin{bmatrix} 2 & \dfrac{5}{3} \end{bmatrix}^{\mathrm{T}}$, 第一主成分方向为 $\boldsymbol{u}_1 = [0.6464 \quad 0.7630]^{\mathrm{T}}$. 因此, 这三个散点的一维最佳逼近子空间是一个经过点 $\boldsymbol{\mu} = \begin{bmatrix} 2 & \dfrac{5}{3} \end{bmatrix}^{\mathrm{T}}$, 方向为 $\boldsymbol{u}_1 = [0.6464 \quad 0.7630]^{\mathrm{T}}$ 的直线. 对应的直线方程经过整理为

$$0.7630x - 0.6464y - 0.4487 = 0. \tag{2.50}$$

为了便于比较, 我们将 (2.50) 所对应的直线与基于 $y = ax + b$, $x = a'y + b'$ 所拟合的直线绘于同一平面内 (如图 2.14), 可以看出它们为三条不同的直线. 在实际应用中要根据实际情况选取合适的直线方程对给定的散点进行拟合.

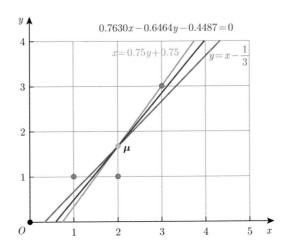

图 2.14   直线拟合的三种情形: $y = ax + b$, $x = a'y + b'$ 和 $ax + by + c = 0$

2.6   主成分分析的概率解释

对于给定的 p 个特征、n 个观测的数据 $\mathbf{X}$, 仍假设需要寻找的低维子空间的维度为 $s(s < p)$, 且仍然记 $\mathbf{Q} = [\boldsymbol{q}_1 \quad \boldsymbol{q}_2 \quad \cdots \quad \boldsymbol{q}_s]$, 其中 $\boldsymbol{q}_1, \boldsymbol{q}_2, \cdots, \boldsymbol{q}_s$ 为该子空间的任意一组标准正交基. 假设 $\mathbf{X}$ 服从多元正态分布, 那么, 它在 $\mathbf{Q}$ 的列空间的正交补空间的投影 $(\mathbf{I}_p - \mathbf{Q}\mathbf{Q}^{\mathrm{T}})\mathbf{X}$ 也服从多元正态分布. 记

$$\mathbf{E} = (\mathbf{I}_p - \mathbf{Q}\mathbf{Q}^{\mathrm{T}})\mathbf{X}, \tag{2.51}$$

可以认为 $\mathbf{E}$ 是 $\mathbf{X}$ 的子空间逼近的误差项. 在 (2.46) 的目标函数中, 用 $\mathbf{E}$ 的 F-范数的平方来衡量子空间逼近的误差的大小. 下面就为什么选择这一指标给出概率上的解读.

不妨假设 $\mathbf{E}$ 中的各个元素 $e_{ij}(1 \leqslant i \leqslant p, 1 \leqslant j \leqslant n)$ 独立且服从均值为 0、方差为 σ^2 的高斯分布, 即 $e_{ij} \sim N(0, \sigma^2)$. 对于所有的 e_{ij}, 其概率密度函数都具有如下形式

$$f(e_{ij}) = \frac{1}{\sqrt{2\pi}\sigma} e^{-\frac{e_{ij}^2}{2\sigma^2}}. \tag{2.52}$$

因此, 在给定矩阵参数 $\mathbf{Q}$ 的情况下, 子空间逼近的误差的联合概率密度函数为

$$f(\mathbf{E}|\mathbf{Q}) = \prod_{i,j} f(e_{ij}), \tag{2.53}$$

继而, 可以构建关于矩阵参数 $\mathbf{Q}$ 的对数似然函数为

$$l(\mathbf{Q}) = \ln f(\mathbf{E}|\mathbf{Q}) = \ln \prod_{i,j} f(e_{ij}) = \sum_{i,j} \ln \frac{1}{\sqrt{2\pi}\sigma} - \frac{1}{2\sigma^2} \sum_{i,j} e_{ij}^2. \tag{2.54}$$

显然, $l(\mathbf{Q})$ 的最大化等价于 $\sum_{i,j} e_{ij}^2$ 的最小化, 而

$$\sum_{i,j} e_{ij}^2 = \|\mathbf{E}\|_{\mathrm{F}}^2 = \left\|(\mathbf{I}_p - \mathbf{Q}\mathbf{Q}^{\mathrm{T}})\mathbf{X}\right\|_{\mathrm{F}}^2, \tag{2.55}$$

因此, 这就从概率上解释了 (2.46) 中为什么用 F-范数而不是别的指标来衡量误差的大小. 同时, 这也一定程度说明了, 只有当观测数据服从高斯分布时, 主成分分析才是最佳的降维手段. 当数据分布不满足高斯分布时, (2.51) 中的模型误差项一般也不再服从高斯分布, 后面的推导也就无从谈起. 此时, (2.46) 中的 F-范数失去了概率基础, 它通常也不再是衡量模型误差的最佳选择.

2.7　主成分分析的信息论解释

信息是个很抽象的概念. 人们常常说信息很多, 或者信息较少, 但却很难具体地说出信息到底有多少. 信息论之父香农首先给出了信息熵的定义并用它来衡量信息量的大小.

定义 2.10　设 X 是一个离散型随机变量, 其可能的取值为 $x_1, x_2, \cdots, x_n$, 相应的概率分别为 $P(x_1), P(x_2), \cdots, P(x_n)$, 则 X 的**熵**为

$$H(X) = -\sum_{i=1}^{n} P(x_i) \ln P(x_i). \tag{2.56}$$

定义 2.11　设 X 是一个概率密度函数为 $f(x)$ 的随机变量, 则 X 的熵 (称为**微分熵**) 定义为

$$H(X) = -\int_{-\infty}^{\infty} f(x) \ln f(x) dx. \tag{2.57}$$

例 2.4　试计算高斯分布的信源的微分熵.

解　假设 X 是一个服从高斯分布的随机变量, 且其概率密度函数为

$$f(x) = \frac{1}{\sqrt{2\pi}\sigma} e^{-\frac{(x-\mu)^2}{2\sigma^2}},$$

其中 μ, σ^2 分别为随机变量的均值和方差. 根据 (2.57), X 的微分熵为

$$H(X) = -\int_{-\infty}^{\infty} f(x)\ln f(x)dx = -\int_{-\infty}^{\infty} f(x)\ln\left(\frac{1}{\sqrt{2\pi\sigma^2}}e^{-\frac{(x-\mu)^2}{2\sigma^2}}\right)dx$$

$$= -\int_{-\infty}^{\infty} f(x)\ln\frac{1}{\sqrt{2\pi\sigma^2}}dx - \int_{-\infty}^{\infty} f(x)\ln e^{-\frac{(x-\mu)^2}{2\sigma^2}}dx.$$

因为

$$\int_{-\infty}^{\infty} f(x)dx = 1,$$

所以

$$H(X) = \frac{1}{2}\ln\left(2\pi\sigma^2\right) - \int_{-\infty}^{\infty} f(x)\ln e^{-\frac{(x-\mu)^2}{2\sigma^2}}dx$$

$$= \frac{1}{2}\ln\left(2\pi\sigma^2\right) + \int_{-\infty}^{\infty} f(x)\frac{(x-\mu)^2}{2\sigma^2}dx.$$

又因为

$$\int_{-\infty}^{\infty} (x-\mu)^2 f(x)dx = \sigma^2,$$

所以, 高斯随机变量的微分熵为

$$H(X) = \frac{1}{2}\ln\left(2\pi\sigma^2\right) + \frac{1}{2} = \frac{1}{2}\ln\left(2\pi e\sigma^2\right). \tag{2.58}$$

从 (2.58) 可以看出, 高斯分布的信源的微分熵只与方差正相关. 这也从另一个角度解释了主成分分析中用方差为指标来衡量数据信息量大小的合理性.

2.8　主成分分析在应用中的问题

尽管主成分分析是最常用的数据降维方法, 但在应用中也有诸多问题需要注意. 接下来, 将针对非高斯问题、量纲问题、维数问题、噪声问题等几个在主成分分析应用中经常遇到的问题展开探讨.

2.8.1　非高斯问题

当观测数据服从高斯分布时, 主成分分析是最佳的降维或特征提取手段. 在实际应用中, 由于各种因素的影响, 观测数据的高斯性假设往往很难得到保证. 此外, 一些应用寻求的是数据的非高斯性比较强的方向, 比如经典的鸡尾酒会问题. 在图 2.15 的场景中, 分别在多个位置放置了多个麦克风, 这些麦克风可以接收到场景中所有人的混合声音. 当麦克风数和人数都为 3 时, 对应的混合模型为

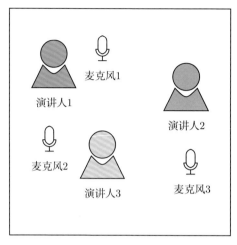

图 2.15 鸡尾酒会问题

$$x_1(t) = a_{11}s_1(t) + a_{12}s_2(t) + a_{13}s_3(t),$$

$$x_2(t) = a_{21}s_1(t) + a_{22}s_2(t) + a_{23}s_3(t),$$

$$x_3(t) = a_{31}s_1(t) + a_{32}s_2(t) + a_{33}s_3(t).$$

其中 $s_1(t), s_2(t), s_3(t)$ 分别为三个人单独的语音时间序列, $x_1(t), x_2(t), x_3(t)$ 为三个麦克风接收到的语音时间序列, 系数矩阵 $\mathbf{A}$ 则为相应的混合系数矩阵. 鸡尾酒会问题指的就是如何从这些麦克风收到的混合声音 $x_1(t), x_2(t), x_3(t)$ 中还原出场景中各个人的声音 $s_1(t), s_2(t), s_3(t)$. 独立成分分析是处理这类问题的常用手段, 常用的方法有 FastICA[5], JADE[6] 等. 第 3 章将要介绍的主偏度分析也可以用于处理此类问题.

2.8.2 量纲问题

在一些应用中, 观测数据的不同特征往往具有不同的量纲. 比如, 当分别用一把英寸刻度的尺子和一把厘米刻度的尺子同时测量某一物体的高度时, 就会得到如图 2.16 所示的散点分布. 由于 1 英寸 =2.54 厘米, 对同一个测量对象, 以厘米为量纲的测量结果在数值上就会明显要更大一些. 相应地, 对于一组测量对象, 以厘米为量纲的测量结果的方差在数值上也会更大一些. 因此, 这就会导致厘米刻度的观测对于主成分的贡献要远大于英寸刻度的观测. 为了克服这种由量纲的不同引起的各个特征对主成分的贡献不均衡的现象, 可以在对数据进行主成分分析之前首先将各个特征的观测标准化, 或者使用数据的相关系数矩阵对这种类型的数据进行主成分分析.

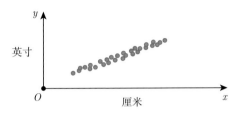

图 2.16　主成分分析中的量纲问题

当然, 由于厘米刻度的测量精度一般要高于英寸刻度的测量精度, 因此, 以厘米为量纲的观测对主成分的贡献更大也是合理的. 从这个角度来说, 对于图 2.16 中数据的主成分分析直接使用协方差矩阵也是无可厚非的.

2.8.3　维数问题

对于 p 个特征、n 个观测的数据 $\mathbf{X}$, 数据的主成分分析可以归结为它的大小为 $p \times p$ 的协方差矩阵 $\boldsymbol{\Sigma}$ 的特征值与特征向量问题. 一般情况下, 数据的特征数都比较小, 且远小于观测数. 而在某些应用中, 也会出现特征数很大且远大于观测数的情形, 即 $p \gg n$. 此时, 直接通过协方差矩阵的特征分析求取数据的各个主成分将具有相对较高的计算复杂度. 不妨设 $\mathbf{X}$ 的均值向量为零向量, 则其协方差矩阵 $\boldsymbol{\Sigma} = \dfrac{1}{n}\mathbf{X}\mathbf{X}^{\mathrm{T}}$ 的特征值与特征向量问题为

$$\frac{1}{n}\mathbf{X}\mathbf{X}^{\mathrm{T}}\boldsymbol{u} = \lambda \boldsymbol{u}. \tag{2.59}$$

当 p 非常大时, (2.59) 的求解具有很高的计算复杂度. 不妨在公式两边同时左乘 $\mathbf{X}^{\mathrm{T}}$,

$$\frac{1}{n}\mathbf{X}^{\mathrm{T}}\mathbf{X}\mathbf{X}^{\mathrm{T}}\boldsymbol{u} = \lambda \mathbf{X}^{\mathrm{T}}\boldsymbol{u}. \tag{2.60}$$

从 (2.60) 可以看出, $\mathbf{X}^{\mathrm{T}}\boldsymbol{u}$ 是 $\dfrac{1}{n}\mathbf{X}^{\mathrm{T}}\mathbf{X}$ 的特征向量. 由于 $p \gg n$, 因此, 相对于 $\dfrac{1}{n}\mathbf{X}\mathbf{X}^{\mathrm{T}}$, $\dfrac{1}{n}\mathbf{X}^{\mathrm{T}}\mathbf{X}$ 的特征值与特征向量的计算具有更低的计算复杂度. 但是, 我们需要求解的并不是 $\dfrac{1}{n}\mathbf{X}^{\mathrm{T}}\mathbf{X}$ 的特征向量, 而是 $\dfrac{1}{n}\mathbf{X}\mathbf{X}^{\mathrm{T}}$ 的特征向量. 为此, 我们只需要在 (2.60) 两边同时再左乘 $\mathbf{X}$, 则有

$$\frac{1}{n}\mathbf{X}\mathbf{X}^{\mathrm{T}}\mathbf{X}\mathbf{X}^{\mathrm{T}}\boldsymbol{u} = \lambda \mathbf{X}\mathbf{X}^{\mathrm{T}}\boldsymbol{u}. \tag{2.61}$$

从 (2.61) 可以看出 $\mathbf{X}\mathbf{X}^{\mathrm{T}}\boldsymbol{u}$ 正是 $\dfrac{1}{n}\mathbf{X}\mathbf{X}^{\mathrm{T}}$ 的特征向量.

因此, 当 $p \gg n$ 时, 为了求解观测数据 $\mathbf{X}$ 的协方差矩阵 $\mathbf{\Sigma}$ 的特征值与特征向量, 我们可以先得到 $\dfrac{1}{n}\mathbf{X}^{\mathrm{T}}\mathbf{X}$ 的特征向量 v, 再用其对 $\mathbf{X}$ 的各个列向量线性组合得到 $\mathbf{X}v$ 即为 $\mathbf{\Sigma}$ 的特征向量.

2.8.4　噪声问题

在实际应用中, 观测数据或多或少都会包含一定数量的噪声. 假设噪声为加性高斯噪声, 则观测数据 $\mathbf{X}$ 可以分解为真实信号 $\mathbf{S}$ 与高斯噪声 $\mathbf{N}$ 两部分之和, 即

$$\mathbf{X} = \mathbf{S} + \mathbf{N}.$$

当对此类含有噪声的数据进行主成分分析时, 各个主成分的确定不但取决于真实信号各个方向方差的大小, 而且也会受到噪声在特征空间方差分布的影响. 也就是说, 主成分分析本身并没有辨别信号和噪声的能力, 它只根据数据在某方向方差的大小进行主成分的判定. 当噪声在特征空间各个方向分布严重不均衡时, 主成分分析的某些比较靠前的主成分很可能会包含大量的噪声. 针对这类问题, 一般可以把主成分分析目标函数中的方差替换为信噪比, 相应的优化模型为

$$\begin{cases} \max\limits_{u} & \dfrac{u^{\mathrm{T}}\mathbf{\Sigma}u}{u^{\mathrm{T}}\mathbf{\Sigma_N}u} \\ \text{s.t.} & u^{\mathrm{T}}u = 1, \end{cases}$$

其中, $\mathbf{\Sigma}$ 为观测数据的协方差矩阵, $\mathbf{\Sigma_N}$ 为观测数据中的噪声分量的协方差矩阵. 该模型属于典型的广义瑞利商的极值问题, 这种问题的求解可以参考第 9.2 节中的相应内容.

2.9　小　　结

至此, 本章的主要内容总结为以下 6 条:

(1) 当观测数据服从高斯分布时, 主成分分析是最佳的降维或者特征提取手段.

(2) 数据的协方差矩阵包含了数据的所有二阶统计信息, 数据在任意方向的方差都可以由协方差矩阵和表征相应方向的单位向量解析表达.

(3) 数据的主成分分析可以转化为数据协方差矩阵的特征值与特征向量分析.

(4) 在几何上, 任意的观测数据都对应一个样本空间的超椭球面, 该超椭球面的各个长短轴端点对应数据的各个主成分.

(5) 从子空间逼近角度, 主成分分析等价于总体最小二乘法, 它可以认为是用一个低维超平面拟合给定散点.

(6) 从概率角度, 主成分分析要求数据服从高斯分布. 且当数据服从高斯分布时, 数据方差的大小等价于信息熵的大小.

第 3 章　主偏度分析

主偏度分析 (Principal Skewness Analysis, PSA) 是主成分分析从二阶统计到三阶统计的自然拓展. 本章首先介绍一些必备的数学概念, 然后给出主偏度分析的模型及基于正交和非正交约束的求解方法. 接着探讨了主偏度分析与独立成分分析的关系, 并借助于单形体揭示主偏度分析的几何内涵.

3.1　问 题 背 景

第 2 章已经表明, 在数据满足高斯分布的情况下, 主成分分析是最佳的降维或者特征提取手段. 然而, 在实际应用中, 需要处理的数据一般并不服从高斯分布, 此时利用主成分分析对数据进行处理往往很难得到理想的效果. 如图 3.1 (a) 所示的数据, 红色目标点的存在会破坏数据的整体高斯性. 此时, 若对这块数据进行主成分分析, 红色目标点和蓝色背景点是否可以在数据的第一主成分中得到显著的区分呢? 或者说, 红色目标点的存在是否会显著增大数据在垂直方向的方差呢?

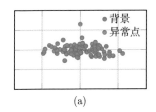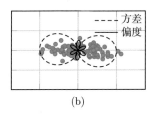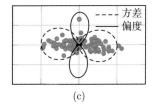

(a) (b) (c)

图 3.1　异常点对数据统计量的影响

(a) 包含异常点的数据; (b) 无异常点时数据的方差与偏度映射图; (c) 有异常点时数据的方差与偏度映射图 (为了方便展示, 统计量映射图均经过了适当的缩放)

从图 3.1 (b) 和图 3.1 (c) 中的统计量映射图[①]可以看出, 当蓝色背景点足够多时, 红色异常点对数据的整体方差分布的影响并不大. 此时, 对图 3.1 (a) 中的数据进行主成分分析, 在所得到的第一主成分 (数据在水平方向的投影) 中, 红色目标点会淹没在蓝色背景之中. 因此, 对于此类数据, 主成分分析显然并不是理想的特征提取手段. 为了凸显红色目标点和蓝色背景点的差异, 当务之急是寻找一个对类似这种游离在背景之外的孤立目标比较敏感的指标. 从图 3.1 (b) 和图 3.1(c) 可以看出, 二阶统计量——方差显然并不是一个合适的选择. 有趣的是, 当我们选

---

① 统计量映射图的概念将在第 3.2.4 小节中详细介绍.

择目标函数为三阶统计量——偏度时, 情况发生了根本性的变化. 从图 3.1 (c) 可以发现, 红色目标点的存在使得数据在垂直方向的偏度显著增加. 那么, 一个更有趣的问题来了, 我们是否可以发展一个类似于主成分分析的寻求数据偏度极值方向的特征提取手段呢?

3.2 基 本 概 念

为了得到数据的偏度极值方向, 我们首先给出几个基本的数学概念.

3.2.1 偏度的定义

均值和方差是两个最常用的随机变量的数字特征, 接下来我们介绍随机变量的另外一个重要的数字特征——偏度.

定义 3.1 给定一个随机变量 X, 若 μ 为 X 的均值, σ 为 X 的标准差, 则称

$$\mathrm{skew}(X) = \frac{\mathrm{E}(X - \mu)^3}{\sigma^3} \tag{3.1}$$

为随机变量 X 的偏度.

在实际应用中, 往往只能得到随机变量的若干观测. 此时, 我们只能得到随机变量偏度的估计值, 也就是数据的三阶统计量——样本偏度. 接下来, 本书仍采用 $\mathrm{skew}(\boldsymbol{x})$ 来表示观测数据 $\boldsymbol{x} = [x_1 \quad x_2 \quad \cdots \quad x_n]^{\mathrm{T}}$ 的样本偏度.

定义 3.2 给定随机变量 X 的 n 个观测值 $x_1, x_2, \cdots, x_n$, 令 μ 为这些观测值的均值, 则称

$$\mathrm{skew}(\boldsymbol{x}) = \frac{\dfrac{1}{n} \sum\limits_{i=1}^{n} (x_i - \mu)^3}{\left(\dfrac{1}{n} \sum\limits_{i=1}^{n} (x_i - \mu)^2 \right)^{\frac{3}{2}}} \tag{3.2}$$

为随机变量 X 的样本 $x_1, x_2, \cdots, x_n$ 的样本偏度 (简称为偏度), 其中 $\boldsymbol{x}$ 是由 n 个观测构成的样本列向量.

对于一个矩阵 $\mathbf{X} \in \mathbb{R}^{p \times n}$, 可以将其视作 p 维随机向量的 n 个观测构成的数据. 这个数据在任意方向 $\boldsymbol{u} \in \mathbb{R}^{p \times 1}$ 上的偏度也能够根据 (3.2) 进行计算: 首先得到投影数据 $Y = \boldsymbol{u}^{\mathrm{T}} \mathbf{X}$, 然后根据 (3.2) 计算 Y 或 Y^{T} 的偏度即可.

相较于方差, 偏度是数据分布偏斜方向和程度的一个度量, 其值可以为任意实数. 如图 3.2 所示, 对称分布的数据, 其偏度值为零, 正偏态通常意味着数据的分布向左偏斜, 负偏态则反之.

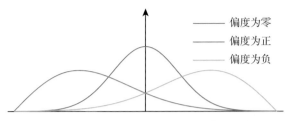

图 3.2 概率密度函数的分布与偏度的正负

因此, 偏度经常被用来描述具有非对称分布的数据. 此外, 鉴于远离中心的值对偏度的贡献较大, 偏度还经常被用来捕捉数据中的异常点. 图 3.3 给出了直观的示例, 分别展示了偏度为零、偏度为正和偏度为负这三种不同分布的简单模拟数据.

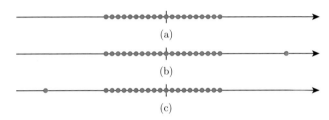

图 3.3 偏度与异常点的关系
(a) 偏度为零; (b) 偏度为正; (c) 偏度为负

3.2.2 数据白化

从公式 (3.2) 可以看出, 对于给定的数据, 其偏度的求取同时涉及分子和分母两项的计算. 为了简化这一过程, 接下来我们引入数据的白化算子, 其定义如下.

定义 3.3 给定数据 $\mathbf{X} = [\boldsymbol{x}_1 \quad \boldsymbol{x}_2 \quad \cdots \quad \boldsymbol{x}_n] \in \mathbb{R}^{p \times n}$, 若其均值向量和协方差矩阵为

$$\boldsymbol{\mu} = \frac{1}{n}\mathbf{X}\mathbf{1}, \quad \boldsymbol{\Sigma} = \frac{1}{n}(\mathbf{X} - \boldsymbol{\mu}\mathbf{1}^{\mathrm{T}})(\mathbf{X} - \boldsymbol{\mu}\mathbf{1}^{\mathrm{T}})^{\mathrm{T}}.$$

那么, 任意一个满足如下条件的矩阵 $\mathbf{W}$ 都可以称作数据 $\mathbf{X}$ 的白化算子,

$$\mathbf{W}^{\mathrm{T}}\mathbf{W} = \boldsymbol{\Sigma}^{-1}. \tag{3.3}$$

而白化后的数据有如下表达式

$$\hat{\mathbf{X}} = \mathbf{W}(\mathbf{X} - \boldsymbol{\mu}\mathbf{1}^{\mathrm{T}}). \tag{3.4}$$

在本书中, 我们通常选择 $\mathbf{W} = \boldsymbol{\Sigma}^{-\frac{1}{2}}$ 作为白化算子. 可以验证, 白化后数据 $\hat{\mathbf{X}}$ 的均值向量为零向量, 协方差矩阵为单位矩阵, 即

$$\hat{\boldsymbol{\mu}} = \frac{1}{n}\hat{\mathbf{X}}\mathbf{1} = \mathbf{0}, \quad \hat{\boldsymbol{\Sigma}} = \frac{1}{n}\hat{\mathbf{X}}\hat{\mathbf{X}}^{\mathrm{T}} = \mathbf{I}_p, \tag{3.5}$$

这意味着白化后的数据在任意方向上的方差均为 1.

图 3.4 (a) 中给出了一组二维数据, 它的均值并不位于坐标系原点 $(0,0)$ 处, 沿着不同方向的方差也明显不一样. 对这个数据进行白化, 可以得到图 3.4 (b) 中展示的结果. 特别地, 对于二维平面上任意 3 个不共线的点, 白化之后将变为正三角形的 3 个顶点; 而三维空间上任意 4 个不共面的点, 白化之后将变为正四面体的 4 个顶点. 对此, 读者可自行验证.

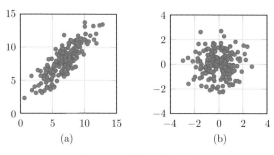

图 3.4　数据白化示例

(a) 原数据; (b) 白化后的数据

对于白化后的数据 $\hat{\mathbf{X}}$, 其在任意方向 $\boldsymbol{u}$ 上的偏度计算公式为

$$\text{skew}(\boldsymbol{u}^{\mathrm{T}}\hat{\mathbf{X}}) = \frac{1}{n}\sum_{i=1}^{n}\left(\boldsymbol{u}^{\mathrm{T}}\hat{\mathbf{X}}\right)_i^3, \tag{3.6}$$

其中 $\left(\boldsymbol{u}^{\mathrm{T}}\hat{\mathbf{X}}\right)_i$ 表示向量 $\boldsymbol{u}^{\mathrm{T}}\hat{\mathbf{X}}$ 的第 i 个元素.

3.2.3　张量基本运算

在后面的推导中涉及张量相关的一些运算, 因此有必要对其进行简单的介绍. 其中, k 模积是最基本的张量运算之一, 它可以看作是矩阵乘法的推广, 其定义如下.

定义 3.4　给定张量 $\mathcal{A} \in \mathbb{R}^{I_1 \times I_2 \times \cdots \times I_N}$ 与矩阵 $\mathbf{U} \in \mathbb{R}^{J \times I_k}$, 两者的 k 模积操作可以表示为

$$\mathcal{A} \times_k \mathbf{U} \in \mathbb{R}^{I_1 \times \cdots \times I_{k-1} \times J \times I_{k+1} \times \cdots \times I_N}, \tag{3.7}$$

k 模积结果中的元素具有如下表达式 ($a_{i_1 i_2 \cdots i_n}, u_{j i_k}$ 分别为张量 $\mathcal{A}$ 和矩阵 $\mathbf{U}$ 对应位置的元素)

$$(\mathcal{A} \times_k \mathbf{U})_{i_1 \cdots i_{k-1} j i_{k+1} \cdots i_N} = \sum_{i_k=1}^{I_k} a_{i_1 \cdots i_{k-1} i_k i_{k+1} \cdots i_N} u_{j i_k}. \tag{3.8}$$

我们知道, 矩阵乘以一个向量可以看作是用该向量中的元素对矩阵的各个列向量进行线性组合. 同样地, 张量与向量的 k 模积也可以看作用向量中的元素对张量沿着第 k 个维度的切片进行线性组合. 例如, 对于一个三阶张量 $\mathcal{A} \in \mathbb{R}^{3 \times 3 \times 4}$, 该张量 3 模积一个 1×4 大小的向量将会得到一个 3×3 的矩阵, 具体操作如图 3.5 所示. 在这个例子中, 线性组合的对象不再是向量, 而是张量沿着第三个维度的切片, 也就是矩阵.

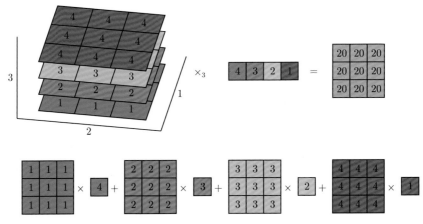

图 3.5　张量与向量 k 模积示意图

类似地, 张量与一个矩阵的 k 模积则可以看作是: 使用该矩阵的每一行对张量的第 k 个维度的切片进行线性组合得到一个新的切片, 然后将这些切片组合成一个新的张量. 例如, 对于一个三阶张量 $\mathcal{A} \in \mathbb{R}^{3 \times 3 \times 4}$, 其 3 模积一个 2×4 大小的矩阵会得到一个 $3 \times 3 \times 2$ 的张量, 具体操作如图 3.6 所示.

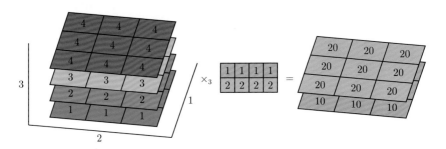

图 3.6　张量与矩阵 k 模积示意图

另一个常用的张量运算称作外积, 其定义如下.

定义 3.5　给定 N 个向量, $\boldsymbol{a}_i \in \mathbb{R}^{I_i \times 1}, i = 1, 2, \cdots, N$, 它们的外积为一个秩

为 1 的张量 $\mathcal{A} \in \mathbb{R}^{I_1 \times I_2 \times \cdots \times I_N}$, 记作

$$\mathcal{A} = \boldsymbol{a}_1 \circ \boldsymbol{a}_2 \circ \cdots \circ \boldsymbol{a}_N. \tag{3.9}$$

对于外积得到的张量, 它的元素有如下表达式

$$a_{i_1 i_2 \cdots i_N} = a_1^{(i_1)} a_2^{(i_2)} \cdots a_N^{(i_N)}, \tag{3.10}$$

其中, $a_p^{(q)}$ 表示向量 $\boldsymbol{a}_p$ 的第 q 个元素.

可以发现, 外积是一种特殊的 k 模积运算, 即 (3.9) 可以表示为

$$\mathcal{A} = 1 \times_1 \boldsymbol{a}_1 \times_2 \boldsymbol{a}_2 \cdots \times_N \boldsymbol{a}_N. \tag{3.11}$$

特别地, 当 $\boldsymbol{a}_1 = \boldsymbol{a}_2 = \cdots = \boldsymbol{a}_N = \boldsymbol{a}$ (此时, $I_1 = I_2 = \cdots = I_N = I$) 时, (3.9) 可以简化为

$$\mathcal{A} = \boldsymbol{a}^{\circ N}. \tag{3.12}$$

此时, $\mathcal{A}$ 为一个 N 阶 I 维张量, 其元素有如下表达式

$$a_{i_1 i_2 \cdots i_N} = a^{(i_1)} a^{(i_2)} \cdots a^{(i_N)}. \tag{3.13}$$

显然, 任意交换 $i_1, i_2, i_3, \cdots, i_N$ 的顺序, 都不会改变 $a_{i_1 i_2 i_3 \cdots i_N}$ 的取值, 比如

$$a_{i_1 i_2 i_3 \cdots i_N} = a_{i_2 i_1 i_3 \cdots i_N},$$

因此 (3.12) 中的 $\mathcal{A}$ 为一个对称张量.

3.2.4 统计量映射图

对于一个高维数据 $\mathbf{X} \in \mathbb{R}^{p \times n}$, 不妨将其在任意投影方向 $\boldsymbol{u}$ 上的 k 阶统计量记作 $s^{(k)}(\boldsymbol{u}^{\mathrm{T}} \mathbf{X})$. 如果将每个单位向量 $\boldsymbol{u}$ 都赋予一个长度, 且该长度等于统计量 $s^{(k)}(\boldsymbol{u}^{\mathrm{T}} \mathbf{X})$ 的模 (即绝对值), 则在 p 维空间可以得到一个新的向量 $\left| s^{(k)}(\boldsymbol{u}^{\mathrm{T}} \mathbf{X}) \right| \boldsymbol{u}$. 所有这些新的向量 (或新的点) 构成的几何结构我们称之为数据 $\mathbf{X}$ 的统计量映射图. 显然, 统计量映射图能够清晰地反映数据在各个方向的高阶统计分布情况. 具体来说, 统计量映射图有如下的定义.

定义 3.6 对于一个 p 维、n 个观测的数据 $\mathbf{X} \in \mathbb{R}^{p \times n}$, 令 $s^{(k)}(\boldsymbol{u}^{\mathrm{T}} \mathbf{X})$ 为观测向量 $\boldsymbol{u}^{\mathrm{T}} \mathbf{X}$ 的 k 阶统计量, 则如下点的集合被称作数据的 k 阶统计量映射图,

$$\left\{ \boldsymbol{r}^{(k)} = \left| s^{(k)}(\boldsymbol{u}^{\mathrm{T}} \mathbf{X}) \right| \boldsymbol{u} \,\middle|\, \boldsymbol{u}^{\mathrm{T}} \boldsymbol{u} = 1, \boldsymbol{u} \in \mathbb{R}^{p \times 1} \right\}. \tag{3.14}$$

对于一个二维标准高斯分布的数据, 它在任意方向的方差均为常数,

$$\mathrm{var}(\boldsymbol{u}^{\mathrm{T}} \mathbf{X}) = s^{(2)}(\boldsymbol{u}^{\mathrm{T}} \mathbf{X}) = 1,$$

这意味着该数据的二阶统计量 (方差) 映射图为一个半径为 1 的圆

$$\left\{ \boldsymbol{r}^{(2)} = \boldsymbol{u} \,\middle|\, \boldsymbol{u}^{\mathrm{T}}\boldsymbol{u} = 1, \boldsymbol{u} \in \mathbb{R}^{2\times1} \right\}. \tag{3.15}$$

　　统计量映射图的维度与数据的维度有关, 当数据分布在二维平面上时, 对应的统计量映射图是二维空间中的曲线. 图 3.7 通过一个简单的示例展示了统计量映射图的构造过程. 其中所用的数据为

$$\mathbf{X} = \begin{bmatrix} -0.1722 & 0.2090 & 0.1925 & -0.2293 \\ -0.0003 & -0.4738 & 0.2318 & 0.2423 \end{bmatrix}.$$

观察可知, $\mathbf{X}$ 的均值向量为零向量. 如果选择投影方向 $\boldsymbol{u} = [0 \quad 1]^{\mathrm{T}}$, 则数据在该方向的方差为

$$\mathrm{var}(\boldsymbol{u}^{\mathrm{T}}\mathbf{X}) = s^{(2)}(\boldsymbol{u}^{\mathrm{T}}\mathbf{X}) = \frac{1}{4}(0.0003^2 + 0.4738^2 + 0.2318^2 + 0.2423^2) \approx 0.0842,$$

这意味着 $\boldsymbol{u} = [0 \quad 1]^{\mathrm{T}}$ 对应该数据的二阶统计量 (方差) 映射图上的点 $(0, 0.0842)$.

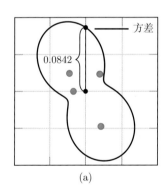
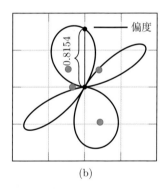

图 3.7　二维数据统计量映射图
(a) 二阶统计量 (方差); (b) 三阶统计量 (偏度)
(为了方便展示, 统计量映射图均经过了适当的缩放)

　　同样地, 根据 (3.2), 可以计算得到数据在 $\boldsymbol{u}$ 方向的偏度为

$$\mathrm{skew}(\boldsymbol{u}^{\mathrm{T}}\mathbf{X}) = s^{(3)}(\boldsymbol{u}^{\mathrm{T}}\mathbf{X})$$

$$= \frac{\frac{1}{4}(-0.0003^3 - 0.4738^3 + 0.2318^3 + 0.2424^3)}{0.0842^{\frac{3}{2}}} \approx -0.8154,$$

这意味着 $\boldsymbol{u} = [0 \quad 1]^{\mathrm{T}}$ 对应该数据的三阶统计量 (偏度) 映射图上的点 $(0, |-0.8154|) = (0, 0.8154)$.

当数据分布在三维空间内时, 比如

$$\mathbf{X} = \begin{bmatrix} 2.3459 & 0.0893 & 2.2103 & 0.7440 & 0.6762 \\ -0.4959 & 1.0007 & -1.8874 & -1.2499 & -0.2327 \\ 0.1599 & -1.0078 & 0.9440 & 1.6672 & -0.9105 \end{bmatrix},$$

其所对应的统计量映射图则是三维空间中的曲面, 如图 3.8 所示. 可以发现, 从统计量映射图中, 我们能够直观地观察到数据在不同方向上投影结果的统计量大小.

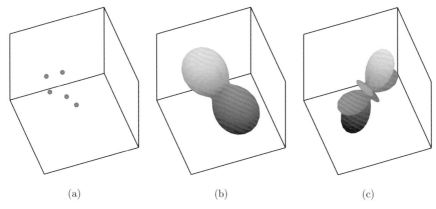

(a)   (b)   (c)

图 3.8 三维数据统计量映射图
(a) 数据; (b) 二阶统计量 (方差); (c) 三阶统计量 (偏度)

3.3 主偏度分析

主偏度分析[7] 是主成分分析从二阶统计到三阶统计的自然拓展, 本节我们将首先介绍数据在任意方向偏度的解析表达, 然后给出主偏度分析的优化模型与基本求解算法.

3.3.1 任意方向的偏度

在主成分分析中, 对于任意 p 个特征、n 个观测的数据 $\mathbf{X}$, 其在任意方向 $\boldsymbol{u}$ 的方差可以通过数据的协方差矩阵解析表达, 即 $\mathrm{var}(\mathbf{X}) = \boldsymbol{u}^{\mathrm{T}}\boldsymbol{\Sigma}\boldsymbol{u}$. 那么, 既然偏度是方差的三阶推广, 我们不禁要问, 数据在任意方向的偏度是否也有类似的简洁表达呢? 接下来, 为了方便起见, 不妨假设数据 $\mathbf{X}$ 为白化后的数据, 即其均值向量为零向量, 协方差矩阵为单位矩阵. 于是, 根据公式 (3.6), 数据 $\mathbf{X}$ 在任意方向 $\boldsymbol{u}$ 的偏度有

$$\mathrm{skew}(\boldsymbol{u}^{\mathrm{T}}\mathbf{X}) = \mathrm{skew}\left([\boldsymbol{u}^{\mathrm{T}}\boldsymbol{x}_1 \quad \boldsymbol{u}^{\mathrm{T}}\boldsymbol{x}_2 \quad \cdots \quad \boldsymbol{u}^{\mathrm{T}}\boldsymbol{x}_n]\right)$$

$$= \frac{1}{n} \sum_{i=1}^{n} (\boldsymbol{u}^{\mathrm{T}} \boldsymbol{x}_i)^3$$

$$= \frac{1}{n} \sum_{i=1}^{n} \left((\boldsymbol{x}_i \circ \boldsymbol{x}_i \circ \boldsymbol{x}_i) \times_1 \boldsymbol{u}^{\mathrm{T}} \times_2 \boldsymbol{u}^{\mathrm{T}} \times_3 \boldsymbol{u}^{\mathrm{T}} \right)$$

$$= \left(\left(\frac{1}{n} \sum_{i=1}^{n} \boldsymbol{x}_i \circ \boldsymbol{x}_i \circ \boldsymbol{x}_i \right) \times_1 \boldsymbol{u}^{\mathrm{T}} \times_2 \boldsymbol{u}^{\mathrm{T}} \times_3 \boldsymbol{u}^{\mathrm{T}} \right). \tag{3.16}$$

不难发现, $\frac{1}{n} \sum_{i=1}^{n} \boldsymbol{x}_i \circ \boldsymbol{x}_i \circ \boldsymbol{x}_i$ 不再是一个矩阵, 而是一个大小为 $p \times p \times p$ 的三阶对称张量 (如图 3.9 所示), 将其记作 $\mathcal{S}$, 则 (3.16) 可以简化为

$$\mathrm{skew}(\boldsymbol{u}^{\mathrm{T}} \mathbf{X}) = \mathcal{S} \times_1 \boldsymbol{u}^{\mathrm{T}} \times_2 \boldsymbol{u}^{\mathrm{T}} \times_3 \boldsymbol{u}^{\mathrm{T}}. \tag{3.17}$$

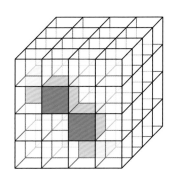

图 3.9　三阶对称张量 $\mathcal{S}$ 的示意图 $(p = 4)$
蓝色方块具有相同的数值

出于传统习惯以及表达上的简洁, 我们通常将 (3.17) 中 $\boldsymbol{u}^{\mathrm{T}}$ 的转置符号省略, 即用下式表示数据在 $\boldsymbol{u}$ 方向的偏度

$$\mathrm{skew}(\boldsymbol{u}^{\mathrm{T}} \mathbf{X}) = \mathcal{S} \times_1 \boldsymbol{u} \times_2 \boldsymbol{u} \times_3 \boldsymbol{u}. \tag{3.18}$$

事实上, 数据在任意方向的方差公式 (2.24) 也可以类似于 (3.17) 重新表示为

$$\mathrm{var}(\boldsymbol{u}^{\mathrm{T}} \mathbf{X}) = \boldsymbol{u}^{\mathrm{T}} \boldsymbol{\Sigma} \boldsymbol{u} = \boldsymbol{\Sigma} \times_1 \boldsymbol{u}^{\mathrm{T}} \times_2 \boldsymbol{u}^{\mathrm{T}}. \tag{3.19}$$

类似于 (3.18), 我们也可以将其简化为

$$\mathrm{var}(\boldsymbol{u}^{\mathrm{T}} \mathbf{X}) = \boldsymbol{\Sigma} \times_1 \boldsymbol{u} \times_2 \boldsymbol{u}. \tag{3.20}$$

类比主成分分析中协方差矩阵的概念, 我们将 (3.17) 或 (3.18) 中的三阶张量命名为数据的协偏度张量 (Coskewness Tensor). 与协方差矩阵包含数据所有的二

阶统计信息类似, 协偏度张量包含了数据所有的三阶统计信息, 这也正是数据在任意方向的偏度能有 (3.17) 或 (3.18) 这样解析表达式的原因所在. 对于一个 N 阶张量 $\mathcal{S} \in \mathbb{R}^{I \times I \times \cdots \times I}$, 记

$$\mathcal{S}\boldsymbol{u}^m = \mathcal{S} \times_{N-m+1} \boldsymbol{u} \times_{N-m+2} \boldsymbol{u} \cdots \times_N \boldsymbol{u}, \tag{3.21}$$

其中 $m \leqslant N$. 容易验证, 对于协偏度张量 $\mathcal{S} \in \mathbb{R}^{p \times p \times p}$, 有

$$\mathcal{S}\boldsymbol{u}^3 = \mathcal{S} \times_1 \boldsymbol{u} \times_2 \boldsymbol{u} \times_3 \boldsymbol{u}, \quad \mathcal{S}\boldsymbol{u}^2 = \mathcal{S} \times_2 \boldsymbol{u} \times_3 \boldsymbol{u},$$

那么, 数据在 $\boldsymbol{u}$ 方向的偏度可以表示为

$$\mathrm{skew}(\boldsymbol{u}^{\mathrm{T}}\mathbf{X}) = \mathcal{S}\boldsymbol{u}^3. \tag{3.22}$$

与任意方向方差的解析表达一样, 公式 (3.17) 和 (3.22) 简洁优雅, 为后续数据偏度极值方向的求解提供了极大便利.

3.3.2 协偏度张量的计算

在第 2 章, 根据数据观测矩阵分块方式的不同, 我们给出了两种协方差矩阵的计算方式. 在本章, 我们仍按照观测矩阵的不同分块方式, 给出两种不同的协偏度张量的计算方法. 仍假设 $\mathbf{X}$ 为白化后的数据, 且其两种分块方式分别为

$$\mathbf{X} = \begin{bmatrix} \boldsymbol{x}_1 & \boldsymbol{x}_2 & \cdots & \boldsymbol{x}_n \end{bmatrix} = \begin{bmatrix} X_1 \\ X_2 \\ \vdots \\ X_p \end{bmatrix} \in \mathbb{R}^{p \times n}.$$

基于列向量的外积, 可以给出协偏度张量的第一种计算公式为

$$\mathcal{S} = \frac{1}{n} \sum_{i=1}^{n} \boldsymbol{x}_i \circ \boldsymbol{x}_i \circ \boldsymbol{x}_i, \tag{3.23}$$

即, 协偏度张量 $\mathcal{S}$ 为 n 个秩为 1 的张量 $\boldsymbol{x}_i \circ \boldsymbol{x}_i \circ \boldsymbol{x}_i$ 的平均, 如图 3.10 (b) 所示.

基于行向量的 "内积", 可以给出协偏度张量中每一个元素的计算公式为

$$s_{ijk} = \frac{1}{n} \sum_{l=1}^{n} X_i(l) X_j(l) X_k(l). \tag{3.24}$$

其中 s_{ijk} 表示行向量 X_i, X_j, X_k 之间的协偏度, 如图 3.10 (c) 所示.

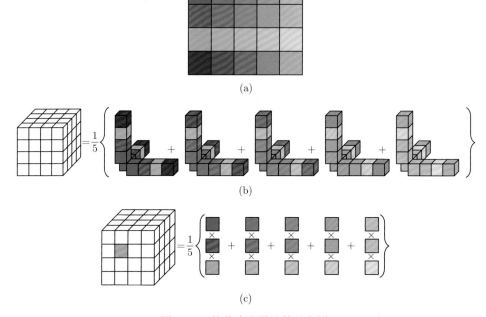

图 3.10   协偏度张量计算示意图

(a) 4×5 大小的白化数据; (b) 基于列向量外积的计算方式; (c) 基于行向量 "内积" 的计算方式来计算 s_{123}

尽管第一种分块对应的计算方式看上去更加简洁, 但是在实际应用中, n 往往远远大于 p, 因此在一些循环较慢的语言中 (比如 MATLAB), 这种计算方式的效率会非常低下. 而第二种分块对应的计算方式只需要进行 p^3 次计算, 且每次计算都可以利用软件内置的向量点乘以及求平均的函数来获得 s_{ijk}, 因此效率会更高. 此外, 如果能充分利用统计张量的对称性, 计算次数还可以进一步减少.

利用列克罗内克积算符 (一种特殊的 Khatri-Rao 积[8]), 我们还可以将张量的计算写成矩阵乘法的形式. 对于两个拥有相同列数的矩阵 $\mathbf{A} = [\boldsymbol{a}_1 \quad \boldsymbol{a}_2 \quad \cdots \quad \boldsymbol{a}_n]$ 和 $\mathbf{B} = [\boldsymbol{b}_1 \quad \boldsymbol{b}_2 \quad \cdots \quad \boldsymbol{b}_n]$, 它们的列克罗内克积有如下表达式

$$\mathbf{A} * \mathbf{B} = [\boldsymbol{a}_1 \otimes \boldsymbol{b}_1 \quad \boldsymbol{a}_1 \otimes \boldsymbol{b}_2 \quad \cdots \quad \boldsymbol{a}_n \otimes \boldsymbol{b}_n],$$

其中 $\otimes$ 代表克罗内克积, 其定义和相关性质请参考第 3.4.1 小节. 对于数据矩阵 $\mathbf{X}$, 其自身与自身的列克罗内克积为

$$\mathbf{X} * \mathbf{X} = [\boldsymbol{x}_1 \otimes \boldsymbol{x}_1 \quad \boldsymbol{x}_2 \otimes \boldsymbol{x}_2 \quad \cdots \quad \boldsymbol{x}_n \otimes \boldsymbol{x}_n] \in \mathbb{R}^{p^2 \times n}.$$

可以验证, $\mathbf{X} * \mathbf{X}$ 与 $\mathbf{X}$ 的互协方差矩阵

$$\mathbf{S} = \frac{1}{n}(\mathbf{X} * \mathbf{X})\mathbf{X}^{\mathrm{T}}$$

为一个大小为 $p^2 \times p$ 的矩阵, 将其转化为一个 $p \times p \times p$ 的三阶对称张量后, 其中的元素将与协偏度张量 $\mathcal{S}$ 中的元素一一对应.

事实上, $\mathbf{X} * \mathbf{X}$ 的每一列都可以看作是原数据的二次非线性项. 不妨将原数据与其二次非线性项组合起来, 得到如下的新的数据矩阵

$$\tilde{\mathbf{X}} = \begin{bmatrix} \mathbf{X} \\ \mathbf{X} * \mathbf{X} \end{bmatrix} \in \mathbb{R}^{(p^2+p) \times n}.$$

该数据矩阵的协方差矩阵可以表示为如下的分块矩阵

$$\tilde{\mathbf{\Sigma}} = \frac{1}{n} \tilde{\mathbf{X}} \tilde{\mathbf{X}}^{\mathrm{T}} = \begin{bmatrix} \mathbf{\Sigma} & \mathbf{S}^{\mathrm{T}} \\ \mathbf{S} & \mathbf{K} \end{bmatrix},$$

其中 $\mathbf{\Sigma}$ 为原数据 $\mathbf{X}$ 的协方差矩阵, 包含了数据的全部二阶统计信息. 需要注意的是, 在本小节中由于 $\mathbf{X}$ 为白化数据, 因此 $\mathbf{\Sigma}$ 为单位矩阵. 而矩阵 $\mathbf{S} = \frac{1}{n}(\mathbf{X} * \mathbf{X})\mathbf{X}^{\mathrm{T}} \in \mathbb{R}^{p^2 \times p}$ 对应了数据的协偏度张量 $\mathcal{S}$, 因此其包含了数据的全部三阶统计信息. 至于矩阵 $\mathbf{K} = \frac{1}{n}(\mathbf{X} * \mathbf{X})(\mathbf{X} * \mathbf{X})^{\mathrm{T}} \in \mathbb{R}^{p^2 \times p^2}$ 则包含了数据的全部四阶统计信息, 将其转换为一个 $p \times p \times p \times p$ 的四阶对称张量后, 其中的元素将与数据的四阶统计张量 $\mathcal{K} \in \mathbb{R}^{p \times p \times p \times p}$ 中的元素一一对应 (读者可自行查阅四阶统计量 ——峭度的相关定义, 并进行验证).

3.3.3 模型与求解

在得到数据在任意方向偏度的解析表达之后, 我们可以给出如下的主偏度分析优化模型

$$\begin{cases} \max_{\boldsymbol{u}} & \mathcal{S}\boldsymbol{u}^3 \\ \mathrm{s.t.} & \boldsymbol{u}^{\mathrm{T}}\boldsymbol{u} = 1. \end{cases} \tag{3.25}$$

为了得到模型的最优解, 类似于主成分分析, 我们仍然采用拉格朗日乘子法. 首先构建模型的拉格朗日函数为

$$\mathcal{L}(\boldsymbol{u}, \lambda) = \frac{1}{3}\mathcal{S}\boldsymbol{u}^3 + \frac{\lambda}{2}(1 - \boldsymbol{u}^{\mathrm{T}}\boldsymbol{u}). \tag{3.26}$$

然后 (3.26) 两边同时对自变量求偏导有

$$\frac{\partial \mathcal{L}(\boldsymbol{u}, \lambda)}{\partial \boldsymbol{u}} = \mathcal{S}\boldsymbol{u}^2 - \lambda\boldsymbol{u},$$

令其等于零向量, 可得

$$\mathcal{S}u^2 = \lambda u. \tag{3.27}$$

这意味着, 数据的偏度极值方向必然满足 (3.27). 进一步地, 可以发现 (3.27) 与矩阵的特征值与特征向量问题非常相似, 因此我们称 (3.27) 为协偏度张量的特征值与特征向量问题. Lim 与 Qi 两位学者在 2005 年也分别从纯数学角度关注了类似的问题, 并分别独立给出了张量 Z-特征对的概念[9, 10], 其定义如下.

定义 3.7 (对称张量的 Z-特征对)　　给定一个 m 阶 n 维的对称张量 $\mathcal{S}$, 若如下式子满足

$$\mathcal{S}u^{m-1} = \lambda u, \tag{3.28}$$

则称 (λ, u) 为张量 $\mathcal{S}$ 的一个 Z-特征对. 其中, $\lambda \in \mathbb{R}$ 为 $\mathcal{S}$ 的特征值, $u \in \mathbb{R}^{n \times 1}$ 为 λ 对应的特征向量, 其满足 $u^{\mathrm{T}}u = 1$.

显然, 当 $m = 2$ 时, 对称张量的 Z-特征对将会退化为矩阵特征对. 而公式 (3.27) 则可认为是公式 (3.28) 在 $m = 3$ 且 $\mathcal{S}$ 为数据的协偏度张量时的特例. 可以验证, 当向量 u 满足 (3.27) 时, 其相应的特征值 λ 则正好为数据在这个方向的偏度值, 即

$$\mathrm{skew}(u^{\mathrm{T}}\mathbf{X}) = \mathcal{S}u^3 = (\mathcal{S}u^2)^{\mathrm{T}}u = (\lambda u)^{\mathrm{T}}u = \lambda. \tag{3.29}$$

我们知道, 矩阵的特征值与特征向量问题已经得到了极为广泛和极其详尽的研究, 相关的参考资料浩如烟海. 而遗憾的是, 张量的特征对问题的研究目前尚处于初级阶段, 可供参考的文献极为匮乏. 为此, 我们采用比较常用的优化策略——固定点迭代法来得到 (3.27) 的一个特征对. 具体步骤如下算法 3.1.

算法 3.1　　固定点迭代法求解第一个特征对

---

1. 随机初始化向量 u
2. 令 $u \leftarrow \mathcal{S}u^2$
3. 向量归一化: $u \leftarrow u/\|u\|$
4. 重复步骤 2 和 3, 直至收敛

接下来的问题是如何求解 (3.27) 的第二个特征对以及余下的所有特征对. 为此, 我们这里采取正交约束的策略. 假设已获得 l 个特征向量 $\mathbf{U}_l = [u_1 \quad u_2 \quad \cdots \quad u_l]$, 对于第 $l+1$ 个特征向量 u_{l+1}, 为了防止其收敛到前 l 个特征向量, 我们可以将 u_{l+1} 的搜索范围限制在前 l 个特征向量张成的空间的正交补空间. 相应地, 求解第 $l+1$ 个特征向量如算法 3.2 所示.

算法 3.2 固定点迭代法求解第 $l+1$ 个特征对

1. 随机初始化向量 $\boldsymbol{u}_{l+1}$
2. 令 $\boldsymbol{u}_{l+1} \leftarrow \mathcal{S}\boldsymbol{u}_{l+1}^2$
3. 将 $\boldsymbol{u}_{l+1}$ 投影到 $\mathbf{U}_l$ 的列空间的正交补空间: $\boldsymbol{u}_{l+1} \leftarrow \mathbf{P}_{\mathbf{U}_l}^{\perp} \boldsymbol{u}_{l+1}$
4. 向量归一化: $\boldsymbol{u}_{l+1} \leftarrow \boldsymbol{u}_{l+1}/\|\boldsymbol{u}_{l+1}\|$
5. 重复步骤 2, 3 和 4, 直至收敛

算法 3.2 中, $\mathbf{P}_{\mathbf{U}_l}^{\perp} = \mathbf{I}_p - \mathbf{U}_l(\mathbf{U}_l^{\mathrm{T}}\mathbf{U}_l)^{-1}\mathbf{U}_l^{\mathrm{T}}$ 为矩阵 $\mathbf{U}_l$ 的正交补投影算子. 显然, $\mathbf{U}_l$ 为列正交矩阵, 它的正交补投影算子可以简化为 $\mathbf{P}_{\mathbf{U}_l}^{\perp} = \mathbf{I}_p - \mathbf{U}_l\mathbf{U}_l^{\mathrm{T}}$.

从上面的步骤可以看出, 在算法 3.2 中, 每次迭代都需要额外将向量投影到已有的特征向量的正交补空间. 事实上, 这个步骤是没必要的, 即我们可以把上述步骤的 2 和 3 合并为

$$\begin{aligned}
\boldsymbol{u}_{l+1} &= \mathbf{P}_{\mathbf{U}_l}^{\perp} \left(\mathcal{S}(\mathbf{P}_{\mathbf{U}_l}^{\perp}\boldsymbol{u}_{l+1})^2 \right) \\
&= \mathcal{S} \times_1 \mathbf{P}_{\mathbf{U}_l}^{\perp} \times_2 (\mathbf{P}_{\mathbf{U}_l}^{\perp}\boldsymbol{u}_{l+1}) \times_3 (\mathbf{P}_{\mathbf{U}_l}^{\perp}\boldsymbol{u}_{l+1}) \\
&= (\mathcal{S} \times_1 \mathbf{P}_{\mathbf{U}_l}^{\perp} \times_2 \mathbf{P}_{\mathbf{U}_l}^{\perp} \times_3 \mathbf{P}_{\mathbf{U}_l}^{\perp})\boldsymbol{u}_{l+1}^2.
\end{aligned} \tag{3.30}$$

记 $\mathcal{S}_l = \mathcal{S} \times_1 \mathbf{P}_{\mathbf{U}_l}^{\perp} \times_2 \mathbf{P}_{\mathbf{U}_l}^{\perp} \times_3 \mathbf{P}_{\mathbf{U}_l}^{\perp}$, 则调整后的固定点迭代算法的具体步骤如算法 3.3.

算法 3.3 简化后的固定点迭代法求解第 $l+1$ 个特征对

1. 计算投影后的张量 $\mathcal{S}_l = \mathcal{S} \times_1 \mathbf{P}_{\mathbf{U}_l}^{\perp} \times_2 \mathbf{P}_{\mathbf{U}_l}^{\perp} \times_3 \mathbf{P}_{\mathbf{U}_l}^{\perp}$
2. 随机初始化向量 $\boldsymbol{u}_{l+1}$
3. 令 $\boldsymbol{u}_{l+1} \leftarrow \mathcal{S}_l\boldsymbol{u}_{l+1}^2$
4. 向量归一化: $\boldsymbol{u}_{l+1} \leftarrow \boldsymbol{u}_{l+1}/\|\boldsymbol{u}_{l+1}\|$
5. 重复步骤 3 和 4, 直至收敛

有趣的是, 对于任意一个位于前 l 个特征向量所在的子空间中的向量 $\boldsymbol{u}$, 都有 $\mathcal{S}_l\boldsymbol{u}^3 = 0$. 这一定程度揭示了正交约束的工作机制: 对原本的协偏度张量, 进行正交补投影得到新协偏度张量, 使得数据在前 l 个特征向量张成子空间中任意方向上偏度均为零, 从而阻止第 $l+1$ 个特征向量收敛到前 l 个特征向量.

例 3.1 试利用基于正交约束的主偏度分析算法计算如下 $2 \times 2 \times 2$ 对称张量的特征对

$$\mathcal{S}_{:,:,1} = \begin{bmatrix} 0.9031 & -1.331 \\ -1.331 & 0.5509 \end{bmatrix}, \quad \mathcal{S}_{:,:,2} = \begin{bmatrix} -1.331 & 0.5509 \\ 0.5509 & 1.5886 \end{bmatrix}.$$

解　我们首先给出该对称张量的三个精确特征向量分别为

$$\boldsymbol{u}_1 = \begin{bmatrix} 0.8716 \\ -0.4903 \end{bmatrix}, \quad \boldsymbol{u}_2 = \begin{bmatrix} 0.1284 \\ 0.9917 \end{bmatrix}, \quad \boldsymbol{u}_3 = \begin{bmatrix} 0.8739 \\ 0.4861 \end{bmatrix}.$$

利用上述主偏度分析求解算法中基于正交约束的固定点迭代算法, 可以得到该对称张量的两个特征向量分别为

$$\boldsymbol{u}_1 = \begin{bmatrix} 0.8716 \\ -0.4903 \end{bmatrix}, \quad \boldsymbol{u}_2 = \begin{bmatrix} 0.4093 \\ 0.8716 \end{bmatrix}.$$

从两组特征向量以及图 3.11 可以看出, 使用正交约束的主偏度分析算法得到的第一个特征向量与精确解相同. 这是因为在求解第一个特征向量时不存在任何额外的约束. 但是, 正交约束强制要求第二个特征向量与第一个特征向量正交, 因此它与精确解的差距较大. 并且, 由于正交约束的限制, 算法只能得到两组解, 而实际上该对称张量的特征对有三个.

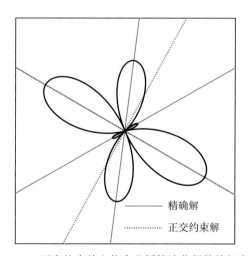

图 3.11　正交约束的主偏度分析算法获得的特征向量

我们知道, 实对称矩阵的各个特征向量必然相互正交, 但从上面的例子可以看出, 对称张量的各个特征向量却未必正交. 因此, 在主偏度分析中, 正交约束的引入虽然一定程度简化了张量特征对求解的难度, 但同时也带来了两个显著的问题, 即特征对精度的降低以及特征对数量的失准. 为了缓解这一问题, 接下来我们将介绍一种非正交约束的主偏度分析算法.

3.4 非正交约束主偏度分析

上述主偏度分析中正交约束不仅仅使得投影后的统计张量在已知特征向量方向上的偏度为零, 还迫使所有位于已知特征向量所在的子空间中的投影方向上的偏度都为零. 从这个角度而言, 正交约束是一个过于 "强硬" 的约束, 它不仅仅改变了已知特征向量方向的偏度, 还将整个子空间方向上所有的偏度都修改了. 而接下来将要介绍的非正交主偏度分析[11] 则在一定程度缓解了这一问题. 在此之前, 我们首先给出克罗内克积 (Kronecker Product) 的概念和相关性质.

3.4.1 克罗内克积

克罗内克积是一种在矩阵理论中常见的运算, 也被称为直积或张量积. 与常规的矩阵乘法不同的是, 它可以将两个任意大小的矩阵组合成一个更大的矩阵. 克罗内克积有许多重要的性质, 在诸多研究方向中都有着广泛的应用. 本小节将介绍克罗内克积的定义以及一些基本的性质.

定义 3.8 对于两个矩阵 $\mathbf{A} \in \mathbb{R}^{m \times n}$ 和 $\mathbf{B} \in \mathbb{R}^{p \times q}$, 它们的克罗内克积定义为

$$\mathbf{A} \otimes \mathbf{B} = \begin{bmatrix} a_{11}\mathbf{B} & \cdots & a_{1n}\mathbf{B} \\ \vdots & \ddots & \vdots \\ a_{m1}\mathbf{B} & \cdots & a_{mn}\mathbf{B} \end{bmatrix} \in \mathbb{R}^{mp \times nq}. \tag{3.31}$$

克罗内克积具有如下几个基本的运算性质.

性质 3.1

(1) **结合律**: 对于任何矩阵 $\mathbf{A}$, $\mathbf{B}$ 和 $\mathbf{C}$, 有 $(\mathbf{A} \otimes \mathbf{B}) \otimes \mathbf{C} = \mathbf{A} \otimes (\mathbf{B} \otimes \mathbf{C})$.

(2) **分配律**: 如果 $\mathbf{A}$, $\mathbf{B}$ 和 $\mathbf{C}$ 是三个矩阵, 并且它们的大小使得以下的运算都有定义, 那么有 $\mathbf{A} \otimes (\mathbf{B} + \mathbf{C}) = \mathbf{A} \otimes \mathbf{B} + \mathbf{A} \otimes \mathbf{C}$.

(3) **数乘**: 如果 $\mathbf{A}$ 是一个矩阵, c 是一个常数, 则有 $c(\mathbf{A} \otimes \mathbf{B}) = (c\mathbf{A}) \otimes \mathbf{B} = \mathbf{A} \otimes (c\mathbf{B})$.

(4) **转置**: 对于任何矩阵 $\mathbf{A}$ 和 $\mathbf{B}$, 都有 $(\mathbf{A} \otimes \mathbf{B})^{\mathrm{T}} = \mathbf{A}^{\mathrm{T}} \otimes \mathbf{B}^{\mathrm{T}}$.

(5) **逆矩阵**: 如果矩阵 $\mathbf{A}$ 和 $\mathbf{B}$ 都是可逆的, 那么 $\mathbf{A} \otimes \mathbf{B}$ 也可逆, 且有 $(\mathbf{A} \otimes \mathbf{B})^{-1} = \mathbf{A}^{-1} \otimes \mathbf{B}^{-1}$.

(6) **混合积**: 对于任何矩阵 $\mathbf{A}$, $\mathbf{B}$, $\mathbf{C}$ 和 $\mathbf{D}$, 如果矩阵乘法 $\mathbf{AC}$ 和 $\mathbf{BD}$ 成立, 有 $(\mathbf{A} \otimes \mathbf{B})(\mathbf{C} \otimes \mathbf{D}) = (\mathbf{AC}) \otimes (\mathbf{BD})$.

此外, 克罗内克积还满足如下的性质.

性质 3.2 给定两个方阵 $\mathbf{A} \in \mathbb{R}^{m \times m}$ 和 $\mathbf{B} \in \mathbb{R}^{n \times n}$, 那么有

(1) **行列式**: $\det(\mathbf{A} \otimes \mathbf{B}) = (\det(\mathbf{A}))^m (\det(\mathbf{B}))^n$.

(2) **迹**: $\mathrm{tr}(\mathbf{A} \otimes \mathbf{B}) = \mathrm{tr}(\mathbf{A})\,\mathrm{tr}(\mathbf{B})$.

(3) **秩**: $\mathrm{rank}(\mathbf{A} \otimes \mathbf{B}) = \mathrm{rank}(\mathbf{A})\,\mathrm{rank}(\mathbf{B})$.

关于克罗内克积, 还有如下重要公式

$$\mathrm{vec}(\mathbf{A}\mathbf{X}\mathbf{B}^{\mathrm{T}}) = (\mathbf{B} \otimes \mathbf{A})\,\mathrm{vec}(\mathbf{X}). \tag{3.32}$$

如果我们使用张量乘法的记号, 那么上式可以写作

$$\mathrm{vec}(\mathbf{X} \times_1 \mathbf{A} \times_2 \mathbf{B}) = (\mathbf{B} \otimes \mathbf{A})\,\mathrm{vec}(\mathbf{X}), \tag{3.33}$$

其中 $\mathrm{vec}(\cdot)$ 代表了向量化操作, 可以用来将一个 $I_1 \times I_2 \times \cdots \times I_N$ 大小的张量转换为一个 $I_1 I_2 \cdots I_N \times 1$ 大小的向量. 进一步地, 对于一个 N 阶张量 $\mathcal{S}$, 我们有性质 3.3 .

性质 3.3　给定一个张量 $\mathcal{S} \in \mathbb{R}^{I_1 \times I_2 \times \cdots \times I_N}$, 以及 N 个矩阵 $\mathbf{U}_1 \in \mathbb{R}^{J_1 \times I_1}$, $\mathbf{U}_2 \in \mathbb{R}^{J_2 \times I_2}, \cdots, \mathbf{U}_N \in \mathbb{R}^{J_N \times I_N}$, 那么有

$$\mathrm{vec}(\mathcal{S} \times_1 \mathbf{U}_1 \times_2 \mathbf{U}_2 \cdots \times_N \mathbf{U}_N) = (\mathbf{U}_N \otimes \mathbf{U}_{N-1} \otimes \cdots \otimes \mathbf{U}_1)\,\mathrm{vec}(\mathcal{S}). \tag{3.34}$$

此外, 为了方便起见, 对于一个向量 $\boldsymbol{x}$ 或一个矩阵 $\mathbf{X}$, 我们称

$$\underbrace{\boldsymbol{x} \otimes \boldsymbol{x} \otimes \cdots \otimes \boldsymbol{x}}_{N \uparrow \boldsymbol{x}}, \quad \underbrace{\mathbf{X} \otimes \mathbf{X} \otimes \cdots \otimes \mathbf{X}}_{N \uparrow \mathbf{X}}$$

为 $\boldsymbol{x}$ 或 $\mathbf{X}$ 的 N 次克罗内克积.

3.4.2　非正交约束

基于性质 3.3 , 可以将 (3.22) 中的偏度计算公式写成向量内积的形式

$$\mathcal{S}\boldsymbol{u}^3 = (\boldsymbol{u} \otimes \boldsymbol{u} \otimes \boldsymbol{u})^{\mathrm{T}}\,\mathrm{vec}(\mathcal{S}). \tag{3.35}$$

类似地, 正交约束中投影后的张量 $\mathcal{S}_l$ 可以表示为如下形式

$$\mathrm{vec}(\mathcal{S}_l) = (\mathbf{P}_{\mathbf{U}_l}^{\perp} \otimes \mathbf{P}_{\mathbf{U}_l}^{\perp} \otimes \mathbf{P}_{\mathbf{U}_l}^{\perp})\,\mathrm{vec}(\mathcal{S}). \tag{3.36}$$

因此, 投影后的数据在 $\boldsymbol{u}$ 方向的偏度可以表示为

$$\mathcal{S}_l \boldsymbol{u}^3 = (\boldsymbol{u} \otimes \boldsymbol{u} \otimes \boldsymbol{u})^{\mathrm{T}}(\mathbf{P}_{\mathbf{U}_l}^{\perp} \otimes \mathbf{P}_{\mathbf{U}_l}^{\perp} \otimes \mathbf{P}_{\mathbf{U}_l}^{\perp})\,\mathrm{vec}(\mathcal{S}). \tag{3.37}$$

进一步地, $\mathrm{vec}(\mathcal{S}_l)$ 和 $\mathrm{vec}(\mathcal{S}_{l-1})$ 之间存在如下关系.

引理 3.1 对于列正交矩阵 $\mathbf{U}_l = [\boldsymbol{u}_1 \quad \boldsymbol{u}_2 \quad \cdots \quad \boldsymbol{u}_l]$，下面两个向量

$$\mathrm{vec}(\mathcal{S}_{l-1}) = (\mathbf{P}_{\mathbf{U}_{l-1}}^{\perp} \otimes \mathbf{P}_{\mathbf{U}_{l-1}}^{\perp} \otimes \mathbf{P}_{\mathbf{U}_{l-1}}^{\perp}) \, \mathrm{vec}(\mathcal{S}),$$

$$\mathrm{vec}(\mathcal{S}_l) = (\mathbf{P}_{\mathbf{U}_l}^{\perp} \otimes \mathbf{P}_{\mathbf{U}_l}^{\perp} \otimes \mathbf{P}_{\mathbf{U}_l}^{\perp}) \, \mathrm{vec}(\mathcal{S})$$

之间满足如下关系

$$\mathrm{vec}(\mathcal{S}_l) = \mathbf{P}_l \, \mathrm{vec}(\mathcal{S}_{l-1}), \tag{3.38}$$

其中 $\mathbf{P}_l = \mathbf{P}_{\boldsymbol{u}_l}^{\perp} \otimes \mathbf{P}_{\boldsymbol{u}_l}^{\perp} \otimes \mathbf{P}_{\boldsymbol{u}_l}^{\perp}$ 为向量 $\boldsymbol{u}_l$ 的正交补投影矩阵的三次克罗内克积.

证明 由于正交约束得到的特征向量之间必然正交，因此 $\mathbf{P}_{\mathbf{U}_l}^{\perp}$ 可以拆分为多个投影矩阵的乘积，

$$\mathbf{P}_{\mathbf{U}_l}^{\perp} = \mathbf{I} - \mathbf{U}_l \mathbf{U}_l^{\mathrm{T}} = \prod_{i=1}^{l} (\mathbf{I} - \boldsymbol{u}_i \boldsymbol{u}_i^{\mathrm{T}}) = \prod_{i=1}^{l} \mathbf{P}_{\boldsymbol{u}_i}^{\perp}. \tag{3.39}$$

根据性质 3.1 中的混合积性质，不难证明

$$\begin{aligned}
\mathbf{P}_{\mathbf{U}_l}^{\perp} \otimes \mathbf{P}_{\mathbf{U}_l}^{\perp} \otimes \mathbf{P}_{\mathbf{U}_l}^{\perp} &= \left(\prod_{i=1}^{l} \mathbf{P}_{\boldsymbol{u}_i}^{\perp}\right) \otimes \left(\prod_{i=1}^{l} \mathbf{P}_{\boldsymbol{u}_i}^{\perp}\right) \otimes \left(\prod_{i=1}^{l} \mathbf{P}_{\boldsymbol{u}_i}^{\perp}\right) \\
&= \prod_{i=1}^{l} \mathbf{P}_{\boldsymbol{u}_i}^{\perp} \otimes \mathbf{P}_{\boldsymbol{u}_i}^{\perp} \otimes \mathbf{P}_{\boldsymbol{u}_i}^{\perp} \\
&= \prod_{i=1}^{l} \mathbf{P}_i, \tag{3.40}
\end{aligned}$$

其中 $\mathbf{P}_i = \mathbf{P}_{\boldsymbol{u}_i}^{\perp} \otimes \mathbf{P}_{\boldsymbol{u}_i}^{\perp} \otimes \mathbf{P}_{\boldsymbol{u}_i}^{\perp}$ 为向量 $\boldsymbol{u}_i$ 的正交补投影矩阵的三次克罗内克积.

此外，根据性质 3.1 可以证明，$\mathbf{P}_i$ 和 $\prod_{i=1}^{l} \mathbf{P}_i$ 均为投影矩阵 (请读者自己验证).

并且任意交换乘积的顺序，都不影响 $\prod_{i=1}^{l} \mathbf{P}_i$ 的最终结果.

根据 (3.40) 不难发现，投影后的张量 $\mathcal{S}_l$ 可以写作

$$\begin{aligned}
\mathrm{vec}(\mathcal{S}_l) &= \mathbf{P}_{\mathbf{U}_l}^{\perp} \otimes \mathbf{P}_{\mathbf{U}_l}^{\perp} \otimes \mathbf{P}_{\mathbf{U}_l}^{\perp} \, \mathrm{vec}(\mathcal{S}) = \prod_{i=1}^{l} \mathbf{P}_i \, \mathrm{vec}(\mathcal{S}) \\
&= \mathbf{P}_l \prod_{i=1}^{l-1} \mathbf{P}_i \, \mathrm{vec}(\mathcal{S}) = \mathbf{P}_l \, \mathrm{vec}(\mathcal{S}_{l-1}). \tag{3.41}
\end{aligned}$$

■

根据 (3.35) 和引理 3.1, 对于已经得到的特征向量 $\boldsymbol{u}_l$, 有

$$
\begin{aligned}
\mathcal{S}_l \boldsymbol{u}_l^3 &= (\boldsymbol{u}_l \otimes \boldsymbol{u}_l \otimes \boldsymbol{u}_l)^{\mathrm{T}} \mathrm{vec}(\mathcal{S}) \\
&= (\boldsymbol{u}_l \otimes \boldsymbol{u}_l \otimes \boldsymbol{u}_l)^{\mathrm{T}} \mathbf{P}_l \, \mathrm{vec}(\mathcal{S}_{l-1}) \\
&= (\mathbf{P}_{\boldsymbol{u}_l}^{\perp} \boldsymbol{u}_l \otimes \mathbf{P}_{\boldsymbol{u}_l}^{\perp} \boldsymbol{u}_l \otimes \mathbf{P}_{\boldsymbol{u}_l}^{\perp} \boldsymbol{u}_l)^{\mathrm{T}} \mathrm{vec}(\mathcal{S}_{l-1}) \\
&= \mathbf{0}_{p^3}^{\mathrm{T}} \, \mathrm{vec}(\mathcal{S}_{l-1}) \\
&= 0.
\end{aligned} \tag{3.42}
$$

也就是说, 经过投影矩阵 $\mathbf{P}_l$ 的作用, 张量 $\mathcal{S}_l$ 中在 $\mathcal{S}_{l-1}$ 的基础上去除了特征向量 $\boldsymbol{u}_l$ 的信息, 而张量 $\mathcal{S}_{l-1}$ 已不包含前 $l-1$ 个特征向量的任何信息, 因此 $\mathcal{S}_l$ 的特征向量的求解也当然不会收敛到特征向量 $\boldsymbol{u}_1, \boldsymbol{u}_2, \cdots, \boldsymbol{u}_l$ 中的任何一个.

注意到, 经过投影矩阵 $\mathbf{P}_i$ 的投影后, 不仅使得 $\boldsymbol{u}_i \otimes \boldsymbol{u}_i \otimes \boldsymbol{u}_i$ 为零向量, 而且形如 $\boldsymbol{u}_i \otimes \boldsymbol{v} \otimes \boldsymbol{w}, \boldsymbol{v} \otimes \boldsymbol{u}_i \otimes \boldsymbol{w}, \boldsymbol{v} \otimes \boldsymbol{w} \otimes \boldsymbol{u}_i$ 的向量也都变为了零向量, 比如

$$
\begin{aligned}
&(\mathbf{P}_{\boldsymbol{u}_i}^{\perp} \otimes \mathbf{P}_{\boldsymbol{u}_i}^{\perp} \otimes \mathbf{P}_{\boldsymbol{u}_i}^{\perp})(\boldsymbol{u}_i \otimes \boldsymbol{v} \otimes \boldsymbol{w}) \\
&= (\mathbf{P}_{\boldsymbol{u}_i}^{\perp} \boldsymbol{u}_i) \otimes (\mathbf{P}_{\boldsymbol{u}_i}^{\perp} \boldsymbol{v}) \otimes (\mathbf{P}_{\boldsymbol{u}_i}^{\perp} \boldsymbol{w}) \\
&= \mathbf{0}_p \otimes (\mathbf{P}_{\boldsymbol{u}_i}^{\perp} \boldsymbol{v}) \otimes (\mathbf{P}_{\boldsymbol{u}_i}^{\perp} \boldsymbol{w}) \\
&= \mathbf{0}_{p^3}.
\end{aligned}
$$

因此, 一定程度上可以说, 正交约束产生的投影矩阵 $\mathbf{P}_i$ 是 "强硬的" 或者 "过剩的". 事实上, 为了消除上一次迭代时使用的张量 $\mathcal{S}_{l-1}$ 中特征向量 $\boldsymbol{u}_l$ 的信息, $\mathbf{P}_l$ 并不是唯一的选择. 对于已获得的特征向量 $\boldsymbol{u}_l$, 我们只需要找到一个矩阵 $\tilde{\mathbf{P}}_l$, 对张量进行投影 $\mathrm{vec}(\mathcal{S}_l) = \tilde{\mathbf{P}}_l \, \mathrm{vec}(\mathcal{S}_{l-1})$, 使得投影后的张量满足如下等式即可,

$$
\mathcal{S}_l \boldsymbol{u}_l^3 = (\boldsymbol{u}_l \otimes \boldsymbol{u}_l \otimes \boldsymbol{u}_l)^{\mathrm{T}} \tilde{\mathbf{P}}_l \, \mathrm{vec}(\mathcal{S}_{l-1}) = 0. \tag{3.43}
$$

也就是说, 我们只需找到一个矩阵 $\tilde{\mathbf{P}}_l$, 使得 $\boldsymbol{u}_l \otimes \boldsymbol{u}_l \otimes \boldsymbol{u}_l$ 位于它的核空间即可. 那么这样的矩阵 $\tilde{\mathbf{P}}_l$ 存在么?

利用克罗内克积的性质 3.1, 我们可以发现

$$
(\boldsymbol{u}_l \otimes \boldsymbol{u}_l \otimes \boldsymbol{u}_l)^{\mathrm{T}}(\boldsymbol{u}_l \otimes \boldsymbol{u}_l \otimes \boldsymbol{u}_l) = (\boldsymbol{u}_l^{\mathrm{T}} \boldsymbol{u}_l) \otimes (\boldsymbol{u}_l^{\mathrm{T}} \boldsymbol{u}_l) \otimes (\boldsymbol{u}_l^{\mathrm{T}} \boldsymbol{u}_l) = 1 \otimes 1 \otimes 1 = 1,
$$

因此向量 $\boldsymbol{u}_l \otimes \boldsymbol{u}_l \otimes \boldsymbol{u}_l$ 的正交补投影矩阵为

$$
\tilde{\mathbf{P}}_l = \mathbf{I}_{p^3} - (\boldsymbol{u}_l \otimes \boldsymbol{u}_l \otimes \boldsymbol{u}_l)(\boldsymbol{u}_l \otimes \boldsymbol{u}_l \otimes \boldsymbol{u}_l)^{\mathrm{T}}.
$$

显然这个正交补投影矩阵 $\tilde{\mathbf{P}}_l$ 就是满足 (3.43) 要求的投影矩阵. 基于新的投影矩阵 $\tilde{\mathbf{P}}_l$, 数据在 $\boldsymbol{u}$ 方向上的偏度可以表示为

$$
\mathcal{S}_l \boldsymbol{u}^3 = (\boldsymbol{u} \otimes \boldsymbol{u} \otimes \boldsymbol{u})^{\mathrm{T}} \mathrm{vec}(\mathcal{S}_l) = (\boldsymbol{u} \otimes \boldsymbol{u} \otimes \boldsymbol{u})^{\mathrm{T}} \tilde{\mathbf{P}}_l \, \mathrm{vec}(\mathcal{S}_{l-1})
$$
$$
= \left(\tilde{\mathbf{P}}_l (\boldsymbol{u} \otimes \boldsymbol{u} \otimes \boldsymbol{u}) \right)^{\mathrm{T}} \mathrm{vec}(\mathcal{S}_{l-1}). \tag{3.44}
$$

从 (3.44) 可以看到, $\tilde{\mathbf{P}}_l$ 并没有直接作用到向量 $\boldsymbol{u}$ 上, 而是作用到向量 $\boldsymbol{u} \otimes \boldsymbol{u} \otimes \boldsymbol{u}$ 上, 因此得到的特征向量有可能相互之间不正交, 这正是本算法被称作非正交约束主偏度分析的原因所在.

相较而言, 正交约束主偏度分析中 $\boldsymbol{u}$ 方向上的偏度可以表示为

$$
\mathcal{S}_l \boldsymbol{u}^3 = (\boldsymbol{u} \otimes \boldsymbol{u} \otimes \boldsymbol{u})^{\mathrm{T}} (\mathbf{P}_{\mathbf{U}_l}^{\perp} \otimes \mathbf{P}_{\mathbf{U}_l}^{\perp} \otimes \mathbf{P}_{\mathbf{U}_l}^{\perp}) \, \mathrm{vec}(\mathcal{S})
$$
$$
= (\mathbf{P}_{\mathbf{U}_l}^{\perp} \boldsymbol{u} \otimes \mathbf{P}_{\mathbf{U}_l}^{\perp} \boldsymbol{u} \otimes \mathbf{P}_{\mathbf{U}_l}^{\perp} \boldsymbol{u})^{\mathrm{T}} \, \mathrm{vec}(\mathcal{S}). \tag{3.45}
$$

这意味着投影矩阵 $\mathbf{P}_l$ 是直接对向量 $\boldsymbol{u}$ 进行了正交化处理, 因此得到的特征向量之间必然正交.

此外, 在新的投影矩阵 $\tilde{\mathbf{P}}_l$ 下, 投影后的张量 $\mathcal{S}_l$ 和 $\mathcal{S}_{l-1}$ 之间存在引理 3.2 中给出的关系.

引理 3.2 在非正交约束下, 对于已获得的特征向量 $\boldsymbol{u}_1, \boldsymbol{u}_2, \cdots, \boldsymbol{u}_l$, 基于投影矩阵 $\tilde{\mathbf{P}}_l$ 投影后的张量 $\mathcal{S}_l$ 和 $\mathcal{S}_{l-1}$ 之间满足如下关系

$$
\mathcal{S}_l = \mathcal{S}_{l-1} - \mathcal{S}_{l-1} \boldsymbol{u}_l^3 (\boldsymbol{u}_l \circ \boldsymbol{u}_l \circ \boldsymbol{u}_l). \tag{3.46}
$$

证明 利用克罗内克积的性质 3.3, 可以将 $\mathcal{S}_l$ 写成如下形式

$$
\mathrm{vec}(\mathcal{S}_l) = \prod_{i=1}^{l} \tilde{\mathbf{P}}_i \, \mathrm{vec}(\mathcal{S}) = \tilde{\mathbf{P}}_l \prod_{i=1}^{l-1} \tilde{\mathbf{P}}_i \, \mathrm{vec}(\mathcal{S})
$$
$$
= \left(\mathbf{I}_{p^3} - (\boldsymbol{u}_l \otimes \boldsymbol{u}_l \otimes \boldsymbol{u}_l)(\boldsymbol{u}_l \otimes \boldsymbol{u}_l \otimes \boldsymbol{u}_l)^{\mathrm{T}} \right) \mathrm{vec}(\mathcal{S}_{l-1})
$$
$$
= \mathrm{vec}(\mathcal{S}_{l-1}) - (\boldsymbol{u}_l \otimes \boldsymbol{u}_l \otimes \boldsymbol{u}_l)(\boldsymbol{u}_l \otimes \boldsymbol{u}_l \otimes \boldsymbol{u}_l)^{\mathrm{T}} \mathrm{vec}(\mathcal{S}_{l-1})
$$
$$
= \mathrm{vec}(\mathcal{S}_{l-1}) - \mathcal{S}_{l-1} \boldsymbol{u}_l^3 (\boldsymbol{u}_l \otimes \boldsymbol{u}_l \otimes \boldsymbol{u}_l)
$$
$$
= \mathrm{vec}(\mathcal{S}_{l-1}) - \mathcal{S}_{l-1} \boldsymbol{u}_l^3 \, \mathrm{vec}(\boldsymbol{u}_l \circ \boldsymbol{u}_l \circ \boldsymbol{u}_l)
$$
$$
= \mathrm{vec}(\mathcal{S}_{l-1} - \mathcal{S}_{l-1} \boldsymbol{u}_l^3 (\boldsymbol{u}_l \circ \boldsymbol{u}_l \circ \boldsymbol{u}_l)),
$$

即

$$
\mathcal{S}_l = \mathcal{S}_{l-1} - \mathcal{S}_{l-1} \boldsymbol{u}_l^3 (\boldsymbol{u}_l \circ \boldsymbol{u}_l \circ \boldsymbol{u}_l). \qquad \blacksquare
$$

注意到 $\tilde{\mathbf{P}}_l$ 的大小为 $p^3 \times p^3$, 在数据维度较高时, 计算 $\mathrm{vec}(\mathcal{S}_l) = \prod_{i=1}^{l} \tilde{\mathbf{P}}_l \mathrm{vec}(\mathcal{S})$ 的代价会很大. 而利用引理 3.2 中给出的迭代公式则可以大大降低计算量. 综上所述, 可以得到利用非正交约束计算第 $l+1$ 个特征向量的流程, 具体见算法 3.4 .

算法 3.4　　非正交约束主偏度分析求解第 $l+1$ 个特征向量的算法流程

---
1. 计算投影后的张量 $\mathcal{S}_l = \mathcal{S}_{l-1} - \mathcal{S}_{l-1} \boldsymbol{u}_l^3 (\boldsymbol{u}_l \circ \boldsymbol{u}_l \circ \boldsymbol{u}_l)$
2. 随机初始化向量 $\boldsymbol{u}_{l+1}$
3. 令 $\boldsymbol{u}_{l+1} = \mathcal{S}_l \boldsymbol{u}_{l+1}^2$
4. 向量归一化: $\boldsymbol{u}_{l+1} = \boldsymbol{u}_{l+1} / \|\boldsymbol{u}_{l+1}\|$
5. 重复步骤 3 和 4, 直至收敛

对比算法 3.3 和算法 3.4 的流程, 可以发现两者几乎是相同的. 唯一的区别在于, 正交约束的主偏度分析中投影后张量的计算公式如下

$$\mathcal{S}_l = \mathcal{S} \times_1 \mathbf{P}_{\mathbf{U}_l}^{\perp} \times_2 \mathbf{P}_{\mathbf{U}_l}^{\perp} \times_3 \mathbf{P}_{\mathbf{U}_l}^{\perp},$$

而非正交约束的主偏度分析中投影后张量的计算公式则为

$$\mathcal{S}_l = \mathcal{S}_{l-1} - \mathcal{S}_{l-1} \boldsymbol{u}_l^3 (\boldsymbol{u}_l \circ \boldsymbol{u}_l \circ \boldsymbol{u}_l).$$

尽管两者的形式并不相同, 但它们本质都是对向量化后的张量进行投影, 只是两者使用了不同的投影矩阵, 分别为

$$\mathrm{vec}(\mathcal{S}_l) = \mathbf{P}_l \mathrm{vec}(\mathcal{S}_{l-1}) = \left((\mathbf{I} - \boldsymbol{u}_l \boldsymbol{u}_l^{\mathrm{T}}) \otimes (\mathbf{I} - \boldsymbol{u}_l \boldsymbol{u}_l^{\mathrm{T}}) \otimes (\mathbf{I} - \boldsymbol{u}_l \boldsymbol{u}_l^{\mathrm{T}}) \right) \mathrm{vec}(\mathcal{S}_{l-1}),$$

$$\mathrm{vec}(\mathcal{S}_l) = \tilde{\mathbf{P}}_l \mathrm{vec}(\mathcal{S}_{l-1}) = \left(\mathbf{I}_{p^3} - (\boldsymbol{u}_l \otimes \boldsymbol{u}_l \otimes \boldsymbol{u}_l)(\boldsymbol{u}_l \otimes \boldsymbol{u}_l \otimes \boldsymbol{u}_l)^{\mathrm{T}} \right) \mathrm{vec}(\mathcal{S}_{l-1}).$$

注意到 $\tilde{\mathbf{P}}_l$ 的秩为 $p^3 - 1$, 而根据性质 3.2 , 正交约束中的投影矩阵 $\mathbf{P}_l$ 的秩为 $(p-1)^3$. 由于 $p > 1$ 时, $p^3 - 1 > (p-1)^3$, 因此, 在非正交约束的主偏度分析中, 经过投影后的张量 $\mathrm{vec}(\mathcal{S}_l) = \tilde{\mathbf{P}}_l \mathrm{vec}(\mathcal{S}_{l-1})$ 似乎有更多的信息得到保留. 对于这两个投影矩阵, 我们有如下定理.

定理 3.1　设已获得的第 l 个特征向量为 $\boldsymbol{u}_l$, 正交约束和非正交约束在求解第 $l+1$ 个特征向量时对应的两个投影矩阵 $\mathbf{P}_l$ 和 $\tilde{\mathbf{P}}_l$ 的核空间满足如下关系

$$\mathrm{null}(\tilde{\mathbf{P}}_l) \subseteq \mathrm{null}(\mathbf{P}_l),$$

其中 $\mathrm{null}(\cdot)$ 表示矩阵的核空间.

证明　非正交约束使用的投影矩阵 $\tilde{\mathbf{P}}_l$ 的核空间为第 l 个特征向量的三次克罗内克积构成的子空间, 即

$$\mathrm{null}(\tilde{\mathbf{P}}_l) = \mathrm{span}(\boldsymbol{u}_l \otimes \boldsymbol{u}_l \otimes \boldsymbol{u}_l).$$

而正交约束使用的投影矩阵 $\mathbf{P}_l$ 的核空间为

$$\mathrm{null}\,(\mathbf{P}_l) = \mathrm{span}(\boldsymbol{u}_l \otimes \boldsymbol{v} \otimes \boldsymbol{w}, \boldsymbol{v} \otimes \boldsymbol{u}_l \otimes \boldsymbol{w}, \boldsymbol{v} \otimes \boldsymbol{w} \otimes \boldsymbol{u}_l | \boldsymbol{v}, \boldsymbol{w} \in \mathbb{R}^{p \times 1})$$

$$= \mathrm{span}\left(\begin{bmatrix} \boldsymbol{u}_l \otimes \mathbf{I}_p \otimes \mathbf{I}_p & \mathbf{I}_p \otimes \boldsymbol{u}_l \otimes \mathbf{I}_p & \mathbf{I}_p \otimes \mathbf{I}_p \otimes \boldsymbol{u}_l \end{bmatrix}\right),$$

其中 $\mathrm{span}(\cdot)$ 表示由给定的向量或者矩阵的列向量张成的子空间. 由于 $\boldsymbol{u}_l \otimes \mathbf{I}_p \otimes \mathbf{I}_p$ 为一个矩阵, 并且可以通过线性组合得到 $\boldsymbol{u}_l \otimes \boldsymbol{u}_l \otimes \boldsymbol{u}_l$,

$$(\boldsymbol{u}_l \otimes \mathbf{I}_p \otimes \mathbf{I}_p)(1 \otimes \boldsymbol{u}_l \otimes \boldsymbol{u}_l) = \boldsymbol{u}_l \otimes \boldsymbol{u}_l \otimes \boldsymbol{u}_l,$$

因此

$$\mathrm{span}(\boldsymbol{u}_l \otimes \boldsymbol{u}_l \otimes \boldsymbol{u}_l | 1 \leqslant i \leqslant l) \subseteq \mathrm{span}\,(\boldsymbol{u}_l \otimes \mathbf{I}_p \otimes \mathbf{I}_p).$$

所以, $\mathrm{null}(\tilde{\mathbf{P}}_l)$ 是 $\mathrm{null}\,(\mathbf{P}_l)$ 的子空间. ∎

以 $l = 1$ 为例, 此时 $\mathbf{U}_1 = \boldsymbol{u}_1$, 在正交约束主偏度分析中,

$$\mathbf{P}_1 = (\mathbf{I}_p - \boldsymbol{u}_1 \boldsymbol{u}_1^{\mathrm{T}}) \otimes (\mathbf{I}_p - \boldsymbol{u}_1 \boldsymbol{u}_1^{\mathrm{T}}) \otimes (\mathbf{I}_p - \boldsymbol{u}_1 \boldsymbol{u}_1^{\mathrm{T}})$$

为 $\boldsymbol{u}_1$ 的正交补的三次克罗内克积, 因此 $\mathbf{P}_1 \mathrm{vec}(\mathcal{S})$ 是将 $\mathrm{vec}(\mathcal{S})$ 投影到 $\boldsymbol{u}_1 \otimes \mathbf{I}_p \otimes \mathbf{I}_p, \mathbf{I}_p \otimes \boldsymbol{u}_1 \otimes \mathbf{I}_p, \mathbf{I}_p \otimes \mathbf{I}_p \otimes \boldsymbol{u}_1$ 这三个矩阵的列向量张成的空间的正交补空间. 而在非正交约束主偏度分析中,

$$\tilde{\mathbf{P}}_1 = \mathbf{I}_{p^3} - (\boldsymbol{u}_1 \otimes \boldsymbol{u}_1 \otimes \boldsymbol{u}_1)(\boldsymbol{u}_1 \otimes \boldsymbol{u}_1 \otimes \boldsymbol{u}_1)^{\mathrm{T}}$$

为 $\boldsymbol{u}_1$ 的三次克罗内克积的正交补, 所以 $\tilde{\mathbf{P}}_1 \mathrm{vec}(\mathcal{S})$ 是将 $\mathrm{vec}(\mathcal{S})$ 投影到向量 $\boldsymbol{u}_1 \otimes \boldsymbol{u}_1 \otimes \boldsymbol{u}_1$ 的正交补空间. 显然, 后一个正交补空间包含了前一个正交补空间. 因此, 在求解 $\mathcal{S}$ 的第二个特征向量的时候, 基于非正交约束的主偏度的分析可以在一个更大的空间进行搜索, 理应得到更为精确的解.

利用非正交约束, 理论上我们最多可以得到 p^3 个特征向量, 并且得到的特征向量之间并不一定正交. 这是否意味着张量特征对求解问题被解决了呢? 答案是否定的. 张量的特征向量要求 $\mathcal{S} \boldsymbol{u}_{l+1}^2 = \lambda_{l+1} \boldsymbol{u}_{l+1}$, 而非正交约束只能保证 $\mathcal{S}_l \boldsymbol{u}_{l+1}^2 = \lambda_{l+1} \boldsymbol{u}_{l+1}$. 假设 $\boldsymbol{u}_{l+1}$ 严格为张量 $\mathcal{S}$ 的特征向量, 由于 $\mathcal{S}_l \boldsymbol{u}_{l+1}^2$ 并不一定平行于 $\mathcal{S} \boldsymbol{u}_{l+1}^2$, 所以非正交约束也不能保证得到的特征向量是协偏度张量的精确特征解.

例 3.2 试利用基于非正交约束的主偏度分析算法计算如下 $2 \times 2 \times 2$ 对称张量的特征对,

$$\mathcal{S}_{:,:,1} = \begin{bmatrix} 0.9031 & -1.331 \\ -1.331 & 0.5509 \end{bmatrix}, \quad \mathcal{S}_{:,:,2} = \begin{bmatrix} -1.331 & 0.5509 \\ 0.5509 & 1.5886 \end{bmatrix}.$$

解　我们首先给出该对称张量的三个精确特征向量分别为

$$
\boldsymbol{u}_1 = \begin{bmatrix} 0.8716 \\ -0.4903 \end{bmatrix}, \quad
\boldsymbol{u}_2 = \begin{bmatrix} 0.1284 \\ 0.9917 \end{bmatrix}, \quad
\boldsymbol{u}_3 = \begin{bmatrix} 0.8739 \\ 0.4861 \end{bmatrix}.
$$

利用上述主偏度分析求解算法中基于非正交约束的固定点迭代算法, 可以得到该对称张量的三个特征向量 (人为设定的数量) 分别为

$$
\boldsymbol{u}_1 = \begin{bmatrix} 0.8716 \\ -0.4903 \end{bmatrix}, \quad
\boldsymbol{u}_2 = \begin{bmatrix} 0.0282 \\ 0.9996 \end{bmatrix}, \quad
\boldsymbol{u}_3 = \begin{bmatrix} 0.9096 \\ 0.4156 \end{bmatrix}.
$$

我们将算法获得的特征向量绘制在图 3.12 中, 并与精确解以及正交约束解进行对比. 从图 3.12 (a) 中可以看出, 和正交约束主偏度分析一样, 算法得到的第一个特征向量与精确解相同. 从图 3.12 (b) 中则能发现, 由于非正交约束对张量 $\mathcal{S}$ 的修改相对较小, 因此对应的解要更加接近精确解. 不过需要注意的是, 张量 $\mathcal{S}$ 一共有三个特征向量, 但正交约束主偏度分析算法只能得到两个. 而非正交约束主偏度分析算法能够通过人为设定特征对数量获得三个, 但除了第一个特征向量外, 其余两个特征向量并不精确.

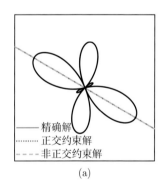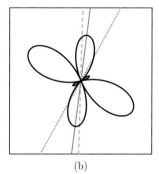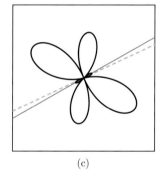

(a)　　　　　　　　　　　(b)　　　　　　　　　　　(c)

图 3.12　非正交约束的主偏度分析算法获得的特征向量
(a) 第一个特征向量; (b) 第二个特征向量; (c) 第三个特征向量

3.5　主偏度分析与独立成分分析

在信号处理中, 独立成分分析 (Independent Component Analysis, ICA) 指的是一类将多元信号分解为多个独立子成分的盲源分离算法. 我们在第 2 章中提到的 "鸡尾酒会问题" 就是独立成分分析的一个重要应用场景.

独立成分分析相关的算法有很多, 其中最著名的便是快速独立成分分析算法 (FastICA)[12]. 本节将会介绍快速独立成分分析算法的基本原理, 并将其与主偏度分析算法进行比较.

3.5.1 快速独立成分分析

对于一个大小为 $p \times n$ 的白化后的数据 $\mathbf{X}$, FastICA 算法的基本思想是找到一个投影方向 $\boldsymbol{u} \in \mathbb{R}^{p \times 1}$, 使得投影后的数据 $\boldsymbol{u}^{\mathrm{T}}\mathbf{X}$ 的某种非高斯性指标尽量大, 相应的优化模型为

$$\begin{cases} \max_{\boldsymbol{u}} & G(\boldsymbol{u}^{\mathrm{T}}\mathbf{X})\mathbf{1} \\ \text{s.t.} & \boldsymbol{u}^{\mathrm{T}}\boldsymbol{u} = 1, \end{cases} \tag{3.47}$$

其中 $G(\cdot)$ 是用于衡量数据非高斯性的函数, 常用的非高斯性衡量函数包括 x^3, x^4, $\log\cosh(x)$, $-e^{-x^2/2}$ 等. $G(\boldsymbol{u}^{\mathrm{T}}\mathbf{X})$ 代表对向量 $\boldsymbol{u}^{\mathrm{T}}\mathbf{X}$ 中的每一个元素都用函数 $G(\cdot)$ 进行非线性映射从而得到一个新的向量. 可以验证, 当 $G(x) = x^3$ 时, 优化模型 (3.47) 中的目标函数 $G(\boldsymbol{u}^{\mathrm{T}}\mathbf{X})\mathbf{1}$ 正好对应数据在 $\boldsymbol{u}$ 方向的偏度 (详见第 3.5.2 小节公式 (3.53)); 而当 $G(x) = x^4$ 时, 该目标函数则对应了数据在 $\boldsymbol{u}$ 方向的峭度.

FastICA 采用牛顿迭代法求解模型 (3.47), 首先构建如下的拉格朗日函数

$$\mathcal{L}(\boldsymbol{u}, \lambda) = G(\boldsymbol{u}^{\mathrm{T}}\mathbf{X})\mathbf{1} + \frac{1}{2}\lambda(1 - \boldsymbol{u}^{\mathrm{T}}\boldsymbol{u}), \tag{3.48}$$

$\mathcal{L}(\boldsymbol{u}, \lambda)$ 关于自变量的导数为

$$\frac{\partial \mathcal{L}(\boldsymbol{u}, \lambda)}{\partial \boldsymbol{u}} = \mathbf{X}G'(\boldsymbol{u}^{\mathrm{T}}\mathbf{X})^{\mathrm{T}} - \lambda\boldsymbol{u}, \tag{3.49}$$

$\mathcal{L}(\boldsymbol{u}, \lambda)$ 关于自变量的黑塞 (Hessian) 矩阵[12] 为

$$\begin{aligned} \frac{\partial^2 \mathcal{L}(\boldsymbol{u}, \lambda)}{\partial \boldsymbol{u} \partial \boldsymbol{u}^{\mathrm{T}}} &= \mathbf{X}\operatorname{diag}\left(G''(\boldsymbol{u}^{\mathrm{T}}\mathbf{X})\right)\mathbf{X}^{\mathrm{T}} - \lambda\mathbf{I}_p \\ &\approx \frac{1}{n}\mathbf{X}\mathbf{X}^{\mathrm{T}}G''(\boldsymbol{u}^{\mathrm{T}}\mathbf{X})\mathbf{1} - \lambda\mathbf{I}_p \\ &= \left(\frac{1}{n}G''(\boldsymbol{u}^{\mathrm{T}}\mathbf{X})\mathbf{1} - \lambda\right)\mathbf{I}_p. \end{aligned} \tag{3.50}$$

其中 $G'(\cdot)$ 和 $G''(\cdot)$ 分别表示 $G(\cdot)$ 的一阶和二阶导数, 它们的大小均与自变量的大小相同[①].

根据 (3.49) 和 (3.50), 利用牛顿迭代法, 我们可以得到如下的迭代公式

$$\boldsymbol{u} \leftarrow \boldsymbol{u} - \left(\frac{\partial^2 \mathcal{L}(\boldsymbol{u}, \lambda)}{\partial \boldsymbol{u} \partial \boldsymbol{u}^{\mathrm{T}}}\right)^{-1}\frac{\partial \mathcal{L}(\boldsymbol{u}, \lambda)}{\partial \boldsymbol{u}}$$

---

① 比如 $G(x) = x^3$ 时, 其一阶导数为 $G'(x) = 3x^2$, 二阶导数为 $G''(x) = 6x$. 当自变量为 n 维行向量 $[x_1 \ \cdots \ x_n]$ 时, 我们有 $G([x_1 \ \cdots \ x_n]) = [x_1^3 \ \cdots \ x_n^3]$, $G'([x_1 \ \cdots \ x_n]) = [3x_1^2 \ \cdots \ 3x_n^2]$, $G''([x_1 \ \cdots \ x_n]) = [6x_1 \ \cdots \ 6x_n]$.

$$= u - \frac{\mathbf{X}G'(u^{\mathrm{T}}\mathbf{X})^{\mathrm{T}} - \lambda u}{\frac{1}{n}G''(u^{\mathrm{T}}\mathbf{X})\mathbf{1} - \lambda}. \tag{3.51}$$

由于接下来我们还需要对 u 进行归一化, 因此在 (3.51) 右边乘以 $\left(\frac{1}{n}G''(u^{\mathrm{T}}\mathbf{X})\mathbf{1} - \lambda\right)$ 并不会影响最终结果, 所以可以将 (3.51) 改写为

$$u \leftarrow \frac{1}{n}G''(u^{\mathrm{T}}\mathbf{X})\mathbf{1}u - \mathbf{X}G'(u^{\mathrm{T}}\mathbf{X})^{\mathrm{T}}. \tag{3.52}$$

根据 (3.52) 给出的迭代公式, 我们可以得到 FastICA 求解第一个独立成分的具体步骤 (算法 3.5).

算法 3.5　FastICA 求解第一个独立成分的流程
1. 随机初始化向量 u
2. 令 $u \leftarrow \dfrac{1}{n}G''(u^{\mathrm{T}}\mathbf{X})\mathbf{1}u - \mathbf{X}G'(u^{\mathrm{T}}\mathbf{X})^{\mathrm{T}}$
3. 向量归一化: $u \leftarrow u/\|u\|$
4. 重复步骤 2 和 3, 直至收敛

由于 FastICA 假设所有的独立成分之间相互正交, 因此在求解第 $l+1$ 个独立成分时, 迭代过程中的每一步都需要将 u_{l+1} 投影到前 l 投影方向 $\mathbf{U}_l = [u_1 \quad u_2 \quad \cdots \quad u_l]$ 的正交补空间中. 对应的算法流程见算法 3.6 .

算法 3.6　FastICA 求解第 $l+1$ 个独立成分的流程
1. 随机初始化向量 u_{l+1}
2. 令 $u_{l+1} \leftarrow \dfrac{1}{n}G''(u_{l+1}^{\mathrm{T}}\mathbf{X})\mathbf{1}u_{l+1} - \mathbf{X}G'(u_{l+1}^{\mathrm{T}}\mathbf{X})^{\mathrm{T}}$
3. 将 u_{l+1} 投影到 $\mathbf{U}_l$ 的正交补空间中: $u_{l+1} \leftarrow \mathbf{P}_{\mathbf{U}_l}^{\perp}u_{l+1}$
4. 向量归一化: $u \leftarrow u/\|u\|$
5. 重复步骤 3 和 4, 直至收敛

3.5.2　FastICA 与主偏度分析

对比算法 3.1 和算法 3.5 可以发现, FastICA 求解第一个独立成分与主偏度分析求解第一个特征对的流程非常接近, 两者之间的主要区别在于投影方向的更新方式. FastICA 利用如下公式更新投影方向,

$$u \leftarrow \frac{1}{n}G''(u^{\mathrm{T}}\mathbf{X})^{\mathrm{T}}\mathbf{1}u - \mathbf{X}G'(u^{\mathrm{T}}\mathbf{X})^{\mathrm{T}},$$

而主偏度分析更新投影方向的公式为

$$u \leftarrow \mathcal{S}u^2.$$

注意到, FastICA 可以选择与主偏度分析相同的非高斯性指标, 即偏度. 在这种情况下, 非高斯性衡量函数为 $G(x) = x^3$, 并且我们有

$$\text{skew}(\boldsymbol{u}^\text{T}\mathbf{X}) = \frac{1}{n}G(\boldsymbol{u}^\text{T}\mathbf{X})^\text{T}\mathbf{1} = \mathcal{S}\boldsymbol{u}^3. \tag{3.53}$$

这表明, 当 FastICA 选择偏度作为非高斯性指标时, 其目标函数与主偏度分析的目标函数是一致的. 进一步地, 由于 $G'(x) = 3x^2$, 我们可以证明

$$\begin{aligned}
\left(\mathbf{X}G'(\boldsymbol{u}^\text{T}\mathbf{X})^\text{T}\right)_i &= \sum_{l=1}^{n} x_{il} G'(\boldsymbol{u}^\text{T}\mathbf{X})_l = 3\sum_{l=1}^{n} x_{il}\left(\sum_{j=1}^{p} x_{jl}u_j\right)^2 \\
&= 3\sum_{l=1}^{n} x_{il}\left(\sum_{j=1}^{p}\sum_{k=1}^{p} x_{jl}x_{kl}u_j u_k\right) \\
&= 3\sum_{j=1}^{p}\sum_{k=1}^{p}\left(\sum_{l=1}^{n} x_{il}x_{jl}x_{kl}\right)u_j u_k \\
&= 3n(\mathcal{S}\boldsymbol{u}^2)_i,
\end{aligned} \tag{3.54}$$

其中 x_{ij} 表示矩阵 $\mathbf{X}$ 的第 i 行第 j 列元素. 又因为 $G''(x) = 6x$, 所以

$$G''(\boldsymbol{u}^\text{T}\mathbf{X})^\text{T}\mathbf{1} = 6\boldsymbol{u}^\text{T}\mathbf{X}\mathbf{1} = 0. \tag{3.55}$$

因此, 当使用偏度作为非高斯性指标时, FastICA 的迭代公式 (3.52) 等价于

$$\boldsymbol{u} \leftarrow -3n\mathcal{S}\boldsymbol{u}^2. \tag{3.56}$$

由于 $\text{skew}(-\boldsymbol{u}^\text{T}\mathbf{X}) = -\text{skew}(\boldsymbol{u}^\text{T}\mathbf{X})$, 并且在后续的步骤中我们需要对投影方向进行归一化处理, 因此前面的系数 $-3n$ 并不影响最终的结果. 这意味着当 FastICA 选择偏度作为非高斯性指标时, 其迭代公式与主偏度分析的迭代公式是等价的, 两者的结果仅有可能存在正负号的区别. 此外, 在 FastICA 中也使用了正交约束来求解剩余的独立成分, 因此就结果而言, 在初值相同的条件下, FastICA 与正交约束的主偏度分析算法是完全相同的.

注意到, 在 FastICA 中每次迭代都需要观测矩阵 $\mathbf{X} \in \mathbb{R}^{p \times n}$ 的参与. 对于一些图像数据而言, p 往往较小只有个位数, 而 n 为图像像素个数, 通常达到几十万甚至上百万级别. 因此, FastICA 在处理这类样本数极大的数据时, 计算量往往会非常大. 而主偏度分析算法的迭代只涉及对三阶统计张量 $\mathcal{S} \in \mathbb{R}^{p \times p \times p}$ 的相关运算, 因此计算量通常要远远小于 FastICA.

3.6   主偏度分析的几何解释

在第 2 章中, 我们已经知道, 对于任意的观测数据 $\mathbf{X} \in \mathbb{R}^{p \times n}$, 其在样本空间都存在一个与方差指标相对应的超椭球面, 而这个超椭球面正是数据的各个主成分方向相互垂直的几何本源. 那么, 在样本空间中, 是否也存在一个与偏度指标对应的几何结构呢? 如果存在的话, 这个几何结构是否蕴含了偏度极值方向分布的规律呢?

接下来, 我们首先展示几个简单的例子, 看看是否能从这些例子中窥探出数据偏度极值方向分布的规律.

从图 3.13 可以看出, 数据的偏度极值方向分布与方差极值方向分布展现出截然不同的现象. 虽然同是平面上的散点, 它们的偏度极值方向不但不垂直, 而且似乎没有任何规律可言. 我们从几何角度来解释主偏度分析的努力似乎要无功而返. 接下来, 我们将要从最简单的情况出发, 给出一些特殊数据的偏度分布情况, 并基于此进一步探讨一般数据偏度极值方向分布的几何意义.

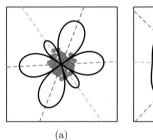 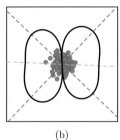 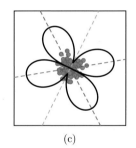

(a)   (b)   (c)

图 3.13   偏度的几何图像
(a) 随机数据一; (b) 随机数据二; (c) 随机数据三

3.6.1   单形体的偏度映射图

单形体是欧几里得空间中最简单、最基本的几何结构, 其定义如下.

定义 3.9   设有 $n+1$ 个 n 维向量 $\boldsymbol{x}_1, \boldsymbol{x}_2, \cdots, \boldsymbol{x}_{n+1}$, 并且 $\boldsymbol{x}_2 - \boldsymbol{x}_1, \boldsymbol{x}_3 - \boldsymbol{x}_1,$ $\cdots, \boldsymbol{x}_{n+1} - \boldsymbol{x}_1$ 线性无关, 那么由这 $n+1$ 个向量决定的点集

$$\left\{ \sum_{i=1}^{n+1} \theta_i \boldsymbol{x}_i \,\middle|\, \sum_{i=1}^{n+1} \theta_i = 1, \theta_i \geqslant 0 \right\}$$

被称作 n 维单形体.

最常见的单形体有零维空间中的点、一维空间中的线段、二维空间中的三角形和三维空间中的四面体, 如图 3.14 所示.

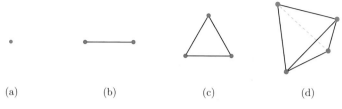

图 3.14   常见的单形体

(a) 点; (b) 线段; (c) 三角形; (d) 四面体

对于一个 n 维空间中的单形体, 我们可以用一个矩阵 $\mathbf{X} \in \mathbb{R}^{n \times (n+1)}$ 来表示它的 $n+1$ 个顶点, 并根据定义 3.6 可以绘制出该数据的偏度映射图. 在本节 (第 3.6 节), 为了表达方便起见, 我们也称 $\mathbf{X}$ 的偏度映射图为以 $\mathbf{X}$ 的 $n+1$ 个列向量为顶点的单形体的偏度映射图. 图 3.15 给出了几个常见的三角形的偏度映射图. 从中可以发现, 对于任意类型的三角形, 其偏度极值方向总与三角形的高的方向平行 (分别垂直于三角形的三条边).

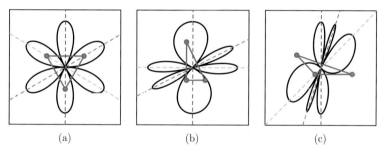

图 3.15   不同类型的三角形的偏度映射图及局部偏度极值方向示意图

(a) 正三角形; (b) 直角三角形; (c) 钝角三角形

进一步将以上结论推广到更高维的单形体, 我们有如下重要结论[13].

定理 3.2   对于一个与单形体顶点对应的数据 $\mathbf{X} \in \mathbb{R}^{n \times (n+1)}$, 其局部偏度极值方向与单形体任意顶点到剩余 n 个顶点构成的子单形体的高的方向平行.

我们以三维空间的四面体为例对定理 3.2 进行进一步阐释, 其中所用的数据为

$$\mathbf{X} = \begin{bmatrix} 1 & -1 & 1 & -1 \\ 1 & 1 & -1 & -1 \\ 1 & -1 & -1 & 1 \end{bmatrix}, \tag{3.57}$$

显然, $\mathbf{X}$ 对应三维空间的正四面体. 该单形体以及对应的偏度映射图如图 3.16 所示.

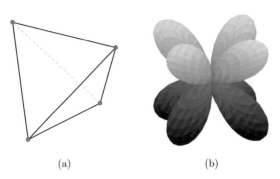

(a)　　　　　　　　　　　　　　　　(b)

图 3.16　　正四面体和它的偏度映射图

(a) 正四面体; (b) 偏度映射图

　　显然, 这个四面体包含 4 个从顶点到底面的高, 如图 3.17(a)—图 3.17(d) 所示. 此外, 还有三个从边到边的公垂线, 如图 3.17(e)—图 3.17(g) 所示. 通过计算, 我们可以知道数据 $\mathbf{X}$ 对应的协偏度张量包含了 7 个特征对, 并且在这 7 个特征对中, 有 4 个对应了 $\mathbf{X}$ 的偏度极值方向, 而剩下的 3 个则对应 $\mathbf{X}$ 的偏度鞍点方向. 经过验证, 可以发现这 4 个偏度极值方向正好与图 3.17(a)—图 3.17(d) 中的 4 条高一一对应 (平行), 这与定理 3.2 中的结论完全一致. 有趣的是, 其他 3 个鞍点方向正好分别与四面体的三条边到边的公垂线对应, 如图 3.17(e)—图 3.17(g) 所示.

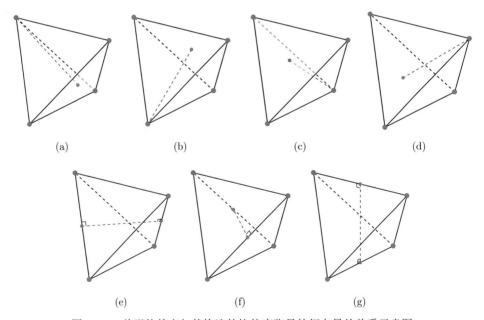

(a)　　　　　　　　(b)　　　　　　　　(c)　　　　　　　　(d)

(e)　　　　　　　　　　(f)　　　　　　　　　　(g)

图 3.17　　单形体的高与其构造的协偏度张量特征向量的关系示意图

(a)—(d) 4 个局部极大值偏度方向一一对应单形体的 4 条高线; (e)—(g) 3 个鞍点方向对应连接不同顶点的两边的公垂线

进一步地, 除了单形体, 对于由对称狄利克雷分布 (Dirichlet Distribution)[14] 生成的数据 (如图 3.18 所示), 我们也有如下重要结论[13].

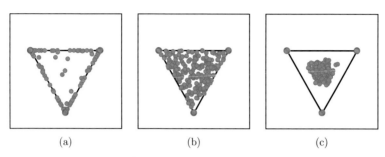

(a)   (b)   (c)

图 3.18　服从不同参数的对称狄利克雷分布的混合系数生成的数据
蓝色为数据点, 红色为三角形顶点

定理 3.3　令 $\mathbf{V} = [\boldsymbol{v}_1 \quad \boldsymbol{v}_2 \quad \cdots \quad \boldsymbol{v}_p] \in \mathbb{R}^{p \times (p+1)}$ 为 p 维单形体的 $p+1$ 个顶点构成的矩阵, 且混合系数矩阵 $\mathbf{D} \in \mathbb{R}^{(p+1) \times n}$ 满足对称狄利克雷分布, 那么生成的数据 $\mathbf{X} = \mathbf{V}\mathbf{D} \in \mathbb{R}^{p \times n}$ 偏度极值方向的期望平行于单形体的高.

从图 3.19 可以看出, 由服从对称狄利克雷分布的混合系数生成的数据的偏度映射图与单形体的偏度映射图的形状确实是相同的. 定理 3.3 在遥感图像混合像元分析中有重要的理论与实际意义, 相关内容将在《矩阵之美——应用篇》中详细介绍.

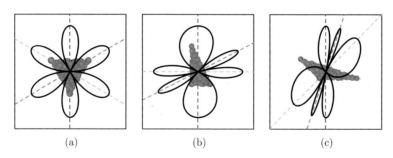

(a)   (b)   (c)

图 3.19　服从对称狄利克雷分布的混合系数生成的数据的偏度映射图
蓝色为数据点, 红色为三角形顶点

3.6.2　几何解释

借助于单形体的偏度映射图, 我们可以尝试给出一般数据偏度映射图的几何解释. 设有白化后的数据 $\mathbf{X}$, 对于 p 维空间中的任意单位向量 $\boldsymbol{u}$, $\mathbf{X}$ 在该方向的偏度为 $\mathrm{skew}(\boldsymbol{u}^{\mathrm{T}}\mathbf{X})$. 不妨令 $Y = \boldsymbol{u}^{\mathrm{T}}\mathbf{X}$. 容易验证, Y 是 n 维样本空间的一个单位行向量. 因此有

$$\text{skew}(\boldsymbol{u}^{\mathrm{T}}\mathbf{X}) = \text{skew}(Y) = \text{skew}(Y\mathbf{I}_n), \tag{3.58}$$

其中 $\mathbf{I}_n$ 为 $n \times n$ 大小的单位矩阵. 公式 (3.58) 表明, p 维空间中数据 $\mathbf{X}$ 在 $\boldsymbol{u}$ 方向的偏度等于 n 维空间中数据 $\mathbf{I}_n$ 在 Y 方向的偏度. 显而易见, 以单位矩阵 $\mathbf{I}_n$ 的各个列向量为顶点可以构成 n 维空间的一个 $n-1$ 维正单形体. 又由于 Y 的取值范围为整个 $\mathbf{X}$ 的行空间, 这样一来, 我们可以得到如下结论.

定理 3.4　对于一个白化后的数据 $\mathbf{X} \in \mathbb{R}^{p \times n}$, 其偏度映射图为 $\mathbf{X}$ 的行向量所构成的子空间与单位矩阵 $\mathbf{I}_n$ 对应的单形体的偏度映射图的交集.

接下来, 我们用一个简单的例子进一步来加强对定理 3.4 的理解, 当 $n = 4$ 时, $\mathbf{I}_n$ 对应四维单位矩阵, 即

$$\mathbf{I}_4 = \begin{bmatrix} 1 & 0 & 0 & 0 \\ 0 & 1 & 0 & 0 \\ 0 & 0 & 1 & 0 \\ 0 & 0 & 0 & 1 \end{bmatrix}. \tag{3.59}$$

以 $\mathbf{I}_4$ 的各个列向量为顶点可以构成四维空间中的一个正四面体, 它的偏度映射图为一个四维空间的三维结构 (类似于图 3.16 (b)). 对于任意一个 2×4 大小的白化后的数据 $\mathbf{X}$, 其偏度映射图为上述正四面体偏度映射图与 $\mathbf{X}$ 的行空间的交集, 如图 3.20 所示. 类似地, 对于任意一个 2×5 大小的白化后的数据 $\mathbf{X}$, 其偏度映射图为四维单形体的偏度映射图与 $\mathbf{X}$ 的行空间的交集, 如图 3.21 所示 (由于四维单形体的偏度映射图是一个四维结构, 因此我们无法展示其全貌, 而只能给出它在某个三维空间的投影).

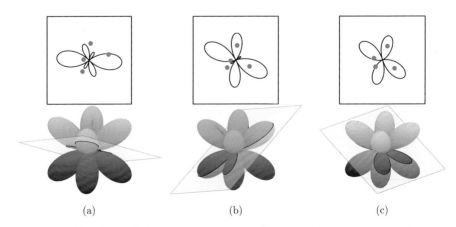

$$\text{(a)} \qquad\qquad\qquad \text{(b)} \qquad\qquad\qquad \text{(c)}$$

图 3.20　2×4 大小数据的偏度映射图与相应单形体偏度映射图的关系

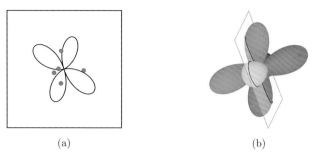

图 3.21 2×5 大小数据的偏度映射图与相应单形体偏度映射图的关系

(a) 数据的偏度映射图; (b) 数据所在切平面与相应单形体偏度映射图的交集

3.7 主偏度分析在应用中的问题

作为主成分分析的高阶版本, 主偏度分析展现了 "矩阵" 在处理非对称乃至非高斯数据方面的能力, 但在应用中, 也存在一些需要注意的问题. 接下来, 我们将对其中的收敛问题、噪声问题和精确解问题展开进一步探讨.

3.7.1 收敛问题

在正交约束和非正交约束的主偏度分析中, 我们使用了不动点迭代法来获得协偏度张量的特征对. 但是在部分数据上, 该方法可能会出现振荡不收敛的现象 (图 3.22 中蓝色曲线). 为了解决这一问题, 我们可以借鉴动量梯度下降 (Gradient Descent with Momentum) 法的思想.

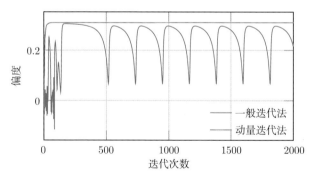

图 3.22 主偏度分析的收敛问题

动量梯度下降法是对梯度下降法的改良版本, 广泛地使用在各种优化问题中. 从物理的角度来看, 梯度下降法是将每次迭代的梯度看作是当前的运动速度, 从而控制迭代的方向, 如图 3.23 中蓝色曲线所示. 而动量梯度下降法则是将每次迭代的梯度看作是加速度, 基于上一次的速度和当前的加速度来计算当前的速度, 然后再根据速度来迭代, 从而减少了振荡的可能性, 加快了收敛速度, 如图 3.23 中红色曲线所示.

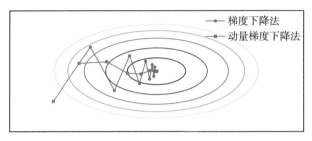

图 3.23　梯度下降法与动量梯度下降法的对比

类似地, 在主偏度分析中, 我们也可以基于前两次的迭代结果来获得当前的迭代结果, 即

$$\boldsymbol{u}^{(k+1)} = \mathcal{S} \times_2 \boldsymbol{u}^{(k)} \times_3 \boldsymbol{u}^{(k-1)}, \tag{3.60}$$

其中, $\boldsymbol{u}^{(k)}$ 表示第 k 次迭代的结果. 这种迭代方式被称作主偏度分析的动量迭代[15]. 大量实验表明, (3.60) 中的动量梯度迭代法可以显著降低甚至消除算法的不收敛概率, 提高主偏度分析的鲁棒性和适用性.

特别地, 使用动量迭代法必然可以避免一般迭代法中的如下交替振荡情形,

$$\boldsymbol{u}^{(k+1)} = \mathcal{S} \times_2 \boldsymbol{u}^{(k)} \times_3 \boldsymbol{u}^{(k)},$$

$$\boldsymbol{u}^{(k)} = \mathcal{S} \times_2 \boldsymbol{u}^{(k+1)} \times_3 \boldsymbol{u}^{(k+1)}.$$

不妨假设使用动量迭代时出现了交替振荡, 即

$$\boldsymbol{u}^{(k)} = \mathcal{S} \times_2 \boldsymbol{u}^{(k+1)} \times_3 \boldsymbol{u}^{(k)},$$

$$\boldsymbol{u}^{(k+1)} = \mathcal{S} \times_2 \boldsymbol{u}^{(k)} \times_3 \boldsymbol{u}^{(k+1)}.$$

与此同时, 根据 $\mathcal{S}$ 的对称性, 我们有

$$\mathcal{S} \times_2 \boldsymbol{u}^{(k+1)} \times_3 \boldsymbol{u}^{(k)} = \mathcal{S} \times_2 \boldsymbol{u}^{(k)} \times_3 \boldsymbol{u}^{(k+1)},$$

所以 $\boldsymbol{u}^{(k)} = \boldsymbol{u}^{(k+1)}$, 即动量迭代必然可以克服交替震荡.

3.7.2　噪声问题

设有白化后的数据 $\mathbf{X}$, 对其添加白噪声后得到数据 $\tilde{\mathbf{X}} = \mathbf{X} + \mathbf{N}$. 由于白噪声在各个方向上的偏度都为零, 因此, 添加噪声前后数据的协偏度张量成正比 (请读者验证), 即

$$\mathcal{S}_{\tilde{\mathbf{X}}} \propto \mathcal{S}_{\mathbf{X}}.$$

换句话说, 白化数据的偏度对白噪声是不敏感的. 如图 3.24 所示的符合对称狄利克雷分布的数据, 添加噪声前后的偏度极值方向几乎没有变化.

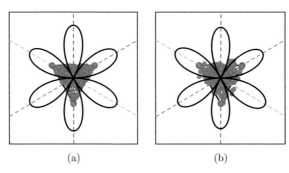

图 3.24   白噪声对偏度的影响

(a) 添加白噪声前的偏度映射图; (b) 添加白噪声后的偏度映射图

但是需要注意的是, 由于计算偏度前需要对数据进行白化, 而只有在数据白化后噪声是白的, 才能保持噪声对偏度没有影响. 这就要求原始数据中噪声的分布与数据的分布是相同或接近的, 而这在实际应用中很难满足. 不过, 大量的实验表明, 数据中的白噪声对数据偏度分布的影响较小, 因此可以认为偏度指标对于白噪声具有一定的鲁棒性.

3.7.3   精确解问题

本章所提及的算法都只能获得张量的部分特征对, 且不能保证解的精确性. 而对于张量精确解的个数有定理 3.5 中给出的上界. 例如 $M(3,3) = 7$, 这表示三阶三维对称张量最多可以有 7 个实特征对. 不难发现, 随着维度 n 的增大, 实特征对的上界值也呈指数增加. 此外, 即使是两个阶数和维数完全相同的对称张量, 它们精确解的个数也完全可能不同.

定理 3.5   阶数为 m、维度为 p 的对称张量实特征对的个数至多不超过[16]

$$M(m,p) = \frac{(m-1)^p - 1}{m-2}.$$

即使定理 3.5 给出了对称张量实特征对个数的上界, 但是如何求取这些特征对仍然是一个难题. 迄今为止, 公开发表的文献里面只有两种方法可以得到对称张量的所有精确特征对. 国际上首个可以获取张量全部精确特征对的算法[17]于 2014 年由中国科学院数学研究所的学者提出, 主要基于半正定规划 (Semi-Definite Programming, SDP). 该方法利用拉格朗日函数的一阶梯度信息, 通过进一步约束特征值的大小, 并利用一些成熟的优化软件包, 依次从大到小得到张量所有精确的实特征对. 另外一种算法[18] 则主要基于同伦 (Homotopic) 这一概念, 它将张量特征对求解问题视作一个具有 p 个变量、$p+1$ 个等式的非线性方程组 (目标系统), 接着设计一个相同规模但更加容易求解的非线性方程组 (简单系统). 然后结合目标系统和简单系统构建一个同伦系统, 并且该系统可以通过控制参数来在简单系统和目标系统之间连续变换. 由于简单系统的解较容易得到, 因此当控制同伦系统逐步从简单系统演变到目标系统的同时, 简单系统的解也可以随之迭代为目标系统的解, 从而获得张量的所有特征对.

在实际应用中, 比如鸡尾酒会问题, 并不是所有的特征对都是我们需要的, 那么在张量的所有特征对中, 我们应该如何选择需要的特征对呢? 正如我们在图 3.17 中展示的, 特征对可以分为局部极值和鞍点两类. 而在大量的实验中, 我们发现通常独立成分对应了局部极值特征对, 而鞍点往往是两个或多个成分的混合. 因此, 在获得所有精确解后, 往往需要利用其他信息 (比如二阶导数信息) 来筛选出我们需要的特征对.

3.8   小   结

至此, 本章的主要内容总结为以下 6 条:

(1) 主偏度分析是三阶统计分析的标准工具, 当数据的分布呈现明显的非对称结构时, 可以考虑用主偏度分析对其进行特征提取.

(2) 数据的协偏度张量包含了数据的所有三阶统计信息, 数据在任意方向的偏度都可以由协偏度张量和表征相应方向的单位向量解析表达.

(3) 数据的主偏度分析可以转化为数据协偏度张量的特征值与特征向量分析.

(4) 单形体的偏度极值方向与单形体的各个高的方向一一对应, 鞍点偏度方向与各个公垂线方向一一对应.

(5) 主偏度分析与取偏度指标的 FastICA 效果等价, 不过 FastICA 的每次迭代都需要所有数据的参与, 而主偏度分析仅需要协偏度张量参与运算.

(6) 在几何上, 观测数据的偏度映射图对应于相应单形体偏度映射图的特定截面.

第 4 章　典型相关分析

典型相关分析 (Canonical Correlation Analysis, CCA) 是一种常用的多元统计分析方法. 本章首先从互相关分析入手, 指出其不足继而引出典型相关分析, 并证明了它正是白化后的互相关分析. 然后, 给出了典型相关分析的几何解释以及相关重要进展.

4.1　问题背景

如何衡量两个向量之间的相似性在应用中是一个至关重要的基础问题. 常用的衡量相似性的度量包括内积、相关系数、距离、角度等. 其中, 对于欧氏空间中两个向量 $\boldsymbol{a}$ 和 $\boldsymbol{b}$, 它们的夹角可以用如下表达式来计算

$$\theta = \arccos\left(\frac{\boldsymbol{a}^{\mathrm{T}}\boldsymbol{b}}{\|\boldsymbol{a}\|\|\boldsymbol{b}\|}\right). \tag{4.1}$$

显然, 角度越小代表两个向量的相似性越强; 而角度越大则代表两个向量的相似性越弱. 特别地, 当两个向量的夹角为零时, 表示二者完全重合; 而两个向量的角度为 90° 时, 意味着二者完全不相关, 见图 4.1.

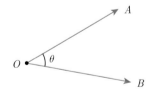

图 4.1　两个向量之间的相似性

在有些应用中, 我们不仅需要衡量两个向量之间的相似性, 还有可能需要衡量一个向量和一组向量之间的相似性. 以图 4.2 为例, 用 $\boldsymbol{a}_1$, $\boldsymbol{a}_2$ 和 $\boldsymbol{b}$ 分别表示向量 OA_1, OA_2 和 OB, 那么, 向量 $\boldsymbol{a}_1$, $\boldsymbol{a}_2$ 和 $\boldsymbol{b}$ 之间的相似性可以转换为向量 $\boldsymbol{b}$ 与 $\boldsymbol{a}_1$, $\boldsymbol{a}_2$ 这两个向量所张成的平面, 即 $\boldsymbol{b}$ 与 $\operatorname{span}(\boldsymbol{a}_1, \boldsymbol{a}_2)$ 之间的相似性. 有趣的是, 向量与平面的相似性也可以进一步归结为两个向量之间的相似性, 即从 $\operatorname{span}(\boldsymbol{a}_1, \boldsymbol{a}_2)$ 中找到一个与向量 $\boldsymbol{b}$ 最相似的向量, 而 $\boldsymbol{b}$ 与该向量之间的相似性可

以看作 b 与该平面的相似性. 不言而喻, 当以角度作为相似性度量时, 与 b 最相似的向量正是 b 在 $\mathrm{span}\,(a_1, a_2)$ 上的正交投影 b' (对应点 B'), 这正对应了我们在第 1 章所讲的最小二乘法. 也就是说, 最小二乘法本质上解决的正是一个向量与一组向量之间关系的问题.

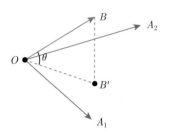

图 4.2　单个向量与一组向量的相似性

　　进一步地, 如何衡量两组向量之间的相似性呢? 或者说如何衡量由两组向量张成的两个超平面之间的相似性呢? 以图 4.3 为例, 用 a_1 和 a_2 分别表示向量 $O_A A_1$ 和 $O_A A_2$, b_1 和 b_2 分别表示向量 $O_B B_1$ 和 $O_B B_2$, 那么问题就变成了衡量 $\mathrm{span}\,(a_1, a_2)$ 与 $\mathrm{span}\,(b_1, b_2)$ 之间的相似性. 类似地, 两个平面之间的相似性仍可归结为两个向量之间的相似性, 即从 $\mathrm{span}\,(a_1, a_2)$ 和 $\mathrm{span}\,(b_1, b_2)$ 中分别找到一个代表向量, 使得二者最为相似, 并把它们之间的相似性作为两个平面之间的某种相似性. 那么, 如何找到这两个代表向量呢? 本章接下来将对这一问题展开深入探讨.

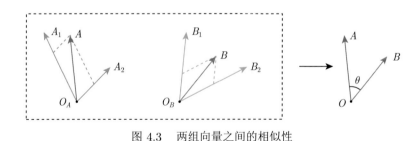

图 4.3　两组向量之间的相似性

4.2　互相关分析

　　给定两组 n 维向量 $\{x_1, x_2, \cdots, x_p\}$ 和 $\{y_1, y_2, \cdots, y_q\}$, 为了衡量这两组向量张成的子空间或超平面之间的相似性, 接下来我们首先介绍一种简单的方法——互相关分析.

4.2.1 模型与求解

不妨记 $\mathbf{X} = [\boldsymbol{x}_1 \quad \boldsymbol{x}_2 \quad \cdots \quad \boldsymbol{x}_p], \mathbf{Y} = [\boldsymbol{y}_1 \quad \boldsymbol{y}_2 \quad \cdots \quad \boldsymbol{y}_q]$, 分别对这两组向量以一定的权重进行线性组合可以得到两个新的向量, $\boldsymbol{z} = \mathbf{X}\boldsymbol{u}$, $\boldsymbol{w} = \mathbf{Y}\boldsymbol{v}$, 其中 $\boldsymbol{u}, \boldsymbol{v}$ 为各自的权重系数构成的向量. 现在, 我们希望所选择的系数向量能够使得 $\boldsymbol{z}$ 和 $\boldsymbol{w}$ 具有最大的相似性. 当用内积来衡量向量间的相似性时, 可以得到

$$\boldsymbol{z}^{\mathrm{T}}\boldsymbol{w} = \boldsymbol{u}^{\mathrm{T}}\mathbf{X}^{\mathrm{T}}\mathbf{Y}\boldsymbol{v} = n\boldsymbol{u}^{\mathrm{T}}\boldsymbol{\Sigma}_{12}\boldsymbol{v}, \tag{4.2}$$

其中 $\boldsymbol{\Sigma}_{12} = \dfrac{1}{n}\mathbf{X}^{\mathrm{T}}\mathbf{Y}$ 为 $\mathbf{X}$ 和 $\mathbf{Y}$ 的互相关矩阵. 为了使得 (4.2) 中 $\boldsymbol{z}^{\mathrm{T}}\boldsymbol{w}$ 的值不受向量 $\boldsymbol{u}, \boldsymbol{v}$ 模长的影响, 我们要求它们均为单位向量. 相应地, 可以得到互相关分析的优化模型如下

$$\begin{cases} \max\limits_{\boldsymbol{u},\boldsymbol{v}} & \boldsymbol{u}^{\mathrm{T}}\boldsymbol{\Sigma}_{12}\boldsymbol{v} \\ \text{s.t.} & \boldsymbol{u}^{\mathrm{T}}\boldsymbol{u} = 1, \boldsymbol{v}^{\mathrm{T}}\boldsymbol{v} = 1. \end{cases} \tag{4.3}$$

上述优化模型为等式约束的目标函数的极值问题, 可以用拉格朗日乘子法建立如下目标函数

$$\mathcal{L}(\boldsymbol{u}, \boldsymbol{v}, \lambda, \mu) = \boldsymbol{u}^{\mathrm{T}}\boldsymbol{\Sigma}_{12}\boldsymbol{v} + \frac{\lambda}{2}(1 - \boldsymbol{u}^{\mathrm{T}}\boldsymbol{u}) + \frac{\mu}{2}(1 - \boldsymbol{v}^{\mathrm{T}}\boldsymbol{v}). \tag{4.4}$$

上式两边分别对 $\boldsymbol{u}, \boldsymbol{v}$ 求偏导并令它们等于零向量,

$$\begin{cases} \dfrac{\partial \mathcal{L}}{\partial \boldsymbol{u}} = \boldsymbol{\Sigma}_{12}\boldsymbol{v} - \lambda\boldsymbol{u} = \mathbf{0}, \\ \dfrac{\partial \mathcal{L}}{\partial \boldsymbol{v}} = \boldsymbol{\Sigma}_{21}\boldsymbol{u} - \mu\boldsymbol{v} = \mathbf{0}, \end{cases} \tag{4.5}$$

其中 $\boldsymbol{\Sigma}_{21} = \dfrac{1}{n}\mathbf{Y}^{\mathrm{T}}\mathbf{X} = \boldsymbol{\Sigma}_{12}^{\mathrm{T}}$. 由 (4.5) 可得

$$\begin{cases} \boldsymbol{\Sigma}_{12}\boldsymbol{v} = \lambda\boldsymbol{u}, \\ \boldsymbol{\Sigma}_{21}\boldsymbol{u} = \mu\boldsymbol{v}. \end{cases} \tag{4.6}$$

基于 (4.6), 我们有

$$\begin{cases} \boldsymbol{\Sigma}_{12}\boldsymbol{\Sigma}_{21}\boldsymbol{u} = \mu\boldsymbol{\Sigma}_{12}\boldsymbol{v} = \lambda\mu\boldsymbol{u}, \\ \boldsymbol{\Sigma}_{21}\boldsymbol{\Sigma}_{12}\boldsymbol{v} = \lambda\boldsymbol{\Sigma}_{21}\boldsymbol{u} = \lambda\mu\boldsymbol{v}. \end{cases} \tag{4.7}$$

当 $\boldsymbol{u}, \boldsymbol{v}$ 均为单位向量且 (4.6) 中两个方程都成立时, 有

$$\lambda = \boldsymbol{u}^{\mathrm{T}} \boldsymbol{\Sigma}_{12} \boldsymbol{v} = \left(\boldsymbol{u}^{\mathrm{T}} \boldsymbol{\Sigma}_{12} \boldsymbol{v} \right)^{\mathrm{T}} = \boldsymbol{v}^{\mathrm{T}} \boldsymbol{\Sigma}_{21} \boldsymbol{u} = \mu. \tag{4.8}$$

因此模型 (4.3) 的解最终转化为 $\boldsymbol{\Sigma}_{12} \boldsymbol{\Sigma}_{21}$ 和 $\boldsymbol{\Sigma}_{21} \boldsymbol{\Sigma}_{12}$ 这两个矩阵的特征值与特征向量问题, 即

$$\begin{cases} \boldsymbol{\Sigma}_{12} \boldsymbol{\Sigma}_{21} \boldsymbol{u} = \lambda^2 \boldsymbol{u}, \\ \boldsymbol{\Sigma}_{21} \boldsymbol{\Sigma}_{12} \boldsymbol{v} = \lambda^2 \boldsymbol{v}. \end{cases} \tag{4.9}$$

不妨假设 $p < q$, 且 $\boldsymbol{\Sigma}_{12} \boldsymbol{\Sigma}_{21}$ 为非奇异矩阵, 那么它必然有 p 个正特征值, $\lambda_1^2 \geqslant \lambda_2^2 \geqslant \cdots \geqslant \lambda_p^2$, 相应的特征向量记为 $\mathbf{U} = [\boldsymbol{u}_1 \quad \boldsymbol{u}_2 \quad \cdots \quad \boldsymbol{u}_p]$. 对于 $\boldsymbol{\Sigma}_{21} \boldsymbol{\Sigma}_{12}$, 它与 $\boldsymbol{\Sigma}_{12} \boldsymbol{\Sigma}_{21}$ 具有相同的正特征值, 且有 $q - p$ 个零特征值, 假设其特征向量为 $\mathbf{V} = [\boldsymbol{v}_1 \quad \boldsymbol{v}_2 \quad \cdots \quad \boldsymbol{v}_q]$. 记

$$\boldsymbol{\Lambda}_1 = \begin{bmatrix} \lambda_1^2 & & \\ & \ddots & \\ & & \lambda_p^2 \end{bmatrix},$$

$$\boldsymbol{\Lambda}_2 = \begin{bmatrix} \lambda_1^2 & & & & & \\ & \ddots & & & & \\ & & \lambda_p^2 & & & \\ & & & 0 & & \\ & & & & \ddots & \\ & & & & & 0 \end{bmatrix},$$

相应地, (4.9) 可以重新表示为

$$\begin{cases} \boldsymbol{\Sigma}_{12} \boldsymbol{\Sigma}_{21} \mathbf{U} = \mathbf{U} \boldsymbol{\Lambda}_1, \\ \boldsymbol{\Sigma}_{21} \boldsymbol{\Sigma}_{12} \mathbf{V} = \mathbf{V} \boldsymbol{\Lambda}_2. \end{cases} \tag{4.10}$$

显然, (4.9) 和 (4.10) 中两个对称矩阵的特征值与特征向量问题也等价于矩阵 $\boldsymbol{\Sigma}_{12}$ 的奇异值分解 (Singular Value Decomposition, SVD) 问题

$$\boldsymbol{\Sigma}_{12} = \mathbf{U} \boldsymbol{\Lambda} \mathbf{V}^{\mathrm{T}}, \tag{4.11}$$

其中 $\boldsymbol{\Lambda}$ 是 $\boldsymbol{\Sigma}_{12}$ 的奇异值矩阵, 它具有如下的形式

$$\boldsymbol{\Lambda} = \mathbf{U}^{\mathrm{T}} \boldsymbol{\Sigma}_{12} \mathbf{V}$$

$$= \begin{bmatrix} \boldsymbol{u}_1^{\mathrm{T}}\boldsymbol{\Sigma}_{12}\boldsymbol{v}_1 & & & 0 & \cdots & 0 \\ & \ddots & & \vdots & \ddots & \vdots \\ & & \boldsymbol{u}_p^{\mathrm{T}}\boldsymbol{\Sigma}_{12}\boldsymbol{v}_p & 0 & \cdots & 0 \end{bmatrix}$$

$$= \begin{bmatrix} \lambda_1 & & & 0 & \cdots & 0 \\ & \ddots & & \vdots & \ddots & \vdots \\ & & \lambda_p & 0 & \cdots & 0 \end{bmatrix}. \tag{4.12}$$

因此, 矩阵 $\mathbf{U}$ 和 $\mathbf{V}$ 分别是 $\boldsymbol{\Sigma}_{12}\boldsymbol{\Sigma}_{21}$ 与 $\boldsymbol{\Sigma}_{21}\boldsymbol{\Sigma}_{12}$ 这两个矩阵的特征向量矩阵, 同时也分别是矩阵 $\boldsymbol{\Sigma}_{12}$ 的左奇异向量和右奇异向量矩阵. 在得到矩阵 $\mathbf{U}$ 和 $\mathbf{V}$ 之后, 可以分别用这两个正交矩阵对原始数据 $\mathbf{X}$ 和 $\mathbf{Y}$ 进行线性变换, 即为对原始数据的互相关分析. 相应的变换表达式为

$$\begin{cases} \mathbf{Z} = \mathbf{X}\mathbf{U}, \\ \mathbf{W} = \mathbf{Y}\mathbf{V}. \end{cases} \tag{4.13}$$

记 $\mathbf{Z} = [\boldsymbol{z}_1 \quad \boldsymbol{z}_2 \quad \cdots \quad \boldsymbol{z}_p]$, $\mathbf{W} = [\boldsymbol{w}_1 \quad \boldsymbol{w}_2 \quad \cdots \quad \boldsymbol{w}_q]$, 则互相关分析可以给出这两组向量的 p 对相关成分, $\boldsymbol{z}_i$ 和 $\boldsymbol{w}_i\,(i=1,2,\cdots,p)$, 且由 (4.12) 可知, 每一对成分的相关性由相应的奇异值 (λ_i) 表征. 注意到

$$\begin{cases} \mathbf{Z}^{\mathrm{T}}\mathbf{Z} = \mathbf{U}^{\mathrm{T}}\mathbf{X}^{\mathrm{T}}\mathbf{X}\mathbf{U}, \\ \mathbf{W}^{\mathrm{T}}\mathbf{W} = \mathbf{V}^{\mathrm{T}}\mathbf{Y}^{\mathrm{T}}\mathbf{Y}\mathbf{V}, \end{cases} \tag{4.14}$$

而 $\mathbf{U}$ 和 $\mathbf{V}$ 并不是 $\mathbf{X}^{\mathrm{T}}\mathbf{X}$ 和 $\mathbf{Y}^{\mathrm{T}}\mathbf{Y}$ 的特征向量矩阵, 所以 $\mathbf{Z}$ 和 $\mathbf{W}$ 这两个矩阵一般情况下均不是列正交矩阵. 这意味着, 尽管 $\mathbf{U}$ 和 $\mathbf{V}$ 均为正交矩阵, 但互相关分析得到的每一组向量的各个成分却未必正交.

例 4.1 试用互相关分析评估 $\{\boldsymbol{x}_1, \boldsymbol{x}_2\}$ 与 $\{\boldsymbol{y}_1, \boldsymbol{y}_2\}$ 两组向量的相似性, 其中

$$\boldsymbol{x}_1 = \begin{bmatrix} \dfrac{1}{\sqrt{2}} \\ -\dfrac{1}{\sqrt{2}} \\ 0 \end{bmatrix}, \quad \boldsymbol{x}_2 = \begin{bmatrix} \dfrac{1}{\sqrt{6}} \\ \dfrac{1}{\sqrt{6}} \\ -\dfrac{2}{\sqrt{6}} \end{bmatrix}, \quad \boldsymbol{y}_1 = \begin{bmatrix} 0 \\ 1 \\ 0 \end{bmatrix}, \quad \boldsymbol{y}_2 = \begin{bmatrix} 0 \\ 0 \\ 1 \end{bmatrix}.$$

解　记 $\mathbf{X} = [\boldsymbol{x}_1 \quad \boldsymbol{x}_2]$, $\mathbf{Y} = [\boldsymbol{y}_1 \quad \boldsymbol{y}_2]$, 计算可得 $\mathbf{X}$ 和 $\mathbf{Y}$ 的互相关矩阵为

$$\boldsymbol{\Sigma}_{12} = \frac{1}{n}\mathbf{X}^{\mathrm{T}}\mathbf{Y} = \frac{1}{3}\begin{bmatrix} -\dfrac{1}{\sqrt{2}} & 0 \\[3mm] \dfrac{1}{\sqrt{6}} & -\dfrac{2}{\sqrt{6}} \end{bmatrix}.$$

并且, $\boldsymbol{\Sigma}_{12}$ 的奇异值分解为

$$\boldsymbol{\Sigma}_{12} = \mathbf{U}\boldsymbol{\Lambda}\mathbf{V}^{\mathrm{T}} = \begin{bmatrix} -\dfrac{1}{2} & \dfrac{\sqrt{3}}{2} \\[3mm] \dfrac{\sqrt{3}}{2} & \dfrac{1}{2} \end{bmatrix} \begin{bmatrix} \dfrac{1}{3} & 0 \\[3mm] 0 & \dfrac{1}{3\sqrt{3}} \end{bmatrix} \begin{bmatrix} \dfrac{1}{\sqrt{2}} & -\dfrac{1}{\sqrt{2}} \\[3mm] -\dfrac{1}{\sqrt{2}} & -\dfrac{1}{\sqrt{2}} \end{bmatrix}.$$

根据 (4.13) 可以得到相应的互相关分析结果为

$$\mathbf{Z} = \mathbf{X}\mathbf{U} = \begin{bmatrix} 0 & \dfrac{2}{\sqrt{6}} \\[3mm] \dfrac{1}{\sqrt{2}} & -\dfrac{1}{\sqrt{6}} \\[3mm] -\dfrac{1}{\sqrt{2}} & -\dfrac{1}{\sqrt{6}} \end{bmatrix} = [\boldsymbol{z}_1 \quad \boldsymbol{z}_2],$$

$$\mathbf{W} = \mathbf{Y}\mathbf{V} = \begin{bmatrix} 0 & 0 \\[3mm] \dfrac{1}{\sqrt{2}} & -\dfrac{1}{\sqrt{2}} \\[3mm] -\dfrac{1}{\sqrt{2}} & -\dfrac{1}{\sqrt{2}} \end{bmatrix} = [\boldsymbol{w}_1 \quad \boldsymbol{w}_2].$$

与奇异值 $\lambda_1 = \dfrac{1}{3}$ 对应的两组向量的线性组合为

$$\begin{cases} \boldsymbol{z}_1 = \begin{bmatrix} 0 & \dfrac{1}{\sqrt{2}} & -\dfrac{1}{\sqrt{2}} \end{bmatrix}^{\mathrm{T}}, \\[4mm] \boldsymbol{w}_1 = \begin{bmatrix} 0 & \dfrac{1}{\sqrt{2}} & -\dfrac{1}{\sqrt{2}} \end{bmatrix}^{\mathrm{T}}. \end{cases}$$

显然, $\boldsymbol{z}_1$ 和 $\boldsymbol{w}_1$ 重合, 并且正好位于 $\operatorname{span}(\boldsymbol{x}_1, \boldsymbol{x}_2)$ 和 $\operatorname{span}(\boldsymbol{y}_1, \boldsymbol{y}_2)$ 这两个平面的交线上 (图 4.4). 也就是说, 由 $\boldsymbol{\Sigma}_{12}$ 的最大奇异值对应的两个奇异向量组合出来的向量 $\boldsymbol{z}_1$ 和 $\boldsymbol{w}_1$ 具有最大的相关性. 这表明, 对于本例中的数据, 互相关分析有能

力找到使得两组向量相似性最大的线性组合. 此外, 计算可得与奇异值 $\lambda_2 = \dfrac{1}{3\sqrt{3}}$ 对应的两组向量的线性组合分别为

$$
\begin{cases}
z_2 = \left[\dfrac{2}{\sqrt{6}} \quad -\dfrac{1}{\sqrt{6}} \quad -\dfrac{1}{\sqrt{6}}\right]^{\mathrm{T}}, \\[4mm]
w_2 = \left[0 \quad -\dfrac{1}{\sqrt{2}} \quad -\dfrac{1}{\sqrt{2}}\right]^{\mathrm{T}}.
\end{cases}
$$

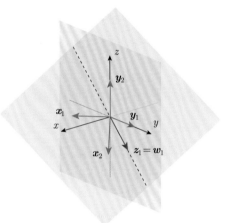

图 4.4　互相关分析示例 (例 4.1)

其中紫色向量为两组向量的共同第一互相关成分

4.2.2 存在的问题

从互相关分析的目标函数 (4.3) 可以看到, 该方法最大化的是线性组合向量 $z = Xu$ 和 $w = Yv$ 的内积, 因此其结果必然会受到 z 和 w 的长度或模的影响. 接下来我们对例 4.1 中的数据稍作调整, 将其中的 y_2 改为 $\tilde{y}_2 = \begin{bmatrix} 0 & 1 & \dfrac{3}{2} \end{bmatrix}^{\mathrm{T}}$, 然后对调整后的数据进行互相关分析.

例 4.2　用互相关分析评估 $\{x_1, x_2\}$ 与 $\{y_1, \tilde{y}_2\}$ 两组向量的相似性, 其中

$$
x_1 = \begin{bmatrix} \dfrac{1}{\sqrt{2}} \\[2mm] -\dfrac{1}{\sqrt{2}} \\[2mm] 0 \end{bmatrix}, \quad
x_2 = \begin{bmatrix} \dfrac{1}{\sqrt{6}} \\[2mm] \dfrac{1}{\sqrt{6}} \\[2mm] -\dfrac{2}{\sqrt{6}} \end{bmatrix}, \quad
y_1 = \begin{bmatrix} 0 \\ 1 \\ 0 \end{bmatrix}, \quad
\tilde{y}_2 = \begin{bmatrix} 0 \\ 1 \\ \dfrac{3}{2} \end{bmatrix}.
$$

解　令 $\tilde{\mathbf{X}} = [\boldsymbol{x}_1 \quad \boldsymbol{x}_2]$, $\tilde{\mathbf{Y}} = [\boldsymbol{y}_1 \quad \tilde{\boldsymbol{y}}_2]$, 计算可得 $\tilde{\mathbf{X}}$ 和 $\tilde{\mathbf{Y}}$ 的互相关矩阵为 (方便起见, 下面只给出近似的数值解)

$$\tilde{\mathbf{\Sigma}}_{12} = \frac{1}{n}\tilde{\mathbf{X}}^{\mathrm{T}}\tilde{\mathbf{Y}} = \frac{1}{3}\begin{bmatrix} -0.7071 & -0.7071 \\ 0.4082 & -0.8165 \end{bmatrix}.$$

对 $\tilde{\mathbf{\Sigma}}_{12}$ 进行奇异值分解

$$\tilde{\mathbf{\Sigma}}_{12} = \tilde{\mathbf{U}}\tilde{\mathbf{\Lambda}}\tilde{\mathbf{V}}^{\mathrm{T}} = \begin{bmatrix} -0.7992 & 0.6011 \\ -0.6011 & -0.7992 \end{bmatrix}\begin{bmatrix} 0.3677 & 0.0000 \\ 0.0000 & 0.2617 \end{bmatrix}\begin{bmatrix} 0.2898 & 0.9571 \\ -0.9571 & 0.2898 \end{bmatrix}.$$

根据 (4.13) 可以得到相应的互相关分析结果为

$$\tilde{\mathbf{Z}} = \tilde{\mathbf{X}}\tilde{\mathbf{U}} = \begin{bmatrix} -0.8105 & 0.0988 \\ 0.3197 & -0.7513 \\ 0.4908 & 0.6525 \end{bmatrix} = [\tilde{\boldsymbol{z}}_1 \quad \tilde{\boldsymbol{z}}_2],$$

$$\tilde{\mathbf{W}} = \tilde{\mathbf{Y}}\tilde{\mathbf{V}} = \begin{bmatrix} 0 & 0 \\ 1.2469 & -0.6673 \\ 1.4356 & 0.4347 \end{bmatrix} = [\tilde{\boldsymbol{w}}_1 \quad \tilde{\boldsymbol{w}}_2].$$

奇异值 $\lambda_1 = 0.3677$ 对应的两组向量的线性组合为

$$\begin{cases} \tilde{\boldsymbol{z}}_1 = [-0.8105 \quad 0.3197 \quad 0.4908]^{\mathrm{T}}, \\ \tilde{\boldsymbol{w}}_1 = [0 \quad 1.2469 \quad 1.4356]^{\mathrm{T}}. \end{cases}$$

奇异值 $\lambda_2 = 0.2617$ 对应的两组向量的线性组合为

$$\begin{cases} \tilde{\boldsymbol{z}}_2 = [0.0988 \quad -0.7513 \quad 0.6525]^{\mathrm{T}}, \\ \tilde{\boldsymbol{w}}_2 = [0 \quad -0.6673 \quad 0.4347]^{\mathrm{T}}. \end{cases}$$

与例 4.1 中结果不同的是, 此时 $\tilde{\boldsymbol{z}}_1$ 和 $\tilde{\boldsymbol{w}}_1$ 不再具有相同的方向 (图 4.5), 即

$$\frac{\tilde{\boldsymbol{z}}_1}{\|\tilde{\boldsymbol{z}}_1\|} \neq \frac{\tilde{\boldsymbol{w}}_1}{\|\tilde{\boldsymbol{w}}_1\|},$$

这意味着改变一组向量中一个向量的长度, 会导致不同的互相关分析结果. 而我们的初衷是为了评估两组向量所张成的平面之间的相似性, 理论上这种相似性不应该受到各自平面所选择的代表向量的影响. 也就是说, 无论我们选择 $\{\boldsymbol{y}_1, \boldsymbol{y}_2\}$,

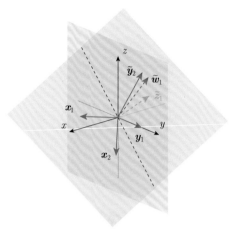

图 4.5 互相关分析示例 (例 4.2)
虚线箭头分别对应两组向量的第一互相关成分

还是 $\{\boldsymbol{y}_1, \tilde{\boldsymbol{y}}_2\}$, 它们张成的都是同一个平面, 即 $\mathrm{span}\,(\boldsymbol{y}_1, \boldsymbol{y}_2) = \mathrm{span}\,(\boldsymbol{y}_1, \tilde{\boldsymbol{y}}_2)$, 因此它们和 $\{\boldsymbol{x}_1, \boldsymbol{x}_2\}$ 这两个向量之间的相似性应该一致. 但上面的例子清晰地展示出 $\{\boldsymbol{x}_1, \boldsymbol{x}_2\}$ 和 $\{\boldsymbol{y}_1, \boldsymbol{y}_2\}$ 的相似性与 $\{\boldsymbol{x}_1, \boldsymbol{x}_2\}$ 和 $\{\boldsymbol{y}_1, \tilde{\boldsymbol{y}}_2\}$ 的相似性不一致这一现象, 问题究竟出在哪里呢? 问题就在于互相关分析中采用了内积作为目标函数. 由于两个向量的内积结果不但跟向量间的角度有关, 而且也容易受到向量长度的影响. 因此, 互相关分析反映的并不是两个向量组所张成的平面之间的相似性, 而是具体的两个向量组之间的某种相似关系. 所以在大多数情况下, 互相关分析并不是解决两组向量相似性的理想工具.

此外, 正如前文所述, 对于每一组向量, 互相关分析得到的各个成分未必正交. 在本例, 互相关分析得到的 $\tilde{\mathbf{W}}$ 就明显不是一个列正交矩阵, 即

$$\tilde{\mathbf{W}}^{\mathrm{T}}\tilde{\mathbf{W}} = \begin{bmatrix} 3.6158 & -0.2080 \\ -0.2080 & 0.6342 \end{bmatrix}.$$

4.3 典型相关分析

上一节我们看到, 在互相关分析中, 由于采用内积来衡量向量之间的相似性, 所以最终的结果会受到向量模长的影响, 这导致互相关分析的结果不能反映两组向量所张成的平面之间的相似性. 为了克服这一弊端, 我们有必要将互相关分析中的用来衡量向量相似性的目标函数更换成一个与向量的模无关的量, 而角度[①]就是

[①] 在实际应用中, 更多的是使用相关系数, 本书为了举例方便使用角度作为相似性指标. 不过, 当数据均值为零时, 角度与相关系数等价.

满足此条件的自然而然的选择.

仍假设 $\mathbf{X} = [\boldsymbol{x}_1 \ \ \boldsymbol{x}_2 \ \ \cdots \ \ \boldsymbol{x}_p]$, $\mathbf{Y} = [\boldsymbol{y}_1 \ \ \boldsymbol{y}_2 \ \ \cdots \ \ \boldsymbol{y}_q]$ 为 n 维空间中的两个向量组. 分别对这两组向量进行线性组合得到两个新的向量为 $\boldsymbol{z} = \mathbf{X}\boldsymbol{u}$, $\boldsymbol{w} = \mathbf{Y}\boldsymbol{v}$. 这两个向量夹角的余弦可以表示为

$$\cos\theta = \frac{\boldsymbol{z}^{\mathrm{T}}\boldsymbol{w}}{\sqrt{\boldsymbol{z}^{\mathrm{T}}\boldsymbol{z}}\sqrt{\boldsymbol{w}^{\mathrm{T}}\boldsymbol{w}}}. \tag{4.15}$$

由于

$$\boldsymbol{z}^{\mathrm{T}}\boldsymbol{w} = \boldsymbol{u}^{\mathrm{T}}\mathbf{X}^{\mathrm{T}}\mathbf{Y}\boldsymbol{v} = n\boldsymbol{u}^{\mathrm{T}}\boldsymbol{\Sigma}_{12}\boldsymbol{v},$$

$$\boldsymbol{z}^{\mathrm{T}}\boldsymbol{z} = \boldsymbol{u}^{\mathrm{T}}\mathbf{X}^{\mathrm{T}}\mathbf{X}\boldsymbol{u} = n\boldsymbol{u}^{\mathrm{T}}\boldsymbol{\Sigma}_{11}\boldsymbol{u},$$

$$\boldsymbol{w}^{\mathrm{T}}\boldsymbol{w} = \boldsymbol{v}^{\mathrm{T}}\mathbf{Y}^{\mathrm{T}}\mathbf{Y}\boldsymbol{v} = n\boldsymbol{v}^{\mathrm{T}}\boldsymbol{\Sigma}_{22}\boldsymbol{v},$$

其中 $\boldsymbol{\Sigma}_{11} = \dfrac{1}{n}\mathbf{X}^{\mathrm{T}}\mathbf{X}$, $\boldsymbol{\Sigma}_{22} = \dfrac{1}{n}\mathbf{Y}^{\mathrm{T}}\mathbf{Y}$ 分别为 $\mathbf{X}$ 和 $\mathbf{Y}$ 的自相关矩阵. 因此, (4.15) 可以转化为

$$\cos\theta = \frac{\boldsymbol{u}^{\mathrm{T}}\boldsymbol{\Sigma}_{12}\boldsymbol{v}}{\sqrt{\boldsymbol{u}^{\mathrm{T}}\boldsymbol{\Sigma}_{11}\boldsymbol{u}}\sqrt{\boldsymbol{v}^{\mathrm{T}}\boldsymbol{\Sigma}_{22}\boldsymbol{v}}}. \tag{4.16}$$

我们的目的就是寻求两个系数向量 $\boldsymbol{u}$ 和 $\boldsymbol{v}$, 使得组合后的两个向量 $\boldsymbol{z} = \mathbf{X}\boldsymbol{u}$, $\boldsymbol{w} = \mathbf{Y}\boldsymbol{v}$ 间的夹角尽量小 (余弦尽量大), 相应的优化模型为

$$\max_{\boldsymbol{u},\boldsymbol{v}} \frac{\boldsymbol{u}^{\mathrm{T}}\boldsymbol{\Sigma}_{12}\boldsymbol{v}}{\sqrt{\boldsymbol{u}^{\mathrm{T}}\boldsymbol{\Sigma}_{11}\boldsymbol{u}}\sqrt{\boldsymbol{v}^{\mathrm{T}}\boldsymbol{\Sigma}_{22}\boldsymbol{v}}}, \tag{4.17}$$

此即为典型相关分析的基本模型[19]. 尽管 (4.17) 是一个无约束的优化模型, 但其目标函数包含分子和分母两项, 不便于求解. 因此, 接下来将其转化为如下带约束的优化模型

$$\begin{cases} \max\limits_{\boldsymbol{u},\boldsymbol{v}} \quad \boldsymbol{u}^{\mathrm{T}}\boldsymbol{\Sigma}_{12}\boldsymbol{v} \\[2mm] \text{s.t.} \quad \boldsymbol{u}^{\mathrm{T}}\boldsymbol{\Sigma}_{11}\boldsymbol{u} = \boldsymbol{v}^{\mathrm{T}}\boldsymbol{\Sigma}_{22}\boldsymbol{v} = 1. \end{cases} \tag{4.18}$$

(4.18) 是一个标准的等式约束优化模型, 可以用拉格朗日乘子法进行求解.

首先构建拉格朗日函数如下:

$$\mathcal{L}\left(\boldsymbol{u},\boldsymbol{v},\lambda,\mu\right) = \boldsymbol{u}^{\mathrm{T}}\boldsymbol{\Sigma}_{12}\boldsymbol{v} + \frac{\lambda}{2}\left(1 - \boldsymbol{u}^{\mathrm{T}}\boldsymbol{\Sigma}_{11}\boldsymbol{u}\right) + \frac{\mu}{2}\left(1 - \boldsymbol{v}^{\mathrm{T}}\boldsymbol{\Sigma}_{22}\boldsymbol{v}\right). \tag{4.19}$$

对 (4.19) 中的自变量求偏导可得

$$
\begin{cases}
\dfrac{\partial \mathcal{L}}{\partial \boldsymbol{u}} = \boldsymbol{\Sigma}_{12}\boldsymbol{v} - \lambda\boldsymbol{\Sigma}_{11}\boldsymbol{u}, \\[2mm]
\dfrac{\partial \mathcal{L}}{\partial \boldsymbol{v}} = \boldsymbol{\Sigma}_{21}\boldsymbol{u} - \mu\boldsymbol{\Sigma}_{22}\boldsymbol{v}.
\end{cases}
\tag{4.20}
$$

并令它们均为零向量, 可得

$$
\begin{cases}
\boldsymbol{\Sigma}_{12}\boldsymbol{v} = \lambda\boldsymbol{\Sigma}_{11}\boldsymbol{u}, \\[2mm]
\boldsymbol{\Sigma}_{21}\boldsymbol{u} = \mu\boldsymbol{\Sigma}_{22}\boldsymbol{v},
\end{cases}
\tag{4.21}
$$

上式可以转化为

$$
\begin{cases}
\boldsymbol{\Sigma}_{11}^{-1}\boldsymbol{\Sigma}_{12}\boldsymbol{v} = \lambda\boldsymbol{u}, \\[2mm]
\boldsymbol{\Sigma}_{22}^{-1}\boldsymbol{\Sigma}_{21}\boldsymbol{u} = \mu\boldsymbol{v}.
\end{cases}
\tag{4.22}
$$

对 (4.22) 的第一个式子两边同时左乘 $\boldsymbol{\Sigma}_{22}^{-1}\boldsymbol{\Sigma}_{21}$, 第二个式子两边同时左乘 $\boldsymbol{\Sigma}_{11}^{-1}\boldsymbol{\Sigma}_{12}$, 可得

$$
\begin{cases}
\boldsymbol{\Sigma}_{22}^{-1}\boldsymbol{\Sigma}_{21}\boldsymbol{\Sigma}_{11}^{-1}\boldsymbol{\Sigma}_{12}\boldsymbol{v} = \lambda\boldsymbol{\Sigma}_{22}^{-1}\boldsymbol{\Sigma}_{21}\boldsymbol{u} = \lambda\mu\boldsymbol{v}, \\[2mm]
\boldsymbol{\Sigma}_{11}^{-1}\boldsymbol{\Sigma}_{12}\boldsymbol{\Sigma}_{22}^{-1}\boldsymbol{\Sigma}_{21}\boldsymbol{u} = \mu\boldsymbol{\Sigma}_{11}^{-1}\boldsymbol{\Sigma}_{12}\boldsymbol{v} = \lambda\mu\boldsymbol{u}.
\end{cases}
\tag{4.23}
$$

结合约束条件 $\boldsymbol{u}^{\mathrm{T}}\boldsymbol{\Sigma}_{11}\boldsymbol{u} = 1$, $\boldsymbol{v}^{\mathrm{T}}\boldsymbol{\Sigma}_{22}\boldsymbol{v} = 1$ 和 (4.21) 可知

$$
\lambda = \frac{\boldsymbol{u}^{\mathrm{T}}\boldsymbol{\Sigma}_{12}\boldsymbol{v}}{\boldsymbol{u}^{\mathrm{T}}\boldsymbol{\Sigma}_{11}\boldsymbol{u}} = \boldsymbol{u}^{\mathrm{T}}\boldsymbol{\Sigma}_{12}\boldsymbol{v} = \frac{\boldsymbol{v}^{\mathrm{T}}\boldsymbol{\Sigma}_{21}\boldsymbol{u}}{\boldsymbol{v}^{\mathrm{T}}\boldsymbol{\Sigma}_{22}\boldsymbol{v}} = \mu.
\tag{4.24}
$$

因此, 典型相关分析最终转化为 $\boldsymbol{\Sigma}_{\mathrm{I}} = \boldsymbol{\Sigma}_{11}^{-1}\boldsymbol{\Sigma}_{12}\boldsymbol{\Sigma}_{22}^{-1}\boldsymbol{\Sigma}_{21}$, $\boldsymbol{\Sigma}_{\mathrm{II}} = \boldsymbol{\Sigma}_{22}^{-1}\boldsymbol{\Sigma}_{21}\boldsymbol{\Sigma}_{11}^{-1}\boldsymbol{\Sigma}_{12}$ 这两个矩阵的特征值与特征向量求解问题

$$
\begin{cases}
\boldsymbol{\Sigma}_{\mathrm{I}}\boldsymbol{u} = \lambda^2\boldsymbol{u}, \\[2mm]
\boldsymbol{\Sigma}_{\mathrm{II}}\boldsymbol{v} = \lambda^2\boldsymbol{v}.
\end{cases}
\tag{4.25}
$$

仍假设 $p < q$, 且 $\boldsymbol{\Sigma}_{\mathrm{I}}$ 为非奇异矩阵, 那么它必然有 p 个正特征值: $\lambda_1^2 \geqslant \lambda_2^2 \geqslant \cdots \geqslant \lambda_p^2$, 相应的特征向量为 $\mathbf{U} = [\boldsymbol{u}_1 \quad \boldsymbol{u}_2 \quad \cdots \quad \boldsymbol{u}_p]$. 对于 $\boldsymbol{\Sigma}_{\mathrm{II}}$, 它与 $\boldsymbol{\Sigma}_{\mathrm{I}}$ 具有相同的正特征值, 此外还有 $q - p$ 个零特征值, 假设其特征向量为 $\mathbf{V} = [\boldsymbol{v}_1 \quad \boldsymbol{v}_2 \quad \cdots \quad \boldsymbol{v}_q]$. 在得到 $\boldsymbol{\Sigma}_{\mathrm{I}}$ 和 $\boldsymbol{\Sigma}_{\mathrm{II}}$ 这两个矩阵的特征向量之后, 我们就可以给出典型相关分析的变换表达式

$$
\begin{cases}
\mathbf{Z} = \mathbf{X}\mathbf{U}, \\[2mm]
\mathbf{W} = \mathbf{Y}\mathbf{V}.
\end{cases}
\tag{4.26}
$$

记 $\mathbf{Z} = [\boldsymbol{z}_1 \quad \boldsymbol{z}_2 \quad \cdots \quad \boldsymbol{z}_p]$, $\mathbf{W} = [\boldsymbol{w}_1 \quad \boldsymbol{w}_2 \quad \cdots \quad \boldsymbol{w}_q]$, 则典型相关分析可以给出 p 对相关成分, 即 $\boldsymbol{z}_i$ 和 $\boldsymbol{w}_i$ $(i = 1, 2, \cdots, p)$. 并且, 每一对成分 $\boldsymbol{z}_i$ 和 $\boldsymbol{w}_i$ 的相关性可以由相应的特征值 λ_i 表征

$$\frac{\boldsymbol{z}_i^{\mathrm{T}} \boldsymbol{w}_i}{\sqrt{\boldsymbol{z}_i^{\mathrm{T}} \boldsymbol{z}_i} \sqrt{\boldsymbol{w}_i^{\mathrm{T}} \boldsymbol{w}_i}} = \frac{\boldsymbol{u}_i^{\mathrm{T}} \boldsymbol{\Sigma}_{12} \boldsymbol{v}_i}{\sqrt{\boldsymbol{u}_i^{\mathrm{T}} \boldsymbol{\Sigma}_{11} \boldsymbol{u}_i} \sqrt{\boldsymbol{v}_i^{\mathrm{T}} \boldsymbol{\Sigma}_{22} \boldsymbol{v}_i}} = \boldsymbol{u}_i^{\mathrm{T}} \boldsymbol{\Sigma}_{12} \boldsymbol{v}_i = \lambda_i. \tag{4.27}$$

在互相关分析中, 由于 $\boldsymbol{\Sigma}_{12} \boldsymbol{\Sigma}_{21}$ 和 $\boldsymbol{\Sigma}_{21} \boldsymbol{\Sigma}_{12}$ 均为实对称矩阵, 因此它们的特征向量矩阵必然都为正交矩阵, 也就是说, 互相关分析对应正交变换. 然而, 从例 4.2 的结果中我们可以看出, 在互相关分析的结果中, 每组向量的各个成分之间却未必是正交的. 相应地, 在典型相关分析中, 由于 $\boldsymbol{\Sigma}_{\mathrm{I}}$ 和 $\boldsymbol{\Sigma}_{\mathrm{II}}$ 一般情况下都不是实对称矩阵, 因此它们的特征向量矩阵一般情况下也都不是正交矩阵, 这意味着典型相关分析对应非正交线性变换. 那么, 在典型相关分析的结果中, 每组向量的各个成分之间存在怎样的关系呢? 我们将在下一节揭晓这一问题的答案.

此外, 可以验证, (4.25) 的特征值与特征向量问题也等价于如下广义特征值与特征向量求解问题

$$\begin{bmatrix} \mathbf{0} & \boldsymbol{\Sigma}_{12} \\ \boldsymbol{\Sigma}_{21} & \mathbf{0} \end{bmatrix} \begin{bmatrix} \boldsymbol{u} \\ \boldsymbol{v} \end{bmatrix} = \lambda \begin{bmatrix} \boldsymbol{\Sigma}_{11} & \mathbf{0} \\ \mathbf{0} & \boldsymbol{\Sigma}_{22} \end{bmatrix} \begin{bmatrix} \boldsymbol{u} \\ \boldsymbol{v} \end{bmatrix}. \tag{4.28}$$

例 4.3　用典型相关分析评估 $\{\boldsymbol{x}_1, \boldsymbol{x}_2\}$ 与 $\{\boldsymbol{y}_1, \boldsymbol{y}_2\}$ 两组向量的相似性, 其中

$$\boldsymbol{x}_1 = \begin{bmatrix} \dfrac{1}{\sqrt{2}} \\ -\dfrac{1}{\sqrt{2}} \\ 0 \end{bmatrix}, \quad \boldsymbol{x}_2 = \begin{bmatrix} \dfrac{1}{\sqrt{6}} \\ \dfrac{1}{\sqrt{6}} \\ -\dfrac{2}{\sqrt{6}} \end{bmatrix}, \quad \boldsymbol{y}_1 = \begin{bmatrix} 0 \\ 1 \\ 0 \end{bmatrix}, \quad \boldsymbol{y}_2 = \begin{bmatrix} 0 \\ 0 \\ 1 \end{bmatrix},$$

与例 4.1 中的数据相同.

解　计算可得

$$\boldsymbol{\Sigma}_{\mathrm{I}} = \boldsymbol{\Sigma}_{11}^{-1} \boldsymbol{\Sigma}_{12} \boldsymbol{\Sigma}_{22}^{-1} \boldsymbol{\Sigma}_{21} = \begin{bmatrix} \dfrac{1}{2} & -\dfrac{1}{2\sqrt{3}} \\ -\dfrac{1}{2\sqrt{3}} & \dfrac{5}{6} \end{bmatrix},$$

$$\boldsymbol{\Sigma}_{\mathrm{II}} = \boldsymbol{\Sigma}_{22}^{-1} \boldsymbol{\Sigma}_{21} \boldsymbol{\Sigma}_{11}^{-1} \boldsymbol{\Sigma}_{12} = \begin{bmatrix} \dfrac{2}{3} & -\dfrac{1}{3} \\ -\dfrac{1}{3} & \dfrac{2}{3} \end{bmatrix}.$$

两者的特征值矩阵和特征向量矩阵分别为

$$\mathbf{\Lambda}_1 = \begin{bmatrix} 1 & 0 \\ 0 & \dfrac{1}{3} \end{bmatrix}, \quad \mathbf{U} = \begin{bmatrix} -\dfrac{1}{2} & \dfrac{\sqrt{3}}{2} \\ \dfrac{\sqrt{3}}{2} & \dfrac{1}{2} \end{bmatrix};$$

$$\mathbf{\Lambda}_2 = \begin{bmatrix} 1 & 0 \\ 0 & \dfrac{1}{3} \end{bmatrix}, \quad \mathbf{V} = \begin{bmatrix} \dfrac{1}{\sqrt{2}} & -\dfrac{1}{\sqrt{2}} \\ -\dfrac{1}{\sqrt{2}} & -\dfrac{1}{\sqrt{2}} \end{bmatrix}.$$

根据 (4.26) 可以得到相应的典型相关分析结果为

$$\mathbf{Z} = \mathbf{XU} = \begin{bmatrix} 0 & \dfrac{2}{\sqrt{6}} \\ \dfrac{1}{\sqrt{2}} & -\dfrac{1}{\sqrt{6}} \\ -\dfrac{1}{\sqrt{2}} & -\dfrac{1}{\sqrt{6}} \end{bmatrix} = [\boldsymbol{z}_1 \quad \boldsymbol{z}_2],$$

$$\mathbf{W} = \mathbf{YV} = \begin{bmatrix} 0 & 0 \\ \dfrac{1}{\sqrt{2}} & -\dfrac{1}{\sqrt{2}} \\ -\dfrac{1}{\sqrt{2}} & -\dfrac{1}{\sqrt{2}} \end{bmatrix} = [\boldsymbol{w}_1 \quad \boldsymbol{w}_2].$$

其中 $\boldsymbol{z}_1, \boldsymbol{w}_1$ 两个向量夹角的余弦为 1, 而 $\boldsymbol{z}_2, \boldsymbol{w}_2$ 两个向量夹角的余弦为 $\dfrac{1}{\sqrt{3}}$.

可以看到, 例 4.3 中典型相关分析的结果与例 4.1 中互相关分析的结果完全一致. 这是因为在例 4.3 中, 两组向量的自相关矩阵 $\mathbf{\Sigma}_{11}$ 和 $\mathbf{\Sigma}_{22}$ 都为 $\dfrac{1}{3}\mathbf{I}$, 所以 $\mathbf{\Sigma}_{\mathrm{I}} = 9\mathbf{\Sigma}_{12}\mathbf{\Sigma}_{21}$ 以及 $\mathbf{\Sigma}_{\mathrm{II}} = 9\mathbf{\Sigma}_{21}\mathbf{\Sigma}_{12}$. 那么, 当把本例中的数据调整为例 4.2 中的数据, 结果会有所不同么?

例 4.4 用典型相关分析评估 $\{\boldsymbol{x}_1, \boldsymbol{x}_2\}$ 与 $\{\boldsymbol{y}_1, \tilde{\boldsymbol{y}}_2\}$ 两组向量的相似性, 其中

$$\boldsymbol{x}_1 = \begin{bmatrix} \dfrac{1}{\sqrt{2}} \\ -\dfrac{1}{\sqrt{2}} \\ 0 \end{bmatrix}, \quad \boldsymbol{x}_2 = \begin{bmatrix} \dfrac{1}{\sqrt{6}} \\ \dfrac{1}{\sqrt{6}} \\ -\dfrac{2}{\sqrt{6}} \end{bmatrix}, \quad \boldsymbol{y}_1 = \begin{bmatrix} 0 \\ 1 \\ 0 \end{bmatrix}, \quad \tilde{\boldsymbol{y}}_2 = \begin{bmatrix} 0 \\ 1 \\ \dfrac{3}{2} \end{bmatrix}.$$

解　计算可得

$$\tilde{\mathbf{\Sigma}}_{\mathrm{I}} = \begin{bmatrix} \dfrac{1}{2} & -\dfrac{1}{2\sqrt{3}} \\ -\dfrac{1}{2\sqrt{3}} & \dfrac{5}{6} \end{bmatrix}, \quad \tilde{\mathbf{\Sigma}}_{\mathrm{II}} = \begin{bmatrix} \dfrac{8}{9} & -\dfrac{5}{18} \\ -\dfrac{2}{9} & \dfrac{4}{9} \end{bmatrix}.$$

这两个矩阵的特征值矩阵和特征向量矩阵分别为

$$\tilde{\mathbf{\Lambda}}_1 = \begin{bmatrix} 1 & 0 \\ 0 & \dfrac{1}{3} \end{bmatrix}, \quad \tilde{\mathbf{U}} = \begin{bmatrix} -\dfrac{1}{2} & \dfrac{\sqrt{3}}{2} \\ \dfrac{\sqrt{3}}{2} & \dfrac{1}{2} \end{bmatrix};$$

$$\tilde{\mathbf{\Lambda}}_2 = \begin{bmatrix} 1 & 0 \\ 0 & \dfrac{1}{3} \end{bmatrix}, \quad \tilde{\mathbf{V}} = \begin{bmatrix} \dfrac{5}{\sqrt{29}} & -\dfrac{1}{\sqrt{5}} \\ -\dfrac{2}{\sqrt{29}} & -\dfrac{2}{\sqrt{5}} \end{bmatrix}.$$

根据 (4.26) 可以得到相应的典型相关分析结果为

$$\tilde{\mathbf{Z}} = \tilde{\mathbf{X}}\tilde{\mathbf{U}} = \begin{bmatrix} 0 & \dfrac{2}{\sqrt{6}} \\ \dfrac{1}{\sqrt{2}} & -\dfrac{1}{\sqrt{6}} \\ -\dfrac{1}{\sqrt{2}} & -\dfrac{1}{\sqrt{6}} \end{bmatrix} = [\tilde{\boldsymbol{z}}_1 \quad \tilde{\boldsymbol{z}}_2],$$

$$\tilde{\mathbf{W}} = \tilde{\mathbf{Y}}\tilde{\mathbf{V}} = \begin{bmatrix} 0 & 0 \\ \dfrac{3}{\sqrt{29}} & -\dfrac{3}{\sqrt{5}} \\ -\dfrac{3}{\sqrt{29}} & -\dfrac{3}{\sqrt{5}} \end{bmatrix} = [\tilde{\boldsymbol{w}}_1 \quad \tilde{\boldsymbol{w}}_2].$$

　　不难发现, 本例的结果与例 4.3 的结果并不完全相同 ($\tilde{\mathbf{Z}} = \mathbf{Z}, \tilde{\mathbf{W}} \neq \mathbf{W}$). 但可以验证 $\tilde{\boldsymbol{z}}_1, \tilde{\boldsymbol{w}}_1$ 两个向量夹角的余弦仍为 1(如图 4.6 所示), 而 $\tilde{\boldsymbol{z}}_2, \tilde{\boldsymbol{w}}_2$ 两个向量夹角的余弦也依旧为 $\dfrac{1}{\sqrt{3}}$, 这说明典型相关分析能够克服互相关分析的不足, 从而真正体现两组向量所张成的平面的相关关系.

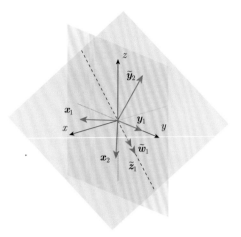

图 4.6 典型相关分析示例 (例 4.4)

虚线箭头分别对应两组向量的第一典型相关成分

同时, 我们注意到变换矩阵 $\tilde{\mathbf{V}}$ 不是正交矩阵, 但其变换结果 $\tilde{\mathbf{W}}$ 的各个成分却是相互正交的,

$$\tilde{\mathbf{W}}^{\mathrm{T}}\tilde{\mathbf{W}} = \begin{bmatrix} \dfrac{18}{29} & 0 \\ 0 & \dfrac{18}{5} \end{bmatrix}.$$

这意味着尽管典型相关分析本身有可能不是正交变换, 但对于每一组向量, 最终却得到了相互正交的结果.

4.4 典型相关分析与互相关分析

在上一节我们讲到, 典型相关分析通过将互相关分析中的目标函数由内积改为角度, 从而消除了两个组合后的向量的长度对两组向量相关关系的影响. 事实上, 也可以通过数据白化来消除组合后向量长度的影响, 具体而言, 我们有如下定理:

定理 4.1 典型相关分析等价于白化后的互相关分析.

证明 对于 n 维空间中的两组向量 $\mathbf{X} = [\boldsymbol{x}_1 \quad \boldsymbol{x}_2 \quad \cdots \quad \boldsymbol{x}_p]$, $\mathbf{Y} = [\boldsymbol{y}_1 \quad \boldsymbol{y}_2 \quad \cdots \quad \boldsymbol{y}_q]$, 它们的自相关及互相关矩阵分别为

$$\boldsymbol{\Sigma}_{11} = \frac{1}{n}\mathbf{X}^{\mathrm{T}}\mathbf{X}, \quad \boldsymbol{\Sigma}_{22} = \frac{1}{n}\mathbf{Y}^{\mathrm{T}}\mathbf{Y}, \quad \boldsymbol{\Sigma}_{12} = \boldsymbol{\Sigma}_{21}^{\mathrm{T}} = \frac{1}{n}\mathbf{X}^{\mathrm{T}}\mathbf{Y}.$$

对自相关矩阵 $\boldsymbol{\Sigma}_{11}$ 和 $\boldsymbol{\Sigma}_{22}$ 进行特征分解有

$$\boldsymbol{\Sigma}_{11} = \mathbf{U}_{11}\boldsymbol{\Lambda}_{11}\mathbf{U}_{11}^{\mathrm{T}}, \quad \boldsymbol{\Sigma}_{22} = \mathbf{U}_{22}\boldsymbol{\Lambda}_{22}\mathbf{U}_{22}^{\mathrm{T}},$$

其中 $\boldsymbol{\Lambda}_{11}, \mathbf{U}_{11}$ 为 $\boldsymbol{\Sigma}_{11}$ 的特征值和特征向量矩阵, $\boldsymbol{\Lambda}_{22}, \mathbf{U}_{22}$ 为 $\boldsymbol{\Sigma}_{22}$ 的特征值矩阵和特征向量矩阵. 此时, 这两个数据的白化矩阵 $\mathbf{F}_1$ 和 $\mathbf{F}_2$ 可由如下公式得到[①],

$$\mathbf{F}_1 = \boldsymbol{\Sigma}_{11}^{-\frac{1}{2}} = \mathbf{U}_{11}\boldsymbol{\Lambda}_{11}^{-\frac{1}{2}}\mathbf{U}_{11}^{\mathrm{T}}, \quad \mathbf{F}_2 = \boldsymbol{\Sigma}_{22}^{-\frac{1}{2}} = \mathbf{U}_{22}\boldsymbol{\Lambda}_{22}^{-\frac{1}{2}}\mathbf{U}_{22}^{\mathrm{T}}.$$

容易验证

$$\mathbf{F}_1\mathbf{F}_1^{\mathrm{T}} = \boldsymbol{\Sigma}_{11}^{-1}, \quad \mathbf{F}_2\mathbf{F}_2^{\mathrm{T}} = \boldsymbol{\Sigma}_{22}^{-1}, \tag{4.29}$$

则白化后的数据分别为

$$\hat{\mathbf{X}} = \mathbf{X}\mathbf{F}_1, \quad \hat{\mathbf{Y}} = \mathbf{Y}\mathbf{F}_2.$$

相应地, 白化后数据的自相关矩阵均为单位阵, 即

$$\hat{\boldsymbol{\Sigma}}_{11} = \frac{1}{n}\hat{\mathbf{X}}^{\mathrm{T}}\hat{\mathbf{X}} = \mathbf{I}_{11}, \quad \hat{\boldsymbol{\Sigma}}_{22} = \frac{1}{n}\hat{\mathbf{Y}}^{\mathrm{T}}\hat{\mathbf{Y}} = \mathbf{I}_{22}, \tag{4.30}$$

而白化后数据的互相关矩阵为

$$\hat{\boldsymbol{\Sigma}}_{12} = \frac{1}{n}\hat{\mathbf{X}}^{\mathrm{T}}\hat{\mathbf{Y}} = \mathbf{F}_1^{\mathrm{T}}\boldsymbol{\Sigma}_{12}\mathbf{F}_2, \quad \hat{\boldsymbol{\Sigma}}_{21} = \frac{1}{n}\hat{\mathbf{Y}}^{\mathrm{T}}\hat{\mathbf{X}} = \mathbf{F}_2^{\mathrm{T}}\boldsymbol{\Sigma}_{21}\mathbf{F}_1 = \hat{\boldsymbol{\Sigma}}_{12}^{\mathrm{T}}. \tag{4.31}$$

基于 (4.9), 对白化后数据的互相关分析可以转化为 $\hat{\boldsymbol{\Sigma}}_{12}\hat{\boldsymbol{\Sigma}}_{21}, \hat{\boldsymbol{\Sigma}}_{21}\hat{\boldsymbol{\Sigma}}_{12}$ 这两个矩阵的特征值与特征向量分析

$$\begin{cases} \hat{\boldsymbol{\Sigma}}_{12}\hat{\boldsymbol{\Sigma}}_{21}\hat{\mathbf{U}} = \hat{\mathbf{U}}\hat{\boldsymbol{\Lambda}}_1, \\ \hat{\boldsymbol{\Sigma}}_{21}\hat{\boldsymbol{\Sigma}}_{12}\hat{\mathbf{V}} = \hat{\mathbf{V}}\hat{\boldsymbol{\Lambda}}_2, \end{cases} \tag{4.32}$$

其中, $\hat{\boldsymbol{\Lambda}}_1$ 和 $\hat{\mathbf{U}}$ 为 $\hat{\boldsymbol{\Sigma}}_{12}\hat{\boldsymbol{\Sigma}}_{21}$ 的特征值矩阵及特征向量矩阵, $\hat{\boldsymbol{\Lambda}}_2$ 和 $\hat{\mathbf{V}}$ 为 $\hat{\boldsymbol{\Sigma}}_{21}\hat{\boldsymbol{\Sigma}}_{12}$ 的特征值矩阵及特征向量矩阵. 将 (4.31) 代入上式, 可以得到

$$\begin{cases} \mathbf{F}_1^{\mathrm{T}}\boldsymbol{\Sigma}_{12}\mathbf{F}_2\mathbf{F}_2^{\mathrm{T}}\boldsymbol{\Sigma}_{21}\mathbf{F}_1\hat{\mathbf{U}} = \hat{\mathbf{U}}\hat{\boldsymbol{\Lambda}}_1, \\ \mathbf{F}_2^{\mathrm{T}}\boldsymbol{\Sigma}_{21}\mathbf{F}_1\mathbf{F}_1^{\mathrm{T}}\boldsymbol{\Sigma}_{12}\mathbf{F}_2\hat{\mathbf{V}} = \hat{\mathbf{V}}\hat{\boldsymbol{\Lambda}}_2. \end{cases} \tag{4.33}$$

将上面两式分别左乘 $\mathbf{F}_1$ 和 $\mathbf{F}_2$, 可得

$$\begin{cases} \mathbf{F}_1\mathbf{F}_1^{\mathrm{T}}\boldsymbol{\Sigma}_{12}\mathbf{F}_2\mathbf{F}_2^{\mathrm{T}}\boldsymbol{\Sigma}_{21}\mathbf{F}_1\hat{\mathbf{U}} = \mathbf{F}_1\hat{\mathbf{U}}\hat{\boldsymbol{\Lambda}}_1, \\ \mathbf{F}_2\mathbf{F}_2^{\mathrm{T}}\boldsymbol{\Sigma}_{21}\mathbf{F}_1\mathbf{F}_1^{\mathrm{T}}\boldsymbol{\Sigma}_{12}\mathbf{F}_2\hat{\mathbf{V}} = \mathbf{F}_2\hat{\mathbf{V}}\hat{\boldsymbol{\Lambda}}_2. \end{cases} \tag{4.34}$$

---

① 需要注意的是, 这里的白化算子由数据的自相关矩阵生成, 并未包含数据的中心化过程. 而一般的白化过程需要首先对数据进行中心化处理. 不过, 无论是否包含中心化, 都不影响本定理的证明逻辑.

进一步将 (4.29) 代入上式, 可得

$$\begin{cases} \boldsymbol{\Sigma}_{\mathrm{I}}\mathbf{F}_1\hat{\mathbf{U}} = \mathbf{F}_1\hat{\mathbf{U}}\hat{\boldsymbol{\Lambda}}_1, \\ \boldsymbol{\Sigma}_{\mathrm{II}}\mathbf{F}_2\hat{\mathbf{V}} = \mathbf{F}_2\hat{\mathbf{V}}\hat{\boldsymbol{\Lambda}}_2. \end{cases} \quad (4.35)$$

对比上式和典型相关分析的 (4.25), 可以看到, 对数据先进行白化再进行互相关分析等价于直接进行典型相关分析, 其中典型相关分析中的特征向量 $\mathbf{U}$ 和 $\mathbf{V}$ 与白化后互相关分析中的特征向量 $\hat{\mathbf{U}}$ 和 $\hat{\mathbf{V}}$ 之间的关系为

$$\begin{cases} \mathbf{U} = \mathbf{F}_1\hat{\mathbf{U}}, \\ \mathbf{V} = \mathbf{F}_2\hat{\mathbf{V}}. \end{cases} \quad (4.36)$$

■

定理 4.2 典型相关分析得到的每一组向量的各个成分之间必然相互正交.

证明 利用 (4.36) 得到的矩阵 $\boldsymbol{\Sigma}_{\mathrm{I}}$ 和 $\boldsymbol{\Sigma}_{\mathrm{II}}$ 的特征向量矩阵 $\mathbf{U}$ 和 $\mathbf{V}$ 对原始数据 $\mathbf{X}$ 和 $\mathbf{Y}$ 进行线性变换, 可得

$$\begin{cases} \mathbf{Z} = \mathbf{XU} = \mathbf{XF}_1\hat{\mathbf{U}}, \\ \mathbf{W} = \mathbf{YV} = \mathbf{YF}_2\hat{\mathbf{V}}. \end{cases} \quad (4.37)$$

相应地, 变换后数据的自相关矩阵均为单位阵, 即

$$\begin{cases} \dfrac{1}{n}\mathbf{Z}^{\mathrm{T}}\mathbf{Z} = \dfrac{1}{n}\hat{\mathbf{U}}^{\mathrm{T}}\mathbf{F}_1^{\mathrm{T}}\mathbf{X}^{\mathrm{T}}\mathbf{XF}_1\hat{\mathbf{U}} = \hat{\mathbf{U}}^{\mathrm{T}}\hat{\boldsymbol{\Sigma}}_{11}\hat{\mathbf{U}} = \hat{\mathbf{U}}^{\mathrm{T}}\hat{\mathbf{U}} = \mathbf{I}_{11}, \\ \dfrac{1}{n}\mathbf{W}^{\mathrm{T}}\mathbf{W} = \dfrac{1}{n}\hat{\mathbf{V}}^{\mathrm{T}}\mathbf{F}_2^{\mathrm{T}}\mathbf{Y}^{\mathrm{T}}\mathbf{YF}_2\hat{\mathbf{V}} = \hat{\mathbf{V}}^{\mathrm{T}}\hat{\boldsymbol{\Sigma}}_{22}\hat{\mathbf{V}} = \hat{\mathbf{V}}^{\mathrm{T}}\hat{\mathbf{V}} = \mathbf{I}_{22}. \end{cases} \quad (4.38)$$

这意味着, 尽管典型相关分析不是正交变换, 但最终得到的每一组向量的各个成分之间必然正交. ■

4.5 典型相关分析的几何解释

从 (4.25) 可以看出, 典型相关分析可以归结为矩阵的特征值与特征向量求解问题. 因此, 为了深入分析典型相关分析的几何机制, 我们接下来首先介绍用于求解矩阵最大特征值和相应特征向量的经典算法——幂法.

4.5.1 幂法

假定 $n \times n$ 方阵 $\mathbf{A}$ 有 n 个线性无关的特征向量 $\boldsymbol{u}_1, \boldsymbol{u}_2, \cdots, \boldsymbol{u}_n$, 且相应的特征值满足 $\lambda_1 > |\lambda_2| \geqslant \cdots \geqslant |\lambda_n|$. 对于任意 n 维向量 $\boldsymbol{x}$, 均可以由 $\mathbf{A}$ 的特征向量线性表出, 即存在 $c_1, c_2, \cdots, c_n$, 使得

$$\boldsymbol{x} = c_1 \boldsymbol{u}_1 + c_2 \boldsymbol{u}_2 + \cdots + c_n \boldsymbol{u}_n.$$

故

$$\mathbf{A}\boldsymbol{x} = c_1 \lambda_1 \boldsymbol{u}_1 + c_2 \lambda_2 \boldsymbol{u}_2 + \cdots + c_n \lambda_n \boldsymbol{u}_n,$$

从而

$$\mathbf{A}^k \boldsymbol{x} = c_1 \lambda_1^k \boldsymbol{u}_1 + c_2 \lambda_2^k \boldsymbol{u}_2 + \cdots + c_n \lambda_n^k \boldsymbol{u}_n$$

$$= \lambda_1^k \left(c_1 \boldsymbol{u}_1 + c_2 \left(\frac{\lambda_2}{\lambda_1} \right)^k \boldsymbol{u}_2 + \cdots + c_n \left(\frac{\lambda_n}{\lambda_1} \right)^k \boldsymbol{u}_n \right),$$

可得

$$\frac{\mathbf{A}^k \boldsymbol{x}}{\lambda_1^k} = c_1 \boldsymbol{u}_1 + c_2 \left(\frac{\lambda_2}{\lambda_1} \right)^k \boldsymbol{u}_2 + \cdots + c_n \left(\frac{\lambda_n}{\lambda_1} \right)^k \boldsymbol{u}_n. \tag{4.39}$$

由于 $\lambda_1 > |\lambda_2| \geqslant \cdots \geqslant |\lambda_n|$, 则当 $k \to \infty$ 时,

$$(\lambda_2/\lambda_1)^k \to 0, \quad \cdots, \quad (\lambda_n/\lambda_1)^k \to 0,$$

因此有

$$\frac{\mathbf{A}^k \boldsymbol{x}}{\lambda_1^k} \to c_1 \boldsymbol{u}_1, \tag{4.40}$$

所以当 k 足够大时, 矩阵 $\mathbf{A}$ 的最大特征值 λ_1 可以由下式近似得到,

$$\lambda_1 = \frac{\|\mathbf{A}^k \boldsymbol{x}\|}{\|\mathbf{A}^{k-1} \boldsymbol{x}\|}. \tag{4.41}$$

相应地, 与 λ_1 对应的特征向量 $\boldsymbol{u}_1$ 也可由下式近似得到,

$$\boldsymbol{u}_1 = \mathbf{A}^k \boldsymbol{x}. \tag{4.42}$$

可以看出, 当 $\lambda_1 \gg \lambda_2$ 时, 一个较小的 k, 即可使得 (4.41) 和 (4.42) 中的特征值和特征向量逼近真实值; 而当 λ_1 与 λ_2 比较接近时, 则需要一个足够大的 k 才能近似得到矩阵 $\mathbf{A}$ 的最大特征值及其特征向量. 下面给出求取矩阵最大特征值和特征向量的幂法的迭代步骤 (算法 4.1).

算法 4.1   幂法

输入: 矩阵 $\mathbf{A}$

输出: 特征向量 $\boldsymbol{u}_1$, 特征值 λ_1

1. 初始化 $\boldsymbol{u}^{(0)}$ 为随机变量, $\boldsymbol{u}^{(1)} = \mathbf{A}\boldsymbol{u}^{(0)}$, 以及 $k = 1$
2. **while** $\boldsymbol{u}^{(k-1)}$ 和 $\boldsymbol{u}^{(k)}$ 的方向不一致 **do**
3. $\boldsymbol{u}^{(k+1)} = \mathbf{A}\boldsymbol{u}^{(k)}$
4. $k \leftarrow k + 1$
5. **end while**
6. $\boldsymbol{u}_1 = \boldsymbol{u}^{(k)}, \lambda_1 = \|\mathbf{A}\boldsymbol{u}_1\| / \|\boldsymbol{u}_1\|$

    需要注意的是, 在算法 4.1 中, 随着 k 的增大, 向量 $\boldsymbol{u}^{(k)}$ 的模长可能会趋于无穷大或零. 此时需要在上述的迭代步骤中引入向量规范化操作, 相应的算法流程调整为算法 4.2. 其中, 算法 4.2 中向量的归一化方式并不唯一, 比如也可以采用 $\boldsymbol{u}^{(k+1)} \leftarrow \boldsymbol{u}^{(k+1)} / \|\boldsymbol{u}^{(k+1)}\|$.

算法 4.2   幂法 (归一化版本)

输入: 矩阵 $\mathbf{A}$ **输出:** 特征向量 $\boldsymbol{u}_1$, 特征值 λ_1

1. 初始化 $\boldsymbol{u}^{(0)}$ 为随机变量, $\boldsymbol{u}^{(1)} = \mathbf{A}\boldsymbol{u}^{(0)}$, 以及 $k = 1$
2. **while** $\boldsymbol{u}^{(k-1)}$ 和 $\boldsymbol{u}^{(k)}$ 的方向不一致 **do**
3. $\boldsymbol{u}^{(k+1)} = \mathbf{A}\boldsymbol{u}^{(k)}$
4. $\boldsymbol{u}^{(k+1)} \leftarrow \boldsymbol{u}^{(k+1)} / \max\left(\boldsymbol{u}^{(k+1)}\right)$
5. $k \leftarrow k + 1$
6. **end while**
7. $\boldsymbol{u}_1 = \boldsymbol{u}^{(k)}, \lambda_1 = \|\mathbf{A}\boldsymbol{u}_1\| / \|\boldsymbol{u}_1\|$

4.5.2 几何解释

    基于 (4.25), 典型相关分析可以归结为 $\boldsymbol{\Sigma}_{\mathrm{I}}$ 和 $\boldsymbol{\Sigma}_{\mathrm{II}}$ 这两个矩阵的特征值与特征向量求解问题, 以 $\boldsymbol{\Sigma}_{\mathrm{I}}$ 为例, 我们接下来用幂法来计算该矩阵的最大特征值所对应的特征向量. 任意给定一个初始向量 $\boldsymbol{u}^{(0)}$, 幂法的本质就是给一个足够大的 k, 使得 $\boldsymbol{u}^{(k)} = \boldsymbol{\Sigma}_{\mathrm{I}}^k \boldsymbol{u}^{(0)}$ 逐渐趋于 $\boldsymbol{\Sigma}_{\mathrm{I}}$ 的第一个特征向量 $\boldsymbol{u}_1$. 用这个向量对数据 $\mathbf{X}$ 进行线性组合, 可近似得到 $\mathbf{X}$ 的第一个典型相关成分

$$\mathbf{X}\boldsymbol{u}^{(k)} = \mathbf{X}\boldsymbol{\Sigma}_{\mathrm{I}}^k \boldsymbol{u}^{(0)},$$

鉴于

$$\mathbf{X}\boldsymbol{\Sigma}_{\mathrm{I}}^k \boldsymbol{u}^{(0)} = \mathbf{X}\left(\boldsymbol{\Sigma}_{11}^{-1}\boldsymbol{\Sigma}_{12}\boldsymbol{\Sigma}_{22}^{-1}\boldsymbol{\Sigma}_{21}\right)^k \boldsymbol{u}^{(0)}$$

$$= \mathbf{X}\left(\left(\mathbf{X}^{\mathrm{T}}\mathbf{X}\right)^{-1}\left(\mathbf{X}^{\mathrm{T}}\mathbf{Y}\right)\left(\mathbf{Y}^{\mathrm{T}}\mathbf{Y}\right)^{-1}\left(\mathbf{Y}^{\mathrm{T}}\mathbf{X}\right)\right)^k \boldsymbol{u}^{(0)}$$

$$= \mathbf{X} \left(\mathbf{X}^{\dagger} \mathbf{Y} \mathbf{Y}^{\dagger} \mathbf{X} \right)^{k} \boldsymbol{u}^{(0)}$$

$$= \mathbf{X} \left(\mathbf{X}^{\dagger} \mathbf{P_Y} \left(\mathbf{P_X} \mathbf{P_Y} \right)^{k-1} \mathbf{X} \right) \boldsymbol{u}^{(0)}$$

$$= \left(\mathbf{P_X} \mathbf{P_Y} \right)^{k} \mathbf{X} \boldsymbol{u}^{(0)}, \tag{4.43}$$

其中, $\mathbf{X}^{\dagger} = \left(\mathbf{X}^{\mathrm{T}} \mathbf{X} \right)^{-1} \mathbf{X}^{\mathrm{T}}$ 和 $\mathbf{Y}^{\dagger} = \left(\mathbf{Y}^{\mathrm{T}} \mathbf{Y} \right)^{-1} \mathbf{Y}^{\mathrm{T}}$ 分别为 $\mathbf{X}$ 和 $\mathbf{Y}$ 的广义逆, $\mathbf{P_X} = \mathbf{X} \mathbf{X}^{\dagger}$ 和 $\mathbf{P_Y} = \mathbf{Y} \mathbf{Y}^{\dagger}$ 分别为由 $\mathbf{X}$ 和 $\mathbf{Y}$ 构建的投影矩阵. 因此, 从几何角度, $\mathbf{X}$ 的典型相关分析的第一个成分可以通过 $\mathbf{X}$ 的列空间的任意一个元素 $\mathbf{X} \boldsymbol{u}^{(0)}$ 不断地在 $\mathbf{Y}$ 的列空间和 $\mathbf{X}$ 的列空间逐次投影得到. 记 $\boldsymbol{x}^{(k)} = \left(\mathbf{P_X} \mathbf{P_Y} \right)^{k} \mathbf{X} \boldsymbol{u}^{(0)}$ 以及 $\boldsymbol{y}^{(k)} = \mathbf{P_Y} \left(\mathbf{P_X} \mathbf{P_Y} \right)^{k} \mathbf{X} \boldsymbol{u}^{(0)}$, 那么当 $\mathbf{X}$ 和 $\mathbf{Y}$ 的列空间存在交集时, 这个投影过程可以通过图 4.7 的示意图来表达; 而当 $\mathbf{X}$ 和 $\mathbf{Y}$ 的列空间不存在交集时, 这个投影过程可以通过图 4.8 的示意图来表达.

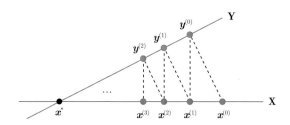

图 4.7　典型相关分析的几何解释 (相交情形)

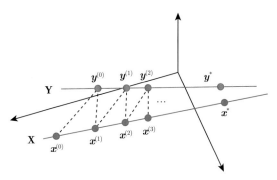

图 4.8　典型相关分析的几何解释 (不相交情形)

同样地, $\mathbf{Y}$ 的典型相关分析的第一成分也可以做出如上类似的解释, 这里就不再赘述. 总结而言, 典型相关分析的幂法求解正好对应优化领域的交替投影法.

交替投影法[20] 是一种用于求解凸集之间的交集中的点的经典优化方法. 假设 Ω_1 和 Ω_2 是 $\mathbb{R}^n$ 中的两个闭凸集, 且 $\mathbf{P}_{\Omega_1}$ 和 $\mathbf{P}_{\Omega_2}$ 分别为这两个凸集上的正交投影算子. 对于任意一个 $\boldsymbol{x}^{(0)} \in \Omega_1$, 交替投影法通过交替地在 Ω_2 和 Ω_1 上进行投影,

$$
\begin{cases}
\boldsymbol{y}^{(k)} = \mathrm{P}_{\Omega_2}\left(\boldsymbol{x}^{(k)}\right), \\
\boldsymbol{x}^{(k+1)} = \mathrm{P}_{\Omega_1}\left(\boldsymbol{y}^{(k)}\right),
\end{cases}
\quad k = 0, 1, 2, 3, \cdots,
\tag{4.44}
$$

从而在两个集合上分别产生两个点的序列 $\boldsymbol{x}^{(k)} \in \Omega_1$, $\boldsymbol{y}^{(k)} \in \Omega_2$. 根据集合 Ω_1 和 Ω_2 的交集情况, 分别有定理 4.3 和定理 4.4.

定理 4.3   假设 Ω_1 和 Ω_2 是 $\mathbb{R}^n$ 中的两个相交的闭凸集. 对于任意的 $\boldsymbol{x}^{(0)} \in \Omega_1$, 通过交替投影法得到的两个序列 $\boldsymbol{x}^{(k)} \in \Omega_1$, $\boldsymbol{y}^{(k)} \in \Omega_2$, 必然收敛于 $\Omega_1 \cap \Omega_2$ 中的点, 即存在 $\boldsymbol{x}^*$ 属于 $\Omega_1 \cap \Omega_2$, 使得当 $k \to \infty$ 时, $\boldsymbol{x}^{(k)} \to \boldsymbol{x}^*$, $\boldsymbol{y}^{(k)} \to \boldsymbol{x}^*$.

定理 4.4   假设 Ω_1 和 Ω_2 是 $\mathbb{R}^n$ 中的两个不相交的闭凸集, 即 $\Omega_1 \cap \Omega_2 = \varnothing$. 对于任意的 $\boldsymbol{x}^{(0)} \in \Omega_1$, 通过交替投影法得到的两个序列 $\boldsymbol{x}^{(k)} \in \Omega_1$, $\boldsymbol{y}^{(k)} \in \Omega_2$, 分别收敛于两个集合中距离最近的点. 即存在 $\boldsymbol{x}^* \in \Omega_1$, $\boldsymbol{y}^* \in \Omega_2$, 使得当 $k \to \infty$ 时, $\boldsymbol{x}^{(k)} \to \boldsymbol{x}^*$, $\boldsymbol{y}^{(k)} \to \boldsymbol{y}^*$, 且 $\|\boldsymbol{x}^{(k)} - \boldsymbol{y}^{(k)}\| \to \|\boldsymbol{x}^* - \boldsymbol{y}^*\| = \mathrm{dist}\,(\Omega_1, \Omega_2)^{\textcircled{1}}$.

4.6   典型相关分析的变形

典型相关分析只能用于分析两组向量之间的关系, 然而在实际应用中, 有可能需要分析多组向量之间的关系, 也有可能需要分析其他类型数据之间的关系, 下面我们将对典型相关分析的几种扩展形式进行简要介绍.

4.6.1   多视图典型相关分析

针对典型相关分析一般只能用来分析两组向量之间的相关关系这一缺点, 本节将介绍三种可以处理多组向量之间相关关系的典型相关分析的拓展算法.

1. 配对典型相关分析

不妨记 $\mathbf{X}_1$, $\mathbf{X}_2$, $\cdots$, $\mathbf{X}_m$ 为 n 维空间中的 m 组向量, 其中

$$
\mathbf{X}_i = \begin{bmatrix} \boldsymbol{x}_{1i} & \boldsymbol{x}_{2i} & \cdots & \boldsymbol{x}_{p_i i} \end{bmatrix}
$$

为第 i 组向量, 并且 $p_i < n$. 分别对这 m 组向量进行线性组合可以得到 m 个成分

$$
\boldsymbol{z}_1 = \mathbf{X}_1 \boldsymbol{u}_1, \quad \boldsymbol{z}_2 = \mathbf{X}_2 \boldsymbol{u}_2, \quad \cdots, \quad \boldsymbol{z}_m = \mathbf{X}_m \boldsymbol{u}_m.
$$

为了使得这 m 个成分具有最大的相关性, 配对典型相关分析[21] 采用 (4.45) 中的优化模型来获取相应的组合系数

$$
\max_{\boldsymbol{u}_1, \cdots, \boldsymbol{u}_m} \sum_{i,j=1}^{m} \frac{\boldsymbol{u}_i^{\mathrm{T}} \boldsymbol{\Sigma}_{ij} \boldsymbol{u}_j}{\sqrt{\boldsymbol{u}_i^{\mathrm{T}} \boldsymbol{\Sigma}_{ii} \boldsymbol{u}_i}\sqrt{\boldsymbol{u}_j^{\mathrm{T}} \boldsymbol{\Sigma}_{jj} \boldsymbol{u}_j}},
\tag{4.45}
$$

---

① 这里 $\mathrm{dist}\,(\Omega_1, \Omega_2)$ 指的是两个集合之间最近的两个元素的欧氏距离.

其中 $\boldsymbol{\Sigma}_{ij}$ 为 $\mathbf{X}_i$ 和 $\mathbf{X}_j$ 的互协方差矩阵, $\boldsymbol{\Sigma}_{ii}$ 为 $\mathbf{X}_i$ 的协方差矩阵. 显然, (4.45) 中的目标函数为这 m 个新成分两两之间的相关系数之和. 鉴于该目标函数的取值与系数向量 $\boldsymbol{u}_i$ 的模无关, 因此, 可以将 (4.45) 转化为如下等式约束优化模型

$$\begin{cases} \displaystyle\max_{\boldsymbol{u}_1,\cdots,\boldsymbol{u}_m} \quad \sum_{i,j=1}^{m} \boldsymbol{u}_i^{\mathrm{T}} \boldsymbol{\Sigma}_{ij} \boldsymbol{u}_j \\ \quad\text{s.t.} \quad \boldsymbol{u}_i^{\mathrm{T}} \boldsymbol{\Sigma}_{ii} \boldsymbol{u}_i = 1, \quad i = 1, 2, \cdots, m. \end{cases} \tag{4.46}$$

(4.46) 的求解可以转化为广义多元特征值问题[22], 与典型相关分析中矩阵的特征值与特征向量问题相比, 该广义多元特征值问题的求解难度较大. 为了便于求解, 可以通过弱化约束条件, 将 (4.46) 的求解转化为如下的广义多元特征值问题

$$\begin{cases} \displaystyle\max_{\boldsymbol{u}_1,\cdots,\boldsymbol{u}_m} \quad \sum_{i,j=1}^{m} \boldsymbol{u}_i^{\mathrm{T}} \boldsymbol{\Sigma}_{ij} \boldsymbol{u}_j \\ \quad\text{s.t.} \quad \sum_{i=1}^{m} \boldsymbol{u}_i^{\mathrm{T}} \boldsymbol{\Sigma}_{ii} \boldsymbol{u}_i = 1. \end{cases} \tag{4.47}$$

利用拉格朗日乘子法, 构建如下拉格朗日函数

$$\mathcal{L}\left(\boldsymbol{u}_1, \boldsymbol{u}_2, \cdots, \boldsymbol{u}_m, \lambda\right) = \frac{1}{2} \sum_{i,j=1}^{m} \boldsymbol{u}_i^{\mathrm{T}} \boldsymbol{\Sigma}_{ij} \boldsymbol{u}_j + \frac{\lambda}{2} \left(1 - \sum_{i=1}^{m} \boldsymbol{u}_i^{\mathrm{T}} \boldsymbol{\Sigma}_{ii} \boldsymbol{u}_i\right). \tag{4.48}$$

对上式两边求偏导并令它们都等于零向量, 经过简单的计算, 优化问题 (4.47) 的求解可以归结为如下广义特征值与特征向量问题

$$\begin{bmatrix} \boldsymbol{\Sigma}_{11} & \cdots & \boldsymbol{\Sigma}_{1m} \\ \vdots & \ddots & \vdots \\ \boldsymbol{\Sigma}_{m1} & \cdots & \boldsymbol{\Sigma}_{mm} \end{bmatrix} \begin{bmatrix} \boldsymbol{u}_1 \\ \vdots \\ \boldsymbol{u}_m \end{bmatrix} = \lambda \begin{bmatrix} \boldsymbol{\Sigma}_{11} & & \\ & \ddots & \\ & & \boldsymbol{\Sigma}_{mm} \end{bmatrix} \begin{bmatrix} \boldsymbol{u}_1 \\ \vdots \\ \boldsymbol{u}_m \end{bmatrix}. \tag{4.49}$$

可以看出, (4.49) 的求解是关于

$$\begin{bmatrix} \boldsymbol{\Sigma}_{11} & \cdots & \boldsymbol{\Sigma}_{1m} \\ \vdots & \ddots & \vdots \\ \boldsymbol{\Sigma}_{m1} & \cdots & \boldsymbol{\Sigma}_{mm} \end{bmatrix} \quad \text{和} \quad \begin{bmatrix} \boldsymbol{\Sigma}_{11} & & \\ & \ddots & \\ & & \boldsymbol{\Sigma}_{mm} \end{bmatrix}$$

这两个矩阵的广义瑞利商问题 (参考第 9 章).

2. 张量典型相关分析

配对典型相关分析本质上还是一种基于各成分两两之间的相关性的分析方法, 而张量典型相关分析则考虑各个成分之间的高阶相关性. 对于 m 个组合后的成分 $\boldsymbol{z}_1 = \mathbf{X}_1 \boldsymbol{u}_1$, $\boldsymbol{z}_2 = \mathbf{X}_2 \boldsymbol{u}_2$, $\cdots$, $\boldsymbol{z}_m = \mathbf{X}_m \boldsymbol{u}_m$, 其 m 阶相关性可由如下公式定义,

$$\mathrm{corr}\left(\boldsymbol{z}_1, \boldsymbol{z}_2, \cdots, \boldsymbol{z}_m\right) = \frac{\left(\boldsymbol{z}_1 \odot \boldsymbol{z}_2 \odot \cdots \odot \boldsymbol{z}_m\right)^{\mathrm{T}} \mathbf{1}}{\sqrt{\boldsymbol{z}_1^{\mathrm{T}} \boldsymbol{z}_1} \sqrt{\boldsymbol{z}_2^{\mathrm{T}} \boldsymbol{z}_2} \cdots \sqrt{\boldsymbol{z}_m^{\mathrm{T}} \boldsymbol{z}_m}}, \tag{4.50}$$

其中 $\odot$ 为点乘算子, $\mathbf{1}$ 是所有元素都为 1 的列向量. 公式 (4.50) 中的分子可以表示为

$$\left(\boldsymbol{z}_1 \odot \boldsymbol{z}_2 \odot ... \odot \boldsymbol{z}_m\right)^{\mathrm{T}} \mathbf{1} = \mathcal{C} \times_1 \boldsymbol{u}_1 \times_2 \boldsymbol{u}_2 \cdots \times_m \boldsymbol{u}_m, \tag{4.51}$$

其中 $\mathcal{C}$ 是一个大小为 $p_1 \times p_2 \times \cdots \times p_m$ 的 m 阶张量, 它可以看作是 $\mathbf{X}_1, \mathbf{X}_2, \cdots, \mathbf{X}_m$ 这 m 组向量的互相关矩阵的高阶版本. $\mathcal{C}$ 中的每一个元素可以由下式得到,

$$\mathcal{C}\left(i_1, i_2, \cdots, i_m\right) = \left(\boldsymbol{x}_{i_1 1} \odot \boldsymbol{x}_{i_2 2} \odot \cdots \odot \boldsymbol{x}_{i_m m}\right)^{\mathrm{T}} \mathbf{1}. \tag{4.52}$$

(4.50) 中目标函数的最大化可以转化为如下优化模型[23]

$$\begin{cases} \max\limits_{\boldsymbol{u}_1, \cdots, \boldsymbol{u}_m} & \mathcal{C} \times_1 \boldsymbol{u}_1 \times_2 \boldsymbol{u}_2 \cdots \times_m \boldsymbol{u}_m \\ \mathrm{s.t.} & \boldsymbol{u}_i^{\mathrm{T}} \boldsymbol{\Sigma}_{ii} \boldsymbol{u}_i = 1, \quad i = 1, 2, \cdots, m. \end{cases} \tag{4.53}$$

该模型的求解可以归结为张量的各种分解, 比如 Canonical Polyadic 分解[24]、Tucker 分解[25] 等, 这里就不再详细展开.

3. 循环投影法

在第 4.5.2 小节, 我们给出了典型相关分析的几何解释, 即每一个典型相关成分的求解都相当于在两组向量所张成的超平面上的交替投影. 自然而然地, 对于 m 组向量 $\mathbf{X}_1, \mathbf{X}_2, \cdots, \mathbf{X}_m$, 我们也可以把相应的典型相关成分的求解归结为在这 m 组向量所张成的 m 个超平面上的循环投影. 比如, 当求第 i 组向量的第一个成分时, 我们可以在 $\mathbf{X}_i$ 的列向量张成的超平面 $\mathrm{span}\left(\mathbf{X}_i\right)$ 上随机给定一个初始成分, 然后将该成分依次投影到 $\mathrm{span}\left(\mathbf{X}_{i+1}\right), \mathrm{span}\left(\mathbf{X}_{i+2}\right), \cdots, \mathrm{span}\left(\mathbf{X}_m\right), \mathrm{span}\left(\mathbf{X}_1\right)$, $\cdots$, $\mathrm{span}\left(\mathbf{X}_i\right)$, 循环往复, 直至所得到的成分不再改变为止. 图 4.9 给出了三组向量在其交集不为空时的循环投影示意图. 相应地, 上述循环投影过程可以归结为如下特征值与特征向量问题[26]

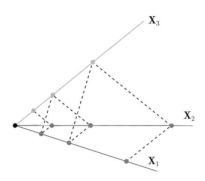

图 4.9　循环投影法示意图 (三组向量, 相交情形)

$$
\begin{cases}
\boldsymbol{\Sigma}_{11}^{-1}\boldsymbol{\Sigma}_{12}\boldsymbol{\Sigma}_{22}^{-1}\boldsymbol{\Sigma}_{23}\cdots\boldsymbol{\Sigma}_{m-1m-1}^{-1}\boldsymbol{\Sigma}_{m-1m}\boldsymbol{\Sigma}_{mm}^{-1}\boldsymbol{\Sigma}_{m1}\boldsymbol{u}_1=\lambda\boldsymbol{u}_1,\\
\boldsymbol{\Sigma}_{22}^{-1}\boldsymbol{\Sigma}_{23}\boldsymbol{\Sigma}_{33}^{-1}\boldsymbol{\Sigma}_{34}\cdots\boldsymbol{\Sigma}_{mm}^{-1}\boldsymbol{\Sigma}_{m1}\boldsymbol{\Sigma}_{11}^{-1}\boldsymbol{\Sigma}_{12}\boldsymbol{u}_2=\lambda\boldsymbol{u}_2,\\
\qquad\qquad\qquad\vdots\\
\boldsymbol{\Sigma}_{mm}^{-1}\boldsymbol{\Sigma}_{m1}\boldsymbol{\Sigma}_{11}^{-1}\boldsymbol{\Sigma}_{12}\cdots\boldsymbol{\Sigma}_{m-2m-2}^{-1}\boldsymbol{\Sigma}_{m-2m-1}\boldsymbol{\Sigma}_{m-1m-1}^{-1}\boldsymbol{\Sigma}_{m-1m}\boldsymbol{u}_m=\lambda\boldsymbol{u}_m.
\end{cases}
$$
$$(4.54)$$

记 $\mathbf{K}_{ij}=(\mathbf{X}_i^{\mathrm{T}}\mathbf{X}_i)^{-1}\mathbf{X}_i^{\mathrm{T}}\mathbf{X}_j$, 则 (4.54) 可以写成如下形式

$$
\begin{cases}
\mathbf{K}_{12}\mathbf{K}_{23}\cdots\mathbf{K}_{(m-1)m}\mathbf{K}_{m1}\boldsymbol{u}_1=\lambda\boldsymbol{u}_1,\\
\mathbf{K}_{23}\cdots\mathbf{K}_{(m-1)m}\mathbf{K}_{m1}\mathbf{K}_{12}\boldsymbol{u}_2=\lambda\boldsymbol{u}_2,\\
\qquad\qquad\vdots\\
\mathbf{K}_{m1}\mathbf{K}_{12}\mathbf{K}_{23}\cdots\mathbf{K}_{(m-1)m}\boldsymbol{u}_m=\lambda\boldsymbol{u}_m.
\end{cases}
$$
$$(4.55)$$

可以看出, 典型相关分析是 (4.54) 在 $m=2$ 时的特例.

4.6.2　二维典型相关分析

在典型相关分析中, 待分析的向量组一般都默认由一维向量构成. 当研究的对象是二维图像时, 在对其进行典型相关分析之前, 一般需要首先将其转化为一维向量. 这样的处理虽然会带来一定的方便, 并且在大多情况下也会取得不错的效果, 但也有两个显而易见的问题需要注意. 首先, 当图像尺寸较大时, 转化后的一维向量维度太高, 这可能会导致后续处理的计算量增大; 其次, 图像向量化之后, 不再直接包含图像的二维空间信息, 这使得典型相关分析的结果无法充分挖掘图像的空间结构信息. 接下来给出的二维典型相关分析[27] 能够在一定程度上缓解以上问题.

假设 $X=\{\mathbf{X}_1,\mathbf{X}_2,\cdots,\mathbf{X}_p\}$, $Y=\{\mathbf{Y}_1,\mathbf{Y}_2,\cdots,\mathbf{Y}_q\}$ 为待分析的两组图像, 其中 $\mathbf{X}_i$ 和 $\mathbf{Y}_j$ 分别是大小为 $m_1\times n_1$ 和 $m_2\times n_2$ 的矩阵. 为方便起见, 假设所有图像的均值都为零. 与典型相关分析不同的是, 二维典型相关分析不要求 X 中图像

的大小 $m_1 \times n_1$ 和 Y 中图像的大小 $m_2 \times n_2$ 相等, 但两组图像所包含的图像数必须相同 (即 $p = q$).

二维典型相关分析致力于寻找左右两组系数向量 $l, \tilde{l}$ 和 $r, \tilde{r}$ 分别对给定的两组数据进行如下变换

$$\begin{cases} z = \begin{bmatrix} l^{\mathrm{T}} \mathbf{X}_1 r & l^{\mathrm{T}} \mathbf{X}_2 r & \cdots & l^{\mathrm{T}} \mathbf{X}_p r \end{bmatrix}^{\mathrm{T}}, \\ \tilde{z} = \begin{bmatrix} \tilde{l}^{\mathrm{T}} \mathbf{Y}_1 \tilde{r} & \tilde{l}^{\mathrm{T}} \mathbf{Y}_2 \tilde{r} & \cdots & \tilde{l}^{\mathrm{T}} \mathbf{Y}_p \tilde{r} \end{bmatrix}^{\mathrm{T}}, \end{cases}$$

从而使得到的两个成分 $z, \tilde{z}$ 具有最大的相关性, 相应的优化模型为

$$\max_{l, \tilde{l}, r, \tilde{r}} \frac{z^{\mathrm{T}} \tilde{z}}{\sqrt{z^{\mathrm{T}} z} \sqrt{\tilde{z}^{\mathrm{T}} \tilde{z}}}. \tag{4.56}$$

将其转化为等式约束的优化模型, 可得

$$\begin{cases} \max\limits_{l, \tilde{l}, r, \tilde{r}} & z^{\mathrm{T}} \tilde{z} \\ \text{s.t.} & z^{\mathrm{T}} z = \tilde{z}^{\mathrm{T}} \tilde{z} = 1. \end{cases} \tag{4.57}$$

注意到

$$\frac{1}{p} z^{\mathrm{T}} \tilde{z} = \frac{1}{p} \sum_{i=1}^{p} l^{\mathrm{T}} \mathbf{X}_i r \tilde{r}^{\mathrm{T}} \mathbf{Y}_i^{\mathrm{T}} \tilde{l} = l^{\mathrm{T}} \mathbf{\Sigma}_{12}^{r} \tilde{l}, \tag{4.58}$$

其中

$$\mathbf{\Sigma}_{12}^{r} = \frac{1}{p} \sum_{i=1}^{p} \mathbf{X}_i r \tilde{r}^{\mathrm{T}} \mathbf{Y}_i^{\mathrm{T}}.$$

类似地, 我们有

$$\frac{1}{p} z^{\mathrm{T}} z = l^{\mathrm{T}} \mathbf{\Sigma}_{11}^{r} l, \quad \frac{1}{p} \tilde{z}^{\mathrm{T}} \tilde{z} = \tilde{l}^{\mathrm{T}} \mathbf{\Sigma}_{22}^{r} \tilde{l},$$

其中

$$\mathbf{\Sigma}_{11}^{r} = \frac{1}{p} \sum_{i=1}^{p} \mathbf{X}_i r r^{\mathrm{T}} \mathbf{X}_i^{\mathrm{T}}, \quad \mathbf{\Sigma}_{22}^{r} = \frac{1}{p} \sum_{i=1}^{p} \mathbf{Y}_i \tilde{r} \tilde{r}^{\mathrm{T}} \mathbf{Y}_i^{\mathrm{T}}.$$

因此优化模型 (4.57) 可以重新表示为

$$\begin{cases} \max\limits_{l, \tilde{l}, r, \tilde{r}} & l^{\mathrm{T}} \mathbf{\Sigma}_{12}^{r} \tilde{l} \\ \text{s.t.} & l^{\mathrm{T}} \mathbf{\Sigma}_{11}^{r} l = \tilde{l}^{\mathrm{T}} \mathbf{\Sigma}_{22}^{r} \tilde{l} = 1. \end{cases} \tag{4.59}$$

类似于典型相关分析的推导, 优化模型 (4.59) 的求解可以归结为如下特征值与特征向量问题

$$
\begin{cases}
\left(\boldsymbol{\Sigma}_{11}^{r}\right)^{-1}\boldsymbol{\Sigma}_{12}^{r}\left(\boldsymbol{\Sigma}_{22}^{r}\right)^{-1}\boldsymbol{\Sigma}_{21}^{r}\boldsymbol{l} = \lambda^{2}\boldsymbol{l}, \\
\left(\boldsymbol{\Sigma}_{22}^{r}\right)^{-1}\boldsymbol{\Sigma}_{21}^{r}\left(\boldsymbol{\Sigma}_{11}^{r}\right)^{-1}\boldsymbol{\Sigma}_{12}^{r}\tilde{\boldsymbol{l}} = \lambda^{2}\tilde{\boldsymbol{l}}.
\end{cases}
\tag{4.60}
$$

同理, 我们也可以把 (4.58) 重新表示为

$$
\begin{aligned}
\frac{1}{p}\boldsymbol{z}^{\mathrm{T}}\tilde{\boldsymbol{z}} = \frac{1}{p}\tilde{\boldsymbol{z}}^{\mathrm{T}}\boldsymbol{z} &= \frac{1}{p}\sum_{i=1}^{p}\tilde{\boldsymbol{r}}^{\mathrm{T}}\mathbf{Y}_{i}^{\mathrm{T}}\tilde{\boldsymbol{l}}\boldsymbol{l}^{\mathrm{T}}\mathbf{X}_{i}\boldsymbol{r} \\
&= \tilde{\boldsymbol{r}}^{\mathrm{T}}\boldsymbol{\Sigma}_{21}^{l}\boldsymbol{r} = \boldsymbol{r}^{\mathrm{T}}\boldsymbol{\Sigma}_{12}^{l}\tilde{\boldsymbol{r}},
\end{aligned}
\tag{4.61}
$$

其中

$$
\boldsymbol{\Sigma}_{21}^{l} = \left(\boldsymbol{\Sigma}_{12}^{l}\right)^{\mathrm{T}} = \frac{1}{p}\sum_{i=1}^{p}\mathbf{Y}_{i}^{\mathrm{T}}\tilde{\boldsymbol{l}}\boldsymbol{l}^{\mathrm{T}}\mathbf{X}_{i}.
$$

相应地, $\dfrac{1}{p}\boldsymbol{z}^{\mathrm{T}}\boldsymbol{z}$ 和 $\dfrac{1}{p}\tilde{\boldsymbol{z}}^{\mathrm{T}}\tilde{\boldsymbol{z}}$ 也可以重新表示为

$$
\frac{1}{p}\boldsymbol{z}^{\mathrm{T}}\boldsymbol{z} = \boldsymbol{r}^{\mathrm{T}}\boldsymbol{\Sigma}_{11}^{l}\boldsymbol{r}, \quad \frac{1}{p}\tilde{\boldsymbol{z}}^{\mathrm{T}}\tilde{\boldsymbol{z}} = \tilde{\boldsymbol{r}}^{\mathrm{T}}\boldsymbol{\Sigma}_{22}^{l}\tilde{\boldsymbol{r}},
$$

其中

$$
\boldsymbol{\Sigma}_{11}^{l} = \frac{1}{p}\sum_{i=1}^{p}\mathbf{X}_{i}^{\mathrm{T}}\boldsymbol{l}\boldsymbol{l}^{\mathrm{T}}\mathbf{X}_{i}, \quad \boldsymbol{\Sigma}_{22}^{l} = \frac{1}{p}\sum_{i=1}^{p}\mathbf{Y}_{i}^{\mathrm{T}}\tilde{\boldsymbol{l}}\tilde{\boldsymbol{l}}^{\mathrm{T}}\mathbf{Y}_{i}.
$$

因此, (4.57) 也可以转化为如下优化模型

$$
\begin{cases}
\max\limits_{\boldsymbol{r},\tilde{\boldsymbol{r}}} & \boldsymbol{r}^{\mathrm{T}}\boldsymbol{\Sigma}_{12}^{l}\tilde{\boldsymbol{r}} \\
\text{s.t.} & \boldsymbol{r}^{\mathrm{T}}\boldsymbol{\Sigma}_{11}^{l}\boldsymbol{r} = \tilde{\boldsymbol{r}}^{\mathrm{T}}\boldsymbol{\Sigma}_{22}^{l}\tilde{\boldsymbol{r}} = 1.
\end{cases}
\tag{4.62}
$$

类似于 (4.59), 优化模型 (4.62) 的求解也可以归结为如下特征值与特征向量问题

$$
\begin{cases}
\left(\boldsymbol{\Sigma}_{11}^{l}\right)^{-1}\boldsymbol{\Sigma}_{12}^{l}\left(\boldsymbol{\Sigma}_{22}^{l}\right)^{-1}\boldsymbol{\Sigma}_{21}^{l}\boldsymbol{r} = \lambda^{2}\boldsymbol{r}, \\
\left(\boldsymbol{\Sigma}_{22}^{l}\right)^{-1}\boldsymbol{\Sigma}_{21}^{l}\left(\boldsymbol{\Sigma}_{11}^{l}\right)^{-1}\boldsymbol{\Sigma}_{12}^{l}\tilde{\boldsymbol{r}} = \lambda^{2}\tilde{\boldsymbol{r}}.
\end{cases}
\tag{4.63}
$$

给定一组初值, 通过交替计算 (4.60) 和 (4.63), 可以最终得到所需的系数向量.

4.7 典型相关分析在应用中的问题

典型相关分析多用于变化检测, 在应用中有病态问题、失配问题、目标函数和优化模型问题等需要注意.

4.7.1 病态问题

前文已经给出, 对于两个待分析的向量组 $\mathbf{X}$, $\mathbf{Y}$, 在它们都为列满秩矩阵的情况下, 对它们进行典型相关分析最终归结为两个矩阵 $\mathbf{\Sigma}_{\mathrm{I}} = \mathbf{\Sigma}_{11}^{-1}\mathbf{\Sigma}_{12}\mathbf{\Sigma}_{22}^{-1}\mathbf{\Sigma}_{21}$ 和 $\mathbf{\Sigma}_{\mathrm{II}} = \mathbf{\Sigma}_{22}^{-1}\mathbf{\Sigma}_{21}\mathbf{\Sigma}_{11}^{-1}\mathbf{\Sigma}_{12}$ 的特征值与特征向量问题. 在实际应用中, 当所给的向量组中存在冗余情况时 (即其中的一个向量可由别的向量线性表出), 就会导致它们的自相关矩阵不可逆, 此时直接计算上述两个矩阵的特征值和特征向量就会存在病态问题. 针对这个问题, 我们可以采用第 1.6.3 小节中的策略, 将相应的自相关矩阵的逆 $\mathbf{\Sigma}_{11}^{-1}$, $\mathbf{\Sigma}_{22}^{-1}$ 分别调整为 $\left(\mathbf{\Sigma}_{11}^{-1} + \alpha\mathbf{I}\right)^{-1}$, $\left(\mathbf{\Sigma}_{22} + \beta\mathbf{I}\right)^{-1}$ 即可. 此外, 我们也可以采用下面的策略. 假设 $\mathbf{X}$ 的列向量存在冗余, 并且其本征维数为 d. 那么, 我们可以对 $\mathbf{\Sigma}_{11}$ 进行特征分解, 有

$$\mathbf{\Sigma}_{11} = \mathbf{U}\mathbf{\Lambda}\mathbf{U}^{\mathrm{T}},$$

其中, $\mathbf{\Lambda} = \mathrm{diag}\left(\begin{bmatrix}\lambda_1 & \cdots & \lambda_d & 0 & \cdots 0\end{bmatrix}^{\mathrm{T}}\right)$ 为其特征值矩阵, $\mathbf{U}$ 是相应的特征向量矩阵. 那么 $\mathbf{\Sigma}_{11}^{-1}$ 可按照下面公式计算,

$$\mathbf{\Sigma}_{11}^{-1} = \mathbf{U}\mathbf{\Lambda}^{-1}\mathbf{U}^{\mathrm{T}},$$

其中 $\mathbf{\Lambda}^{-1} = \mathrm{diag}\left(\begin{bmatrix}\lambda_1^{-1} & \cdots & \lambda_d^{-1} & 0 & \cdots 0\end{bmatrix}^{\mathrm{T}}\right)$.

4.7.2 失配问题

当待分析的向量组中的元素均为图像时, 在对其进行典型相关分析之前, 需要在空间上将它们完全配准, 否则后续的处理将没有意义. 常见的造成图像失配的因素包括图像分辨率的不一致、图像间的平移和图像间的相似变换等.

(1) 当图像空间分辨率不一致时 (图 4.10), 同样尺寸的图像像素个数不同. 此时, 可以通过空间重采样的方式将两幅图像配准, 常用的方法包括最近邻法、双线性内插法、三次卷积法和 sinc 插值法.

(2) 当图像之间存在平移时 (图 4.11), 可以利用循环移位矩阵对图像进行任意精度的亚像元移位, 从而保留尽量多的匹配区域参与接下来的处理.

(3) 当图像之间存在相似变换或者其他更为复杂的映射关系时 (图 4.12), 可以用各种高精度图像匹配的方法, 首先对图像进行配准, 然后再对配准后的图像进行典型相关分析.

图 4.10　空间分辨率不一致示意图

其中 (b) 的分辨率只有 (a) 的五分之一, (c) 是对 (b) 采用双线性法重采样到和 (a) 同样的分辨率

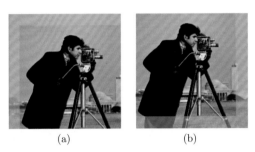

图 4.11　平移导致的非匹配区域示意图

黄色标识的区域为非匹配区域

图 4.12　相似变换示意图

4.7.3　目标函数和优化模型问题

多年来, 典型相关分析相关算法得到了深入的研究和广泛的发展. 除了前面讲的多视图典型相关分析和高阶典型相关分析, 当前主流的典型相关分析方法还包括概率典型相关分析、深度典型相关分析、核典型相关分析、判别典型相关分析、稀疏典型相关分析和局部保持典型相关分析等方法[28]. 其中, 概率典型相关分析致力于从概率角度给出典型相关分析新的理解, 代表方法包括隐变量典型相关分析和贝叶斯典型相关分析. 深度典型相关分析致力于挖掘两组向量间更多的非

线性关系, 代表方法包括基于深度神经网络的典型相关分析、基于自编码的典型相关分析和基于卷积神经网络的典型相关分析. 核典型相关分析也主要用于考察待分析的向量组间的非线性关系, 代表方法包括正则核典型相关分析和非正则核典型相关分析. 判别典型相关分析是一类侧重于分类的有监督的典型相关分析方法, 代表方法包括全局判别典型相关分析和局部判别典型相关分析. 稀疏典型相关分析通过增加额外的约束增强解的可解释性, 代表方法包括元素级稀疏典型相关分析和群组级稀疏典型相关分析. 局部保持典型相关分析则由局部流形结构保持方法的不同分为删除策略和增添策略两种类型. 以上典型相关分析的各种进展, 请参考相关文献, 这里就不再展开赘述.

4.8 小 结

至此, 本章的主要内容总结为以下 5 条:

(1) 互相关分析以内积为目标函数研究两组向量之间的相关关系.

(2) 典型相关分析以角度 (相关系数) 为目标函数研究两组向量之间的相关关系.

(3) 互相关分析的特征向量构成正交矩阵, 但同一组向量的不同互相关成分之间未必正交; 典型相关分析的特征向量一般情况下不构成正交矩阵, 但同一组向量的不同典型相关成分必然正交.

(4) 典型相关分析等价于白化后的互相关分析.

(5) 在几何上, 典型相关分析的求解过程可以用交替投影法来解释.

第 5 章　非负矩阵分解

非负矩阵分解 (Non-negative Matrix Factorization, NMF) 是一种将一个非负矩阵分解为非负基矩阵和非负系数矩阵乘积的矩阵分解方式. 本章将首先给出非负矩阵分解的基本原理, 并从概率、物理、奇异值分解、K-means、卡罗需-库恩-塔克条件 (Karush-Kuhn-Tucker Conditions, 通常简称 KKT 条件或 Kuhn-Tucker 条件) 等诸多方面对非负矩阵分解进行全面的解读.

5.1　问 题 背 景

作为矩阵论的一个庞大分支, 矩阵分解理论已经得到了广泛而深入的研究和充分的发展, 并且在诸多领域的应用中发挥了极为重要的作用. 矩阵分解是指在一定约束条件下用某种算法将一个矩阵分解为若干个矩阵的乘积. 通过矩阵分解, 一般可以达到简化矩阵运算、提升运算效率、增强数据的可解读性等目的. 常用的矩阵分解算法包括三角 (LU) 分解、正交三角 (QR) 分解、科列斯基 (Cholesky) 分解、舒尔 (Schur) 分解、赫森伯格 (Hessenberg) 分解、特征分解、若尔当 (Jordan) 分解以及奇异值分解 (SVD) 等. 其中 LU 分解是指任意可逆方阵均可以分解为一个下三角矩阵和一个上三角矩阵的乘积; QR 分解是指任意可逆方阵均可分解为一个正交矩阵和上三角矩阵的乘积; Cholesky 分解指的是任意实对称正定矩阵可以分解为一个上三角矩阵的转置和该矩阵的乘积; Schur 分解则是指任意方阵都可以用正交矩阵化简为上三角矩阵; Hessenberg 分解是指任意方阵都可以用正交矩阵化简为 Hessenberg 矩阵; 特征分解又称谱分解, 是指一个方阵可以由其特征向量矩阵对角化为特征值矩阵; 对于不可对角化的方阵, 则可用若尔当分解将其化简为若尔当标准形; SVD 则是指对于任意的矩阵, 均可以由两个不同阶数的正交矩阵对角化.

以上这些矩阵分解方法有一个共同的特点, 即它们都允许负的分解量的存在. 从数学角度, 分解结果存在负值是合理的, 但在某些场景中, 负值元素往往是没有意义的. 图 5.1 给出了一个简单的示例, 其中观测数据 $\mathbf{X} = [\boldsymbol{x}_1 \quad \boldsymbol{x}_2 \quad \dots \quad \boldsymbol{x}_n]$ 为二维平面上分量为非负的 n 个散点. 显然, 观测数据中的任意一个散点 $\boldsymbol{x}_i$ 都可以由 $\boldsymbol{u}_1$ 和 $\boldsymbol{u}_2$ 这两个向量线性表出, 假设表出系数分别为 v_{1i}, v_{2i}, 即

$$\boldsymbol{x}_i = v_{1i}\boldsymbol{u}_1 + v_{2i}\boldsymbol{u}_2.$$

容易看出, 表出系数都是非负的. 记 $\mathbf{U} = [\boldsymbol{u}_1 \quad \boldsymbol{u}_2]$, $\mathbf{V} = [\boldsymbol{v}_1 \quad \boldsymbol{v}_2 \quad \cdots \quad \boldsymbol{v}_n]$, 其中

$\boldsymbol{v}_i = [v_{1i} \quad v_{2i}]^{\mathrm{T}}$ 为向量 $\boldsymbol{x}_i$ 对应的表出系数构成的向量. 此时, 可以将非负观测数据 $\mathbf{X}$ 整体分解为非负基矩阵 $\mathbf{U}$ 与非负系数矩阵 $\mathbf{V}$ 的乘积, 即 $\mathbf{X} = \mathbf{UV}$. 这种类型的矩阵分解在诸多领域有着广泛的应用, 成为了不少研究人员趋之若鹜的研究热点.

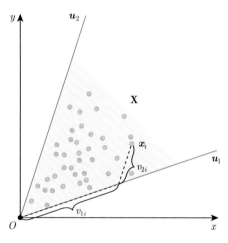

图 5.1 非负矩阵分解示意图

5.2 非负矩阵分解的基本原理

5.2.1 问题描述

给定一个 m 个特征、n 个观测的数据对象

$$\mathbf{X} = \begin{bmatrix} x_{11} & x_{12} & \dots & x_{1n} \\ x_{21} & x_{22} & \dots & x_{2n} \\ \vdots & \vdots & \ddots & \vdots \\ x_{m1} & x_{m2} & \dots & x_{mn} \end{bmatrix},$$

可以认为矩阵 $\mathbf{X}$ 由 n 个列向量构成, 即 $\mathbf{X} = [\boldsymbol{x}_1 \quad \boldsymbol{x}_2 \quad \dots \quad \boldsymbol{x}_n]$. 假设 $\mathbf{X}$ 的秩为 r, 且其每个分量都是非负的, 非负矩阵分解致力于找到一个非负的 $m \times r$ 大小的基矩阵 $\mathbf{U}$, 以及一个非负的 $r \times n$ 大小的系数矩阵 $\mathbf{V}$, 使得如下公式成立,

$$\mathbf{X} = \mathbf{UV}. \tag{5.1}$$

为了得到 (5.1) 中的非负基矩阵 $\mathbf{U}$ 和非负系数矩阵 $\mathbf{V}$, 可以建立如下的非负

矩阵分解的优化模型

$$
\begin{cases}
\min\limits_{\mathbf{U},\mathbf{V}} & \|\mathbf{X} - \mathbf{U}\mathbf{V}\|_{\mathrm{F}}^2 \\[2mm]
\text{s.t.} & \mathbf{U} \geqslant \mathbf{0}, \mathbf{V} \geqslant \mathbf{0}.
\end{cases}
\tag{5.2}
$$

5.2.2　问题求解

1. 最小二乘法

为了得到 (5.2) 中目标函数的极小值, 我们不妨首先计算目标函数关于两个矩阵变量的偏导数, 令 $f(\mathbf{U},\mathbf{V}) = \dfrac{1}{2}\|\mathbf{X} - \mathbf{U}\mathbf{V}\|_{\mathrm{F}}^2$, 则有

$$
\frac{\partial f(\mathbf{U},\mathbf{V})}{\partial \mathbf{U}} = (\mathbf{U}\mathbf{V} - \mathbf{X})\mathbf{V}^{\mathrm{T}},
\tag{5.3}
$$

$$
\frac{\partial f(\mathbf{U},\mathbf{V})}{\partial \mathbf{V}} = \mathbf{U}^{\mathrm{T}}(\mathbf{U}\mathbf{V} - \mathbf{X}).
\tag{5.4}
$$

当系数矩阵 $\mathbf{V}$ 给定时, 令 (5.3) 等于零矩阵, 可以得到基矩阵 $\mathbf{U}$ 的无约束最小二乘解为

$$
\mathbf{U} = \mathbf{X}\mathbf{V}^{\mathrm{T}}(\mathbf{V}\mathbf{V}^{\mathrm{T}})^{-1}.
\tag{5.5}
$$

同样地, 当给定基矩阵 $\mathbf{U}$ 时, 可以得到系数矩阵 $\mathbf{V}$ 的无约束最小二乘解

$$
\mathbf{V} = (\mathbf{U}^{\mathrm{T}}\mathbf{U})^{-1}\mathbf{U}^{\mathrm{T}}\mathbf{X}.
\tag{5.6}
$$

遗憾的是, 由于矩阵 $\mathbf{U}$ 和矩阵 $\mathbf{V}$ 都是未知的, 因此直接利用 (5.5) 和 (5.6) 并不能给出 (5.2) 的解. 事实上, (5.2) 并不存在解析解. 此外, 由于 (5.5) 和 (5.6) 中都用到了矩阵求逆操作, 这也可能会破坏变量的非负性这一约束. 既然 (5.2) 不存在解析解, 那么我们接下来尝试利用梯度下降法通过优化的方式逐步逼近最优解.

2. 梯度下降法

对于优化问题 (5.2), 利用常规的梯度下降法, 可以得到如下的变量更新规则

$$
\mathbf{U} \leftarrow \mathbf{U} - \lambda\frac{\partial f(\mathbf{U},\mathbf{V})}{\partial \mathbf{U}} = \mathbf{U} + \lambda(\mathbf{X}\mathbf{V}^{\mathrm{T}} - \mathbf{U}\mathbf{V}\mathbf{V}^{\mathrm{T}}),
\tag{5.7}
$$

$$
\mathbf{V} \leftarrow \mathbf{V} - \eta\frac{\partial f(\mathbf{U},\mathbf{V})}{\partial \mathbf{V}} = \mathbf{V} + \eta(\mathbf{U}^{\mathrm{T}}\mathbf{X} - \mathbf{U}^{\mathrm{T}}\mathbf{U}\mathbf{V}),
\tag{5.8}
$$

其中 λ 和 η 均为迭代步长, 它们都是需要人为设定的正数. 在常规的梯度下降法中, 一个关键的问题是如何确定步长. 步长太小会导致收敛速度极慢, 步长太大又

可能会导致目标函数值上升以及变量的非负性被破坏. 尽管在自动确定步长方面, 已经有了大量的工作, 但是针对这类以矩阵为变量的优化问题, 一般都很难得到满意的结果. 此外, 相对于迭代步长, 迭代方向的选择在很多优化问题的求解中起着更为关键的作用. 在 (5.7) 和 (5.8) 的迭代公式中, 无论迭代步长如何选取, 迭代方向始终是目标函数的负梯度方向. 而在包括 (5.2) 在内的很多优化问题的求解中, 负梯度方向往往并不是最合适的迭代方向. 模型 (5.2) 的求解同时涉及迭代步长和迭代方向这两个需要确定的因素, 这似乎让最优解的确定变成一个繁琐而乏味的优化问题. 但在 1999 年, Daniel D. Lee 和 H. Sebastian Seung 想到了一个同时可以自动确定迭代步长和迭代方向的绝妙方法[29], 即非负矩阵分解的乘式迭代.

3. 乘式迭代规则

在 Daniel D. Lee 和 H. Sebastian Seung 的工作中, 他们首先将 (5.7) 和 (5.8) 中对矩阵变量的整体更新转换为对矩阵变量中每个元素的逐一更新, 相应的迭代公式变为

$$u_{ik} \leftarrow u_{ik} + \lambda_{ik} \left(\left(\mathbf{X}\mathbf{V}^{\mathrm{T}} \right)_{ik} - \left(\mathbf{U}\mathbf{V}\mathbf{V}^{\mathrm{T}} \right)_{ik} \right), \tag{5.9}$$

$$v_{kj} \leftarrow v_{kj} + \eta_{kj} \left(\left(\mathbf{U}^{\mathrm{T}}\mathbf{X} \right)_{kj} - \left(\mathbf{U}^{\mathrm{T}}\mathbf{U}\mathbf{V} \right)_{kj} \right), \tag{5.10}$$

其中步长参数 λ_{ik} 和 η_{kj} 均非负, u_{ik} 表示矩阵 $\mathbf{U}$ 第 i 行第 k 列位置处的元素, $\left(\mathbf{X}\mathbf{V}^{\mathrm{T}} \right)_{ik}$ 也代表矩阵 $\mathbf{X}\mathbf{V}^{\mathrm{T}}$ 的第 i 行第 k 列位置处的元素, 其他符号同理.

注意到, 相对于 (5.7) 和 (5.8), 上述两个迭代公式似乎带来了更多的步长参数. 而且, 如果步长选取不当的话, 上述公式也可能会破坏变量的非负性. 但 D. Lee 和 S. Seung 发现, 在 (5.9) 中能导致 u_{ik} 为负的只可能是 $-\left(\mathbf{U}\mathbf{V}\mathbf{V}^{\mathrm{T}} \right)_{ik}$ 这一项, 为了抵消它的影响, 他们机敏地令

$$\lambda_{ik} = \frac{u_{ik}}{\left(\mathbf{U}\mathbf{V}\mathbf{V}^{\mathrm{T}} \right)_{ik}}. \tag{5.11}$$

这样, 经过简单的化简, 公式 (5.9) 就转化为

$$u_{ik} \leftarrow u_{ik} \frac{\left(\mathbf{X}\mathbf{V}^{\mathrm{T}} \right)_{ik}}{\left(\mathbf{U}\mathbf{V}\mathbf{V}^{\mathrm{T}} \right)_{ik}}. \tag{5.12}$$

这样一来, 当给定任意的初始非负矩阵 $\mathbf{U}$ 和 $\mathbf{V}$ 时, (5.12) 的迭代总可以使得 $\mathbf{U}$ 中每个元素一直保持非负.

同样地, 令

$$\eta_{kj} = \frac{v_{kj}}{\left(\mathbf{U}^{\mathrm{T}}\mathbf{U}\mathbf{V} \right)_{kj}}, \tag{5.13}$$

可得 v_{kj} 的迭代公式为

$$v_{kj} \leftarrow v_{kj} \frac{\left(\mathbf{U}^{\mathrm{T}}\mathbf{X}\right)_{kj}}{\left(\mathbf{U}^{\mathrm{T}}\mathbf{U}\mathbf{V}\right)_{kj}}. \tag{5.14}$$

将 (5.12) 和 (5.13) 写成矩阵点乘和点除 ($\oslash$) 的形式, 即可得到非负矩阵分解的乘式迭代规则

$$\mathbf{U} \leftarrow \mathbf{U} \odot \left(\mathbf{X}\mathbf{V}^{\mathrm{T}}\right) \oslash \left(\mathbf{U}\mathbf{V}\mathbf{V}^{\mathrm{T}}\right), \tag{5.15}$$

$$\mathbf{V} \leftarrow \mathbf{V} \odot \left(\mathbf{U}^{\mathrm{T}}\mathbf{X}\right) \oslash \left(\mathbf{U}^{\mathrm{T}}\mathbf{U}\mathbf{V}\right). \tag{5.16}$$

(5.15) 和 (5.16) 两个矩阵变量的乘式迭代公式不但简洁、优美, 而且巧妙解决了优化问题中的迭代步长和迭代方向问题. 下面的定理则可以保证上面的迭代方向是使得 (5.2) 中目标函数的值下降的方向.

定理 5.1 非负矩阵分解的乘式迭代中, 迭代方向与目标函数的负梯度方向之间的夹角不大于 $90°$.

证明 从 (5.9) 和 (5.10) 可以看出, 两个变量 $\mathbf{U}$ 和 $\mathbf{V}$ 的迭代方向不再是负梯度方向, 而是与负梯度方向有一定角度的方向. 下面证明这个角度不大于 $90°$. 以变量 $\mathbf{U}$ 为例, 目标函数关于 $\mathbf{U}$ 的负梯度为 $\mathbf{X}\mathbf{V}^{\mathrm{T}} - \mathbf{U}\mathbf{V}\mathbf{V}^{\mathrm{T}}$, 而公式 (5.9) 中 $\mathbf{U}$ 的迭代方向 (包含迭代步长) 为步长矩阵 $\boldsymbol{\Lambda} = (\lambda_{ik})$ 与 $\mathbf{X}\mathbf{V}^{\mathrm{T}} - \mathbf{U}\mathbf{V}\mathbf{V}^{\mathrm{T}}$ 的点乘, 即 $\boldsymbol{\Lambda} . \times \left(\mathbf{X}\mathbf{V}^{\mathrm{T}} - \mathbf{U}\mathbf{V}\mathbf{V}^{\mathrm{T}}\right)$. 由于 $\boldsymbol{\Lambda} . \times \left(\mathbf{X}\mathbf{V}^{\mathrm{T}} - \mathbf{U}\mathbf{V}\mathbf{V}^{\mathrm{T}}\right)$ 与负梯度 $\mathbf{X}\mathbf{V}^{\mathrm{T}} - \mathbf{U}\mathbf{V}\mathbf{V}^{\mathrm{T}}$ 的内积非负, 即

$$\left\langle \boldsymbol{\Lambda} . \times \left(\mathbf{X}\mathbf{V}^{\mathrm{T}} - \mathbf{U}\mathbf{V}\mathbf{V}^{\mathrm{T}}\right), \ \mathbf{X}\mathbf{V}^{\mathrm{T}} - \mathbf{U}\mathbf{V}\mathbf{V}^{\mathrm{T}} \right\rangle$$

$$= \sum_{i=1}^{m} \sum_{k=1}^{r} \lambda_{ik} \left(\left(\mathbf{X}\mathbf{V}^{\mathrm{T}}\right)_{ik} - \left(\mathbf{U}\mathbf{V}\mathbf{V}^{\mathrm{T}}\right)_{ik}\right)^2 \geqslant 0. \tag{5.17}$$

所以它们之间的夹角不大于 $90°$. 同样地, (5.16) 中的迭代方向与 $\mathbf{U}^{\mathrm{T}}\mathbf{X} - \mathbf{U}^{\mathrm{T}}\mathbf{U}\mathbf{V}$ 的角度也不大于 $90°$. ∎

注 5.1 两个大小为 $m \times n$ 的矩阵 $\mathbf{A} = (a_{ij})$, $\mathbf{B} = (b_{ij})$ 的内积等于它们向量化后的内积, 即对应元素乘积的和,

$$\langle \mathbf{A}, \mathbf{B} \rangle = \mathrm{vec}(\mathbf{A})^{\mathrm{T}} \mathrm{vec}(\mathbf{B}) = \sum_{i=1}^{m} \sum_{j=1}^{n} a_{ij} b_{ij}, \tag{5.18}$$

其中 $\mathrm{vec}(\mathbf{A})$ 将矩阵 $\mathbf{A}$ 按列展开为列向量.

注 5.2 尽管 (5.15) 和 (5.16) 中非负矩阵分解乘式迭代的迭代方向与目标函数的负梯度方向的夹角都不大于 $90°$, 但在迭代过程中目标函数的值却未必始终

下降. 这是因为目标函数值的变化不仅依赖于迭代方向的选取, 还跟迭代步长有关. 也就是说, 单纯基于定理 5.1 不能得出在乘式迭代规则下目标函数值始终下降的结论. 相关的收敛性证明请参考相关文献 [30].

值得注意的是, 由于

$$\|\mathbf{X} - \mathbf{U}\mathbf{V}\|_{\mathrm{F}}^2 = \|\mathbf{X}^{\mathrm{T}} - \mathbf{V}^{\mathrm{T}}\mathbf{U}^{\mathrm{T}}\|_{\mathrm{F}}^2,$$

因此, 基矩阵和系数矩阵的位置可以互换. 也就是说, 当把 $\mathbf{X}^{\mathrm{T}}$ 当作观测数据时, $\mathbf{V}^{\mathrm{T}}$ 和 $\mathbf{U}^{\mathrm{T}}$ 则分别为相应的基矩阵和系数矩阵.

5.3 非负矩阵分解的概率解释

在优化问题 (5.2) 中, 用模型误差的 F-范数的平方 $\|\mathbf{X} - \mathbf{U}\mathbf{V}\|_{\mathrm{F}}^2$ 作为代价函数来表征误差的大小. 事实上, 正如在最小二乘法和主成分分析的概率解释 (第 1.5 节和 2.6 节) 中所讲, 这些方法中的目标函数均源于噪声或模型误差的高斯分布假设. 如果观测数据的概率分布不满足高斯模型, 则可能会导出完全不同的目标函数.

5.3.1 高斯分布情形

令 $\mathbf{E} = \mathbf{X} - \mathbf{U}\mathbf{V}$, 即 $\mathbf{E}$ 表示 (5.2) 中非负矩阵分解的模型误差. 不妨假设 $\mathbf{E} = (\varepsilon_{ij})$ 的每一项都服从均值为 0 方差为 σ_{ij}^2 的高斯分布, 即

$$f(\varepsilon_{ij}) = \frac{1}{\sqrt{2\pi\sigma_{ij}^2}} \exp\left(-\frac{\varepsilon_{ij}^2}{2\sigma_{ij}^2}\right).$$

这意味着, 在给定参数 $\mathbf{U}$ 和 $\mathbf{V}$ 的情况下, 观测数据也服从如下的高斯分布

$$f(x_{ij} \,|\, \mathbf{U}, \mathbf{V}) = \frac{1}{\sqrt{2\pi}\sigma_{ij}} \exp\left(-\frac{1}{2}\left(\frac{x_{ij} - (\mathbf{U}\mathbf{V})_{ij}}{\sigma_{ij}}\right)^2\right). \tag{5.19}$$

假设随机误差矩阵的各个分量之间统计独立, 则所有观测在给定参数 $\mathbf{U}$ 和 $\mathbf{V}$ 的情况下的联合概率密度函数为

$$f(\mathbf{X} \,|\, \mathbf{U}, \mathbf{V}) = \prod_{i,j} f(x_{ij} \,|\, \mathbf{U}, \mathbf{V}). \tag{5.20}$$

定义对数似然函数

$$l(\mathbf{U}, \mathbf{V}) = \ln f(\mathbf{X} \,|\, \mathbf{U}, \mathbf{V}) = \sum_{i,j}\left(\ln\left(\frac{1}{\sqrt{2\pi}\sigma_{ij}}\right) - \frac{1}{2}\left(\frac{x_{ij} - (\mathbf{U}\mathbf{V})_{ij}}{\sigma_{ij}}\right)^2\right). \tag{5.21}$$

假设所有误差项服从相同的高斯分布, 即它们的方差 (或标准差) 都相等 ($\sigma_{ij} = \sigma$), 则

$$l(\mathbf{U}, \mathbf{V}) = \ln f(\mathbf{X} \,|\, \mathbf{U}, \mathbf{V}) = \sum_{i,j} \left(\ln \left(\frac{1}{\sqrt{2\pi}\sigma} \right) - \frac{1}{2} \left(\frac{x_{ij} - (\mathbf{UV})_{ij}}{\sigma} \right)^2 \right). \quad (5.22)$$

显然, 上述似然函数的最大化等价于如下函数的最小化,

$$\sum_{i,j} \left(x_{ij} - (\mathbf{UV})_{ij} \right)^2. \quad (5.23)$$

注意到

$$\|\mathbf{X} - \mathbf{UV}\|_{\mathrm{F}}^2 = \sum_{i,j} \left(x_{ij} - (\mathbf{UV})_{ij} \right)^2, \quad (5.24)$$

因此, 似然函数的最大化相当于问题 (5.2) 中目标函数的最小化. 这正是 F-范数用于评价模型误差大小的背后的概率机制.

5.3.2 泊松分布情形

如果矩阵 $\mathbf{X}$ 中每一项都服从泊松分布, 即

$$f(x_{ij} \,|\, \mathbf{U}, \mathbf{V}) = \frac{(\mathbf{UV})_{ij}^{x_{ij}}}{x_{ij}!} \exp \left(- (\mathbf{UV})_{ij} \right),$$

且各项之间是统计独立的 (其中! 表示阶乘). 那么, 与第 5.3.1 小节类似, 定义对数似然函数为

$$l(\mathbf{U}, \mathbf{V}) = \ln f(\mathbf{X} \,|\, \mathbf{U}, \mathbf{V}) = \ln \prod_{i,j} f(x_{ij} \,|\, \mathbf{U}, \mathbf{V})$$

$$= \sum_{i,j} \left(x_{ij} \ln (\mathbf{UV})_{ij} - (\mathbf{UV})_{ij} - \ln (x_{ij}!) \right). \quad (5.25)$$

相应地, 如果将 $\ln (x_{ij}!)$ 中的 $x_{ij}!$ 近似为 $x_{ij}^{x_{ij}}$ (该近似不涉及任何待求变量, 因此不影响似然函数的极值解), 则公式 (5.25) 的最大化相当于下面公式的最小化,

$$D(\mathbf{X} \| \mathbf{UV}) = \sum_{i,j} \left(x_{ij} \ln \frac{x_{ij}}{(\mathbf{UV})_{ij}} - x_{ij} + (\mathbf{UV})_{ij} \right), \quad (5.26)$$

而 $D(\mathbf{X} \| \mathbf{UV})$ 称之为 $\mathbf{X}$ 相对于 $\mathbf{UV}$ 的散度. 当 $\sum_{i,j} x_{ij} = \sum_{i,j} (\mathbf{UV})_{ij} = 1$ 时, 它又称为 $\mathbf{X}$ 与 $\mathbf{UV}$ 的 Kullback-Leibler 散度或者相对熵. 因此, 当噪声的分布服

从泊松分布且各个噪声项统计独立时, (5.2) 的模型误差大小将不能再用误差项的 F-范数表示, 而必须用 (5.26) 中 $\mathbf{X}$ 相对于 $\mathbf{UV}$ 的散度来衡量, 即优化问题 (5.2) 变为如下优化模型

$$
\begin{cases}
\min_{\mathbf{U},\mathbf{V}} & D(\mathbf{X}\|\mathbf{UV}) \\
\text{s.t.} & \mathbf{U} \geqslant \mathbf{0}, \mathbf{V} \geqslant \mathbf{0}.
\end{cases}
\tag{5.27}
$$

其中 $D(\mathbf{X}\|\mathbf{UV})$ 对 u_{ik}, v_{kj} 的偏导数分别为

$$
\frac{\partial D(\mathbf{X}\|\mathbf{UV})}{\partial u_{ik}} = -\sum_j \left(\frac{v_{kj}x_{ij}}{(\mathbf{UV})_{ij}} - v_{kj} \right),
\tag{5.28}
$$

$$
\frac{\partial D(\mathbf{X}\|\mathbf{UV})}{\partial v_{kj}} = -\sum_i \left(\frac{u_{ik}x_{ij}}{(\mathbf{UV})_{ij}} - u_{ik} \right).
\tag{5.29}
$$

因此, 类似于 (5.9) 和 (5.10), 此时可以得到优化问题 (5.27) 中变量求解的迭代规则为

$$
u_{ik} \leftarrow u_{ik} + \alpha_{ik} \left(\sum_j \frac{v_{kj}x_{ij}}{(\mathbf{UV})_{ij}} - \sum_j v_{kj} \right),
\tag{5.30}
$$

$$
v_{kj} \leftarrow v_{kj} + \beta_{kj} \left(\sum_i \frac{u_{ik}x_{ii}}{(\mathbf{UV})_{ij}} - \sum_i u_{ik} \right).
\tag{5.31}
$$

同样地, 令

$$
\alpha_{ik} = \frac{u_{ik}}{\sum\limits_j v_{kj}}, \quad \beta_{kj} = \frac{v_{kj}}{\sum\limits_i u_{ik}},
\tag{5.32}
$$

可得相应的乘式迭代公式为

$$
u_{ik} \leftarrow u_{ik} \frac{\sum\limits_j v_{kj}x_{ij}/(\mathbf{UV})_{ij}}{\sum\limits_j v_{kj}},
\tag{5.33}
$$

$$
v_{kj} \leftarrow v_{kj} \frac{\sum\limits_i u_{ik}x_{ij}/(\mathbf{UV})_{ij}}{\sum\limits_i u_{ik}}.
\tag{5.34}
$$

从第 5.3.1 和 5.3.2 小节中可以看出, 非负矩阵分解中目标函数的选择取决于观测数据的概率分布, 不同分布的误差会直接导致不同的目标函数. 读者可以尝试推导非负矩阵分解在观测数据服从其他分布情况下的变量的乘式迭代规则.

5.4   非负矩阵分解的物理解释

非负矩阵分解不仅是矩阵分解的一个重要理论方向, 而且在很多应用中有着直接的物理意义. 本节以遥感图像的混合像元分析为例, 阐释非负矩阵分解的基矩阵和系数矩阵在其中的物理内涵.

图 5.2 模拟了遥感图像的 10 个像元, 其中红色和绿色分别代表两种不同的地物, 并且在每个像元中它们的比例各不相同. 假设该遥感图像是具有若干个特征或者波段的多光谱或高光谱图像, 那么其中的每个像元都可以用一个光谱列向量 $\boldsymbol{x}_i(i = 1, 2, \cdots, 10)$ 表示, 那么这 10 个像元可以记为 $\mathbf{X} = [\boldsymbol{x}_1 \quad \boldsymbol{x}_2 \quad \cdots \quad \boldsymbol{x}_{10}]$. 不妨用红色竖条和绿色竖条 (图 5.3) 分别代表红色地物和绿色地物的光谱, 并分别记为 $\boldsymbol{u}_{\text{red}}$ 和 $\boldsymbol{u}_{\text{green}}$, 并令 $\mathbf{U} = [\boldsymbol{u}_{\text{red}} \quad \boldsymbol{u}_{\text{green}}]$. 事实上, 从图 5.2 可以看出 $\boldsymbol{u}_{\text{green}} = \boldsymbol{x}_1, \boldsymbol{u}_{\text{red}} = \boldsymbol{x}_{10}$. 对于同时包含红色地物和绿色地物的像元, 传感器将会接收到的是这两种地物的混合信号, 并且假设它们的混合符合线性混合模型. 比如, 第二个像元中红色地物在该像元中的丰度为 $\dfrac{1}{9}$, 而绿色地物在该像元中的丰度则为 $\dfrac{8}{9}$, 因此, $\boldsymbol{x}_2$ 可以表示为这两种地物光谱以各自丰度为系数的加权和, 即

$$\boldsymbol{x}_2 = \frac{1}{9}\boldsymbol{u}_{\text{red}} + \frac{8}{9}\boldsymbol{u}_{\text{green}}.$$

同样地, 可以验证, 图 5.2 中任意一个像元 $\boldsymbol{x}_i$ 都可以表示为这两种地物光谱的线性混合, 即有

$$\boldsymbol{x}_i = \frac{i-1}{9}\boldsymbol{u}_{\text{red}} + \frac{10-i}{9}\boldsymbol{u}_{\text{green}}.$$

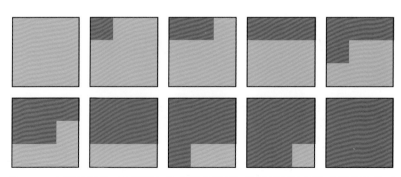

图 5.2   由两种地物 (分别用红色和绿色表示) 按照不同比例构成的混合像元

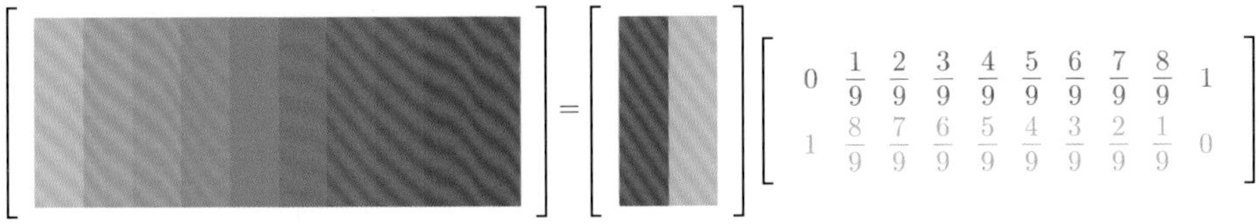

$$\begin{bmatrix} \ \end{bmatrix} = \begin{bmatrix} \ \end{bmatrix} \begin{bmatrix} 0 & \dfrac{1}{9} & \dfrac{2}{9} & \dfrac{3}{9} & \dfrac{4}{9} & \dfrac{5}{9} & \dfrac{6}{9} & \dfrac{7}{9} & \dfrac{8}{9} & 1 \\ 1 & \dfrac{8}{9} & \dfrac{7}{9} & \dfrac{6}{9} & \dfrac{5}{9} & \dfrac{4}{9} & \dfrac{3}{9} & \dfrac{2}{9} & \dfrac{1}{9} & 0 \end{bmatrix}$$

图 5.3 非负矩阵分解的混合像元分解示意图

记

$$\mathbf{V} = \begin{bmatrix} v_{11} & v_{12} & \cdots & v_{1,10} \\ v_{21} & v_{22} & \cdots & v_{2,10} \end{bmatrix} = \begin{bmatrix} \dfrac{0}{9} & \dfrac{1}{9} & \cdots & \dfrac{9}{9} \\ \dfrac{9}{9} & \dfrac{8}{9} & \cdots & \dfrac{0}{9} \end{bmatrix},$$

显然, 可以将 $\mathbf{X}$ 分解为 $\mathbf{U}$ 和 $\mathbf{V}$ 两个矩阵的乘积, 即

$$\mathbf{X} = \mathbf{UV},$$

其中基矩阵 $\mathbf{U}$ 在遥感图像中叫端元矩阵, 系数矩阵 $\mathbf{V}$ 在遥感图像中叫丰度矩阵. 遥感图像处理的一个重要任务就是在给定观测数据的情况下, 分别给出这些像元中都包含什么地物类型, 并且每个像元中各个地物类型的比例是多少.

根据像元中两种地物的比例关系, 分别用不同的红绿混合色竖条代表不同混合像元的光谱. 那么上面对非负观测数据 $\mathbf{X} = [\boldsymbol{x}_1 \quad \boldsymbol{x}_2 \quad \cdots \quad \boldsymbol{x}_{10}]$ 的非负矩阵分解 $\mathbf{X} = \mathbf{UV}$ 可以用图 5.3 示意.

除了遥感图像混合像元分析, 非负矩阵在图像处理、文本分析等诸多领域有着广泛的应用需求, 相应的基矩阵和系数矩阵也分别有着不同的物理内涵.

5.5 非负矩阵分解与奇异值分解

对于给定的 m 个特征、n 个观测的数据 $\mathbf{X} = [\boldsymbol{x}_1 \quad \boldsymbol{x}_2 \quad \cdots \quad \boldsymbol{x}_n]$, 假设 $\mathbf{X}$ 的秩为 r, 利用奇异值分解可以将其分解为 (如图 5.4)

$$\mathbf{X} = \tilde{\mathbf{U}} \tilde{\mathbf{D}} \tilde{\mathbf{V}}^{\mathrm{T}},$$

其中 $\tilde{\mathbf{U}}$ 为 $\mathbf{X}$ 的所有左奇异向量构成的 $m \times m$ 的正交矩阵, $\tilde{\mathbf{V}}$ 为 $\mathbf{X}$ 的所有右奇异向量构成的 $n \times n$ 的正交矩阵, $\tilde{\mathbf{D}}$ 为 $\mathbf{X}$ 的所有的与奇异向量相应的 r 个非零奇异值构成的 $m \times n$ 的对角矩阵. 记 $\tilde{\mathbf{U}}(:, 1:r)$ 为 $\tilde{\mathbf{U}}$ 的前 r 列构成的 $m \times r$ 的列正交矩阵, $\tilde{\mathbf{D}}(1:r, 1:r)$ 为 $\tilde{\mathbf{D}}$ 的 r 个非零奇异值构成的 $r \times r$ 的对角矩阵, $\tilde{\mathbf{V}}(:, 1:r)$ 为 $\tilde{\mathbf{V}}$ 的前 r 列构成的 $n \times r$ 的列正交矩阵. 那么对 $\mathbf{X}$ 的奇异值分解可以简化为 (如图 5.5)

$$\mathbf{X} = \tilde{\mathbf{U}}(:, 1:r) \tilde{\mathbf{D}}(1:r, 1:r) \tilde{\mathbf{V}}(:, 1:r)^{\mathrm{T}}.$$

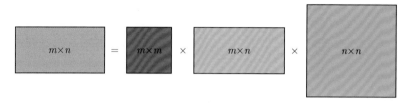

图 5.4   奇异值分解示意图

图 5.5   奇异值分解降维示意图

如果对矩阵 $\mathbf{U}$ 和 $\mathbf{V}$ 不施加任何约束的话, 显然, $\mathbf{U}$ 和 $\mathbf{V}$ 只需满足

$$\mathbf{UV} = \tilde{\mathbf{U}}(:,1:r)\tilde{\mathbf{D}}(1:r,1:r)\tilde{\mathbf{V}}(:,1:r)^{\mathrm{T}},$$

即可使得 (5.2) 中目标函数 $\|\mathbf{X} - \mathbf{UV}\|_{\mathrm{F}}^2$ 的值达到最小. 需要注意的是, 这样的 $\mathbf{U}$ 和 $\mathbf{V}$ 有无穷多种选择, 比如可以取

$$\mathbf{U} = \tilde{\mathbf{U}}(:,1:r), \quad \mathbf{V} = \tilde{\mathbf{D}}(1:r,1:r)\tilde{\mathbf{V}}(:,1:r)^{\mathrm{T}},$$

也可以取

$$\mathbf{U} = \tilde{\mathbf{U}}(:,1:r)\tilde{\mathbf{D}}(1:r,1:r), \quad \mathbf{V} = \tilde{\mathbf{V}}(:,1:r)^{\mathrm{T}}.$$

尽管上述奇异值分解的思路可以让 (5.2) 的目标函数降到最低, 但这种方式显然难以保证矩阵 $\mathbf{U}$ 和 $\mathbf{V}$ 的非负性. 不妨把该目标函数重新写为

$$\|\mathbf{X} - \mathbf{UV}\|_{\mathrm{F}}^2 = \sum_{i=1}^{n} \left\| \boldsymbol{x}_i - \sum_{j=1}^{r} v_{ji}\boldsymbol{u}_j \right\|^2. \tag{5.35}$$

并假设 $\mathbf{U} = [\boldsymbol{u}_1 \quad \boldsymbol{u}_2 \quad \cdots \quad \boldsymbol{u}_r]$ 已知, 则 (5.2) 的最优化问题可以转化为如下 n 个最优化问题

$$\begin{cases} \min\limits_{\boldsymbol{v}_i} \quad \left\| \boldsymbol{x}_i - \sum\limits_{j=1}^{r} v_{ji}\boldsymbol{u}_j \right\|^2 \\ \text{s.t.} \quad \boldsymbol{v}_i \geqslant \mathbf{0}, \end{cases} \tag{5.36}$$

其中 $\boldsymbol{v}_i = [v_{1i} \quad v_{2i} \quad \cdots \quad v_{ri}]^{\mathrm{T}}$ 为待求 $\mathbf{V}$ 的第 i 个列向量.

(5.36) 中 v_i 的求解为一个非负约束的最小二乘问题. 显然, 当 x_i 在 U 的列空间的投影点位于由 $u_1, u_2, \cdots, u_r$ 这 r 个向量构成的 "椎体" 内的时候, (5.36) 的无约束最小二乘解 v_i 自动满足非负性要求, 此时目标函数的值可以达到最小, 即为点 x_i 到 U 的各个列向量张成的超平面的欧氏距离的平方. 图 5.6 给出了对三维空间中的非负观测数据 X 进行非负矩阵分解降维的示意图. 从中可以看出, 对于某些数据 X, 当我们在第一象限选择合适的基向量 u_1 和 u_2 时, X 中的每一个绿色点在 u_1 和 u_2 张成的平面上的投影点 (黄色点) 都位于这两个向量所夹的蓝色区域内, 此时相应的表出系数必然满足非负性的要求.

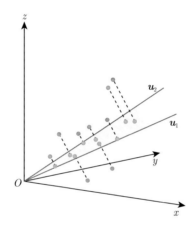

图 5.6　非负矩阵分解的几何解释

遗憾的是, 只有当 U 的 r 个列向量所张成的 "椎体" 的 "锥角" 足够大时, 才能使得所有的非负观测数据在其上的投影都位于这个 "椎体" 之内. 对于某些数据, 其需要的 "锥角" 可能会大到第一象限无法容纳下这样的 "椎体", 此时 U 的某些元素会由于非负性的要求而被强行设置为 0, 相应的目标函数的值也只能在可行域的边界达到极小.

进一步地, 对于给定的非负观测数据 X, 我们不加证明地给出如下定理:

定理 5.2　假设基矩阵 U 是非负矩阵分解模型 (5.2) 的解, 如果 U 中所有元素都大于零, 那么 U 的各个列向量张成的子空间与非负观测数据 X 的前 r 个左奇异向量张成的子空间相同.

定理 5.2 实际上揭示了非负矩阵分解和奇异值分解在一定条件下的内在关联. 其中, U 的分量均大于零的条件其实相当于对观测数据的约束. 这意味着, 对于某些给定的观测数据 X, 在第一象限内必然存在一个由 U 的列向量构成的低维锥体, 当把数据投影到 U 的列空间时, 所有的投影点都位于该锥体内部. 此时, 对数据进行非负矩阵分解等价于对数据进行奇异值分解.

5.6　非负矩阵分解与 K-means

K-means 是聚类分析中应用最为广泛的聚类算法, 本节讨论非负矩阵分解与 K-means 算法在一定条件下的等价性.

仍假设观测数据为 $\mathbf{X} = [\boldsymbol{x}_1 \quad \boldsymbol{x}_2 \quad \cdots \quad \boldsymbol{x}_n]$, 利用 K-means 算法对其进行聚类步骤如下:

(1) 初始化: 首先给定类别数 r, 并初始化 r 个中心点 $\boldsymbol{\mu}_1, \boldsymbol{\mu}_2, \cdots, \boldsymbol{\mu}_r$;

(2) 分类: 利用距离法分别对 n 个观测点进行分类, 将每个点分配给距离其最近的中心点, 从而得到 r 个类别, 分别记为 $C_1, C_2, \cdots, C_r$;

(3) 类别中心更新: 基于样本均值重新计算 r 个类别的中心;

(4) 重复以上步骤 (2), (3), 直至中心点不再改变为止.

上述 K-means 聚类步骤可以归结为如下优化问题

$$\min_{C,\mathbf{U}} J(C, \mathbf{U}) = \sum_{k=1}^{r} \sum_{\boldsymbol{x}_j \in C_k} \|\boldsymbol{x}_j - \boldsymbol{\mu}_k\|^2, \tag{5.37}$$

其中 $C = \{C_1, C_2, \cdots, C_r\}$ 指的是对 $\mathbf{X}$ 的一个类别划分, $\mathbf{U} = [\boldsymbol{\mu}_1 \quad \boldsymbol{\mu}_2 \quad \cdots \quad \boldsymbol{\mu}_r]$ 则记录了所有类别的中心向量. 不妨用元素取值只能是 0 或者 1 的矩阵 $\mathbf{V} = (v_{kj})$ 来表示聚类结果, 其中当 $\boldsymbol{x}_j \in C_k$ 时, $v_{kj} = 1$, 而当 $\boldsymbol{x}_j \notin C_k$ 时, $v_{kj} = 0$. 那么 (5.37) 中的目标函数可以重新表示为

$$J(\mathbf{V}, \mathbf{U}) = \sum_{j=1}^{n} \sum_{k=1}^{r} v_{kj} \|\boldsymbol{x}_j - \boldsymbol{\mu}_k\|^2 = \|\mathbf{X} - \mathbf{U}\mathbf{V}\|_{\mathrm{F}}^2. \tag{5.38}$$

从 (5.38) 可以看出, 当基矩阵由各个类别中心向量构成, 系数矩阵为类别归属矩阵时, 矩阵的非负矩阵分解正好对应聚类分析中的 K-means 算法. 事实上, K-means 算法等价于在非负矩阵分解模型 (5.2) 的基础上再增加对系数矩阵的行正交约束, 即 K-means 算法等价于如下优化模型

$$\begin{cases} \min_{\mathbf{U},\mathbf{V}} & \|\mathbf{X} - \mathbf{U}\mathbf{V}\|_{\mathrm{F}}^2 \\ \text{s.t.} & \mathbf{U} \geqslant \mathbf{0}, \mathbf{V} \geqslant \mathbf{0}, \mathbf{V}\mathbf{V}^{\mathrm{T}} = \boldsymbol{\Lambda}, v_{kj} \in \{0, 1\}, \end{cases} \tag{5.39}$$

其中 $\boldsymbol{\Lambda}$ 为对角矩阵.

5.7 非负矩阵分解与 KKT 条件

在最优化理论中, KKT 条件是求解标准约束优化 (或者非线性优化) 问题最优解的必要条件. 标准约束优化模型的一般形式为

$$
\begin{cases}
\min\limits_{\boldsymbol{x}} & f(\boldsymbol{x}) \\
\text{s.t.} & g_j(\boldsymbol{x}) = 0, \quad j = 1, 2, \cdots, m, \\
& h_k(\boldsymbol{x}) \leqslant 0, \quad k = 1, 2, \cdots, p.
\end{cases} \tag{5.40}
$$

对应的拉格朗日函数为

$$
\mathcal{L}(\boldsymbol{x}, \boldsymbol{\lambda}, \boldsymbol{\mu}) = f(\boldsymbol{x}) + \sum_{j=1}^{m} \lambda_j g_j(\boldsymbol{x}) + \sum_{k=1}^{p} \mu_k h_k(\boldsymbol{x}), \tag{5.41}
$$

其中, 向量 $\boldsymbol{\lambda} = [\lambda_1 \quad \lambda_2 \quad \cdots \quad \lambda_m]^{\mathrm{T}}$ 对应等式约束的拉格朗日乘子构成的向量, 而向量 $\boldsymbol{\mu} = [\mu_1 \quad \mu_2 \quad \cdots \quad \mu_p]^{\mathrm{T}}$ 对应不等式约束的拉格朗日乘子构成的向量. KKT 条件包括:

(1) $\nabla_{\boldsymbol{x}} \mathcal{L}(\boldsymbol{x}, \boldsymbol{\lambda}, \boldsymbol{\mu}) = \boldsymbol{0}$;

(2) $g_j(\boldsymbol{x}) = 0, j = 1, 2, \cdots, m$;

(3) $h_k(\boldsymbol{x}) \leqslant 0, k = 1, 2, \cdots, p$;

(4) $\mu_k > 0, k = 1, 2, \cdots, p$;

(5) $\mu_k h_k(\boldsymbol{x}) = 0, k = 1, 2, \cdots, p$,

其中条件 (5) 称为**松弛互补条件**. 有趣的是, 也可以通过 KKT 条件得到非负矩阵分解的乘式迭代规则, 具体推导如下.

非负矩阵分解问题 (5.2) 的拉格朗日函数为

$$
\mathcal{L}(\mathbf{U}, \mathbf{V}, \mathbf{A}, \mathbf{B}) = \frac{1}{2} \|\mathbf{X} - \mathbf{U}\mathbf{V}\|_{\mathrm{F}}^2 - \sum_{i=1}^{m} \sum_{k=1}^{r} \alpha_{ik} u_{ik} - \sum_{j=1}^{n} \sum_{k=1}^{r} \beta_{jk} v_{jk}, \tag{5.42}
$$

其中 $\alpha_{ik}(i = 1, 2, \cdots, m; k = 1, 2, \cdots, r)$ 和 $\beta_{kj}(j = 1, 2, \cdots, n; k = 1, 2, \cdots, r)$ 分别两个非负矩阵约束的拉格朗日乘子, 记 $\mathbf{A} = (\alpha_{ik})$, $\mathbf{B} = (\beta_{kj})$. 由于

$$
\mathrm{tr}(\mathbf{A}\mathbf{U}^{\mathrm{T}}) = \sum_{i=1}^{m} \sum_{k=1}^{r} \alpha_{ik} u_{ik}, \quad \mathrm{tr}(\mathbf{B}\mathbf{V}^{\mathrm{T}}) = \sum_{j=1}^{n} \sum_{k=1}^{r} \beta_{kj} v_{kj},
$$

因此, (5.42) 可以转换为

$$\mathcal{L}(\mathbf{U}, \mathbf{V}, \mathbf{A}, \mathbf{B}) = \frac{1}{2} \|\mathbf{X} - \mathbf{UV}\|_{\mathrm{F}}^2 - \mathrm{tr}(\mathbf{AU}^{\mathrm{T}}) - \mathrm{tr}(\mathbf{BV}^{\mathrm{T}}). \tag{5.43}$$

上述拉格朗日函数分别对两个矩阵自变量 $\mathbf{U}, \mathbf{V}$ 求偏导并令其为零矩阵, 可得

$$\frac{\partial \mathcal{L}(\mathbf{U}, \mathbf{V}, \mathbf{A}, \mathbf{B})}{\partial \mathbf{U}} = (\mathbf{UV} - \mathbf{X})\mathbf{V}^{\mathrm{T}} - \mathbf{A} = \mathbf{0}, \tag{5.44}$$

$$\frac{\partial \mathcal{L}(\mathbf{U}, \mathbf{V}, \mathbf{A}, \mathbf{B})}{\partial \mathbf{V}} = \mathbf{U}^{\mathrm{T}}(\mathbf{UV} - \mathbf{X}) - \mathbf{B} = \mathbf{0}. \tag{5.45}$$

根据 KKT 条件中的松弛互补条件, 模型的最优解处的 $\mathbf{A}, \mathbf{B}, \mathbf{U}, \mathbf{V}$ 必然满足矩阵 $\mathbf{A}$ 与矩阵 $\mathbf{U}$ 的点乘为零矩阵, 矩阵 $\mathbf{B}$ 与矩阵 $\mathbf{V}$ 的点乘也为零矩阵, 即

$$\mathbf{A} \odot \mathbf{U} = \mathbf{0},$$

$$\mathbf{B} \odot \mathbf{V} = \mathbf{0}.$$

在公式 (5.44) 两边同时点乘矩阵 $\mathbf{U}$, 并利用松弛互补条件 $\mathbf{A} \odot \mathbf{U} = \mathbf{0}$ 可得

$$(\mathbf{UV} - \mathbf{X})\mathbf{V}^{\mathrm{T}} \odot \mathbf{U} = \mathbf{0}. \tag{5.46}$$

在公式 (5.45) 两边同时点乘矩阵 $\mathbf{V}$, 并利用松弛互补条件 $\mathbf{B} \odot \mathbf{V} = \mathbf{0}$ 可得

$$\mathbf{U}^{\mathrm{T}}(\mathbf{UV} - \mathbf{X}) \odot \mathbf{V} = \mathbf{0}, \tag{5.47}$$

整理 (5.46) 和 (5.47) 即可得到非负矩阵分解的乘式迭代公式 (5.15) 和 (5.16).

5.8 非负矩阵分解在应用中的问题

尽管非负矩阵分解在诸多领域都得到了广泛的应用, 并取得了很好的效果, 但在实际应用中, 也需要关注目标函数的凸凹性、局部极值、分母零值、观测数据负值等问题.

5.8.1 目标函数的凸凹性

非负矩阵分解中的目标函数 $f(\mathbf{U}, \mathbf{V})$ 可以按照如下两种方式展开,

$$f(\mathbf{U}, \mathbf{V}) = \frac{1}{2} \|\mathbf{X} - \mathbf{UV}\|_{\mathrm{F}}^2$$

$$= \frac{1}{2} \operatorname{vec}(\mathbf{U}^{\mathrm{T}})^{\mathrm{T}} \begin{bmatrix} \mathbf{V}\mathbf{V}^{\mathrm{T}} & & \\ & \ddots & \\ & & \mathbf{V}\mathbf{V}^{\mathrm{T}} \end{bmatrix} \operatorname{vec}(\mathbf{U}^{\mathrm{T}}) - \operatorname{tr}(\mathbf{V}^{\mathrm{T}}\mathbf{U}^{\mathrm{T}}\mathbf{X}) + \frac{1}{2}\operatorname{tr}(\mathbf{X}\mathbf{X}^{\mathrm{T}}), \quad (5.48)$$

$$f(\mathbf{U}, \mathbf{V}) = \frac{1}{2}\|\mathbf{X} - \mathbf{U}\mathbf{V}\|_{\mathrm{F}}^2$$

$$= \frac{1}{2} \operatorname{vec}(\mathbf{V})^{\mathrm{T}} \begin{bmatrix} \mathbf{U}\mathbf{U}^{\mathrm{T}} & & \\ & \ddots & \\ & & \mathbf{U}\mathbf{U}^{\mathrm{T}} \end{bmatrix} \operatorname{vec}(\mathbf{V}) - \operatorname{tr}(\mathbf{U}\mathbf{V}\mathbf{X}^{\mathrm{T}}) + \frac{1}{2}\operatorname{tr}(\mathbf{X}^{\mathrm{T}}\mathbf{X}). \quad (5.49)$$

从 (5.48) 可以看出, 当给定 $\mathbf{V}$ 时, $f(\mathbf{U}, \mathbf{V})$ 对应一个以向量 $\operatorname{vec}(\mathbf{U}^{\mathrm{T}})$ 为自变量的二次型. 容易看出, $f(\mathbf{U}, \mathbf{V})$ 关于 $\mathbf{U}$ 的黑塞矩阵

$$\nabla_{\mathbf{U}}^2 f(\mathbf{U}, \mathbf{V}) = \begin{bmatrix} \mathbf{V}\mathbf{V}^{\mathrm{T}} & & \\ & \ddots & \\ & & \mathbf{V}\mathbf{V}^{\mathrm{T}} \end{bmatrix},$$

是正定或者非负定的. 因此, 当矩阵 $\mathbf{V}$ 给定时, $f(\mathbf{U}, \mathbf{V})$ 是一个凸函数. 同理, 从 (5.49) 可以看出, 当矩阵 $\mathbf{U}$ 给定时, $f(\mathbf{U}, \mathbf{V})$ 也是一个凸函数. 因此, 通常称 $f(\mathbf{U}, \mathbf{V})$ 是一个双凸 (Bi-convex) 函数. 但值得注意的是, 双凸函数未必是凸函数. 比如, 下面的函数 (图 5.7)

$$f(x, y) = \frac{1}{2}(4 - xy)^2, \quad (5.50)$$

可以认为是 $f(\mathbf{U}, \mathbf{V})$ 在 $\mathbf{X} = 4, \mathbf{U} = x, \mathbf{V} = y$ 时的特例. 容易验证该函数是一个双凸函数, 但它并不是凸函数. 下面给出简单的验证 (见图 5.7). 取

$$\boldsymbol{a} = [1 \quad 4]^{\mathrm{T}}, \quad \boldsymbol{b} = [4 \quad 1]^{\mathrm{T}},$$

则

$$f\left(\frac{\boldsymbol{a} + \boldsymbol{b}}{2}\right) = f\left(\frac{5}{2}, \frac{5}{2}\right) = \frac{81}{32},$$

$$\frac{f(\boldsymbol{a}) + f(\boldsymbol{b})}{2} = \frac{f(1, 4) + f(4, 1)}{2} = 0.$$

显然

$$f\left(\frac{\boldsymbol{a} + \boldsymbol{b}}{2}\right) > \frac{f(\boldsymbol{a}) + f(\boldsymbol{b})}{2},$$

因此 $f(x, y)$ 不是凸函数.

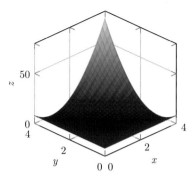

图 5.7　一个简单的双凸函数: $f(x,y) = \dfrac{1}{2}(4-xy)^2$

注 5.3　凸函数是一个定义在某个线性空间的凸子集上的实值函数 f, 且对于该凸子集上的任意两个向量 $\boldsymbol{a}, \boldsymbol{b}$, 都有

$$f\left(\frac{\boldsymbol{a}+\boldsymbol{b}}{2}\right) \leqslant \frac{f(\boldsymbol{a}) + f(\boldsymbol{b})}{2}.$$

5.8.2　局部极值问题

尽管 (5.50) 中的目标函数是非凸的, 但可以验证其所有的局部极值点 (x^*, y^*) 均满足 $f(x^*, y^*) = 0$. 类似地, 当数据 $\mathbf{X}$ 满足定理 5.2 中给出的条件时, 非负矩阵分解并不存在局部极值问题, 这是一个非常有趣的现象! 然而, 对于一般的非负矩阵 $\mathbf{X}$, 该结论并不一定成立, 感兴趣的读者可以尝试寻找反例.

虽然数据 $\mathbf{X}$ 在满足定理 5.2 中给出的条件时非负矩阵分解不存在极值问题, 但是它的最优解不是唯一的. 假设 $\mathbf{U}^*, \mathbf{V}^*$ 是模型 (5.2) 的一组局部最优点, 显然, 对于任意的非负对角可逆矩阵 $\mathbf{D}$, 都有

$$\left\| \mathbf{X} - \mathbf{U}^*\mathbf{V}^* \right\|_{\mathrm{F}}^2 = \left\| \mathbf{X} - \mathbf{U}^*\mathbf{D}\mathbf{D}^{-1}\mathbf{V}^* \right\|_{\mathrm{F}}^2, \tag{5.51}$$

即 $\mathbf{U}^*\mathbf{D}$ 和 $\mathbf{D}^{-1}\mathbf{V}^*$ 也是 (5.2) 的局部最优解. 这意味着 (5.2) 存在无穷多局部最优解, 而这些解中只有极个别的解具有物理意义. 比如, 在图 5.8 中, 可以用两个蓝色的向量 $\boldsymbol{u}_1, \boldsymbol{u}_2$ 分别作为两个基向量来线性表出平面上黄色的观测点, 其中表出系数显然满足非负性要求且对应的目标函数的值为 0. 同时, 也可以用两个绿色的向量分别作为两个基向量来线性表出这些观测点, 表出系数显然也满足非负约束且对应的目标函数的值也为 0. 而在实际应用中, 我们倾向于选择这对蓝色的向量作为数据的基向量, 因为那些对散点包裹得更为紧凑的基向量往往更具物理意义.

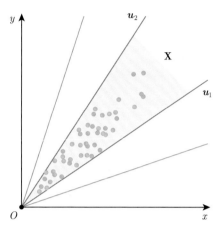

图 5.8　非负矩阵分解中解的不唯一性

鉴于非负矩阵分解问题解的不唯一性, 那么, 如何从众多的局部最优解中选出有物理内涵的解无疑是一个非常有意义的问题. 通常的做法就是在模型中增加对基矩阵或系数矩阵的约束[31], 以使得最终的解满足实际应用的需求. 比如, 对于图 5.8 中的数据, 我们可以在模型 (5.2) 中增加一个对基向量张成的锥体体积的约束, 这样模型的目标函数转化为

$$f(\mathbf{U}, \mathbf{V}, \lambda) = \frac{1}{2} \|\mathbf{X} - \mathbf{U}\mathbf{V}\|_{\mathrm{F}}^2 + \lambda \sqrt{|\mathbf{U}^{\mathrm{T}}\mathbf{U}|}, \tag{5.52}$$

其中 $\sqrt{|\mathbf{U}^{\mathrm{T}}\mathbf{U}|}$ 代表基矩阵 $\mathbf{U}$ 的各个列向量张成的平行多面体的体积, λ 是用来平衡模型误差项和体积约束项的权重因子. 这样, 目标函数 $f(\mathbf{U}, \mathbf{V}, \lambda)$ 的最小化意味着 $\frac{1}{2} \|\mathbf{X} - \mathbf{U}\mathbf{V}\|_{\mathrm{F}}^2$ 和 $\lambda \sqrt{|\mathbf{U}^{\mathrm{T}}\mathbf{U}|}$ 这两项都要足够小. 而第一项 $\frac{1}{2} \|\mathbf{X} - \mathbf{U}\mathbf{V}\|_{\mathrm{F}}^2$ 的最小化意味着所求的基矩阵使得所有的观测点尽量都位于 $\mathbf{U}$ 的各个列向量张成的锥体之内. 而第二项 $\lambda \sqrt{|\mathbf{U}^{\mathrm{T}}\mathbf{U}|}$ 的最小化则是让 $\mathbf{U}$ 的各个列向量张成的平行多面体的体积足够小. 这两项的综合, 则会最终得到对观测数据紧密包裹的基矩阵. 对于图 5.8 中的数据, 利用 (5.52) 中的目标函数, 会最终得到两个类似于蓝色向量的基向量.

针对各种不同的应用问题, 研究人员提出了对基矩阵和系数矩阵各种不同约束的非负矩阵分解模型, 这里就不再展开讨论.

5.8.3　分母零值问题

在非负矩阵分解的乘式迭代公式中, 可能会出现分母为零的情形. 为了处理这种情况, 可以在迭代公式的分母上加上一个充分小的正数 ε, 此时, (5.12) 和 (5.14)

的迭代公式变为如下公式

$$u_{ik} \leftarrow u_{ik} \frac{(\mathbf{X}\mathbf{V}^{\mathrm{T}})_{ik}}{(\mathbf{U}\mathbf{V}\mathbf{V}^{\mathrm{T}})_{ik} + \varepsilon},$$
$$v_{kj} \leftarrow v_{kj} \frac{(\mathbf{U}^{\mathrm{T}}\mathbf{X})_{kj}}{(\mathbf{U}^{\mathrm{T}}\mathbf{U}\mathbf{V})_{kj} + \varepsilon}. \tag{5.53}$$

当然, 也可以继续用公式 (5.12) 和 (5.14) 进行变量更新, 不过当分母为零时, 相应的变量不进行更新即可.

5.8.4　观测数据负值问题

观测数据的非负性是非负矩阵分解算法的前提条件. 当待处理的数据包含负值时, 不能直接利用前面介绍的非负矩阵分解方法将其分解为基矩阵和系数矩阵的乘积. 比如, 图 5.9 中的散点都分布在坐标系的第四象限, 显然它的所有点的两个坐标分量都是负值. 为了使其满足非负性要求, 首先可以利用一个正交变换将其旋转到第一象限, 然后再用前面介绍的非负矩阵分解方法将其分解为两个非负矩阵的乘积. 需要注意的是, 一定不能通过平移的方式使得图 5.9 中的点满足非负性要求, 因为这样不但会破坏基向量的物理意义, 而且会破坏观测点和基向量之间的线性表出关系.

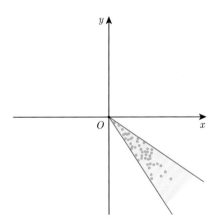

图 5.9　不满足非负条件的观测数据 (包含负值情形)

此外, 当给定的数据如图 5.10 所示时, 利用正交旋转的方式将不能使得所有的散点都满足非负性要求. 此时可以考虑用斜角坐标系代替直角坐标系, 其中斜角坐标系的选择要使得所有的散点都位于第一象限. 这相当于对数据首先做一个线性变换, 以使其满足非负性要求.

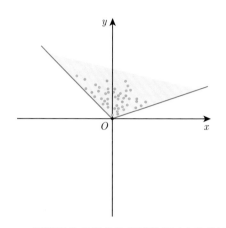

图 5.10　不满足非负条件的观测数据 (大张角情形)

5.9　小　　结

至此, 本章的主要内容总结为以下 6 条:

(1) 非负矩阵分解的乘式迭代是一种特殊的梯度下降法, 它巧妙地规避了常规优化方法中迭代方向和迭代步长的选取难题.

(2) 从概率角度, 对非负矩阵分解中观测数据的概率密度函数的不同假设, 会导致不同的目标函数.

(3) 一定条件下, 非负矩阵分解的基矩阵与奇异值分解的前几个相应的左奇异向量所张成的子空间相同. 也就是说, 对于满足一定条件的数据, 非负矩阵分解和 SVD 或者 PCA 并没有本质的区别.

(4) K-means 可以看作一种特殊的非负矩阵分解.

(5) 非负矩阵分解可以看作最优化理论中 KKT 条件 (定理) 的一个应用.

(6) 根据不同的应用场景, 要对非负矩阵分解中的矩阵变量添加相应的约束, 以使得最终的解具有相应的物理内涵.

第 6 章 局部线性嵌入

局部线性嵌入 (Locally Linear Embedding, LLE) 算法是最经典的非线性数据降维算法之一. 本章首先介绍一些必备的基本概念, 接着给出了局部线性嵌入的模型与求解方法, 然后对拉普拉斯映射、随机邻域嵌入、多维尺度变换、等距特征映射等几个与之相关的经典的非线性降维算法进行详细的介绍.

6.1 问题背景

对于分布在欧氏空间中的数据, 我们可以利用线性代数或者矩阵论中的各种工具对其进行各种不同类型的分析. 以图 6.1(a) 中分布在平面上的散点为例, 我们可以对其进行主成分分析从而获得数据的方差极值情况. 当我们把该平面卷曲成图 6.1(b) 和图 6.1(c) 的样子, 然后再分别对其上的散点进行主成分分析, 情况就会发生很大的变化. 可以发现, 曲面在空间中弯曲方式的不同, 对主成分分析的结果有着很大的影响.

(a)　　　　　　　　　　(b)　　　　　　　　　　(c)

图 6.1　平面与曲面上的数据点示意图
(a) 平面; (b) S 形曲面; (c) 瑞士卷形曲面

事实上, 从内蕴几何的角度, 图 6.1(b), 图 6.1(c) 中的曲面都可由图 6.1(a) 中的平面 "弯曲" 得到. 也就是说, 这三个面本质上是同一个几何对象, 它们都是二维流形且在对应点处有着相同的高斯曲率. 三者相比, 对平面上散点的研究显然更为便捷, 因为平面为二维欧氏空间, 线性代数为其上对象的研究提供了各种便利的工具. 而对于图 6.1(b), 图 6.1(c), 尽管我们可以将其看作三维欧氏空间中的对象, 利用三维线性空间中的各种工具对其进行处理, 但处理的结果往往容易受到数据的 "弯曲" 方式的影响, 继而并不能真正体现数据本身的内蕴性质. 因此, 在很多情况下, 当数据的分布呈现明显的 "弯曲" 时, 我们有必要首先将其 "展平", 然后再对

"展平" 后的数据进行进一步处理, 从而降低最终处理结果对数据具体 "弯曲" 方式的依赖. 为了应对上述问题, 研究人员已经开发出了多种有效的工具, 我们接下来要讲的局部线性嵌入是其中最为经典的手段之一.

6.2 基 本 概 念

在探讨局部线性嵌入的基本原理之前, 本节将首先介绍一些必备的基础知识. 我们将从拓扑空间开始, 重点介绍与流形相关的几个基本概念, 并最终给出嵌入的定义.

定义 6.1 (拓扑空间) 拓扑空间是由一个集合 X 和其上定义的拓扑 $\mathcal{T}$ 构成的二元组 $(X, \mathcal{T})$.

最常见拓扑是由一系列开集构成的, 当给定一个集合 X 后, 我们可以定义一个子集族 $\mathcal{T}$, 该子集族由集合 X 的子集构成, 且满足以下条件:

(1) $X, \varnothing \in \mathcal{T}$;

(2) $A, B \in \mathcal{T} \Rightarrow A \cap B \in \mathcal{T}$;

(3) $\{A_i\} \in \mathcal{T} \Rightarrow \cup_i A_i \in \mathcal{T}$.

那么称 $\mathcal{T}$ 为 X 的拓扑, 而 $\mathcal{T}$ 中的元素称为 X 的开集. 通俗地说, 拓扑是一个集合的子集族, 该子集族满足

(1) 空集和全集都是开集;

(2) 有限个开集的交集是开集;

(3) 任意个开集的并集是开集.

需要注意的是, 拓扑完全是人为指定的, 任意满足上述条件的子集族都可以称为一个集合的拓扑. 比如, 对于一个只有两个元素的集合 $X = \{0, 1\}$, 我们既可以指定其拓扑为

$$\mathcal{T} = \{\varnothing, \{0\}, \{1\}, \{0, 1\}\},$$

也可以指定其拓扑为

$$\mathcal{T} = \{\varnothing, \{0, 1\}\}.$$

可以看到, 前者包含了集合 X 的所有子集, 该拓扑被称作**离散拓扑**, 而后者只包含空集和全集, 是最简单的一个拓扑, 因此被称作**平凡拓扑**.

事实上, 我们很早就接触过开集的概念了, 比如在实数集 $\mathbb{R}$ 上, 开区间 (a, b) 就是一个开集. 而对于更高维度的 $\mathbb{R}^n$ 空间来说, 我们可以定义一个集合 $B_r(\boldsymbol{x}) = \{\boldsymbol{y} \in \mathbb{R}^n | \|\boldsymbol{y} - \boldsymbol{x}\| < r\}$, 即以点 $\boldsymbol{x}$ 为中心、半径为 r 的一个不包含边界的球. 集合 $B_r(\boldsymbol{x})$ 被称为**开球**, 而通过开球可以定义出 $\mathbb{R}^n$ 空间的拓扑

$$\mathcal{T}_{\text{std}} = \left\{V \subset \mathbb{R}^n | \forall \boldsymbol{x} \in V, \exists r > 0 \text{ 使得 } B_r(\boldsymbol{x}) \subset V\right\}.$$

拓扑 $\mathcal{T}_{\text{std}}$ 通常被称作 $\mathbb{R}^n$ 空间的**标准拓扑**. 在标准拓扑中, 对于任意一子集, 当且仅当子集中任意一个点总能找到以该点为中心的一个开球, 并且该开球完全包含在子集中时, 它才是一个开集. 比如, 一个包含边界的圆盘就不是开集, 因为对于圆盘边界上的点, 无论多小的半径的开球 (盘) 都会包含圆盘外的点, 见图 6.2.

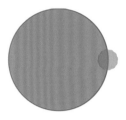

图 6.2   包含边界的圆盘不能构成开集

在标准拓扑 $\mathcal{T}_{\text{std}}$ 的基础上, 我们可以利用诱导拓扑的概念给出线性空间中任意子集的拓扑. 设 X 是 $\mathbb{R}^n$ 空间的一个非空子集, 那么 X 上的诱导拓扑定义如下

$$\mathcal{T}_X = \big\{ V \,|\, \exists O \in \mathcal{T}_{\text{std}} \text{ 使得 } V = X \cap O \big\}.$$

换句话说, 对于 X 中的一个开集 V, 一定存在 $\mathbb{R}^n$ 空间中的一个开集 O 使得 $V = X \cap O$. 比如, 图 6.3 给出了二维平面上的圆环的开集示意图.

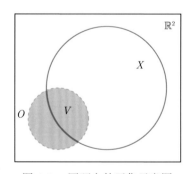

图 6.3   圆环上的开集示意图

线段、圆、球、长方形、四面体、立方体等这些几何体都可以看作是线性空间中的一个子集, 因此基于诱导拓扑的概念, 我们都可以将它们看作拓扑空间.

需要注意的是, 在诱导拓扑的概念下, 包含边界的圆盘是一个开集, 但这并不与前文中包含边界的圆盘不是开集的结论相矛盾. 事实上, 这两个结论是基于不同的拓扑给出的. 在标准拓扑的概念下, 包含边界的圆盘是 $\mathbb{R}^2$ 的一个子集, 作为一个子集, 它并不是一个开集. 而当我们将其看作是一个新的集合时, 它作为 $\mathbb{R}^2$ 的一个子集, 我们可以利用诱导拓扑的概念给出其拓扑, 此时包含边界的圆盘自身作为全集当然是一个开集. 这说明, 一个集合是否是开集取决于对应的拓扑是什么, 在不同的拓扑下, 同一个集合可能是开集, 也可能不是开集.

拓扑研究的是拓扑空间在连续变形下保持不变的性质. 因此, 我们有必要从拓扑学角度重新审视连续映射的含义.

定义 6.2 (连续) 设 X, Y 是两个拓扑空间[①], $f: X \to Y$ 是一个映射. 如果对于 Y 中的任意开集 V, 其原像 $f^{-1}(V)$ 是 X 中的开集, 那么称 f 是连续的.

进一步地, 我们可以给出同胚的定义.

定义 6.3 (同胚) 设 X, Y 是两个拓扑空间, 如果存在一个从 X 到 Y 的双射[②] $f: X \to Y$, 且 f 和 f^{-1} 都是连续映射, 那么称 X 和 Y 是同胚的.

由于几何体也可以看作是拓扑空间, 因此如果两个几何体之间可以通过连续的变形相互转换, 那么这两个几何体就是同胚的. 比如, 一个圆和一个正方形就是同胚的, 因为我们可以通过将正方形的 4 个角分别向圆心收缩, 最终将正方形变成一个圆 (如图 6.4 所示). 而一个圆和一条线段就不是同胚的, 因为想要将一个圆变成一条线段, 势必要将这个圆切断, 而切断这样的操作显然是不连续的.

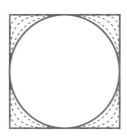

图 6.4　圆与正方形的同胚关系示意图

利用同胚操作, 我们可以将几何体嵌入到欧氏空间中. 就拓扑学而言, 嵌入是一个单射[③], 具体有如下定义.

定义 6.4 (拓扑嵌入) 给定两个拓扑空间 X 和 Y, 以及一个从 X 到 Y 的连续单射 $f: X \to Y$. 如果 X 与 $f(X)$ 是同胚的, 那么称 f 是一个从 X 到 Y 拓扑嵌入.

图 6.1 中展示的数据点分别位于图 6.5 中展示的平 (曲) 面上, 这三个面两两之间都是同胚的, 所以它们可以相互嵌入到对方所在的欧氏空间中.

局部线性嵌入本质上是把一个高维空间的流形在保持局部结构的条件下映射到低维空间, 因此接下来有必要了解一下流形的相关概念. 在此之前, 我们首先介绍一下豪斯多夫空间的概念.

---

① 一般提及拓扑空间时, 可以省去其拓扑.

② 即映射前后的两个集合中的元素一对一对应.

③ 对于一个映射 $f: X \to Y$, 如果 X 中的任意两个元素 $x_1 \neq x_2$, 都有 $f(x_1) \neq f(x_2)$, 则 f 是一个单射.

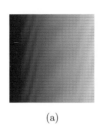  

(a)　　　　　　　　　　(b)　　　　　　　　　(c)

图 6.5　平面与曲面示意图

(a) 平面; (b) S 形曲面; (c) 瑞士卷形曲面

定义 6.5 (豪斯多夫空间)　设 X 是一个拓扑空间, 如果 X 中任意两点 x, y 都存在两个不相交的邻域[①], 那么称 X 是一个豪斯多夫空间.

从定义 6.5 可以发现, 豪斯多夫空间比起拓扑空间来说更加严格, 它要求拓扑空间中的任意两个不同点都能被两个不相交的邻域分离开, 因此豪斯多夫空间也被称作**分离空间**. 常见的欧氏空间就是一个典型的豪斯多夫空间, 因为在欧氏空间中, 任意两个不同的点, 都存在分别包含两个点且不相交的开球. 而流形首先要求所研究的拓扑空间是一个豪斯多夫空间, 其次还要满足定义 6.6 中给出的条件.

定义 6.6 (流形)　设 M 是豪斯多夫空间, 若对任意一点 $x \in M$, 都有 x 在 M 中的一个邻域 U 与 $\mathbb{R}^n$ 中的一个开集同胚, 那么称 M 是一个 n 维流形[②].

下面我们以图 6.6 中不包含端点的半圆为例, 来进一步解释流形的概念. 注意到, 不包含端点的半圆上所有的点构成的集合为

$$M = \left\{ (x, y) | y = \sqrt{1 - x^2}, -1 < x < 1 \right\}.$$

可以利用如下的投影操作 (称为正交投影) 将其映射到 $\mathbb{R}$ 中的开集 $(-1, 1)$ 上,

$$f : (x, y) \to x,$$

对应的逆映射为

$$f^{-1} : s \to (s, \sqrt{1 - s^2}).$$

基于诱导拓扑的概念, 我们可以给出 M 的拓扑, 并容易验证映射 f 与其逆映射 f^{-1} 都是连续映射. 这说明不包含端点的半圆与 $\mathbb{R}$ 中的开集 $(-1, 1)$ 同胚, 同时也意味着 M 是一个流形.

---

① 若存在一个包含 x 的开集 O, 使得 $O \subseteq U$, 则称 U 为 x 的邻域.

② 该定义仅适用于无边界流形.

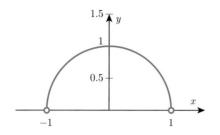

图 6.6　不包含端点的半圆为一个流形

需要注意的是, 根据定义 6.6 , 一个包含端点的半圆就不是一个流形. 尽管我们可以基于诱导拓扑的概念将这样一个包含端点的半圆视作开集, 但是利用上面给出的映射 f, 我们只能将其映射到 $[-1, 1]$ 上. 而 $[-1, 1]$ 不是一个开集, 所以这样一个包含端点的半圆无法与 $\mathbb{R}$ 中的开集同胚, 因此不是一个流形.

对于大多数复杂流形, 我们一般很难只选取一个邻域就能将其完整地映射到 $\mathbb{R}^n$ 中的一个开集上. 为此, 我们就需要引入**图册** (Atlas) 的概念. 比如, 对于一个单位圆, 我们可以选择 4 个不包括端点的半圆 (如图 6.7 (a) 所示) 作为邻域, 分别构建类似于图 6.6 中半圆对应的映射. 这 4 个邻域以及对应的映射被称作是**坐标卡** (Chart), 并且这 4 个邻域覆盖了整个圆, 因此这 4 个坐标卡的集合就组成了该圆的一个图册.

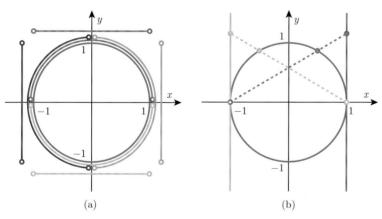

图 6.7　圆流形的图册
(a) 基于正交投影; (b) 基于中心投影

需要注意的是, 图册的选择并不是唯一的. 对于一个单位圆, 我们还可以选择图 6.7 (b) 所示的图册. 在图 6.7 (b) 中, 我们只构建了两个坐标卡, 第一个坐标卡不包括圆的最左侧的点, 第二个坐标卡不包括圆的最右侧的点. 具体而言, 在第一个坐标卡中, 圆上的点 (x, y) 被映射到了整个 $\mathbb{R}$ 上, 对应的映射函数 (称为中心投

影) 为

$$f : (x, y) \rightarrow \frac{2y}{1 + x},$$

该映射的逆为

$$f^{-1} : s \rightarrow \left(\frac{4 - s^2}{4 + s^2}, \frac{4s}{4 + s^2} \right).$$

第二个坐标卡也有类似的映射函数. 可以验证, 这两个映射与它们的逆都是连续的, 因此这两个坐标卡也构成了圆流形的一个图册.

6.3　局部线性嵌入

对于一个给定的复杂流形, 我们可以通过拓扑嵌入的操作, 将其映射到一个低维空间. 但在实际应用中, 我们往往只能获得高维空间中位于某个流形上的一些数据散点. 对于这样的离散数据点, 该如何将其嵌入到低维空间呢? 局部线性嵌入[32] 就是应对该问题的一种行之有效的方法.

设 $\mathbf{X} = [\boldsymbol{x}_1 \quad \boldsymbol{x}_2 \quad \cdots \quad \boldsymbol{x}_n] \in \mathbb{R}^{d \times n}$ 是由 d 维空间中某个 l 维流形上的 n 个数据点构成的矩阵. 为了能够将其嵌入到 l 维空间中, 我们需要精确把握该流形的结构特征. 一般而言, 真实数据所对应的流形往往复杂多变, 很难只用一个坐标卡一次性将其整体嵌入到低维空间. 然而, 由于流形通常具有一定的光滑性, 其局部可以近似看作是一个线性空间. 这就促使我们通过局部线性嵌入的方式, 在保持局部线性结构的同时, 将流形 "分块" 嵌入到低维空间.

具体而言, 对于 $\mathbf{X}$ 中的每一个数据点 $\boldsymbol{x}_i$, 我们都可以找到与其距离最近的 k 个数据点 (称为其邻居), 记为 $\mathbf{X}_i = [\boldsymbol{x}_{i_1} \quad \boldsymbol{x}_{i_2} \quad \cdots \quad \boldsymbol{x}_{i_k}]$. 只要 k 的取值适当, 我们就可以近似认为 $\boldsymbol{x}_i$ 与这 k 个数据点都位于一个 l 维超平面上. 因此, 接下来我们通过线性组合的方式来挖掘该数据在 $\boldsymbol{x}_i$ 处的局部结构特征. 即找到 k 个权重值 $\boldsymbol{w}_i = [w_{i_1} \quad w_{i_2} \quad \cdots \quad w_{i_k}]^{\mathrm{T}}$ 对这 k 个点进行线性组合, 使得线性组合的结果与 $\boldsymbol{x}_i$ 尽量接近, 相应的优化模型为

$$\min_{\boldsymbol{w}_i} \|\boldsymbol{x}_i - \mathbf{X}_i \boldsymbol{w}_i\|^2. \tag{6.1}$$

不难发现, 对于数据点 $\boldsymbol{x}_i$, 其邻域的线性结构特征可以由系数向量 $\boldsymbol{w}_i$ 表征. 因此, 我们希望嵌入到 l 维空间后的数据 $\mathbf{Y} = [\boldsymbol{y}_1 \quad \boldsymbol{y}_2 \quad \cdots \quad \boldsymbol{y}_n] \in \mathbb{R}^{l \times n}$ 也尽可能满足这样的线性表出关系, 即

$$\min_{\mathbf{Y}} \sum_{i=1}^{n} \|\boldsymbol{y}_i - \mathbf{Y}_i \boldsymbol{w}_i\|^2, \tag{6.2}$$

其中 $\mathbf{Y}_i$ 对应了 $\mathbf{X}_i$ 在低维空间中的映射.

为了使得 (6.1) 的解不受 n 维空间中原点位置的影响, 需要对系数向量 $\boldsymbol{w}_i$ 施加和为 1 约束. 相应地, (6.1) 转换为如下模型

$$\begin{cases} \min\limits_{\boldsymbol{w}_i} & \|\boldsymbol{x}_i - \mathbf{X}_i \boldsymbol{w}_i\|^2 \\ \text{s.t.} & \mathbf{1}^{\mathrm{T}} \boldsymbol{w}_i = 1, \end{cases} \tag{6.3}$$

此时, 模型 (6.2) 的目标函数也对 l 维空间中任意的平移保持不变, 即

$$(\boldsymbol{y}_i - \boldsymbol{c}) - (\mathbf{Y}_i - \boldsymbol{c}\mathbf{1}^{\mathrm{T}})\boldsymbol{w}_i$$

$$= \boldsymbol{y}_i - \mathbf{Y}_i \boldsymbol{w}_i - (\boldsymbol{c} - \boldsymbol{c}\mathbf{1}^{\mathrm{T}}\boldsymbol{w}_i)$$

$$= \boldsymbol{y}_i - \mathbf{Y}_i \boldsymbol{w}_i. \tag{6.4}$$

为了便于求解, 我们记 $\mathbf{Z}_i = [\boldsymbol{x}_i - \boldsymbol{x}_{i_1} \quad \boldsymbol{x}_i - \boldsymbol{x}_{i_2} \quad \cdots \quad \boldsymbol{x}_i - \boldsymbol{x}_{i_k}]$, 由于 $\boldsymbol{w}_i$ 的所有元素之和为 1, 所以有

$$\boldsymbol{x}_i - \mathbf{X}_i \boldsymbol{w}_i = \boldsymbol{x}_i \mathbf{1}^{\mathrm{T}} \boldsymbol{w}_i - \mathbf{X}_i \boldsymbol{w}_i = (\boldsymbol{x}_i \mathbf{1}^{\mathrm{T}} - \mathbf{X}_i) \boldsymbol{w}_i = \mathbf{Z}_i \boldsymbol{w}_i. \tag{6.5}$$

因此, (6.3) 可以改写为

$$\begin{cases} \min\limits_{\boldsymbol{w}_i} & \|\mathbf{Z}_i \boldsymbol{w}_i\|^2 = \boldsymbol{w}_i^{\mathrm{T}} \mathbf{R}_i \boldsymbol{w}_i \\ \text{s.t.} & \mathbf{1}^{\mathrm{T}} \boldsymbol{w}_i = 1, \end{cases} \tag{6.6}$$

其中 $\mathbf{R}_i = \mathbf{Z}_i^{\mathrm{T}} \mathbf{Z}_i$. 不难发现, (6.6) 是一个带约束的二次优化问题, 可以通过拉格朗日乘子法求解. 该优化问题对应的拉格朗日函数为

$$\mathcal{L}(\boldsymbol{w}_i, \lambda) = \frac{1}{2} \boldsymbol{w}_i^{\mathrm{T}} \mathbf{R}_i \boldsymbol{w}_i + \lambda(1 - \mathbf{1}^{\mathrm{T}} \boldsymbol{w}_i). \tag{6.7}$$

上式对 $\boldsymbol{w}_i$ 求导并令导数为零向量, 可以得到

$$\mathbf{R}_i \boldsymbol{w}_i = \lambda \mathbf{1}. \tag{6.8}$$

将 (6.8) 代入约束条件 $\mathbf{1}^{\mathrm{T}} \boldsymbol{w}_i = 1$ 中, 我们可以得到

$$\lambda = \frac{1}{\mathbf{1}^{\mathrm{T}} \mathbf{R}_i^{-1} \mathbf{1}}, \quad \boldsymbol{w}_i = \frac{\mathbf{R}_i^{-1} \mathbf{1}}{\mathbf{1}^{\mathrm{T}} \mathbf{R}_i^{-1} \mathbf{1}}. \tag{6.9}$$

对 $\mathbf{X}$ 中所有的数据点都进行上述操作, 就可以得到一系列局部表出系数

$$\{\boldsymbol{w}_i | i = 1, 2, \cdots, n\}.$$

接下来, 我们创建一个权重矩阵 $\mathbf{W}$, 矩阵 $\mathbf{W}$ 的第 i 列的第 j 个元素 w_{ij} 代表了 $\boldsymbol{x}_j$ 用于线性表出 $\boldsymbol{x}_i$ 时的权重系数. 显然, 如果 $\boldsymbol{x}_j$ 不是 $\boldsymbol{x}_i$ 的邻居, 那么 w_{ij} 就是 0. 而对于 $\boldsymbol{x}_i$ 的邻居点 $\boldsymbol{x}_{i_k}$, 相应的 w_{ii_k} 等于向量 $\boldsymbol{w}_i$ 的第 k 个元素. 利用矩阵 $\mathbf{W}$ 可以将模型 (6.1) 中的目标函数重新表述为

$$\sum_{i=1}^{n} \|\boldsymbol{x}_i - \mathbf{X}_i \boldsymbol{w}_i\|^2 = \|\mathbf{X} - \mathbf{XW}\|_{\mathrm{F}}^2.$$

相应地, 模型 (6.2) 的目标函数也可以转换为

$$\sum_{i=1}^{n} \|\boldsymbol{y}_i - \mathbf{Y}_i \boldsymbol{w}_i\|^2 = \|\mathbf{Y} - \mathbf{YW}\|_{\mathrm{F}}^2.$$

通过简单的计算, 可以得到

$$\|\mathbf{Y} - \mathbf{YW}\|_{\mathrm{F}}^2 = \mathrm{tr}\left(\mathbf{Y}(\mathbf{I} - \mathbf{W})(\mathbf{I} - \mathbf{W})^{\mathrm{T}} \mathbf{Y}^{\mathrm{T}}\right) = \mathrm{tr}\left(\mathbf{YMY}^{\mathrm{T}}\right),$$

其中 $\mathbf{M} = (\mathbf{I} - \mathbf{W})(\mathbf{I} - \mathbf{W})^{\mathrm{T}}$. 因此, 模型 (6.2) 最终转化为如下等式约束优化模型

$$\begin{cases} \min_{\mathbf{Y}} & \mathrm{tr}\left(\mathbf{YMY}^{\mathrm{T}}\right) \\ \mathrm{s.t.} & \mathbf{YY}^{\mathrm{T}} = \mathbf{I}, \end{cases} \tag{6.10}$$

其中关于 $\mathbf{Y}$ 的正交约束则是为了避免模型最终得到一个秩为 1 的矩阵.

当 $l = 1$ 时, 我们可以将数据 $\mathbf{X}$ 嵌入到一维空间中. 设嵌入的结果为一个行向量 $Y \in \mathbb{R}^{1 \times n}$, 这时优化问题 (6.10) 简化为

$$\begin{cases} \min_{Y} & Y\mathbf{M}Y^{\mathrm{T}} \\ \mathrm{s.t.} & YY^{\mathrm{T}} = 1. \end{cases} \tag{6.11}$$

可以发现最优解 Y 正是矩阵 $\mathbf{M}$ 最小的特征值对应的特征向量. 不过 $\mathbf{M}$ 的最小特征值为 0, 对应的特征向量为一个分量全为 1 的不包含任何信息的向量, 所以我们通常选取 $\mathbf{M}$ 的第二小的特征值对应的特征向量作为最终解. 而当 $l > 1$ 时, 我们可以选取 $\mathbf{M}$ 的第二小的特征值到第 $l+1$ 小特征值对应的特征向量作为嵌入结果 $\mathbf{Y}$.

例 6.1 利用局部线性嵌入计算 $k = 4$ 时, 如下的数据点 (图 6.8 中蓝色的点) 嵌入到 $\mathbb{R}$ 上的结果,

$$\mathbf{X} = \begin{bmatrix} \cos \pi & \cos \dfrac{7\pi}{8} & \cos \dfrac{6\pi}{8} & \cos \dfrac{5\pi}{8} & \cos \dfrac{4\pi}{8} & \cos \dfrac{3\pi}{8} & \cos \dfrac{2\pi}{8} & \cos \dfrac{1\pi}{8} & \cos 0 \\ \sin \pi & \sin \dfrac{7\pi}{8} & \sin \dfrac{6\pi}{8} & \sin \dfrac{5\pi}{8} & \sin \dfrac{4\pi}{8} & \sin \dfrac{3\pi}{8} & \sin \dfrac{2\pi}{8} & \sin \dfrac{1\pi}{8} & \sin 0 \end{bmatrix},$$

$$(6.12)$$

图 6.8 半圆上的数据点

解 对于第一个数据点, 我们可以找到其最近的 4 个数据点, 即第 2, 3, 4, 5 个数据点

$$\mathbf{X}_1 = \begin{bmatrix} \cos \dfrac{7\pi}{8} & \cos \dfrac{6\pi}{8} & \cos \dfrac{5\pi}{8} & \cos \dfrac{4\pi}{8} \\ \sin \dfrac{7\pi}{8} & \sin \dfrac{6\pi}{8} & \sin \dfrac{5\pi}{8} & \sin \dfrac{4\pi}{8} \end{bmatrix}.$$

对应的 $\mathbf{Z}_1$ 为第一个数据点减去矩阵的每一列 (方便起见, 本解答仅给出近似的数值解)

$$\mathbf{Z}_1 = \begin{bmatrix} -0.076 & -0.293 & -0.617 & -1 \\ -0.383 & -0.707 & -0.924 & -1 \end{bmatrix}.$$

根据 (6.9), 我们可以得到第一个数据点的局部表出系数为

$$\boldsymbol{w}_1 = [0.633 \quad 0.732 \quad 0.282 \quad -0.647]^{\mathrm{T}}.$$

这意味着矩阵 $\mathbf{W}$ 的第一行为

$$[0 \quad 0.633 \quad 0.732 \quad 0.282 \quad -0.647 \quad 0 \quad 0 \quad 0 \quad 0].$$

对所有的数据点都进行相同的运算, 可以得到完整的权重矩阵, 为

$$\mathbf{W} = \begin{bmatrix} 0 & 0.633 & 0.732 & 0.282 & -0.647 & 0 & 0 & 0 & 0 \\ 0.918 & 0 & -0.379 & -0.161 & 0.621 & 0 & 0 & 0 & 0 \\ 0.397 & 0.103 & 0 & 0.103 & 0.397 & 0 & 0 & 0 & 0 \\ 0 & 0.397 & 0.103 & 0 & 0.103 & 0.397 & 0 & 0 & 0 \\ 0 & 0 & 0.397 & 0.103 & 0 & 0.103 & 0.397 & 0 & 0 \\ 0 & 0 & 0 & 0.397 & 0.103 & 0 & 0.103 & 0.397 & 0 \\ 0 & 0 & 0 & 0 & 0.397 & 0.103 & 0 & 0.103 & 0.397 \\ 0 & 0 & 0 & 0 & 0.621 & -0.161 & -0.379 & 0 & 0.918 \\ 0 & 0 & 0 & 0 & -0.647 & 0.282 & 0.732 & 0.633 & 0 \end{bmatrix}.$$

令 $\mathbf{M} = (\mathbf{I} - \mathbf{W})(\mathbf{I} - \mathbf{W})^{\mathrm{T}}$, 并计算其第二小特征值对应的特征向量, 便可以得到嵌入结果

$$Y = [-0.515 \quad -0.377 \quad -0.275 \quad -0.132 \quad 0 \quad 0.132 \quad 0.275 \quad 0.377 \quad 0.515],$$

其与原数据之间的对应关系如图 6.9 所示.

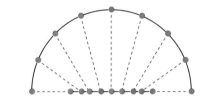

图 6.9　半圆上的数据点嵌入到 $\mathbb{R}$ 上的结果

例 6.2　利用主成分分析和局部线性嵌入对图 6.10 中所示的曲面上的数据进行降维.

解　主成分分析结果如图 6.11 所示, 从中可以看到, 主成分分析作为一种线性降维方法, 无法处理这种流形上的数据. 而当 $k = 10$ 时, 局部线性嵌入的结果如图 6.12 所示, 可以发现, 其能够在一定程度上保留原数据的局部结构, 但嵌入结果整体上可能会存在变形.

局部线性嵌入从保持局部线性表出关系的角度对数据进行非线性降维, 但这并不是唯一的准则. 在下一节中, 我们将介绍一种能够保持数据点之间的相似关系的降维方法.

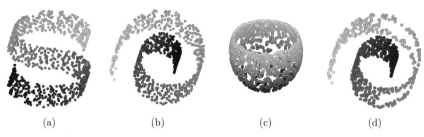

图 6.10　各种类型的曲面

(a) S 形曲面; (b) 瑞士卷形曲面; (c) 碗形曲面; (d) 带洞瑞士卷形曲面

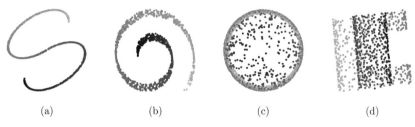

图 6.11　主成分分析降维结果

(a) S 形曲面; (b) 瑞士卷形曲面; (c) 碗形曲面; (d) 带洞瑞士卷形曲面

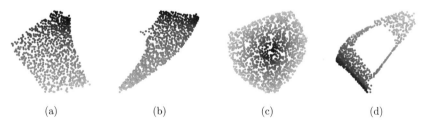

图 6.12　局部线性嵌入降维结果

(a) S 形曲面; (b) 瑞士卷形曲面; (c) 碗形曲面; (d) 带洞瑞士卷形曲面

6.4　拉普拉斯映射

拉普拉斯映射[33] 是一种基于图 (关于图论的基本概念, 请参考第 8.3 节) 的降维算法, 它倾向于在变换空间中进一步加强在原空间中比较相似的点的相似性. 对于数据 $\mathbf{X} = [\boldsymbol{x}_1 \quad \boldsymbol{x}_2 \quad \cdots \quad \boldsymbol{x}_n] \in \mathbb{R}^{d \times n}$, 我们可以为其构建相似度矩阵 $\mathbf{W}$, 矩阵中的元素 w_{ij} 表示了数据点 $\boldsymbol{x}_i$ 与 $\boldsymbol{x}_j$ 之间的相似度, 通常有如下表达式

$$w_{ij} = \begin{cases} \exp\left(-\dfrac{\|\boldsymbol{x}_i - \boldsymbol{x}_j\|^2}{2\sigma^2}\right), & i \neq j, \\ 0, & i = j, \end{cases}$$

其中 σ 为尺度参数, 用于控制相似度随着距离增大而衰减的速度.

令降维后的数据为 $\mathbf{Y} = [\boldsymbol{y}_1 \quad \boldsymbol{y}_2 \quad \cdots \quad \boldsymbol{y}_n] \in \mathbb{R}^{l \times n}$, 则拉普拉斯映射的优化模型如下

$$\min_{\mathbf{Y}} \sum_{i,j} \|\boldsymbol{y}_i - \boldsymbol{y}_j\|^2 w_{ij}. \tag{6.13}$$

观察 (6.13) 的目标函数 $\sum_{i,j} \|\boldsymbol{y}_i - \boldsymbol{y}_j\|^2 w_{ij}$, 我们发现其中求和项的每一项都由两个非负项的乘积构成, 即 $\|\boldsymbol{y}_i - \boldsymbol{y}_j\|^2 w_{ij}$. 为了让目标函数尽量小, 一个合理的策略是使得这两个非负项至少有一个趋于 0. 当 $\boldsymbol{x}_i$ 和 $\boldsymbol{x}_j$ 相距较远时, w_{ij} 自然趋于 0, 因此 $\|\boldsymbol{y}_i - \boldsymbol{y}_j\|^2 w_{ij}$ 也会是一个比较小的数. 而当 $\boldsymbol{x}_i$ 和 $\boldsymbol{x}_j$ 距离非常接近时, w_{ij} 接近于 1, 此时必须让 $\|\boldsymbol{y}_i - \boldsymbol{y}_j\|^2$ 充分小才能尽可能最小化目标函数.

注意到

$$\begin{aligned}
\sum_{i,j} \|\boldsymbol{y}_i - \boldsymbol{y}_j\|^2 w_{ij} &= \sum_{i,j} (\boldsymbol{y}_i^{\mathrm{T}} \boldsymbol{y}_i + \boldsymbol{y}_j^{\mathrm{T}} \boldsymbol{y}_j - 2\boldsymbol{y}_i^{\mathrm{T}} \boldsymbol{y}_j) w_{ij} \\
&= 2 \sum_{i,j} \boldsymbol{y}_i^{\mathrm{T}} \boldsymbol{y}_i w_{ij} - 2 \sum_{i,j} \boldsymbol{y}_i^{\mathrm{T}} \boldsymbol{y}_j w_{ij} \\
&= 2 \sum_i \left(\sum_j w_{ij} \right) \boldsymbol{y}_i^{\mathrm{T}} \boldsymbol{y}_i - 2 \sum_{i,j} \boldsymbol{y}_i^{\mathrm{T}} \boldsymbol{y}_j w_{ij} \\
&= 2 \operatorname{tr}(\mathbf{Y}\mathbf{D}\mathbf{Y}^{\mathrm{T}}) - 2 \operatorname{tr}(\mathbf{Y}\mathbf{W}\mathbf{Y}^{\mathrm{T}}),
\end{aligned}$$

其中 $\mathbf{D}$ 为一对角矩阵, 其第 i 个对角元素为 $d_{ii} = \sum_j w_{ij}$, 即相似度矩阵 $\mathbf{W}$ 的第 i 行所有元素之和. 因此, 记拉普拉斯矩阵 $\mathbf{L} = \mathbf{D} - \mathbf{W}$, 则 (6.13) 可以转换为

$$\begin{cases} \min_{\mathbf{Y}} & \operatorname{tr}(\mathbf{Y}\mathbf{L}\mathbf{Y}^{\mathrm{T}}) \\ \text{s.t.} & \mathbf{Y}\mathbf{D}\mathbf{Y}^{\mathrm{T}} = \mathbf{I}, \end{cases} \tag{6.14}$$

其中, 约束条件 $\mathbf{Y}\mathbf{D}\mathbf{Y}^{\mathrm{T}} = \mathbf{I}$, 一方面是为了防止得到的 $\mathbf{Y}$ 为一个秩为 1 的矩阵, 另一方面可以消除缩放因子对结果的影响. 设 $\mathbf{V} \in \mathbb{R}^{n \times l}$ 为矩阵 $\mathbf{D}^{-\frac{1}{2}} \mathbf{L} \mathbf{D}^{-\frac{1}{2}}$ 第二小特征值到第 $l+1$ 小的特征值对应的特征向量构成的矩阵, 则嵌入结果 $\mathbf{Y}$ 有如下表达式

$$\mathbf{Y} = \mathbf{V}^{\mathrm{T}} \mathbf{D}^{-\frac{1}{2}}.$$

实际上, (6.14) 对应了一个广义瑞利商问题, 该问题的求解具体过程可以参考第 9.2 节.

例 6.3 利用拉普拉斯映射对图 6.10 中所示的曲面上的数据进行降维.

解 取 $\sigma = 0.1$ 时, 拉普拉斯映射结果如图 6.13 所示, 可以发现, 拉普拉斯映射并不能够保持原数据的局部结构.

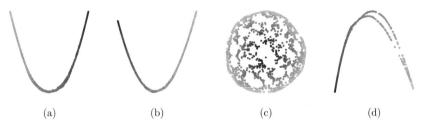

图 6.13 拉普拉斯映射降维结果
(a) S 形曲面; (b) 瑞士卷形曲面; (c) 碗形曲面; (d) 带洞瑞士卷形曲面

拉普拉斯映射思路简单清晰, 但对于图 6.10 中的数据, 其效果不尽如人意. 这是因为拉普拉斯映射侧重于加强相似点间的相似性, 而对于数据的整体和局部结构并没有特别的关注.

6.5 随机邻域嵌入

随机邻域嵌入 (Stochastic Neighbor Embedding, SNE)[34] 可以看作是拉普拉斯映射的一种改进. 在拉普拉斯映射中, 我们希望相似的数据点在降维后的空间中尽可能地靠近, 但并没有对不相似的点降维后相互之间的距离进行明确的约束. 而随机邻域嵌入则希望降维后的所有数据都尽量保持原数据点之间的相似度关系, 这一定程度上克服了拉普拉斯映射的缺陷.

设有数据 $\mathbf{X} = [\boldsymbol{x}_1 \quad \boldsymbol{x}_2 \quad \cdots \quad \boldsymbol{x}_n] \in \mathbb{R}^{d \times n}$, 那么在第 i 个数据点确定的情况下, 第 j 个数据点为其邻居的条件概率可以由下面的式子给出,

$$p_{j|i} = \frac{\exp\left(-\dfrac{\|\boldsymbol{x}_i - \boldsymbol{x}_j\|^2}{2\sigma^2}\right)}{\sum\limits_{k \neq i} \exp\left(-\dfrac{\|\boldsymbol{x}_i - \boldsymbol{x}_k\|^2}{2\sigma^2}\right)}. \tag{6.15}$$

令 $p_{i|i} = 0$, 可以发现对于任意的 i, 我们都有 $\sum_j p_{j|i} = 1$. 根据条件概率公式, 我们可以得到对于任意选取的两个数据点 $\boldsymbol{x}_i$ 和 $\boldsymbol{x}_j$, $\boldsymbol{x}_j$ 为 $\boldsymbol{x}_i$ 的邻居的概率为

$$p_{ij} = p_{j|i} p_i = \frac{1}{n} p_{j|i}, \tag{6.16}$$

其中 p_i 为数据点 $\boldsymbol{x}_i$ 出现的概率, 一般取为 $\dfrac{1}{n}$. 进一步地, 为了确保邻居的选择是双向的, 即 $p_{ij} = p_{ji}$, 我们可以使用如下的式子来给出任意两个数据点为邻居的

概率 (相似度)

$$p_{ij} = \frac{1}{2n}\left(p_{j|i} + p_{i|j}\right). \tag{6.17}$$

对于降维后的数据 $\mathbf{Y} = [\boldsymbol{y}_1 \quad \boldsymbol{y}_2 \quad \cdots \quad \boldsymbol{y}_n] \in \mathbb{R}^{l \times n}$, 则可以利用自由度为 1 的 t 分布 (也叫柯西分布) 来给出任意两个降维后数据点为邻居的概率

$$q_{ij} = \frac{\left(1 + \|\boldsymbol{y}_i - \boldsymbol{y}_j\|^2\right)^{-1}}{\sum\limits_{q \neq p}\left(1 + \|\boldsymbol{y}_p - \boldsymbol{y}_q\|^2\right)^{-1}}. \tag{6.18}$$

从图 6.14 中可以发现, t 分布下降速度要慢于高斯函数, 这就会强迫互为邻居概率较低 (相似度较低) 的数据在降维后的空间中距离较远.

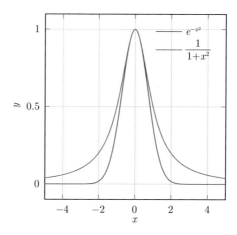

图 6.14　高斯函数与 t 分布函数的对比

显然, 我们希望原始数据和映射后数据相互之间成为邻居的概率分布 $P = \{p_{ij}\}$ 和 $Q = \{q_{ij}\}$ 之间的差异尽可能小, 对应的目标函数如下

$$\min_{\mathbf{Y}} \mathrm{KL}(P\|Q) = \sum_{i \neq j} p_{ij} \log \frac{p_{ij}}{q_{ij}}, \tag{6.19}$$

其中 KL 代表了 Kullback-Leibler 散度, 它是两个分布之间差异性的一种度量. 具体而言, $\mathrm{KL}(P\|Q)$ 表示使用基于 Q 的分布来编码来自 P 的分布的样本时, 平均每个样本需要多少额外的信息量. Kullback-Leibler 散度值越小代表两个分布越接近, 当两个分布完全相同时, 其值为零. 我们可以使用梯度下降法来求解上述的优化问题, 由于这里使用了 t 分布, 对应的算法也被称作 t 分布随机邻域嵌入 (t-Distributed Stochastic Neighbor Embedding, t-SNE).

例 6.4 利用 t 分布随机邻域嵌入对图 6.10 中所示的曲面上的数据进行降维.

解 t 分布随机邻域嵌入使用默认参数得到的结果如图 6.15 所示, 可以发现, 相较于拉普拉斯映射, t 分布随机邻域嵌入可以更好地保持数据的整体结构. 但是其降维结果并不均匀, 并不能像局部线性嵌入那样保持局部线性结构.

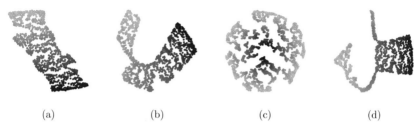

(a)   (b)   (c)   (d)

图 6.15   t 分布随机邻域嵌入降维结果
(a) S 形曲面; (b) 瑞士卷形曲面; (c) 碗形曲面; (d) 带洞瑞士卷形曲面

6.6   多维尺度变换

相较于保持数据点之间的相似度, 多维尺度变换 (Multidimensional Scaling, MDS)[35] 则希望直接保持数据点之间的距离关系. 对于数据 $\mathbf{X} = [\boldsymbol{x}_1 \quad \boldsymbol{x}_2 \quad \cdots \quad \boldsymbol{x}_n] \in \mathbb{R}^{d \times n}$, 我们可以构建一个 $n \times n$ 大小的实数矩阵 $\mathbf{D}$ 来存储数据中任意两点之间距离的平方, 即矩阵的第 i 行第 j 列的元素为

$$d_{ij}^2 = \|\boldsymbol{x}_i - \boldsymbol{x}_j\|^2.$$

令降维后的数据为 $\mathbf{Y} = [\boldsymbol{y}_1 \quad \boldsymbol{y}_2 \quad \cdots \quad \boldsymbol{y}_n]^{l \times n}$, 那么根据保持数据点之间距离的这一基本思想, 我们很容易得到如下的优化模型

$$\min_{\mathbf{Y}} \sum_{i,j=1}^{n} \left(d_{ij} - \|\boldsymbol{y}_i - \boldsymbol{y}_j\| \right)^2. \tag{6.20}$$

显然, 坐标原点的位置并不影响数据点之间的距离关系, 因此不妨约束 $\mathbf{Y}\mathbf{1} = \mathbf{0}$. 此时, (6.20) 转换为如下优化模型

$$\begin{cases} \min_{\mathbf{Y}} & \sum_{i,j=1}^{n} \left(d_{ij} - \|\boldsymbol{y}_i - \boldsymbol{y}_j\| \right)^2 \\ \text{s.t.} & \mathbf{Y}\mathbf{1} = \mathbf{0}. \end{cases} \tag{6.21}$$

直接求解 (6.21) 较为困难, 为此我们可以引入一个中间变量 $\mathbf{B} = \mathbf{Y}^{\mathsf{T}}\mathbf{Y} \in \mathbb{R}^{n \times n}$, 并假设

$$d_{ij} = \|\boldsymbol{y}_i - \boldsymbol{y}_j\|.$$

注意到, 矩阵 $\mathbf{B}$ 中的元素 b_{ij} 有如下表达式

$$b_{ij} = \boldsymbol{y}_i^{\mathrm{T}} \boldsymbol{y}_j.$$

因此, d_{ij} 的平方可以表示为

$$d_{ij}^2 = (\boldsymbol{y}_i - \boldsymbol{y}_j)^{\mathrm{T}}(\boldsymbol{y}_i - \boldsymbol{y}_j) = b_{ii} + b_{jj} - 2b_{ij}. \tag{6.22}$$

又因为

$$\sum_i b_{ij} = \boldsymbol{y}_j^{\mathrm{T}} \mathbf{Y} \mathbf{1} = 0, \quad \sum_j b_{ij} = \boldsymbol{y}_i^{\mathrm{T}} \mathbf{Y} \mathbf{1} = 0, \quad \sum_{ij} b_{ij} = \mathbf{1}^{\mathrm{T}} \mathbf{Y}^{\mathrm{T}} \mathbf{Y} \mathbf{1} = 0,$$

所以有

$$\sum_i d_{ij}^2 = \mathrm{tr}(\mathbf{B}) + n b_{jj}, \quad \sum_j d_{ij}^2 = \mathrm{tr}(\mathbf{B}) + n b_{ii}, \quad \sum_{ij} d_{ij}^2 = 2n\,\mathrm{tr}(\mathbf{B}). \tag{6.23}$$

将 (6.23) 代入到 (6.22) 中, 我们可以得到

$$b_{ij} = -\frac{1}{2}(d_{ij}^2 - b_{ii} - b_{jj}) = -\frac{1}{2}\left(d_{ij}^2 - \frac{1}{n}\sum_i d_{ij}^2 - \frac{1}{n}\sum_j d_{ij}^2 + \frac{1}{n^2}\sum_{ij} d_{ij}^2\right). \tag{6.24}$$

进一步地, 我们可以将 (6.24) 改写为如下的矩阵形式

$$\begin{aligned} \mathbf{B} &= -\frac{1}{2}\left(\mathbf{D} - \frac{1}{n}\mathbf{D}\mathbf{1}\mathbf{1}^{\mathrm{T}} - \frac{1}{n}\mathbf{1}\mathbf{1}^{\mathrm{T}}\mathbf{D} + \frac{1}{n^2}\mathbf{1}\mathbf{1}^{\mathrm{T}}\mathbf{D}\mathbf{1}\mathbf{1}^{\mathrm{T}}\right) \\ &= -\frac{1}{2}\left(\mathbf{I} - \frac{1}{n}\mathbf{1}\mathbf{1}^{\mathrm{T}}\right)\mathbf{D}\left(\mathbf{I} - \frac{1}{n}\mathbf{1}\mathbf{1}^{\mathrm{T}}\right). \end{aligned} \tag{6.25}$$

记 $\mathbf{P}_1^{\perp} = \left(\mathbf{I} - \dfrac{1}{n}\mathbf{1}\mathbf{1}^{\mathrm{T}}\right)$, 该矩阵就是 n 维空间中向量 $\mathbf{1}$ 的正交补投影算子. 此时, (6.25) 可以进一步简化为

$$\mathbf{B} = -\frac{1}{2}\mathbf{P}_1^{\perp}\mathbf{D}\mathbf{P}_1^{\perp}. \tag{6.26}$$

显然, 在得到矩阵 $\mathbf{B}$ 后, 问题 (6.21) 就可以转换为如下的无约束低秩近似问题

$$\min_{\mathbf{Y}} \left\|\mathbf{B} - \mathbf{Y}^{\mathrm{T}}\mathbf{Y}\right\|_{\mathrm{F}}^2. \tag{6.27}$$

该问题的解为

$$\mathbf{Y} = \mathbf{\Lambda}^{\frac{1}{2}} \mathbf{V}^{\mathrm{T}},$$

其中 $\mathbf{\Lambda}$ 为对称正定矩阵 $\mathbf{B}$ 的最大的 l 个特征值构成的对角矩阵, $\mathbf{V}$ 为对应的特征向量构成的矩阵.

例 6.5 利用多维尺度变换对图 6.10 中所示的曲面上的数据进行降维.

解 多维尺度变换结果如图 6.16 所示, 从中可以发现, 尽管多维尺度变换能够在一定程度上保持数据点之间的距离关系, 但是它并不能像局部线性嵌入那样挖掘数据的局部结构并将其嵌入到低维空间中.

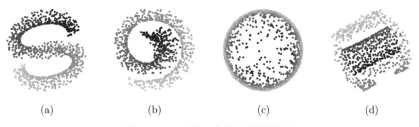

(a)　　　　　　(b)　　　　　　(c)　　　　　　(d)

图 6.16　多维尺度变换降维结果

(a) S 形曲面; (b) 瑞士卷形曲面; (c) 碗形形面; (d) 带洞瑞士卷形曲面

6.7　等距特征映射

为了克服多维尺度变换无法保持局部结构的缺陷, 研究人员提出了等距特征映射 (Isometric Feature Mapping, Isomap)[36] 算法. 相较于多维尺度变换, 等距特征映射使用测地距离 (Geodesic Distance) 代替欧氏距离, 从而能够兼顾流形的结构特征. 简单来说, 测地距离指的就是两个流形上的点沿着曲面的距离. 比如, 对于图 6.17 中的两个蓝色的点, 它们之间的欧氏距离为虚线的长度, 而它们之间的测地距离则为实线的长度.

图 6.17　欧氏距离与测地距离

对于流形上离散的数据点 $\mathbf{X} \in \mathbb{R}^{d \times n}$, 我们可以通过如下的步骤来计算它们之间的测地距离. 首先, 我们找到每一个数据点 $\boldsymbol{x}_i$ 的 k 个最近邻数据点, 即 $N_i =$

$\{\boldsymbol{x}_{i_1}, \boldsymbol{x}_{i_2}, \cdots, \boldsymbol{x}_{i_k}\}$, 然后构建一个 $n \times n$ 大小的对角线为零的矩阵 $\mathbf{G}^{(0)}$, 矩阵的第 i 行第 j 列的元素 $g_{ij}^{(0)}$ 有如下表达式

$$g_{ij}^{(0)} = \begin{cases} \|\boldsymbol{x}_i - \boldsymbol{x}_j\|, & \boldsymbol{x}_j \in N_i \text{ 或 } \boldsymbol{x}_i \in N_j \\ \infty, & \boldsymbol{x}_j \notin N_i \text{ 且 } \boldsymbol{x}_i \notin N_j. \end{cases}$$

当两个点相邻时, 相应的 $g_{ij}^{(0)}$ 对应二者的欧氏距离; 而当两个点不相邻时, 相应的 $g_{ij}^{(0)}$ 则为无穷大. 也就是说, 矩阵 $\mathbf{G}^{(0)}$ 近似给出了任意两个点之间不经过任何中间点的最短距离或测地距离. 接下来, 我们来考察一下经过一个中间数据点, 任意两点之间的最短距离. 不妨假设经过的中间数据点为 $\boldsymbol{x}_k$, 那么从 $\boldsymbol{x}_i$ 经过 $\boldsymbol{x}_k$ 到达 $\boldsymbol{x}_j$ 的距离则为 $g_{ik}^{(0)} + g_{kj}^{(0)}$. 因此, 经过一个中间数据点, 任意两点之间的最短距离可以由下式得到,

$$g_{ij}^{(1)} = \min_k \left(g_{ik}^{(0)} + g_{kj}^{(0)} \right). \tag{6.28}$$

类似地, 我们可以得到经过 p 个中间数据点, 任意两点之间的最短距离为

$$g_{ij}^{(p)} = \min_k \left(g_{ik}^{(p-1)} + g_{kj}^{(0)} \right), \tag{6.29}$$

其中 $g_{ik}^{(p-1)}$ 为经过 $p-1$ 个中间数据点, 从 $\boldsymbol{x}_i$ 到 $\boldsymbol{x}_k$ 的最短距离. 不难发现, 对于包含 n 个点的数据集, p 的最大取值为 $n-2$. 在遍历了所有可能的 p 之后, 我们可以得到任意两点之间的测地距离为

$$g_{ij} = \min \left(g_{ij}^{(0)}, g_{ij}^{(1)}, \cdots, g_{ij}^{(n-2)} \right). \tag{6.30}$$

令 $(\mathbf{G})_{ij} = g_{ij}$, 对矩阵 $\mathbf{G}$ 进行多维尺度变换便可得到等距特征映射的结果.

例 6.6   计算如下数据点之间的测地距离 (以 $k=1$ 为例),

$$\mathbf{X} = \begin{bmatrix} 0 & 0 & 1 & 1 & 2 & 4 \\ 0 & 2 & 0 & 1 & 0 & 0 \end{bmatrix}.$$

解   首先, 我们构建如下的邻接图,

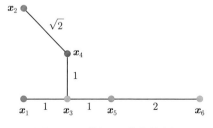

图 6.18   数据 $\mathbf{X}$ 的邻接图

对应的矩阵 $\mathbf{G}^{(0)}$ 为

$$\mathbf{G}^{(0)} = \begin{bmatrix} 0 & \infty & 1 & \infty & \infty & \infty \\ \infty & 0 & \infty & \sqrt{2} & \infty & \infty \\ 1 & \infty & 0 & 1 & 1 & \infty \\ \infty & \sqrt{2} & 1 & 0 & \infty & \infty \\ \infty & \infty & 1 & \infty & 0 & 2 \\ \infty & \infty & \infty & \infty & 2 & 0 \end{bmatrix}.$$

计算可得 $\mathbf{G}^{(1)}$ 为

$$\mathbf{G}^{(1)} = \begin{bmatrix} 0 & \infty & 1 & 2 & 2 & \infty \\ \infty & 0 & 1+\sqrt{2} & \sqrt{2} & \infty & \infty \\ 1 & 1+\sqrt{2} & 0 & 1 & 1 & 3 \\ 2 & \sqrt{2} & 1 & 0 & 2 & \infty \\ 2 & \infty & 1 & 2 & 0 & 2 \\ \infty & \infty & 3 & \infty & 2 & 0 \end{bmatrix}.$$

$\mathbf{G}^{(1)}$ 的第 1 行第 5 列的元素 $g_{15}^{(1)}$ 为 2, 这表明从数据点 $\boldsymbol{x}_1$ 到数据点 $\boldsymbol{x}_5$ 只经过一个中间数据点的最短距离为 2. 根据 (6.28), $g_{15}^{(1)}$ 可以通过遍历所有中间点, 并取最小值来获得, 即

$$g_{15}^{(1)} = \min\{0+\infty, \infty+\infty, 1+1, \infty+\infty, \infty+0, \infty+2\} = 2.$$

不难发现, $\{0+\infty, \infty+\infty, 1+1, \infty+\infty, \infty+0, \infty+2\}$ 中的元素实际上就是 $\mathbf{G}^{(0)}$ 中第一列与第 5 列对应元素之和.

类似地, 我们可以得到 $\mathbf{G}^{(2)}, \mathbf{G}^{(3)}, \mathbf{G}^{(4)}$ 为

$$\mathbf{G}^{(2)} = \begin{bmatrix} 0 & 2+\sqrt{2} & 1 & 2 & 2 & 4 \\ 2+\sqrt{2} & 0 & 1+\sqrt{2} & \sqrt{2} & 2+\sqrt{2} & \infty \\ 1 & 1+\sqrt{2} & 0 & 1 & 1 & 3 \\ 2 & \sqrt{2} & 1 & 0 & 2 & 4 \\ 2 & 2+\sqrt{2} & 1 & 2 & 0 & 2 \\ 4 & \infty & 3 & 4 & 2 & 0 \end{bmatrix},$$

$$\mathbf{G}^{(3)} = \mathbf{G}^{(4)} = \begin{bmatrix} 0 & 2+\sqrt{2} & 1 & 2 & 2 & 4 \\ 2+\sqrt{2} & 0 & 1+\sqrt{2} & \sqrt{2} & 2+\sqrt{2} & 4+\sqrt{2} \\ 1 & 1+\sqrt{2} & 0 & 1 & 1 & 3 \\ 2 & \sqrt{2} & 1 & 0 & 2 & 4 \\ 2 & 2+\sqrt{2} & 1 & 2 & 0 & 2 \\ 4 & 4+\sqrt{2} & 3 & 4 & 2 & 0 \end{bmatrix}.$$

而矩阵 $\mathbf{G}$ 为以上所有矩阵对应元素的最小值, 即

$$\mathbf{G} = \begin{bmatrix} 0 & 2+\sqrt{2} & 1 & 2 & 2 & 4 \\ 2+\sqrt{2} & 0 & 1+\sqrt{2} & \sqrt{2} & 2+\sqrt{2} & 4+\sqrt{2} \\ 1 & 1+\sqrt{2} & 0 & 1 & 1 & 3 \\ 2 & \sqrt{2} & 1 & 0 & 2 & 4 \\ 2 & 2+\sqrt{2} & 1 & 2 & 0 & 2 \\ 4 & 4+\sqrt{2} & 3 & 4 & 2 & 0 \end{bmatrix},$$

其第 i 行第 j 列的元素 g_{ij} 表示数据点 $\boldsymbol{x}_i$ 到数据点 $\boldsymbol{x}_j$ 之间的测地距离.

例 6.7　利用等距特征映射对图 6.10 中所示的曲面上的数据进行降维.

解　当 $k = 10$ 时, 等距特征映射结果如图 6.19 所示, 从中可以看到, 对于 S 形曲面和瑞士卷形曲面, 等距特征映射所得到的结果是目前所有算法中最好的. 但这并不意味着局部线性嵌入就没有用武之地了. 一方面, 局部线性嵌入的计算量通常要低于等距特征映射; 另一方面, 某些数据在保持局部线性结构而忽略距离关系的情况下进行降维, 结果可能会更好. 比如, 对于碗形数据, 局部线性嵌入的处理结果就要明显优于等距特征映射.

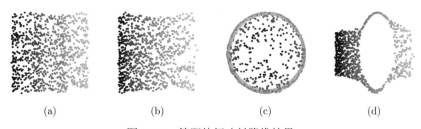

图 6.19　等距特征映射降维结果

(a) S 形曲面; (b) 瑞士卷形曲面; (c) 碗形曲面; (d) 带洞瑞士卷形曲面

6.8　局部线性嵌入在应用中的问题

局部线性嵌入是一种行之有效的非线性降维方法, 但在实际应用中也会出现诸多问题. 其中较为突出的问题就是其局部线性表出系数的求解本质上是一个病

态问题. 一方面, 可以通过引入正则项或者利用矩阵的广义逆来缓解此问题; 另一方面, 也可以通过引入改进局部线性嵌入[37]、黑塞局部线性嵌入[38] 等算法进一步增强表出系数的准确性和鲁棒性.

6.8.1　病态问题

在局部线性嵌入中, 为了获得一个数据点的局部表出系数, 我们需要求解如下带约束的问题

$$
\begin{cases}
\min\limits_{\boldsymbol{w}_i} & \|\mathbf{Z}_i\boldsymbol{w}_i\|^2 = \boldsymbol{w}_i^{\mathrm{T}}\mathbf{R}_i\boldsymbol{w}_i \\
\text{s.t.} & \mathbf{1}^{\mathrm{T}}\boldsymbol{w}_i = 1,
\end{cases}
\tag{6.31}
$$

其中, $\mathbf{Z}_i \in \mathbb{R}^{d\times k}$ 对应的是 $\boldsymbol{x}_i$ 的 k 个最近邻数据点在以 $\boldsymbol{x}_i$ 为中心的坐标表示. 优化问题 (6.31) 的解有如下表达式

$$
\boldsymbol{w}_i = \frac{\mathbf{R}_i^{-1}\mathbf{1}}{\mathbf{1}^{\mathrm{T}}\mathbf{R}_i^{-1}\mathbf{1}}.
\tag{6.32}
$$

注意到 $\mathbf{R}_i = \mathbf{Z}_i^{\mathrm{T}}\mathbf{Z}_i \in \mathbb{R}^{k\times k}$, 而矩阵 $\mathbf{Z}_i$ 的大小为 $d \times k$. 并且, 我们选取的邻居数 k 通常要大于数据点的维度 d, 因此矩阵 $\mathbf{R}_i$ 一般为奇异矩阵. 这意味着, 我们无法通过公式 (6.32) 得到想要的权重系数 $\boldsymbol{w}_i$. 对于该问题, 我们有两种常见的解决方案.

一种方案是通过引入正则项, 从而得到局部线性表出系数为

$$
\boldsymbol{w}_i = \frac{(\mathbf{R}_i + \lambda\mathbf{I})^{-1}\mathbf{1}}{\mathbf{1}^{\mathrm{T}}(\mathbf{R}_i + \lambda\mathbf{I})^{-1}\mathbf{1}},
$$

其中 λ 是一个较小的正数.

另一种则是使用 $\mathbf{R}_i$ 的广义逆来代替 $\mathbf{R}_i$ 的逆, 这也正是例 6.1 和例 6.2 中所采用的方案. 设 $\mathbf{R}_i$ 的特征值为 $\lambda_1 \geqslant \lambda_2 \geqslant \cdots \geqslant \lambda_k$, 对应的特征向量为 $\boldsymbol{v}_1, \boldsymbol{v}_2, \cdots, \boldsymbol{v}_k$. 如果矩阵 $\mathbf{R}_i$ 的秩为 m, 那么 $\mathbf{R}_i$ 可以表示为

$$
\mathbf{R}_i = \begin{bmatrix} \boldsymbol{v}_1 & \boldsymbol{v}_2 & \cdots & \boldsymbol{v}_m \end{bmatrix}
\begin{bmatrix}
\lambda_1 & & & \\
& \lambda_2 & & \\
& & \ddots & \\
& & & \lambda_m
\end{bmatrix}
\begin{bmatrix} \boldsymbol{v}_1 & \boldsymbol{v}_2 & \cdots & \boldsymbol{v}_m \end{bmatrix}^{\mathrm{T}},
$$

则 $\mathbf{R}_i$ 的广义逆为

$$\mathbf{R}_i^\dagger = \begin{bmatrix} \boldsymbol{v}_1 & \boldsymbol{v}_2 & \cdots & \boldsymbol{v}_m \end{bmatrix} \begin{bmatrix} \lambda_1^{-1} & & & \\ & \lambda_2^{-1} & & \\ & & \ddots & \\ & & & \lambda_m^{-1} \end{bmatrix} \begin{bmatrix} \boldsymbol{v}_1 & \boldsymbol{v}_2 & \cdots & \boldsymbol{v}_m \end{bmatrix}^{\mathrm{T}}.$$

此时, 我们可以通过如下的公式来得到局部线性表出系数

$$\boldsymbol{w}_i = \frac{\mathbf{R}_i^\dagger \mathbf{1}}{\mathbf{1}^{\mathrm{T}} \mathbf{R}_i^\dagger \mathbf{1}}.$$

注意到, 由于 $\mathbf{R}_i$ 是一个奇异矩阵, 因此拟合误差 $\boldsymbol{w}_i^{\mathrm{T}} \mathbf{R}_i \boldsymbol{w}$ 最小值应该为零. 但可以验证, 通过引入正则项或计算矩阵 $\mathbf{R}_i$ 的广义逆, 我们得到的局部线性表出系数 $\boldsymbol{w}_i$ 对应的拟合误差都大于零. 换句话说, 这两种方案得到的结果都不是最优解. 而我们将在下面小节中介绍的两种算法, 则分别通过不同的方式很好地克服了上述这两个方案的缺陷.

6.8.2　改进局部线性嵌入

事实上, 由于 l 维光滑流形在局部可以近似为 l 维超平面, 所以在邻域足够小的情况下, $\mathbf{Z}_i$ 和 $\mathbf{R}_i$ 的秩一般都为 l. 因此, 当 $\boldsymbol{w}_i$ 取为 $\mathbf{R}_i$ 的核空间中任意一个向量时, (6.31) 的目标函数必然为零. 所以, 我们可以尝试通过构造的方式来直接给出 (6.31) 的解. 不妨假设 $\left\{ \boldsymbol{v}_i^{(1)}, \boldsymbol{v}_i^{(2)}, \cdots, \boldsymbol{v}_i^{(k-l)} \right\}$ 是 $\mathbf{R}_i$ 的核空间中的一组基, 那么只需将这些基归一化, 就可以得到 (6.31) 的一系列最优解, 即

$$\boldsymbol{w}_i^{(j)} = \frac{\boldsymbol{v}_i^{(j)}}{\mathbf{1}^{\mathrm{T}} \boldsymbol{v}_i^{(j)}}, \quad j = 1, 2, \cdots, k-l.$$

这意味着, 对任意一组表出系数 $\left\{ \boldsymbol{w}_i^{(j)}, i = 1, 2, \cdots, n \right\}$, 我们都可以用类似于局部线性嵌入中的方式构建一个权重矩阵 $\mathbf{W}_j$, 而降维后的数据 $\mathbf{Y}$ 应当在所有权重矩阵下都具有较小的重构误差. 因此, 改进局部线性嵌入的优化问题可以表示为

$$\begin{cases} \min\limits_{\mathbf{Y}} & \sum\limits_{j=1}^{k-l} \|\mathbf{Y} - \mathbf{Y}\mathbf{W}_j\|_{\mathrm{F}}^2 \\ \mathrm{s.t.} & \mathbf{Y}\mathbf{Y}^{\mathrm{T}} = \mathbf{I}. \end{cases} \tag{6.33}$$

令 $\mathbf{M}_j = (\mathbf{I} - \mathbf{W}_j)(\mathbf{I} - \mathbf{W}_j)^{\mathrm{T}}$, 则

$$\sum_{j=1}^{k-l} \|\mathbf{Y} - \mathbf{Y}\mathbf{W}_j\|_{\mathrm{F}}^2 = \sum_{j=1}^{k-l} \mathrm{tr}\left(\mathbf{Y}\mathbf{M}_j\mathbf{Y}^{\mathrm{T}}\right) = \mathrm{tr}\left(\mathbf{Y}\mathbf{M}\mathbf{Y}^{\mathrm{T}}\right),$$

其中 $\mathbf{M} = \sum_{j=1}^{k-l} \mathbf{M}_i$. 类似于局部线性嵌入, 我们可以计算矩阵 $\mathbf{M}$ 的特征值和特征向量, 选取第二小的特征值到第 $l+1$ 小的特征值对应的特征向量作为嵌入结果. 在实际应用中, 由于邻域并不一定满足低秩条件 (比如可能会受到噪声的影响), 所以矩阵 $\mathbf{R}_i$ 的秩可能会大于 l. 为此, 我们可以将 $\mathbf{R}_i$ 最小的 $k-l$ 个特征值对应的特征向量 $\left\{ \boldsymbol{v}_i^{(1)}, \boldsymbol{v}_i^{(2)}, \cdots, \boldsymbol{v}_i^{(k-l)} \right\}$ 近似看作其核空间的一组基.

例 6.8 利用改进局部线性嵌入对图 6.10 中所示的曲面上的数据进行降维.

解 当 $k=10$ 时, 降维结果如图 6.20 所示. 可以发现, 由于改进局部线性嵌入使用更多的表出系数来表示一个数据点附近的局部结构, 因此它的结果往往更加稳定, 并能在一定程度上保持数据点之间的距离关系. 但对碗形这种不可展曲面[①], 改进局部线性嵌入很难将其有效嵌入到二维平面.

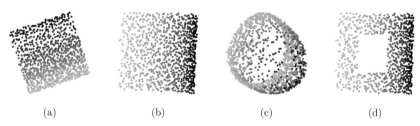

(a)   (b)   (c)   (d)

图 6.20 改进局部线性嵌入降维结果

(a) S 形曲面; (b) 瑞士卷形曲面; (c) 碗形曲面; (d) 带洞瑞士卷形曲面

6.8.3 黑塞局部线性嵌入

黑塞局部线性嵌入通过最小化一个流形的黑塞函数来完成嵌入, 原论文[38] 相关推导涉及较多的数学知识, 这里我们尝试从几何的角度来解释黑塞局部线性嵌入的基本思想.

对于任意一个数据点 $\boldsymbol{x}_i$, 其 k 个最近邻数据点以 $\boldsymbol{x}_i$ 为中心时的坐标为 $\mathbf{Z}_i \in \mathbb{R}^{d \times k}$. 由于一个流形的局部可以近似地看作一个低维线性空间, 因此我们可以对 $\mathbf{Z}_i$ 进行主成分分析, 则其前 l 个主成分所对应的投影向量可以看作流形在 $\boldsymbol{x}_i$ 处切空间的一组基, 将这些投影向量记为矩阵 $\mathbf{V}_i \in \mathbb{R}^{d \times l}$, 那么邻域的 k 个数据点在这组基下的表出系数为 $\mathbf{U}_i = \mathbf{V}_i^{\mathrm{T}} \mathbf{Z}_i \in \mathbb{R}^{l \times k}$, 它正是 $\mathbf{Z}_i$ 的前 l 个主成分构成的矩阵.

当我们将流形嵌入到低维空间中时, 该切空间也可以通过某种线性变换嵌入到低维空间中, 但切空间的原点并不一定与嵌入空间的原点重合. 因此, 令 $\mathbf{Y}_i \in \mathbb{R}^{l \times k}$ 为这 k 个最近邻数据点嵌入到低维空间中的表示, 那么在嵌入空间中的表出

---

① 不可展曲面是指一种不经过拉伸、压缩或撕裂则无法展平的曲面[39].

系数 $\mathbf{Y}_i$ 与流形切空间中的表出系数 $\mathbf{U}_i$ 之间应存在如下的关系

$$\mathbf{Y}_i = \mathbf{T}_i\mathbf{U}_i + \boldsymbol{c}_i\mathbf{1}^{\mathrm{T}}, \tag{6.34}$$

其中 $\mathbf{T}_i \in \mathbb{R}^{l\times l}$ 为一个未知的从流形切空间到嵌入空间的变换矩阵, 而 $\boldsymbol{c}_i$ 为一个平移向量.

从图 6.21 中可以直观地看出, (6.34) 的几何意义就是对于一个流形的某个邻域, 其邻域上的点在嵌入空间的表出系数可以由这些点在其切空间的表出系数经过线性变换和平移得到. 换句话说, $\mathbf{Y}_i$ 的行向量位于 $\mathbf{U}_i$ 的行向量以及 $\mathbf{1}^{\mathrm{T}}$ 向量构成的子空间中. 记

$$\tilde{\mathbf{U}}_i = [\mathbf{U}_i^{\mathrm{T}} \quad \mathbf{1}], \quad \mathbf{P}_i^{\perp} = \mathbf{I}_k - \tilde{\mathbf{U}}_i(\tilde{\mathbf{U}}_i^{\mathrm{T}}\tilde{\mathbf{U}}_i)^{-1}\tilde{\mathbf{U}}_i^{\mathrm{T}}.$$

由于 $\mathbf{P}_i^{\perp}$ 为 $\tilde{\mathbf{U}}_i$ 列空间的正交补投影矩阵, 因此 $\mathbf{Y}_i$ 应当尽可能满足如下等式

$$\mathbf{Y}_i\mathbf{P}_i^{\perp} = \mathbf{0}.$$

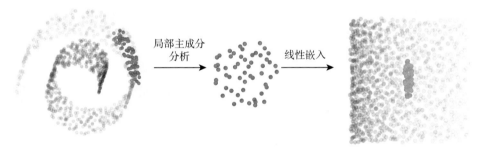

图 6.21　黑塞局部线性嵌入的几何意义

至此, 我们可以得到黑塞局部线性嵌入的优化模型为

$$\begin{cases} \min\limits_{\mathbf{Y}} & \sum\limits_{i=1}^{n}\left\|\mathbf{Y}_i\mathbf{P}_i^{\perp}\right\|_{\mathrm{F}}^2 \\ \mathrm{s.t.} & \mathbf{Y}\mathbf{Y}^{\mathrm{T}} = \mathbf{I}. \end{cases}$$

由于

$$\left\|\mathbf{Y}_i\mathbf{P}_i^{\perp}\right\|_{\mathrm{F}}^2 = \mathrm{tr}\left(\mathbf{Y}_i\mathbf{P}_i^{\perp 2}\mathbf{Y}_i^{\mathrm{T}}\right) = \mathrm{tr}\left(\mathbf{Y}_i\mathbf{P}_i^{\perp}\mathbf{Y}_i^{\mathrm{T}}\right),$$

因此我们可以构建一个矩阵 $\mathbf{M}_i \in \mathbb{R}^{n\times n}$, 对于 $\boldsymbol{x}_i$ 邻域中的数据点

$$N_i = \{\boldsymbol{x}_{i_1}, \boldsymbol{x}_{i_2}, \cdots, \boldsymbol{x}_{i_k}\},$$

我们有

$$\mathbf{M}_i(i_p, i_q) = \mathbf{P}_i^{\perp}(p, q), \quad p, q = 1, 2, \cdots, k.$$

而对于矩阵中的其他元素, 即 $\boldsymbol{x}_p \notin N_i$ 或 $\boldsymbol{x}_q \notin N_i$, 我们有 $\mathbf{M}_i(p, q) = 0$. 利用矩阵 $\mathbf{M}_i$, 可以将 $\mathrm{tr}\left(\mathbf{Y}_i \mathbf{P}_i^{\perp} \mathbf{Y}_i^{\mathrm{T}}\right)$ 表示为

$$\mathrm{tr}\left(\mathbf{Y}_i \mathbf{P}_i^{\perp} \mathbf{Y}_i^{\mathrm{T}}\right) = \mathrm{tr}\left(\mathbf{Y} \mathbf{M}_i \mathbf{Y}^{\mathrm{T}}\right),$$

进一步有

$$\sum_{i=1}^{n} \left\|\mathbf{Y}_i \mathbf{P}_i^{\perp}\right\|_{\mathrm{F}}^2 = \sum_{i=1}^{n} \mathrm{tr}\left(\mathbf{Y} \mathbf{M}_i \mathbf{Y}^{\mathrm{T}}\right) = \mathrm{tr}\left(\mathbf{Y} \mathbf{M} \mathbf{Y}^{\mathrm{T}}\right),$$

其中 $\mathbf{M} = \sum_{i=1}^{n} \mathbf{M}_i$. 类似于局部线性嵌入和改进局部线性嵌入, 我们可以计算矩阵 $\mathbf{M}$ 的特征值和特征向量, 选取第二小的特征值到第 $l+1$ 小的特征值对应的特征向量作为嵌入结果.

例 6.9　利用黑塞局部线性嵌入对图 6.10 中所示的曲面上的数据进行降维.

解　当 $k = 10$ 时, 降维结果如图 6.22 所示, 从中可以看到, 对于可展曲面, 黑塞局部线性嵌入得到了与改进局部线性嵌入类似的理想结果; 而对于不可展曲面 (碗形数据), 黑塞局部线性嵌入也能有效将其嵌入到二维平面.

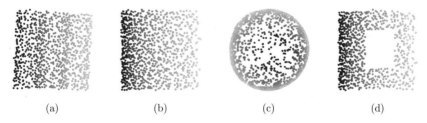

(a)　　　　　　(b)　　　　　　(c)　　　　　　(d)

图 6.22　黑塞局部线性嵌入降维结果
(a) S 形曲面; (b) 瑞士卷形曲面; (c) 碗形曲面; (d) 带洞瑞士卷形曲面

6.9　小　　结

至此, 本章的主要内容总结为以下 5 条:

(1) 局部线性嵌入是一种非线性降维方法, 它可以在保持高维空间流形的局部结构的同时将其嵌入到低维空间.

(2) 局部线性嵌入分为三个主要步骤: 确定邻域、构建权重矩阵、低维线性嵌入.

(3) 通过改变优化模型的目标函数, 可以得到不同的非线性降维方法.

(4) 局部线性嵌入中权重矩阵的构建存在病态问题, 增加正则项、广义逆等方式得到的解具有一定的偏差.

(5) 通过改善局部线性嵌入中权重矩阵的构建问题, 可以得到更稳定的非线性降维结果.

第 7 章 傅里叶变换

傅里叶变换 (Fourier Transform, FT) 源于傅里叶对热传导方程的研究, 至今已经在自然科学的诸多领域发挥着不可替代的作用. 本章首先从傅里叶级数谈起, 并相继介绍了傅里叶变换及离散傅里叶变换的相关概念及关键性质, 然后重点介绍了循环移位矩阵的重要性质及其与离散傅里叶变换的关联.

7.1 问 题 背 景

在处理复杂函数时, 数学家们常常通过将其拆分为一系列简单函数的和, 从而降低分析的难度. 这一思想在微积分中有着广泛的应用, 其中最为著名的就是泰勒级数, 它将一个函数展开为一系列幂函数之和

$$f(x) = \sum_{n=0}^{\infty} \frac{f^{(n)}(a)}{n!}(x-a)^n, \tag{7.1}$$

其中 $f^{(n)}(a)$ 代表 $f(x)$ 在 $x = a$ 处的 n 阶导数. 在实际应用中, 人们发现泰勒级数并不是唯一的分解方式. 许多情况下, 将一个函数分解为一系列三角函数的和会更加方便.

用三角函数来分解一个函数的思想最早由法国数学家、物理学家傅里叶 (Joseph Fourier, 1768—1830) 提出. 1807 年, 傅里叶在针对热传导问题的研究过程中发现一个周期函数可以用一系列三角函数之和来表示, 随之他推断任意函数都可以分解为一系列三角函数之和, 并将相关论文投寄给法国科学院. 不幸的是, 论文因没通过专家组的评审而被无情拒稿了. 当时的评审组成员包括拉格朗日 (Joseph-Louis Lagrange, 1736—1813)、拉普拉斯 (Pierre-Simon Laplace, 1749—1827)、勒让德 (Adrien-Marie Legendre, 1752—1833) 和拉克鲁瓦 (Sylvestre François Lacroix, 1765—1843). 其中拉格朗日还是傅里叶的恩师之一, 他给出的拒稿意见是函数的不连续性, 即连续的三角函数之和无法收敛于一个不连续的函数.

直到 15 年后的 1822 年, 傅里叶才终于在法国科学院学报上发表了他的论文《热的解析理论》, 并进一步提出了傅里叶变换的概念. 后来狄利克雷 (Peter Gustav Lejeune Dirichlet, 1805—1859) 和黎曼 (Bernhard Riemann, 1826—1866)

为傅里叶级数的严密化作出了杰出的贡献. 随着数学思想的进步, 傅里叶的工作逐渐得到了广泛认可. 如今, 傅里叶变换俨然成为信息化社会的基石, 几乎所有涉及信号的地方都可以看到傅里叶变换的影子.

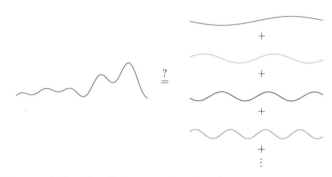

图 7.1　任意一个函数是否可以分解为一系列三角函数的加权和?

7.2　傅里叶级数

我们知道, 有限维线性空间中的任意一个向量都可以由该空间的一组基线性表出. 假设 $\{e_1, e_2, \cdots, e_N\}$ 是 N 维线性空间 $\mathbb{R}^N$ 中的一组标准正交基, 则该空间中的任意一个向量 $\boldsymbol{x}$ 都可以由这组基线性表出为

$$\boldsymbol{x} = \sum_{i=1}^{N} c_i \boldsymbol{e}_i,$$

并且系数 c_i 可以由向量与基之间的内积得到 $\langle \boldsymbol{x}, \boldsymbol{e}_i \rangle = c_i$.

如果将每一个周期为 T 的实函数看作是一个元素, 那么所有可能的周期为 T 的实函数就构成了一个集合 H. 不难验证, 两个周期为 T 的实函数之和依然是一个周期为 T 的实函数; 一个周期为 T 的实函数乘以一个标量也依然是一个周期为 T 的实函数. 事实上, 我们可以证明 H 为一个维度无穷大的线性空间, 其中的每一个元素均为周期为 T 的实函数.

类似于有限维线性空间中向量的内积定义, 我们也可以给出无穷维线性空间 H 中任意两个周期函数的内积, 具体见定义 7.1 .

定义 7.1 (周期实函数之间的内积)　设 $f(t)$ 和 $g(t)$ 是两个周期为 T 的实值函数, 则它们的内积为

$$\langle f, g \rangle = \frac{1}{T} \int_{-\frac{T}{2}}^{\frac{T}{2}} f(t)g(t)dt.$$

在定义了内积之后, 我们不免要问, 线性空间 H 中是否存在一组正交基, 使得 H 中的任意一个周期函数都可以由这组基线性表出, 并且表出系数可以由该函数与这组基的内积得到呢? 傅里叶敏锐地发现, 下面的一组三角函数

$$1, \cos(\omega_0 t), \sin(\omega_0 t), \cos(2\omega_0 t), \sin(2\omega_0 t), \cdots$$

就是 H 中的一组正交基. 这意味着, 一个周期信号可以写成这一系列三角函数的和, 具体结论见定理 7.1 .

定理 7.1 一个周期为 T 且满足狄利克雷 (Dirichlet) 条件的函数 $f(t)$ 可以展开成傅里叶级数

$$f(t) = c_0 + \sum_{n=1}^{\infty}(a_n \cos(n\omega_0 t) + b_n \sin(n\omega_0 t)),$$

其中 $\omega_0 = \dfrac{2\pi}{T}$ 为函数的基频, 而各组合系数的取值有如下计算公式

$$c_0 = \langle f(t), 1 \rangle,$$
$$a_n = 2\langle f(t), \cos(n\omega_0 t) \rangle, \quad n = 1, 2, \cdots,$$
$$b_n = 2\langle f(t), \sin(n\omega_0 t) \rangle, \quad n = 1, 2, \cdots.$$

此外, 狄利克雷条件如下:

(1) 在一个周期内, 连续或只有有限个第一类间断点[①];

(2) 在一个周期内, 极大值和极小值的数目应是有限个;

(3) 在一个周期内, 函数是绝对可积的.

从定理 7.1 中可以发现, 不同于有限维的线性空间, H 中并不是所有的函数都可以用傅里叶级数表示. 而且需要注意的是, 狄利克雷条件只是充分条件, 而不是充要条件. 这意味着, 如果一个函数满足狄利克雷条件, 那么它一定可以用傅里叶级数表示, 但是如果一个函数可以用傅里叶级数表示, 它并不一定满足狄利克雷条件.

除三角函数外, 还可以选择复指数函数作为线性空间 H 的基函数: $\{e^{in\omega_0 t} | n \in \mathbb{Z}\}$. 由于此时的基函数为复值函数, 因此两个函数间的内积也要做出相应的调整

$$\langle f, g \rangle = \frac{1}{T} \int_{-\frac{T}{2}}^{\frac{T}{2}} f(t)\overline{g(t)}dt,$$

[①] 第一类间断点有两种, 分别是可去不连续点: 不连续点两侧函数的极限存在且相等; 跳跃不连续点: 不连续点两侧函数的极限存在, 但不相等.

其中 $\overline{g(t)}$ 代表 $g(t)$ 的共轭. 可以验证, 所选择的复指数函数构成了 H 中的一组标准正交基

$$\langle e^{im\omega_0 t}, e^{in\omega_0 t} \rangle = \delta_{mn},$$

其中 δ_{mn} 为克罗内克函数, 有如下表达式

$$\delta_{mn} = \begin{cases} 1, & m = n, \\ 0, & m \neq n. \end{cases}$$

相应地, 可以给出傅里叶级数的复数形式 (见定义 7.2).

定义 7.2   对于一个周期为 T 的且满足狄利克雷条件的函数 $f(t)$ 可以展开为如下的傅里叶级数

$$f(t) = \sum_{n=-\infty}^{\infty} F_n e^{in\omega_0 t}, \tag{7.2}$$

其中 $\omega_0 = \dfrac{2\pi}{T}$ 为函数的基频. 而组合系数 (称作傅里叶系数)F_n 的计算公式如下

$$F_n = \langle f(t), e^{in\omega_0 t} \rangle = \frac{1}{T} \int_{-\frac{T}{2}}^{\frac{T}{2}} f(t) e^{-in\omega_0 t} dt. \tag{7.3}$$

例 7.1   计算一个周期为 2 的方波的傅里叶级数 $(k \in \mathbb{Z})$

$$f(t) = \begin{cases} 1, & 2k \leqslant t < 2k+1, \\ -1, & 2k-1 \leqslant t < 2k. \end{cases}$$

解   考虑到 $f(t)$ 是一个奇函数, 直接利用公式 (7.3), 有

$$\begin{aligned} F_n &= \frac{1}{2} \int_{-1}^{1} f(t) e^{-in\pi t} dt = -\frac{i}{2} \int_{-1}^{1} f(t) \sin(n\pi t) dt \\ &= -\frac{i}{2} \int_{0}^{1} \sin(n\pi t) dt + \frac{i}{2} \int_{-1}^{0} \sin(n\pi t) dt \\ &= \frac{i}{2n\pi} \cos(n\pi t) \Big|_{0}^{1} - \frac{i}{2n\pi} \cos(n\pi t) \Big|_{-1}^{0} \\ &= \begin{cases} 0, & n\text{为偶数}, \\ -\dfrac{2i}{n\pi}, & n\text{为奇数}. \end{cases} \end{aligned}$$

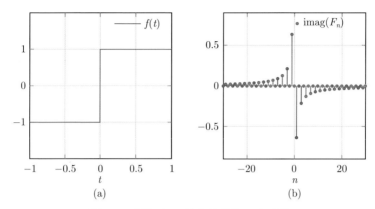

图 7.2 周期为 2 的方波的傅里叶系数

(a) 一个周期内的方波; (b) 傅里叶系数 F_n 的虚部

根据得到的傅里叶系数, 对于周期方波, 我们有如下的傅里叶级数展开

$$f(t) = \frac{4}{\pi} \left(\sin(\pi t) + \frac{1}{3} \sin(3\pi t) + \frac{1}{5} \sin(5\pi t) + \frac{1}{7} \sin(7\pi t) + \cdots \right).$$

将对应的三角函数进行线性组合, 从图 7.3 (a) 到图 7.3 (c) 中可以看到, 随着三角函数数量的增多, 误差在逐渐减少. 当三角函数的数量足够多的时候, 它们的和就基本与方波一致了 (图 7.3 (d)).

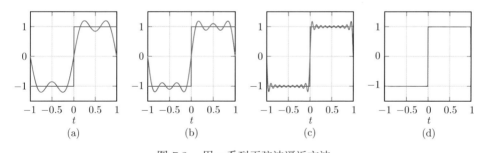

图 7.3 用一系列正弦波逼近方波

(a) 2 个正弦波; (b) 3 个正弦波; (c) 10 个正弦波; (d) 1000 个正弦波

7.3 连续傅里叶变换

7.3.1 从傅里叶级数到傅里叶变换

傅里叶级数要求函数是周期的, 当遇到非周期函数时, 该如何对其进行傅里叶分析呢? 首先, 我们认识到一个非周期信号可以看作是一个周期无限长的周期信

号 (即 $T \to \infty$), 此时基频 $\omega_0 = \dfrac{2\pi}{T} \to 0$. 由于相邻傅里叶系数频率间距等于基频 $\Delta\omega = \omega_0 = \dfrac{2\pi}{T}$, 所以在周期不断变大的同时, 对应的傅里叶系数的取值也会越来越密集. 从图 7.4 中我们可以推断, 当周期无限大时 $(T \to \infty)$, 离散的傅里叶系数就会变成一个连续的函数. 相应地, 傅里叶级数的变换公式就从求和变为了积分. 具体地, 我们有

$$
\begin{aligned}
f(t) &= \lim_{\omega_0 \to 0} \sum_{n=-\infty}^{\infty} F_n e^{in\omega_0 t} \\
&= \lim_{\omega_0 \to 0} \sum_{n=-\infty}^{\infty} \left(\frac{1}{T} \int_{-\frac{T}{2}}^{\frac{T}{2}} f(t) e^{-in\omega_0 t} dt \right) e^{in\omega_0 t} \\
&= \lim_{\omega_0 \to 0} \sum_{n=-\infty}^{\infty} \left(\frac{\omega_0}{2\pi} \int_{-\frac{\pi}{\omega_0}}^{\frac{\pi}{\omega_0}} f(t) e^{-in\omega_0 t} dt \right) e^{in\omega_0 t} \\
&= \lim_{\omega_0 \to 0} \frac{1}{\sqrt{2\pi}} \sum_{n=-\infty}^{\infty} \left(\frac{1}{\sqrt{2\pi}} \int_{-\frac{\pi}{\omega_0}}^{\frac{\pi}{\omega_0}} f(t) e^{-in\omega_0 t} dt \right) e^{in\omega_0} \omega_0. \quad (7.4)
\end{aligned}
$$

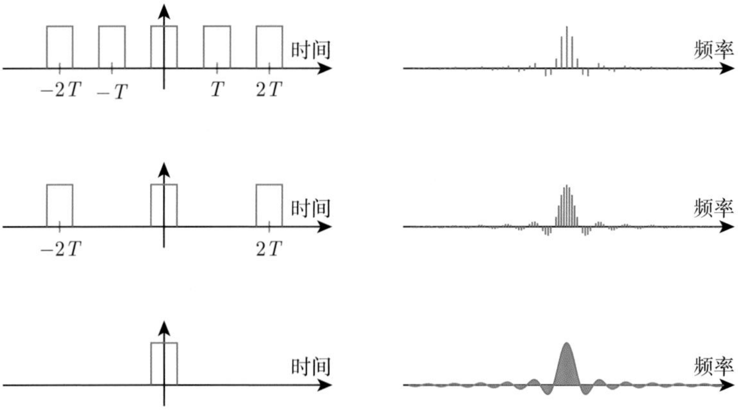

图 7.4　从傅里叶级数到傅里叶变换

可以看到, 随着 ω_0 趋向于零, (7.4) 中的 $n\omega_0$ 则趋向于连续取值. 因此可以将 $n\omega_0$ 替换为连续变量 ω, 同时将 $\omega_0 = \Delta\omega$ 替换为 $d\omega$、求和替换为积分, 此时上式可以表示为如下的积分形式

$$
f(t) = \frac{1}{\sqrt{2\pi}} \int_{-\infty}^{\infty} \left(\frac{1}{\sqrt{2\pi}} \int_{-\infty}^{\infty} f(t) e^{-i\omega t} dt \right) e^{i\omega t} d\omega. \quad (7.5)
$$

令 $F(\omega)$ 为 (7.5) 括号中的函数, 即

$$F(\omega) = \frac{1}{\sqrt{2\pi}} \int_{-\infty}^{\infty} f(t) e^{-i\omega t} dt,$$

这便是傅里叶正变换公式, 同时我们还有如下傅里叶逆变换公式

$$f(t) = \frac{1}{\sqrt{2\pi}} \int_{-\infty}^{\infty} F(\omega) e^{i\omega t} d\omega.$$

注意到, 正逆变换公式中的两个常系数的乘积应为 $\frac{1}{2\pi}$, 为了让两者拥有对称的形式, 这里将两个常系数都选为 $\frac{1}{\sqrt{2\pi}}$. 可以发现, 在傅里叶变换中, 所选取的基底为 $\left\{ \frac{1}{\sqrt{2\pi}} e^{i\omega t} | \omega \in \mathbb{R} \right\}$, 可以验证这是 $\mathcal{L}^2$ 勒贝格空间中的一组正交基底. 具体来说, $\mathcal{L}^2$ 勒贝格空间, 简称 $\mathcal{L}^2$ 空间, 是指满足平方可积的函数构成的集合

$$\mathcal{L}^2 = \left\{ f \left| \int_{-\infty}^{\infty} |f(t)|^2 dt < \infty \right. \right\}.$$

值得注意的是, $\mathcal{L}^2$ 空间也是一个线性空间.

在 $\mathcal{L}^2$ 空间中有很多组基, 其中有两组比较特殊, 这两组基底分别对应了时域和频域的概念, 具体见定义 7.3 .

定义 7.3 令 B_t 为冲激函数构成的集合

$$B_t = \left\{ \delta(t - \tau) | \tau \in \mathbb{R} \right\},$$

B_f 为复指数函数构成的集合

$$B_f = \left\{ \frac{1}{\sqrt{2\pi}} e^{i\omega t} | \omega \in \mathbb{R} \right\}.$$

对于一个函数, 如果以 B_t 为基底, 则对应的表出系数被称作该函数的**时域**表示; 如果以 B_f 为基底, 则对应的表出系数被称作该函数的**频域**表示. 需要注意的是, 本章所提及的冲激函数是一个广义函数, 并不属于 $\mathcal{L}^2$ 空间, 但它的引入大大方便了问题的讨论. 冲激函数的定义如下

$$\delta(t) = \begin{cases} \infty, & t = 0, \\ 0, & t \neq 0, \end{cases}$$

并且满足

$$\int_{-\infty}^{\infty} \delta(t)dt = 1.$$

可以发现, B_f 正是傅里叶变换所选取的基底. $\mathcal{L}^2$ 空间上的任意一个函数 $f(t)$ 在该基底下的表出系数正好对应 $f(t)$ 的傅里叶变换 $F(\omega)$,

$$f(t) = \frac{1}{\sqrt{2\pi}} \int_{-\infty}^{\infty} F(\omega)e^{i\omega t}d\omega,$$

因此 $F(\omega)$ 称作 $f(t)$ 的频域表示. 相应地, 我们可以验证, 函数 $f(t)$ 在 B_t 这组基下的表示正好对应该函数本身

$$f(t) = \int_{-\infty}^{\infty} f(\tau)\delta(t-\tau)d\tau,$$

即 $f(\tau)$ 为函数 $f(t)$ 的时域表示.

事实上, 上述 $\mathcal{L}^2$ 空间的两组基底可以按照如下公式进行转换

$$\frac{1}{\sqrt{2\pi}}e^{i\omega t} = \frac{1}{\sqrt{2\pi}} \int_{-\infty}^{\infty} \delta(t-\tau)e^{i\omega\tau}d\tau,$$

以及

$$\delta(t-\tau) = \frac{1}{\sqrt{2\pi}} \int_{-\infty}^{\infty} e^{i\omega t}e^{-i\omega\tau}d\omega.$$

分别将上面的变换算子记作

$$\frac{1}{\sqrt{2\pi}} \int \cdot e^{i\omega\tau}d\tau \quad \text{和} \quad \frac{1}{\sqrt{2\pi}} \int \cdot e^{-i\omega\tau}d\omega,$$

那么这两个算子事实上给出了基底 B_t 和基底 B_f 之间的变换关系

$$\underbrace{\{\delta(t-\tau)|\tau \in \mathbb{R}\}}_{\text{时域}} \underset{\frac{1}{\sqrt{2\pi}} \int \cdot e^{-i\omega\tau}d\omega}{\overset{\frac{1}{\sqrt{2\pi}} \int \cdot e^{i\omega\tau}d\tau}{\rightleftharpoons}} \underbrace{\left\{\frac{1}{\sqrt{2\pi}}e^{i\omega t}|\omega \in \mathbb{R}\right\}}_{\text{频域}}.$$

从坐标转换的角度看, 傅里叶变换的本质是将一个函数的表出系数从一个坐标系转换到另外一个坐标系. 正是由于上述两组基底的坐标转换关系, 才导致相应的表出系数间存在傅里叶变换所描述的关系

$$f(t) \underset{\frac{1}{\sqrt{2\pi}} \int \cdot e^{i\omega t}d\omega}{\overset{\frac{1}{\sqrt{2\pi}} \int \cdot e^{-i\omega t}dt}{\rightleftharpoons}} F(\omega).$$

值得注意的是, 傅里叶变换最初是定义在 $\mathcal{L}^1$ 空间上, 即绝对可积函数构成的集合

$$\mathcal{L}^1 = \left\{ f \, \middle| \int_{-\infty}^{\infty} |f(t)| dt < \infty \right\},$$

但其可以拓展到平方可积函数上 ($\mathcal{L}^2$ 空间), 而平方可积性是傅里叶变换可以广泛应用的更一般条件.

例 7.2 计算如下函数的傅里叶变换

(1) $f(t) = 1$;

(2) $f(t) = e^{i\alpha t}$;

(3) $f(t) = e^{-\beta t^2}$;

(4) $f(t) = \begin{cases} -1, & -1 \leqslant t < 0, \\ 1, & 0 \leqslant t < 1, \\ 0, & \text{其他}. \end{cases}$

解 (1) 对于一个频域的冲激函数 $\delta(\omega)$, 其傅里叶逆变换为一个常函数

$$\begin{aligned} g(t) &= \frac{1}{\sqrt{2\pi}} \int_{-\infty}^{\infty} \delta(\omega) e^{i\omega t} d\omega \\ &= \frac{1}{\sqrt{2\pi}} \int_{-\infty}^{\infty} \delta(\omega) e^0 d\omega \\ &= \frac{1}{\sqrt{2\pi}} \int_{-\infty}^{\infty} \delta(\omega) d\omega \\ &= \frac{1}{\sqrt{2\pi}}. \end{aligned}$$

因此, 我们有

$$\begin{aligned} F(\omega) &= \frac{1}{\sqrt{2\pi}} \int_{-\infty}^{\infty} f(t) e^{-i\omega t} dt \\ &= \frac{1}{\sqrt{2\pi}} \int_{-\infty}^{\infty} \frac{\sqrt{2\pi}}{\sqrt{2\pi}} e^{-i\omega t} dt \\ &= \sqrt{2\pi} \left(\frac{1}{\sqrt{2\pi}} \int_{-\infty}^{\infty} g(t) e^{-i\omega t} dt \right) \\ &= \sqrt{2\pi} \delta(\omega). \end{aligned} \tag{7.6}$$

也就是说, 常函数的傅里叶变换是一个冲激函数, 并且冲激峰位于频率为 0 的位置 (图 7.5). 从信号的角度来看, 这表明直流信号只有一个频率成分, 即频率为 0

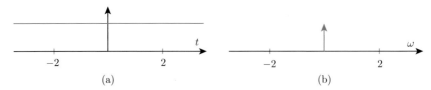

图 7.5　常函数的傅里叶变换

(a) 常函数; (b) 冲激函数

的成分. 类似地, 我们也可以推导出冲激函数的傅里叶变换同样是一个常函数, 这意味着冲激函数包含了所有频率成分.

(2) 根据 (7.6), 我们有

$$\frac{1}{\sqrt{2\pi}} \int_{-\infty}^{\infty} e^{-i\omega t} dt = \sqrt{2\pi}\delta(\omega).$$

将上式中的 ω 替换为 $\omega - \alpha$, 我们有

$$\frac{1}{\sqrt{2\pi}} \int_{-\infty}^{\infty} e^{-i(\omega-\alpha)t} dt = \sqrt{2\pi}\delta(\omega - \alpha),$$

因此, 对于一个频率为 α 的复指数函数 $e^{i\alpha t}$, 其傅里叶变换为

$$F(\omega) = \frac{1}{\sqrt{2\pi}} \int_{-\infty}^{\infty} f(t)e^{-i\omega t} dt$$

$$= \frac{1}{\sqrt{2\pi}} \int_{-\infty}^{\infty} e^{i\alpha t}e^{-i\omega t} dt$$

$$= \frac{1}{\sqrt{2\pi}} \int_{-\infty}^{\infty} e^{-i(\omega-\alpha)t} dt$$

$$= \sqrt{2\pi}\delta(\omega - \alpha).$$

可以看到, 相较于常函数, $e^{i\alpha t}$ 的傅里叶变换同样是一个冲激函数, 不同之处在于 $e^{i\alpha t}$ 的傅里叶变换的冲激峰位于频率为 α 的位置.

(3) 高斯函数的傅里叶变换仍旧是一个高斯函数

$$F(\omega) = \frac{1}{\sqrt{2\pi}} \int_{-\infty}^{\infty} f(t)e^{-i\omega t} dt = \frac{1}{\sqrt{2\pi}} \int_{-\infty}^{\infty} e^{-\beta t^2}e^{-i\omega t} dt$$

$$= \frac{1}{\sqrt{2\pi}} \int_{-\infty}^{\infty} e^{-\beta(t+\frac{i\omega}{2\beta})^2 - \frac{\omega^2}{4\beta}} dt = \frac{1}{\sqrt{2\pi}} e^{-\frac{\omega^2}{4\beta}} \int_{-\infty}^{\infty} e^{-\beta(t+\frac{i\omega}{2\beta})^2} dt$$

$$= \frac{1}{\sqrt{2\pi}} e^{-\frac{\omega^2}{4\beta}} \int_{-\infty}^{\infty} e^{-\beta t^2} dt = \frac{1}{\sqrt{2\pi}} e^{-\frac{\omega^2}{4\beta}} \sqrt{\frac{\pi}{\beta}}$$

$$= \frac{1}{\sqrt{2\beta}} e^{-\frac{\omega^2}{4\beta}}.$$

从图 7.6 (a) 和图 7.6 (b) 可以发现, 当 $\beta = 1$ 时, 高斯函数较窄、变化较快, 函数的高频成分较多, 所以其傅里叶变换是一个较宽的高斯函数. 与此同时, 当 $\beta = 0.4$ 时, 对应的高斯函数较宽、变化较慢, 这表明函数的低频成分较多, 对应的傅里叶变换函数就会变窄.

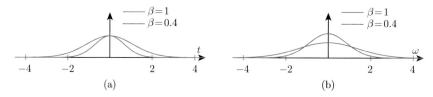

图 7.6　高斯函数的傅里叶变换

(a) 高斯函数; (b) 傅里叶变换

(4) 将 $f(t)$ 的表达式代入傅里叶变换公式, 有

$$F(\omega) = \frac{1}{\sqrt{2\pi}} \int_{-\infty}^{\infty} f(t) e^{-i\omega t} dt = \frac{1}{\sqrt{2\pi}} \int_{-1}^{1} f(t) e^{-i\omega t} dt$$

$$= -\frac{i}{\sqrt{2\pi}} \int_{-1}^{1} f(t) \sin(\omega t) dt = -\frac{i}{\sqrt{2\pi}} \int_{0}^{1} \sin(\omega t) dt + \frac{i}{\sqrt{2\pi}} \int_{-1}^{0} \sin(\omega t) dt$$

$$= \frac{2i}{\sqrt{2\pi}\omega} (\cos\omega - 1).$$

在线性代数中, 特征向量是线性变换 (矩阵) 中的一个基础概念. 简单来说, 一个线性变换的特征向量就是一个经过变换后方向 (形式) 不变的向量. 在傅里叶变换中, 高斯函数就是一个变换前后形式保持不变的函数, 这样的函数称作傅里叶变换的特征函数. 除了高斯函数, 还有其他的一些函数也是傅里叶变换的特征函数, 有兴趣的读者可以自行推导如下函数的傅里叶变换.

(1) 冲激串函数 (又称采样函数或梳状函数, 图 7.7 (a))

$$\mathrm{Comb}(t) = \sum_{n=-\infty}^{\infty} \delta(t-n).$$

(2) 埃尔米特-高斯函数 (Hermite-Gauss 函数, 图 7.7 (b))

$$H_n(t) e^{-\frac{t^2}{2}},$$

其中 $H_n(t) = (-1)^n e^{t^2} \dfrac{d^n e^{-t^2}}{dt^n}$ 是埃尔米特多项式.

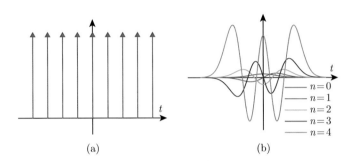

$$(a) \qquad\qquad\qquad\qquad (b)$$

图 7.7   傅里叶变换的特征函数

(a) 冲激串函数; (b) 埃尔米特-高斯函数

7.3.2   傅里叶变换的性质

傅里叶级数和傅里叶变换之间有着紧密的联系. 设有这样一个信号 $f(t)$, 其仅在 $-\dfrac{T}{2}$ 到 $\dfrac{T}{2}$ 之间有值, 它的傅里叶变换为

$$F(\omega) = \frac{1}{\sqrt{2\pi}} \int_{-\infty}^{\infty} f(t) e^{-i\omega t} dt = \frac{1}{\sqrt{2\pi}} \int_{-\frac{T}{2}}^{\frac{T}{2}} f(t) e^{-i\omega t} dt. \tag{7.7}$$

如果我们将信号 $f(t)$ 进行周期延拓得到一个周期为 T 的信号 $\tilde{f}(t)$, 其有如下表达式

$$\tilde{f}(t) = \sum_{k=-\infty}^{\infty} f(t + kT).$$

那么对于周期延拓后的信号 $\tilde{f}(t)$, 我们可以计算它的傅里叶系数

$$\begin{aligned}
F_n &= \frac{1}{T} \int_{-\frac{T}{2}}^{\frac{T}{2}} \tilde{f}(t) e^{-in\frac{2\pi}{T}t} dt \\
&= \frac{1}{T} \int_{-\frac{T}{2}}^{\frac{T}{2}} \sum_{k=-\infty}^{\infty} f(t + kT) e^{-in\frac{2\pi}{T}t} dt \\
&= \frac{1}{T} \int_{-\frac{T}{2}}^{\frac{T}{2}} f(t) e^{-in\frac{2\pi}{T}t} dt.
\end{aligned} \tag{7.8}$$

对比 (7.7) 和 (7.8), 我们有如下性质:

性质 7.1　傅里叶系数对应傅里叶变换的一个采样, 即

$$F_n = \frac{\sqrt{2\pi}}{T} F\left(n\frac{2\pi}{T}\right).$$

而基于性质 7.1, 可以进一步得到傅里叶变换的一个重要性质.

性质 7.2　在傅里叶变换中, 时域的周期化对应了频域的离散化.

例 7.3　比较周期为 2 的方波的傅里叶系数与其单周期的方波的傅里叶变换.

解　根据例 7.1 和例 7.2, 我们知道周期为 2 的方波的傅里叶系数 F_n 与其单周期方波的傅里叶变换 $F(\omega)$ 的实部都为零, 因此, 我们将两者的虚部绘制在同一张图上, 如图 7.8 所示. 从图中可以看出, 在去除常系数的影响之后, 傅里叶系数完全对应了傅里叶变换在对应频率处的采样.

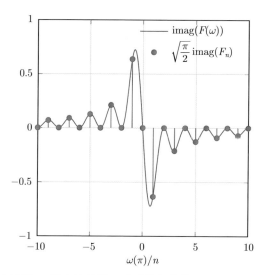

图 7.8　周期为 2 的方波的傅里叶系数与其单周期方波的傅里叶变换

傅里叶变换还可以用来计算经过采样后的信号的频谱. 如图 7.9 所示, 对连续信号 $f(t)(t \in \mathbb{R})$ 以 τ 为时间间隔进行采样, 可以得到一个离散信号 $x_k(k \in \mathbb{Z})$, 两者之间存在如下关系

$$x_k = f(k\tau).$$

通过引入周期为 τ 的冲激串函数

$$\sum_{k=-\infty}^{\infty} \delta(t - k\tau),$$

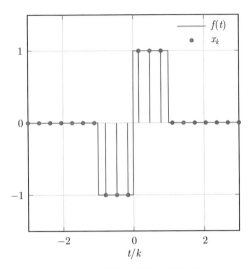

图 7.9   对连续信号进行采样

我们得到连续信号①$x(t)$, 其表达式为

$$x(t) = \sum_{k=-\infty}^{\infty} \delta(t - k\tau) f(t).$$

可以发现, $x(t)$ 仅在每个采样点 $k\tau$ 处有值, 且与 x_k 一一对应. 对 $x(t)$ 进行傅里叶变换, 可以得到

$$X(\omega) = \frac{1}{\sqrt{2\pi}} \int_{-\infty}^{\infty} x(t)e^{-i\omega t}dt = \frac{1}{\sqrt{2\pi}} \int_{-\infty}^{\infty} \sum_{k=-\infty}^{\infty} \delta(t-k\tau)f(t)e^{-i\omega t}dt$$

$$= \frac{1}{\sqrt{2\pi}} \sum_{k=-\infty}^{\infty} \int_{-\infty}^{\infty} f(t)\delta(t-k\tau)e^{-i\omega t}dt = \frac{1}{\sqrt{2\pi}} \sum_{k=-\infty}^{\infty} f(k\tau)e^{-i\omega k\tau}$$

$$= \frac{1}{\sqrt{2\pi}} \sum_{k=-\infty}^{\infty} x_k e^{-i\omega k\tau}, \tag{7.9}$$

其中, $X(\omega)$ 被称作离散信号 x_k 的**离散时间傅里叶变换**.

进一步地, 因为冲激串函数是一个周期为 τ 的周期函数 (频率为 $\omega_s = \dfrac{2\pi}{\tau}$, 称

---

① 本章中的连续 (离散) 信号均指连续 (离散) 时间信号, 即以时间为自变量, 并且定义域连续 (离散) 的函数. 需要注意的是, 连续时间信号并不要求信号的取值连续.

为采样频率), 所以可以计算其傅里叶系数为

$$F_n = \frac{1}{\tau} \int_{-\frac{\tau}{2}}^{\frac{\tau}{2}} \sum_{k=-\infty}^{\infty} \delta(t-k\tau)e^{-in\omega_s t}dt$$

$$= \frac{1}{\tau} \int_{-\frac{\tau}{2}}^{\frac{\tau}{2}} \delta(t)e^{-in\omega_s t}dt$$

$$= \frac{1}{\tau} \int_{-\frac{\tau}{2}}^{\frac{\tau}{2}} \delta(t)dt = \frac{1}{\tau}.$$

再利用 (7.2), 可以发现冲激串函数能够写成如下形式

$$\sum_{k=-\infty}^{\infty} \delta(t-k\tau) = \sum_{n=-\infty}^{\infty} F_n e^{in\omega_s t} = \frac{1}{\tau} \sum_{n=-\infty}^{\infty} e^{in\omega_s t}.$$

利用上面公式所给出的冲激串函数的表达式, $X(\omega)$ 可以重新表示为

$$X(\omega) = \frac{1}{\sqrt{2\pi}} \int_{-\infty}^{\infty} x(t)e^{-i\omega t}dt = \frac{1}{\sqrt{2\pi}} \int_{-\infty}^{\infty} \frac{1}{\tau} \sum_{n=-\infty}^{\infty} e^{in\omega_s t}f(t)e^{-i\omega t}dt$$

$$= \frac{1}{\sqrt{2\pi}\tau} \sum_{n=-\infty}^{\infty} \int_{-\infty}^{\infty} f(t)e^{i(n\omega_s-\omega)t}dt$$

$$= \frac{1}{\tau} \sum_{n=-\infty}^{\infty} F(\omega-n\omega_s), \tag{7.10}$$

其中 $F(\omega)$ 为原信号 $f(t)$ 的傅里叶变换. 不难发现, 离散时间傅里叶变换 $X(\omega)$ 是一个周期为 ω_s 的函数, 这对应了傅里叶变换的另一个重要性质 (性质 7.3).

性质 7.3 在傅里叶变换中, 时域的离散化对应了频域的周期化.

对比性质 7.2 和性质 7.3, 我们可以发现离散性和周期性之间存在某种 "对称性", 事实上它反映了时域和频域所选取的两组基底的特殊性, 这不仅体现了数学的美妙, 更有深刻的物理根源.

此外, 基于 (7.10), 我们知道离散时间傅里叶变换的结果是原信号的傅里叶变换的周期叠加, 依据这个结论便可以进一步推导出著名的香农采样定理.

定理 7.2 (香农采样定理) 对于一个带宽为 ω_0(即信号中最高频率成分对应的频率) 的连续实信号 $f(t)$, 如果采样率 ω_s 满足 $\omega_s \geqslant 2\omega_0$, 则基于采样后的离散信号 $x(t)$ 能够完美重建 $f(t)$.

在图 7.10(a) 中我们给出了一个连续实信号的频谱, 可以看到该频谱只在 $-\pi$ 到 π 之间有值, 这意味着该连续信号频率最高分量的频率为 π. 当以特定频率对

该信号进行采样后, 对应的频谱则为原信号频谱的平移再叠加, 可以看到当采样率小于 2π 的时候 (图 7.10(b)), 高频分量会相互重叠, 即出现频率混淆现象. 此时, 由于高频分量出现了混淆, 基于采样后的信号就无法完全恢复出原本的连续信号了. 而当采样率大于 2π 的时候, 如图 7.10(c) 所示, 连续信号的频率分量没有受到任何干扰, 因此后续就可以通过对离散信号进行低通滤波 (插值), 从而还原出原本的连续信号.

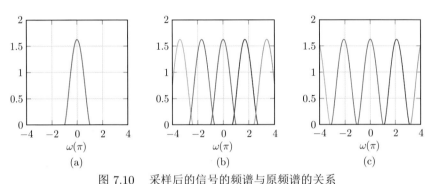

图 7.10   采样后的信号的频谱与原频谱的关系
(a) 连续信号的频谱; (b) 采样率低于原信号最大频率的两倍; (c) 采样率大于原信号最大频率的两倍

7.4   离散傅里叶变换

傅里叶变换一般用来处理定义域从负无穷到正无穷的连续信号, 而在实际应用中, 我们的研究对象往往是有限取值的离散信号. 为了解决这一问题, 离散傅里叶变换 (Discrete Fourier Transform, DFT) 应运而生.

设以 τ 为时间间隔对连续信号进行采样, 并且共采样了 N 个点, 对应的离散信号为 $x_0, x_1, \cdots, x_{N-1}$. 如将没有采样到的信号看作是零值, 则根据 (7.9), 可以得到该信号的离散时间傅里叶变换为

$$X(\omega) = \frac{1}{\sqrt{2\pi}} \sum_{k=-\infty}^{\infty} x_k e^{-i\omega k\tau}$$

$$= \frac{1}{\sqrt{2\pi}} \sum_{k=0}^{N-1} x_k e^{-i\omega k\tau}.$$

并且, 基于时域离散化对应频域周期化的性质, 我们知道 $X(\omega)$ 为一周期为 $\omega_s = \dfrac{2\pi}{\tau}$ 的周期信号, 如图 7.11(b) 所示. 进一步地, 利用时域周期化对应频域离散化这一性质, 我们可以将采样得到的信号延拓为一个周期为 $T = N\tau$ 的周期信号, 此

时就可以计算该离散周期信号的傅里叶系数. 基于性质 7.1 , 我们知道周期拓展后信号的傅里叶系数对应原信号的傅里叶变换的一个采样, 即

$$F_n = \frac{\sqrt{2\pi}}{T} F\left(n\frac{2\pi}{T}\right).$$

因此, 图 7.11(c) 所示的周期信号的傅里叶系数为

$$\begin{aligned}
X_n &= \frac{\sqrt{2\pi}}{T} X\left(n\frac{2\pi}{T}\right) = \frac{\sqrt{2\pi}}{N\tau} X\left(n\frac{2\pi}{N\tau}\right) \\
&= \frac{\sqrt{2\pi}}{N\tau} \frac{1}{\sqrt{2\pi}} \sum_{k=0}^{N-1} x_k e^{-i\left(n\frac{2\pi}{N\tau}\right)k\tau} \\
&= \frac{1}{N\tau} \sum_{k=0}^{N-1} x_k e^{-\frac{2\pi n k i}{N}}.
\end{aligned}$$

忽略上式的常系数, 并取 $n = 0, \cdots, N-1$, 便可得到该离散信号的离散傅里叶变换. 从图 7.11 可以看出, 离散傅里叶变换相继利用了时域离散化对应频域周期化以及时域周期化对应频域离散化这两个性质, 从而得到离散的频谱分析结果. 接下来我们给出离散傅里叶变换的严格定义.

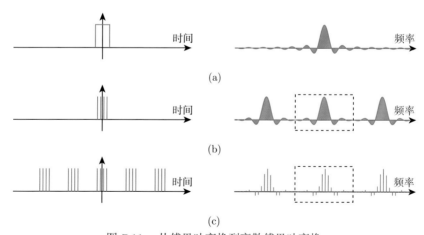

(a)

(b)

(c)

图 7.11   从傅里叶变换到离散傅里叶变换

(a) 方波的傅里叶变换; (b) 时域的离散化对应频域的周期化; (c) 时域的周期化对应频域的离散化

定义 7.4 (离散傅里叶变换)   给定一个向量

$$\boldsymbol{x} = \begin{bmatrix} x_0 & x_1 & \cdots & x_{N-1} \end{bmatrix}^{\mathrm{T}},$$

那么其离散傅里叶变换同样为一个向量①

$$\boldsymbol{X} = \begin{bmatrix} X_0 & X_1 & \cdots & X_{N-1} \end{bmatrix}^{\mathrm{T}}.$$

并且, 离散傅里叶变换的正变换公式为

$$X_n = \frac{1}{\sqrt{N}} \sum_{k=0}^{N-1} x_k e^{-\frac{2\pi n k i}{N}}, \quad n = 0, 1, \cdots, N-1. \tag{7.11}$$

离散傅里叶逆变换公式为

$$x_k = \frac{1}{\sqrt{N}} \sum_{n=0}^{N-1} X_n e^{\frac{2\pi n k i}{N}}, \quad k = 0, 1, \cdots, N-1. \tag{7.12}$$

　　需要注意的是, 离散傅里叶正逆变换的两个常数系数只要满足乘积为 $\dfrac{1}{N}$ 即可, 为了让正逆变换拥有对称的形式, 在定义 7.4 中, 两个常数系数均取作 $\dfrac{1}{\sqrt{N}}$.

　　基于 (7.11) 和 (7.12), 我们可以将离散傅里叶正逆变换写成对应的矩阵形式

$$\boldsymbol{X} = \mathbf{F}\boldsymbol{x}, \quad \boldsymbol{x} = \mathbf{G}\boldsymbol{X}. \tag{7.13}$$

公式 (7.13) 表明离散傅里叶正逆变换本质上都是线性空间 $\mathbb{C}^N$ 中的线性变换. 记 $\xi = e^{-\frac{2\pi i}{N}}$, 那么矩阵 $\mathbf{F}$ 和 $\mathbf{G}$ 可以写成如下形式

$$\mathbf{F} = \frac{1}{\sqrt{N}} \begin{bmatrix} 1 & 1 & 1 & \cdots & 1 \\ 1 & \xi & \xi^2 & \cdots & \xi^{N-1} \\ 1 & \xi^2 & \xi^4 & \cdots & \xi^{2(N-1)} \\ \vdots & \vdots & \vdots & \ddots & \vdots \\ 1 & \xi^{N-1} & \xi^{2(N-1)} & \cdots & \xi^{(N-1)^2} \end{bmatrix},$$

$$\mathbf{G} = \frac{1}{\sqrt{N}} \begin{bmatrix} 1 & 1 & 1 & \cdots & 1 \\ 1 & \xi^{-1} & \xi^{-2} & \cdots & \xi^{-(N-1)} \\ 1 & \xi^{-2} & \xi^{-4} & \cdots & \xi^{-2(N-1)} \\ \vdots & \vdots & \vdots & \ddots & \vdots \\ 1 & \xi^{-(N-1)} & \xi^{-2(N-1)} & \cdots & \xi^{-(N-1)^2} \end{bmatrix}.$$

---

　　① 大写斜体字母在别的章节可能表示行向量、随机变量、群等, 但在本章, 主要表示离散傅里叶变换向量的分量.

记向量 $\boldsymbol{v}_k$ 为

$$\boldsymbol{v}_k = \frac{1}{\sqrt{N}}\begin{bmatrix} 1 & \xi^k & \xi^{2k} & \cdots & \xi^{(N-1)k} \end{bmatrix}^{\mathrm{T}},$$

那么, 离散傅里叶正变换矩阵 $\mathbf{F}$ 能够写成如下形式

$$\mathbf{F} = \begin{bmatrix} \boldsymbol{v}_0 & \boldsymbol{v}_1 & \cdots & \boldsymbol{v}_{N-1} \end{bmatrix}. \tag{7.14}$$

可以验证

$$\boldsymbol{v}_m^{\mathrm{H}}\boldsymbol{v}_n = \frac{1}{N}\sum_{k=0}^{N-1} e^{\frac{2\pi i}{N}mk} e^{-\frac{2\pi i}{N}nk} = \frac{1}{N}\sum_{k=0}^{N-1} e^{-\frac{2\pi i}{N}(n-m)k} = \delta_{mn}. \tag{7.15}$$

因此 $\mathbf{F}$ 是一个酉矩阵, 即 $\mathbf{F}\mathbf{F}^{\mathrm{H}} = \mathbf{F}^{\mathrm{H}}\mathbf{F} = \mathbf{I}$. 进一步可以验证, 离散傅里叶逆变换矩阵 $\mathbf{G} = \mathbf{F}^{-1} = \mathbf{F}^{\mathrm{H}}$, 且具有如下形式

$$\mathbf{G} = \begin{bmatrix} \boldsymbol{v}_0 & \boldsymbol{v}_{-1} & \cdots & \boldsymbol{v}_{-(N-1)} \end{bmatrix}.$$

正如在第 7.2 节中所讨论的, 傅里叶级数本质上是在所有的周期函数构成的函数空间 H 中选取了一组基, 然后计算信号在这组基上的展开形式. 离散傅里叶变换也与之类似, 只不过离散傅里叶变换是在有限维线性空间 $\mathbb{C}^N$ 中发生的. 我们知道, N 维实数域上的线性空间 $\mathbb{R}^N$ 是复数域上的线性空间 $\mathbb{C}^N$ 的子空间, 该空间中的任意向量 $\boldsymbol{x}$ 都可以由 $\mathbb{R}^N$ 中的标准正交基 $\{\boldsymbol{e}_0, \boldsymbol{e}_1, \cdots, \boldsymbol{e}_{N-1}\}$ 线性表出[①], 即

$$\boldsymbol{x} = x_0\boldsymbol{e}_0 + x_1\boldsymbol{e}_1 + \cdots + x_{N-1}\boldsymbol{e}_{N-1} = \mathbf{I}\boldsymbol{x}, \tag{7.16}$$

其中

$$\mathbf{I} = \begin{bmatrix} \boldsymbol{e}_0 & \boldsymbol{e}_1 & \cdots & \boldsymbol{e}_{N-1} \end{bmatrix} = \begin{bmatrix} 1 & & & \\ & 1 & & \\ & & \ddots & \\ & & & 1 \end{bmatrix}.$$

值得注意的是, (7.16) 左边的 $\boldsymbol{x}$ 是线性空间 $\mathbb{R}^N$ 中的向量或元素, 它与坐标系的选择无关, 而 (7.16) 右边的 $\boldsymbol{x}$ 是该元素在标准正交基下的向量表达, 读者可以根据上下文判断 $\boldsymbol{x}$ 的具体含义. 事实上, $\{\boldsymbol{e}_0, \boldsymbol{e}_1, \cdots, \boldsymbol{e}_{N-1}\}$ 也可以看作 $\mathbb{C}^N$ 中的一组标准正交基, 即 $\mathbb{C}^N$ 中的任意元素也可以由这组基底线性表出, 只不过此时表出系数允许取复数.

---

① 一般用 $\{\boldsymbol{e}_1, \boldsymbol{e}_2, \cdots, \boldsymbol{e}_N\}$ 表示 N 维空间中的一组标准正交基, 为了和傅里叶变换的符号习俗保持一致, 本节及本章后面的小节, 标准正交基的下标均从 0 开始.

基于傅里叶的逆变换公式, 我们又有

$$\boldsymbol{x} = \mathbf{F}^{-1}\boldsymbol{X} = X_0\boldsymbol{v}_0 + X_1\boldsymbol{v}_{-1} + \cdots + X_{N-1}\boldsymbol{v}_{-(N-1)}. \tag{7.17}$$

(7.17) 意味着, 当选择 $\{\boldsymbol{v}_0, \boldsymbol{v}_{-1}, \cdots, \boldsymbol{v}_{-(N-1)}\}$ 作为 $\mathbb{C}^N$ 的基底时, 我们就可以给出实 N 维信号 $\boldsymbol{x}$ 在复数域上的线性空间 $\mathbb{C}^N$ 中的另外一种表示, 而此时的表出系数正好对应信号 $\boldsymbol{x}$ 的离散傅里叶变换.

事实上, 我们也可以从以上 $\mathbb{C}^N$ 中这两组基之间的关系导出信号的离散傅里叶变换. 容易验证, 从 $\{\boldsymbol{e}_0, \boldsymbol{e}_1, \cdots, \boldsymbol{e}_{N-1}\}$ 到 $\{\boldsymbol{v}_0, \boldsymbol{v}_{-1}, \cdots, \boldsymbol{v}_{-(N-1)}\}$ 的过渡矩阵为 $\mathbf{F}^{-1}$, 这意味着, 同一个信号在这两组基底下的表出系数 $\boldsymbol{x}$ 和 $\boldsymbol{X}$ 必然满足

$$\boldsymbol{X} = (\mathbf{F}^{-1})^{-1}\boldsymbol{x} = \mathbf{F}\boldsymbol{x}.$$

此即为信号 $\boldsymbol{x}$ 的离散傅里叶正变换.

此外, 基于离散傅里叶变换的矩阵表达, 离散傅里叶变换的一些性质就变得显而易见了.

性质 7.4 (帕塞瓦尔定理)　时域信号的能量为 $\boldsymbol{x}^{\mathrm{H}}\boldsymbol{x}$, 其离散傅里叶变换的能量为 $\boldsymbol{X}^{\mathrm{H}}\boldsymbol{X}$, 两者相等.

证明　$\boldsymbol{X}^{\mathrm{H}}\boldsymbol{X} = \boldsymbol{x}^{\mathrm{H}}\mathbf{F}^{\mathrm{H}}\mathbf{F}\boldsymbol{x} = \boldsymbol{x}^{\mathrm{H}}\boldsymbol{x}.$ ■

例 7.4　以 $w_0 = \dfrac{2\pi}{0.1}$ 的采样率对如下连续信号在 $0 \leqslant t < 2$ 区间内进行采样,

$$f(t) = \begin{cases} 1, & 0 \leqslant t < 1, \\ 0, & 1 \leqslant t < 2. \end{cases}$$

计算采样后信号的离散时间傅里叶变换和离散傅里叶变换.

解　采样后的信号为

$$x(t) = \sum_{k=0}^{19} \delta(t - 0.1k)f(t),$$

对应的离散序列为 $x_0, x_1, \cdots, x_{19}$, 其中 $x_i = x(0.1i)$.

计算离散时间傅里叶变换 (定义域外的函数值补零)

$$X(\omega) = \frac{1}{\sqrt{2\pi}} \int_0^2 x(t)e^{-i\omega t}dt$$

$$= \frac{1}{\sqrt{2\pi}} \int_0^2 \sum_{k=0}^{19} \delta(t - 0.1k)f(t)e^{-i\omega t}dt$$

$$= \frac{1}{\sqrt{2\pi}} \sum_{k=0}^{9} e^{-\frac{\omega k i}{10}}.$$

计算离散傅里叶变换

$$X_n = \frac{1}{\sqrt{20}} \sum_{k=0}^{19} x_k e^{-\frac{2\pi n k i}{20}}$$

$$= \frac{1}{\sqrt{20}} \sum_{k=0}^{9} e^{-\frac{\pi n k i}{10}}.$$

可以发现

$$X_n = \frac{\sqrt{2\pi}}{\sqrt{20}} X(\pi n) = \sqrt{\frac{\pi}{10}} X(\pi n),$$

即离散傅里叶变换对应离散时间傅里叶变换的一个采样 (图 7.12).

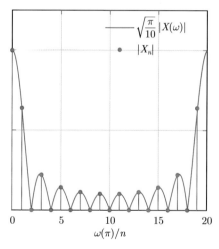

图 7.12 离散时间傅里叶变换与离散傅里叶变换

7.5 快速傅里叶变换

离散傅里叶变换的计算过程相当于一个 $N \times N$ 的矩阵与一个 N 维向量的乘积, 其计算复杂度为 $\mathcal{O}(N^2)$. 显然, 离散傅里叶变换的计算复杂度会随着 N 的增加而急剧攀升, 这使其很难直接应用于大尺寸的信号或者维度比较高的向量. 直到快速傅里叶变换算法 (Fast Fourier Transform, FFT) 被发现之后, 离散傅里叶变换才真正获得了广泛的应用.

　　FFT 的基本思想是将一个 N 维向量分解为两个 $\dfrac{N}{2}$ 维向量, 然后分别计算这两个向量的傅里叶变换, 最后将这两个向量的傅里叶变换合并为一个 N 维向量的傅里叶变换, 这样一来, 计算复杂度就变为了 $\mathcal{O}\left(2\left(\dfrac{N}{2}\right)^2\right)$. 如果对分解后的向量继续进行这样的操作, 直到变成计算 $\dfrac{N}{2}$ 个二维向量的离散傅里叶变换及其结果的合并, 那么整体的计算复杂度会进一步降低至 $\mathcal{O}(N\log N)$. FFT 的核心是蝶形运算, 但是蝶形运算比较复杂晦涩, 不容易掌握. 这里我们使用矩阵这一工具来进行推导, 在推导的最后读者会发现, 原来复杂的蝶形运算的背后正是 DFT 变换的一个矩阵分解.

　　不妨令 $\mathbf{F}_{2N}$ 为一个 $2N$ 点的离散傅里叶变换矩阵, 而 $\mathbf{F}_N$ 为一个 N 点的离散傅里叶变换矩阵, 它们分别有如下表示 (为了方便起见, 这里我们忽略了矩阵的常数项)

$$
\mathbf{F}_{2N}=\begin{bmatrix}
1 & 1 & 1 & \cdots & 1\\
1 & \xi_{2N} & \xi_{2N}^{2} & \cdots & \xi_{2N}^{2N-1}\\
1 & \xi_{2N}^{2} & \xi_{2N}^{4} & \cdots & \xi_{2N}^{2(2N-1)}\\
\vdots & \vdots & \vdots & \ddots & \vdots\\
1 & \xi_{2N}^{2N-1} & \xi_{2N}^{2(2N-1)} & \cdots & \xi_{2N}^{(2N-1)^2}
\end{bmatrix},
$$

$$
\mathbf{F}_{N}=\begin{bmatrix}
1 & 1 & 1 & \cdots & 1\\
1 & \xi_{N} & \xi_{N}^{2} & \cdots & \xi_{N}^{N-1}\\
1 & \xi_{N}^{2} & \xi_{N}^{4} & \cdots & \xi_{N}^{2(N-1)}\\
\vdots & \vdots & \vdots & \ddots & \vdots\\
1 & \xi_{N}^{N-1} & \xi_{N}^{2(N-1)} & \cdots & \xi_{N}^{(N-1)^2}
\end{bmatrix},
$$

其中 $\xi_{2N}^{2}=(e^{-\frac{2\pi i}{2N}})^2=e^{-\frac{2\pi i}{N}}=\xi_N$.

　　从 $\mathbf{F}_{2N},\mathbf{F}_N$ 的表达式中我们也可以发现, $\mathbf{F}_{2N}$ 和 $\mathbf{F}_N$ 的每一列之间有着非常密切的联系. 具体来说, $\mathbf{F}_N$ 的第 $n+1$ 列和 $\mathbf{F}_{2N}$ 的第 $2n+1$ 列前 N 项是完全相同的, 而 $\mathbf{F}_{2N}$ 的第 $2n+1$ 列前 N 项与后 N 项也是相同的. $\mathbf{F}_N$ 的第 $n+1$ 列和 $\mathbf{F}_{2N}$ 的第 $2(n+1)$ 列前 N 项之间存在特定的相位差, 而 $\mathbf{F}_{2N}$ 的第 $2(n+1)$ 列前 N 项与后 N 项相差一个负号.

　　矩阵 $\mathbf{F}_{2N}$ 的第 $k+1$ 列为 $\boldsymbol{v}_{2N}^{k}=\begin{bmatrix} 1 & \xi_{2N}^{k} & \cdots & \xi_{2N}^{(2N-1)k} \end{bmatrix}^{\mathrm{T}}$. 当 $k+1=2n+1$

为奇数时, 该列向量可以表示为

$$\boldsymbol{v}_{2N}^{2n} = \begin{bmatrix} 1 & \xi_{2N}^{2n} & \cdots & \xi_{2N}^{(2N-1)2n} \end{bmatrix}^{\mathrm{T}}$$
$$= \begin{bmatrix} 1 & \xi_N^n & \cdots & \xi_N^{(2N-1)n} \end{bmatrix}^{\mathrm{T}}.$$

又因为 $\xi_N^{Nn} = 1$, 所以上式可以进一步简化为

$$\boldsymbol{v}_{2N}^{2n} = \begin{bmatrix} 1 & \xi_N^n & \cdots & \xi_N^{(N-1)n} & \xi_N^{Nn} & \xi_N^{(N+1)n} & \cdots & \xi_N^{(2N-1)n} \end{bmatrix}^{\mathrm{T}}$$
$$= \begin{bmatrix} 1 & \xi_N^n & \cdots & \xi_N^{(N-1)n} & 1 & \xi_N^n & \cdots & \xi_N^{(N-1)n} \end{bmatrix}^{\mathrm{T}}$$
$$= \begin{bmatrix} \boldsymbol{v}_N^n \\ \boldsymbol{v}_N^n \end{bmatrix},$$

其中 $\boldsymbol{v}_N^n$ 为矩阵 $\mathbf{F}_N$ 的第 $n+1$ 列. 因此对于 $\mathbf{F}_{2N}$ 的奇数列, 我们可以直接通过重复 $\mathbf{F}_N$ 的对应列得到, 即

$$\mathbf{F}_{2N}(:, 2n+1) = \begin{bmatrix} \mathbf{F}_N \\ \mathbf{F}_N \end{bmatrix}(:, n+1).$$

而当 $k+1 = 2(n+1)$ 为偶数时, 该列向量可以表示为

$$\boldsymbol{v}_{2N}^{2n+1} = \begin{bmatrix} 1 & \xi_{2N}^{2n+1} & \cdots & \xi_{2N}^{(2N-1)(2n+1)} \end{bmatrix}^{\mathrm{T}}$$
$$= \begin{bmatrix} 1 & \xi_{2N}\xi_N^n & \cdots & \xi_{2N}^{2N-1}\xi_N^{(2N-1)n} \end{bmatrix}^{\mathrm{T}}.$$

同样地, 因为 $\xi_N^{Nn} = 1$, 以及 $\xi_{2N}^N = -1$, 所以上式可以进一步简化为

$$\boldsymbol{v}_{2N}^{2n+1} = \begin{bmatrix} 1 & \xi_{2N}\xi_N^n & \cdots & \xi_{2N}^{N-1}\xi_N^{(N-1)n} & \xi_{2N}^N\xi_N^{Nn} & \xi_{2N}^{N+1}\xi_N^{(N+1)n} & \cdots & \xi_{2N}^{2N-1}\xi_N^{(2N-1)n} \end{bmatrix}^{\mathrm{T}}$$
$$= \begin{bmatrix} 1 & \xi_{2N}\xi_N^n & \cdots & \xi_{2N}^{N-1}\xi_N^{(N-1)n} & -1 & -\xi_{2N}\xi_N^n & \cdots & -\xi_{2N}^{N-1}\xi_N^{(N-1)n} \end{bmatrix}^{\mathrm{T}}.$$

令

$$\mathbf{D} = \begin{bmatrix} 1 & & & \\ & \xi_{2N} & & \\ & & \ddots & \\ & & & \xi_{2N}^{N-1} \end{bmatrix},$$

我们有

$$\mathbf{F}_{2N}(:, 2(n+1)) = \left[\begin{array}{c} \mathbf{DF}_N \\ -\mathbf{DF}_N \end{array}\right](:, n+1).$$

结合偶数列和奇数列的表达式, 可以得到如下分解

$$\mathbf{F}_{2N} = \left[\begin{array}{cc} \mathbf{I} & \mathbf{D} \\ \mathbf{I} & -\mathbf{D} \end{array}\right]\left[\begin{array}{cc} \mathbf{F}_N & \\ & \mathbf{F}_N \end{array}\right]\mathbf{P},$$

其中 $\mathbf{P}$ 是一个置换矩阵, 对应的置换为

$$\sigma = \left[\begin{array}{cccccc} 0 & 1 & 2 & 3 & \cdots & 2N-2 & 2N-1 \\ 0 & N & 1 & N+1 & \cdots & N-1 & 2N-1 \end{array}\right],$$

用来将矩阵的偶数列移动到前半部分, 而奇数列移动到后半部分. 同时这个分解明确给出了 FFT 的计算过程, 如图 7.13 所示: 首先将输入序列的奇数元素和偶数元素分开, 对应了置换矩阵 $\mathbf{P}$; 然后, 对这两部分的子序列分别进行 FFT, 即 $\left[\begin{array}{cc} \mathbf{F}_N & \\ & \mathbf{F}_N \end{array}\right]$; 最后, 利用蝶形运算将这两部分的结果合并起来, 对应了矩阵 $\left[\begin{array}{cc} \mathbf{I} & \mathbf{D} \\ \mathbf{I} & -\mathbf{D} \end{array}\right].$

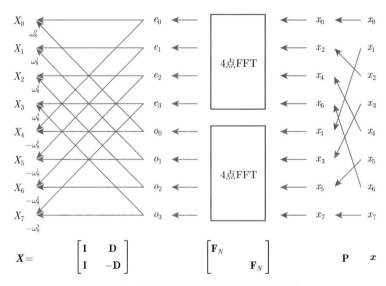

图 7.13 从矩阵分解的角度解释蝶形运算

7.6 离散傅里叶变换与循环移位矩阵

一个 N 阶循环移位矩阵有如下构造

$$\mathbf{Q} = \begin{bmatrix} 0 & 1 & 0 & \cdots & 0 \\ \vdots & \ddots & \ddots & \ddots & \vdots \\ \vdots & \ddots & \ddots & \ddots & 0 \\ 0 & \ddots & \ddots & \ddots & 1 \\ 1 & 0 & \cdots & \cdots & 0 \end{bmatrix},$$

即循环移位矩阵可以由单位阵将最后一列移动到第一列得到. 通过循环移位矩阵的作用, 可以实现任意一个向量 $\boldsymbol{x} = \begin{bmatrix} x_0 & x_1 & \cdots & x_{N-2} & x_{N-1} \end{bmatrix}^{\mathrm{T}}$ 的循环移位,

$$\mathbf{Q}\boldsymbol{x} = \begin{bmatrix} x_1 & x_2 & \cdots & x_{N-1} & x_0 \end{bmatrix}^{\mathrm{T}}.$$

根据文献 [40] 中的矩阵开方定理, 任意奇数阶的循环移位矩阵在实域内可以开任意次方 (请读者自行验证). 因此, 循环移位矩阵不仅可以实现整数移位, 还可以实现任意精度的小数移位 (图 7.14 和图 7.15).

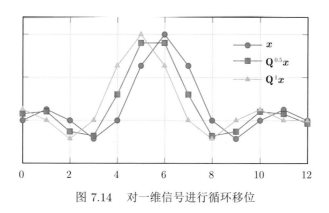

图 7.14 对一维信号进行循环移位

7.6.1 循环移位矩阵特征分解及频域解释

循环移位矩阵与离散傅里叶变换有着紧密的联系, 即离散傅里叶变换矩阵正好就是循环移位矩阵的特征向量矩阵, 具体见定理 7.3 .

定理 7.3 $N \times N$ 大小的循环移位矩阵有如下特征分解公式

$$\mathbf{Q} = \mathbf{FDF}^{\mathrm{H}} = \mathbf{F}^{\mathrm{H}}\overline{\mathbf{D}}\mathbf{F},$$

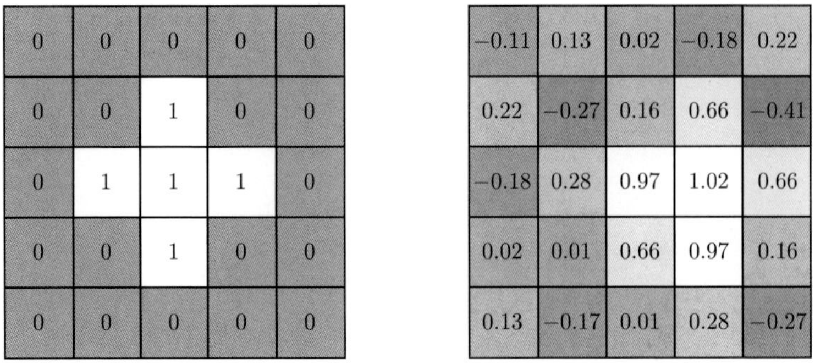

0	0	0	0	0
0	0	1	0	0
0	1	1	1	0
0	0	1	0	0
0	0	0	0	0

-0.11	0.13	0.02	-0.18	0.22
0.22	-0.27	0.16	0.66	-0.41
-0.18	0.28	0.97	1.02	0.66
0.02	0.01	0.66	0.97	0.16
0.13	-0.17	0.01	0.28	-0.27

(a)   (b)

图 7.15   对二维信号进行循环移位

(a) 原图像 $\mathbf{I}$; (b) 循环移位后的图像 $(\mathbf{Q}^{0.3})^{\mathrm{T}} \mathbf{I} \mathbf{Q}^{0.7}$

其中特征向量矩阵 $\mathbf{F}$ 为 $N \times N$ 的 DFT 变换矩阵, $\mathbf{D}$ 为特征值矩阵, 其对角元素为

$$e^{-\frac{2\pi ki}{N}}, \quad k = 0, \cdots, N-1.$$

证明   设 v 为 $\mathbf{Q}$ 的特征向量, λ 为对应的特征值

$$\mathbf{Q}v = \lambda v.$$

注意到 N 次循环移位等于没有移位, 即

$$\mathbf{Q}^N v = \lambda^N v = v.$$

因此 $\lambda^N = 1$, 对应的 N 个特征值的解分别为

$$\lambda_k = e^{-\frac{2\pi ki}{N}} = \xi^k, \quad k = 0, 1, \cdots, N-1.$$

令 $v_k = \dfrac{1}{\sqrt{N}} \begin{bmatrix} 1 & \xi^k & \cdots & \xi^{(N-1)k} \end{bmatrix}^{\mathrm{T}}$, 那么不难验证 λ_k 对应的特征向量正是 v_k,

$$\mathbf{Q}v_k = \frac{1}{\sqrt{N}} \begin{bmatrix} 0 & 1 & 0 & \cdots & 0 \\ \vdots & \ddots & \ddots & \ddots & \vdots \\ \vdots & \ddots & \ddots & \ddots & 0 \\ 0 & \ddots & \ddots & \ddots & 1 \\ 1 & 0 & \cdots & \cdots & 0 \end{bmatrix} \begin{bmatrix} 1 \\ \xi^k \\ \vdots \\ \xi^{(N-1)k} \end{bmatrix}$$

$$= \frac{1}{\sqrt{N}} \begin{bmatrix} \xi^k \\ \xi^{2k} \\ \vdots \\ \xi^{(N-1)k} \\ 1 \end{bmatrix} = \xi^k \boldsymbol{v}_k = \lambda_k \boldsymbol{v}_k.$$

对比 (7.14) 可以发现, 循环移位矩阵 $\mathbf{Q}$ 的特征向量矩阵 $\mathbf{V} = \begin{bmatrix} \boldsymbol{v}_0 & \boldsymbol{v}_1 & \cdots & \boldsymbol{v}_{N-1} \end{bmatrix}$ 正好为相应阶数的离散傅里叶变换矩阵, 即 $\mathbf{V} = \mathbf{F}$.

令 $\mathbf{D} = \mathrm{diag}(\begin{bmatrix} \lambda_0 & \lambda_1 & \cdots & \lambda_{N-1} \end{bmatrix}^{\mathrm{T}})$, 则可以得到如下的循环移位矩阵 $\mathbf{Q}$ 的特征分解公式

$$\mathbf{Q} = \mathbf{F}\mathbf{D}\mathbf{F}^{\mathrm{H}}.$$

此外, 注意到 $\mathbf{Q}$ 是一个实矩阵, $\mathbf{F}$ 为一个对称矩阵, 因此

$$\overline{\mathbf{Q}} = \mathbf{Q}, \quad \overline{\mathbf{F}} = \mathbf{F}^{\mathrm{H}},$$

所以上述特征分解公式也可以表示为

$$\mathbf{Q} = \overline{\mathbf{Q}} = \overline{\mathbf{F}\mathbf{D}\mathbf{F}^{\mathrm{H}}} = \mathbf{F}^{\mathrm{H}}\overline{\mathbf{D}}\mathbf{F},$$

其中 $\overline{\mathbf{D}}$ 为 $\mathbf{D}$ 的共轭, 其对角线元素为 $\lambda_0^{-1}, \lambda_1^{-1}, \cdots, \lambda_{N-1}^{-1}$. ∎

事实上, 循环移位矩阵的性质决定了其特征向量的相邻分量间的相位差必然相等, 而离散傅里叶变换矩阵的各个列向量正好满足这一关系. 比如, 对于特征向量 $\boldsymbol{v}_k = \frac{1}{\sqrt{N}} \begin{bmatrix} 1 & \xi^k & \cdots & \xi^{(N-1)k} \end{bmatrix}^{\mathrm{T}}$, 不难发现, 其相邻分量之间的相位差等于该向量对应的特征值 $\lambda_k = \xi^k = e^{-\frac{2\pi ki}{N}}$.

根据定理 7.3 中循环移位矩阵的特征分解公式, 我们知道循环移位矩阵 $\mathbf{Q}$ 和对角矩阵 $\mathbf{D}$ 是相似的, 二者是同一个与坐标系选择无关的线性变换在不同坐标系下的矩阵表示. 或者说, 这个与坐标系无关的线性变换在时域内表现为平移 (循环移位), 而在频域内表现为相移. 具体而言, 有如下性质:

性质 7.5 时域信号发生循环移位时, 对应的离散傅里叶变换发生相移.

证明 对于一个离散信号 $\boldsymbol{x}$, 令 $\tilde{\boldsymbol{x}} = \mathbf{Q}^\alpha \boldsymbol{x}$ 为平移 α 个单位后的信号, 那么两者离散傅里叶变换之间的关系为

$$\tilde{\boldsymbol{X}} = \mathbf{F}\tilde{\boldsymbol{x}} = \mathbf{F}\mathbf{Q}^\alpha \boldsymbol{x}$$

$$= \mathbf{F}\mathbf{F}^{\mathrm{H}}\overline{\mathbf{D}}^\alpha \mathbf{F}\boldsymbol{x}$$

$$= \overline{\mathbf{D}}^\alpha \boldsymbol{X}.$$

因为 $\overline{\mathbf{D}}^{\alpha}$ 是一个对角矩阵, 所以

$$\boldsymbol{X} = \begin{bmatrix} X_0 & X_1 & \cdots & X_{N-1} \end{bmatrix}^{\mathrm{T}} \quad \text{和} \quad \tilde{\boldsymbol{X}} = \begin{bmatrix} \tilde{X}_0 & \tilde{X}_1 & \cdots & \tilde{X}_{N-1} \end{bmatrix}^{\mathrm{T}}$$

的各元素之间存在如下关系

$$\tilde{X}_k = \lambda_k^{-\alpha} X_k = e^{\frac{2\pi\alpha ki}{N}} X_k,$$

即时域平移对应频域相移. ∎

至此, 我们可以在频域给出循环移位矩阵的工作原理. 将循环移位矩阵作用于离散信号 $\boldsymbol{x}$ 将得到时域上循环移位一个单位的新信号 $\mathbf{Q}\boldsymbol{x}$. 由于 $\mathbf{Q} = \mathbf{F}^{\mathrm{H}}\overline{\mathbf{D}}\mathbf{F}$, 因此, 上述循环移位操作可以分解为三个动作, 分别为

(1) 首先将信号从时域转换到频域, 这对应了信号的离散傅里叶变换, 即 $\mathbf{F}\boldsymbol{x}$;

(2) 然后在频域对上述变换后的信号进行相位调整, 即 $\overline{\mathbf{D}}(\mathbf{F}\boldsymbol{x})$;

(3) 最后再将相位调整后的信号从频域转换到时域, 这对应了信号傅里叶逆变换, 即 $\mathbf{F}^{\mathrm{H}}\overline{\mathbf{D}}\mathbf{F}\boldsymbol{x}$.

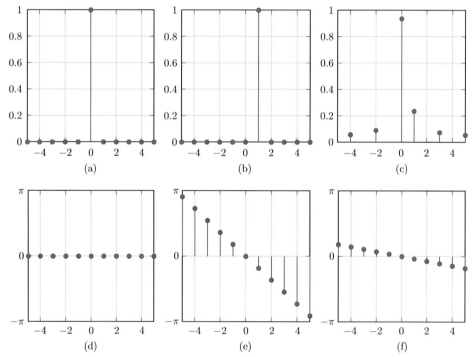

图 7.16　循环移位矩阵工作原理的频域解释

(a) 原信号; (b) 循环移位后的信号 $(\alpha = 1)$; (c) 循环移位后的信号 $(\alpha = 0.2)$; (d) 信号频谱的相位; (e) 循环移位后信号频谱的相位 $(\alpha = 1)$; (f) 循环移位后信号频谱的相位 $(\alpha = 0.2)$

此外, 由于 $\mathbf{Q}^\alpha = \mathbf{F}^H \overline{\mathbf{D}}^\alpha \mathbf{F}$, 因此, 在时域内任意 α 个单位的循环移位也可以做出上述类似的解释. 从图 7.16 可以看出, 对信号进行循环移位等价于对信号频谱进行相位调整, 并且频域内不同大小的相位调整对应了时域内不同大小的循环移位量.

7.6.2 循环移位矩阵的时域解释

当 α 为整数的时候, 从时域的角度来说, $\mathbf{Q}^\alpha$ 的作用就是将一个向量的前 α 个元素循环移动到向量的后面

$$\mathbf{Q}^\alpha \boldsymbol{x} = \left[\begin{array}{ccccc} x_\alpha & \cdots & x_N & x_0 & \cdots & x_{\alpha-1} \end{array}\right]^\mathrm{T}.$$

但是当 α 为任意实数时, 又该如何从时域的角度理解 $\mathbf{Q}^\alpha$ 的作用呢? 为了回答这一问题, 我们首先需要了解循环矩阵的概念及相关性质.

一个由向量 $\boldsymbol{x} = \left[\begin{array}{cccc} x_0 & x_1 & \cdots & x_{N-1} \end{array}\right]^\mathrm{T}$ 构建的循环矩阵有如下形式

$$\mathbf{C}_{\boldsymbol{x}} = \left[\begin{array}{cccc} x_0 & x_{N-1} & \cdots & x_1 \\ x_1 & x_0 & \cdots & x_2 \\ \vdots & \vdots & \ddots & \vdots \\ x_{N-1} & x_{N-2} & \cdots & x_0 \end{array}\right] = \left[\begin{array}{cccc} \boldsymbol{x} & \mathbf{Q}^{-1}\boldsymbol{x} & \cdots & \mathbf{Q}^{-(N-1)}\boldsymbol{x} \end{array}\right].$$

类似地, 循环矩阵也可以被相应的离散傅里叶变换矩阵对角化.

定理 7.4 一个由向量 $\boldsymbol{x}$ 构建的循环矩阵有如下的特征分解公式

$$\mathbf{C}_{\boldsymbol{x}} = \mathbf{F}^H \operatorname{diag}(\sqrt{N}\boldsymbol{X})\mathbf{F},$$

其中 $\boldsymbol{X}$ 为 $\boldsymbol{x}$ 的离散傅里叶变换.

证明 利用循环移位矩阵的特征分解性质 (定理 7.3), 我们有

$$\mathbf{C}_{\boldsymbol{x}} = \left[\begin{array}{cccc} \boldsymbol{x} & \mathbf{Q}^{-1}\boldsymbol{x} & \cdots & \mathbf{Q}^{-(N-1)}\boldsymbol{x} \end{array}\right]$$

$$= \left[\begin{array}{cccc} \mathbf{F}^H \overline{\mathbf{D}}^0 \mathbf{F}\boldsymbol{x} & \mathbf{F}^H \overline{\mathbf{D}}^{-1} \mathbf{F}\boldsymbol{x} & \cdots & \mathbf{F}^H \overline{\mathbf{D}}^{-(N-1)} \mathbf{F}\boldsymbol{x} \end{array}\right]$$

$$= \mathbf{F}^H \left[\begin{array}{cccc} \overline{\mathbf{D}}^0 \boldsymbol{X} & \overline{\mathbf{D}}^{-1} \boldsymbol{X} & \cdots & \overline{\mathbf{D}}^{-(N-1)} \boldsymbol{X} \end{array}\right]$$

$$= \mathbf{F}^H \left[\begin{array}{cccc} \mathbf{D}^0 \boldsymbol{X} & \mathbf{D}^1 \boldsymbol{X} & \cdots & \mathbf{D}^{N-1} \boldsymbol{X} \end{array}\right]$$

$$= \mathbf{F}^H \operatorname{diag}(\boldsymbol{X}) \left[\begin{array}{cccc} \operatorname{diag}(\mathbf{D}^0) & \operatorname{diag}(\mathbf{D}^1) & \cdots & \operatorname{diag}(\mathbf{D}^{N-1}) \end{array}\right]$$

$$= \mathbf{F}^{\mathrm{H}} \operatorname{diag}(\boldsymbol{X}) \begin{bmatrix} 1 & 1 & \cdots & 1 \\ 1 & \xi & \cdots & \xi^{N-1} \\ \vdots & \vdots & \ddots & \vdots \\ 1 & \xi^{N-1} & \cdots & \xi^{(N-1)^2} \end{bmatrix}$$

$$= \mathbf{F}^{\mathrm{H}} \operatorname{diag}(\sqrt{N}\boldsymbol{X})\mathbf{F},$$

因此循环矩阵也可以被离散傅里叶变换矩阵对角化, 并且特征值包含在构建循环矩阵的向量 $\boldsymbol{x}$ 的离散傅里叶变换 $\boldsymbol{X}$ 中. 需要注意的是, $\operatorname{diag}(\cdot)$ 可以将一个对角矩阵向量化, 也可以将一个向量转化为对角矩阵. 比如, $\operatorname{diag}(\sqrt{N}\boldsymbol{X})$ 构建了一个对角矩阵, 其对角元素为 $\sqrt{N}\boldsymbol{X}$ 中的元素; 而 $\operatorname{diag}(\mathbf{D}^k)$ 则构建了一个列向量, 其元素为对角矩阵 $\mathbf{D}^k$ 中的对角线元素. ∎

可以发现定理 7.3 是定理 7.4 的一个特例, 也就是说循环移位矩阵 $\mathbf{Q}$ 是一种特殊的循环矩阵, 对应的构建向量正是循环移位矩阵 $\mathbf{Q}$ 的第一列 $[0 \ \cdots \ 0 \ 1]^{\mathrm{T}}$. 此外, 读者可自行验证推论 7.1 .

推论 7.1 凡是能写成如下形式的矩阵

$$\mathbf{F}^{\mathrm{H}} \operatorname{diag}(\sqrt{N}\boldsymbol{X})\mathbf{F},$$

都是循环矩阵 (记为 $\mathbf{C}_{\boldsymbol{x}}$), 且其构建向量 $\boldsymbol{x}$ 为向量 $\boldsymbol{X}$ 的离散逆傅里叶变换, 即

$$\boldsymbol{x} = \mathbf{F}^{-1}\boldsymbol{X}.$$

基于循环矩阵可以被离散傅里叶变换对角化的特性, 可以导出傅里叶变换的另一个常用性质: 时域卷积等价于频域相乘. 一般来说, 卷积有如下定义.

定义 7.5 (卷积) 对于两个无限长的离散信号 $\boldsymbol{x}$ 和 $\boldsymbol{y}$, 两者的卷积结果为 $\boldsymbol{z} = \boldsymbol{x} * \boldsymbol{y}$, 有如下表达式

$$\boldsymbol{z}[n] = (\boldsymbol{x} * \boldsymbol{y})[n] = \sum_{k=-\infty}^{\infty} \boldsymbol{x}[k]\boldsymbol{y}[n-k].$$

如果离散信号长度有限, 那么计算时可以将定义域以外的值当成零.

对于长度有限的离散信号, 我们还可以对其进行周期延拓, 从而将卷积转化为循环卷积, 具体定义如下.

定义 7.6 (循环卷积) 对于长度有限的离散信号 $\boldsymbol{x} \in \mathbb{R}^{N \times 1}$, 其周期延拓有如下定义

$$\hat{\boldsymbol{x}}[n] = \boldsymbol{x}[\operatorname{mod}(n, N)], \quad n = -\infty, \cdots, \infty.$$

此时, 两个离散信号 $\boldsymbol{x}, \boldsymbol{y} \in \mathbb{R}^{N \times 1}$ 的循环卷积为

$$\boldsymbol{z}[n] = (\boldsymbol{x} \circledast \boldsymbol{y})[n] = (\hat{\boldsymbol{x}} * \boldsymbol{y})[n], \quad n = 0, 1, \cdots, N-1.$$

关于循环卷积, 我们有如下性质.

性质 7.6 两个离散信号 $\boldsymbol{x}, \boldsymbol{y} \in \mathbb{R}^{N \times 1}$ 的循环卷积结果 $\boldsymbol{z}$ 可以表示为

$$\boldsymbol{z} = \boldsymbol{x} \circledast \boldsymbol{y} = \mathbf{C}_{\boldsymbol{x}} \boldsymbol{y},$$

其中 $\mathbf{C}_{\boldsymbol{x}}$ 是由向量 $\boldsymbol{x}$ 构成的循环矩阵.

证明 循环矩阵 $\mathbf{C}_{\boldsymbol{x}}$ 有如下表达式

$$\mathbf{C}_{\boldsymbol{x}} = \begin{bmatrix} x_0 & x_{N-1} & \cdots & x_1 \\ x_1 & x_0 & \cdots & x_2 \\ \vdots & \vdots & \ddots & \vdots \\ x_{N-1} & x_{N-2} & \cdots & x_0 \end{bmatrix},$$

可以发现, 该矩阵的第 $n+1$ 行为

$$\begin{bmatrix} x_n & \cdots & x_0 & x_{N-1} & \cdots & x_{n+1} \end{bmatrix}.$$

因此, $\boldsymbol{z} = \mathbf{C}_{\boldsymbol{x}} \boldsymbol{y}$ 的第 $n+1$ 个元素为

$$z_n = x_n y_0 + \cdots + x_0 y_n + x_{N-1} y_{n+1} + \cdots + x_{n+1} y_{N-1}.$$

而根据定义 7.6 , 我们有

$$\boldsymbol{z}[n] = (\boldsymbol{x} \circledast \boldsymbol{y})[n] = (\hat{\boldsymbol{x}} * \boldsymbol{y})[n] = \sum_{k=-\infty}^{\infty} \hat{\boldsymbol{x}}[k] \boldsymbol{y}[n-k]$$

$$= \sum_{k=n+1-N}^{n} \hat{\boldsymbol{x}}[k] \boldsymbol{y}[n-k] = \sum_{k=n+1-N}^{-1} \hat{\boldsymbol{x}}[k] \boldsymbol{y}[n-k] + \sum_{k=0}^{n} \hat{\boldsymbol{x}}[k] \boldsymbol{y}[n-k]$$

$$= \sum_{k=n+1-N}^{-1} \boldsymbol{x}[k+N] \boldsymbol{y}[n-k] + \sum_{k=0}^{n} \boldsymbol{x}[k] \boldsymbol{y}[n-k]$$

$$= (x_{n+1} y_{N-1} + \cdots + x_{N-1} y_{n+1}) + (x_0 y_n + \cdots + x_n y_0)$$

$$= x_n y_0 + \cdots + x_0 y_n + x_{N-1} y_{n+1} + \cdots + x_{n+1} y_{N-1}$$

$$= z_n.$$ ∎

基于性质 7.6 , 我们可以导出时域卷积等价于频域相乘这一性质.

性质 7.7 两个时域信号进行循环卷积等价于这两个信号的离散傅里叶变换的点乘.

证明　对于两个 N 点的离散信号 $\boldsymbol{x}$ 和 $\boldsymbol{y}$, 根据性质 7.6 , 它们的循环卷积为

$$\boldsymbol{z} = \boldsymbol{x} \circledast \boldsymbol{y} = \mathbf{C}_{\boldsymbol{x}}\boldsymbol{y}.$$

利用循环矩阵特征分解的性质 (定理 7.4), 我们有

$$\boldsymbol{z} = \mathbf{C}_{\boldsymbol{x}}\boldsymbol{y} = \mathbf{F}^{\mathrm{H}} \operatorname{diag}(\sqrt{N}\boldsymbol{X})\mathbf{F}\boldsymbol{y} = \mathbf{F}^{\mathrm{H}} \operatorname{diag}(\sqrt{N}\boldsymbol{X})\boldsymbol{Y}.$$

对上式两边同时左乘 $\mathbf{F}$, 可以发现

$$\boldsymbol{Z} = \mathbf{F}\boldsymbol{z} = \sqrt{N}\operatorname{diag}(\boldsymbol{X})\boldsymbol{Y} = \sqrt{N}\boldsymbol{X} \odot \boldsymbol{Y}.$$

因此, 在不考虑常系数的情况下, $\boldsymbol{z}$ 的离散傅里叶变换对应 $\boldsymbol{x}$ 和 $\boldsymbol{y}$ 的离散傅里叶变换的点乘. ■

基于性质 7.7 , 可以进一步证明循环卷积满足交换律.

推论 7.2　循环卷积运算满足交换律.

证明　对于两个长度相同的向量 $\boldsymbol{x}$ 和 $\boldsymbol{y}$, 令 $\boldsymbol{z} = \boldsymbol{x} \circledast \boldsymbol{y}$ 为这两个向量的循环卷积结果, 那么这三个向量的离散傅里叶变换满足如下关系

$$\boldsymbol{Z} = \sqrt{N}\boldsymbol{X} \odot \boldsymbol{Y} = \sqrt{N}\boldsymbol{Y} \odot \boldsymbol{X}.$$

因此, 我们同样有 $\boldsymbol{z} = \boldsymbol{y} \circledast \boldsymbol{x}$, 所以循环卷积运算满足交换律. ■

根据推论 7.1 , 可以发现 $\mathbf{Q}^{\alpha}$ 也是一个循环矩阵,

$$\mathbf{Q}^{\alpha} = \mathbf{F}^{\mathrm{H}}\overline{\mathbf{D}}^{\alpha}\mathbf{F} = \mathbf{F}^{\mathrm{H}}(\sqrt{N}\frac{1}{\sqrt{N}}\overline{\mathbf{D}}^{\alpha})\mathbf{F},$$

并且根据定理 7.4 可知, 该循环矩阵的构建向量 $\boldsymbol{q} = [q_0 \quad q_1 \quad \cdots \quad q_{N-1}]^{\mathrm{T}}$ 正好为 $\frac{1}{\sqrt{N}}\overline{\mathbf{D}}^{\alpha}$ 的对角线元素构成的列向量 $\operatorname{diag}\left(\frac{1}{\sqrt{N}}\overline{\mathbf{D}}^{\alpha}\right)$ 的离散傅里叶逆变换.

这里我们首先讨论 N 为奇数的情况, 设 $N = 2M+1$, 此时, 利用复指数函数的周期性 $e^{2\pi ai} = e^{2\pi(a+1)i}$, $\operatorname{diag}\left(\frac{1}{\sqrt{N}}\overline{\mathbf{D}}^{\alpha}\right)$ 可以表示为

$$\operatorname{diag}\left(\frac{1}{\sqrt{N}}\overline{\mathbf{D}}^{\alpha}\right) = \frac{1}{\sqrt{N}}\left[\begin{array}{cccc} 1^{\alpha} & (e^{-\frac{2\pi i}{N}})^{\alpha} & \cdots & (e^{-\frac{2\pi(N-1)i}{N}})^{\alpha} \end{array}\right]^{\mathrm{T}}$$

$$= \frac{1}{\sqrt{2M+1}}\left[\begin{array}{cccccc} 1 & (e^{-\frac{2\pi i}{2M+1}})^{\alpha} & \cdots & (e^{-\frac{2\pi M i}{2M+1}})^{\alpha} & (e^{-\frac{2\pi(M+1)i}{2M+1}})^{\alpha} & \cdots & (e^{-\frac{2\pi(2M)i}{2M+1}})^{\alpha} \end{array}\right]^{\mathrm{T}}$$

$$= \frac{1}{\sqrt{2M+1}}\left[\begin{array}{cccccc} 1 & e^{-\frac{2\pi\alpha i}{2M+1}} & \cdots & e^{-\frac{2\pi M\alpha i}{2M+1}} & e^{\frac{2\pi M\alpha i}{2M+1}} & \cdots & e^{\frac{2\pi\alpha i}{2M+1}} \end{array}\right]^{\mathrm{T}}.$$

同样地, $\mathbf{F}^{-1}$ 的第 $n+1$ 行为

$$\boldsymbol{v}_n^{\mathrm{T}} = \frac{1}{\sqrt{N}} \begin{bmatrix} 1 & e^{\frac{2\pi ni}{N}} & \cdots & e^{\frac{2\pi n(N-1)i}{N}} \end{bmatrix}$$

$$= \frac{1}{\sqrt{2M+1}} \begin{bmatrix} 1 & e^{\frac{2\pi ni}{2M+1}} & \cdots & e^{\frac{2\pi 2Mni}{2M+1}} \end{bmatrix}$$

$$= \frac{1}{\sqrt{2M+1}} \begin{bmatrix} 1 & e^{\frac{2\pi ni}{2M+1}} & \cdots & e^{\frac{2\pi Mni}{2M+1}} & e^{-\frac{2\pi Mni}{2M+1}} & \cdots & e^{-\frac{2\pi ni}{2M+1}} \end{bmatrix}.$$

因此, $\frac{1}{\sqrt{N}}\overline{\mathbf{D}}^{\alpha}$ 的对角线元素构建的列向量 $\mathrm{diag}\left(\frac{1}{\sqrt{N}}\overline{\mathbf{D}}^{\alpha}\right)$ 的离散傅里叶逆变换, 即 $\mathbf{F}^{-1}\mathrm{diag}\left(\frac{1}{\sqrt{N}}\overline{\mathbf{D}}^{\alpha}\right)$ 的第 $n+1$ 个元素为

$$q_n = \frac{1}{2M+1} \sum_{k=-M}^{M} e^{-\frac{2\pi k\alpha i}{2M+1}} e^{\frac{2\pi kni}{2M+1}} = \frac{1}{2M+1} \sum_{k=-M}^{M} e^{\frac{2\pi k(n-\alpha)i}{2M+1}}.$$

记 $\Delta\omega = \frac{1}{2M+1}$, 则上式可以表示为

$$q_n = \sum_{k=-M}^{M} e^{2\pi\Delta\omega k(n-\alpha)i} \Delta\omega.$$

令 $M \to \infty$, 上式中的求和可以转化为积分的形式

$$q_n = \lim_{M\to\infty} \sum_{k=-M}^{M} e^{2\pi\Delta\omega k(n-\alpha)i} \Delta\omega = \int_{-\frac{1}{2}}^{\frac{1}{2}} e^{2\pi\omega(n-\alpha)i} d\omega$$

$$= \frac{e^{\pi(n-\alpha)i} - e^{-\pi(n-\alpha)i}}{2\pi(n-\alpha)i} = \frac{\sin(\pi(n-\alpha))}{\pi(n-\alpha)}$$

$$= \mathrm{sinc}(\pi(n-\alpha)). \tag{7.18}$$

这表明, 在 N 为奇数的情况下 $\boldsymbol{q} = \begin{bmatrix} q_0 & q_1 & \cdots & q_{N-1} \end{bmatrix}^{\mathrm{T}}$ 是一个对 sinc 信号的离散近似, 并且循环矩阵 $\mathbf{Q}^{\alpha}$ 有如下表达式

$$\mathbf{Q}^{\alpha} = \begin{bmatrix} q_0 & q_{N-1} & \cdots & q_1 \\ q_1 & q_0 & \cdots & q_2 \\ \vdots & \vdots & \ddots & \vdots \\ q_{N-1} & q_{N-2} & \cdots & q_0 \end{bmatrix}.$$

从图 7.17(a) 到图 7.17(c) 中可以看到, 当平移量为 0 时, q 是一个冲激函数, 刚好就是 sinc 函数的采样 (方便起见, 采样时间点是关于 0 对称的). 而当平移量不为 0 且不为整数时, q 是对 sinc 函数的一个离散近似, 并且当 N 变大时, 近似误差会随之变小. 基于 q 的性质, 我们有如下定理:

定理 7.5 当 N 为奇数且趋向于正无穷时, 利用循环移位矩阵的任意实数次方来对信号进行平移等价于对信号进行 sinc 插值.

证明 设 $\tilde{x} = \mathbf{Q}^\alpha x$ 为 x 循环移位 α 个单位后的信号, 则有

$$\tilde{x} = \mathbf{Q}^\alpha x = q \circledast x.$$

公式 (7.18) 表明当 N 趋向于正无穷时, q 趋向于 sinc 函数的一个离散采样, 所以从时域的角度来说, 循环移位矩阵正是通过对原信号进行 sinc 插值 (卷积) 来实现循环移位的. ∎

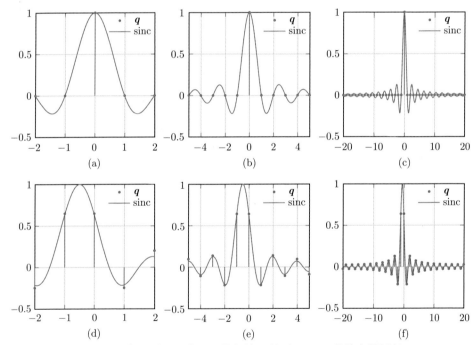

图 7.17 构成循环矩阵 $\mathbf{Q}^\alpha$ 的向量 q 是对 sinc 函数的离散近似
(a) $N = 5, \alpha = 0$; (b) $N = 11, \alpha = 0$; (c) $N = 41, \alpha = 0$; (d) $N = 5, \alpha = 0.5$; (e) $N = 11, \alpha = 0.5$;
(f) $N = 41, \alpha = 0.5$

需要注意的是, 当 N 为偶数的时候, 上述推导中的对称性就不存在了, 此时的循环移位矩阵无法在实域内开任意次方. 因此在实际应用中, 对于偶数长度的

信号序列, 我们可以通过截断的方式将其变为奇数长度序列, 然后再对其进行后续的处理.

7.7 离散傅里叶变换与完美差分矩阵

微分是数学分析中的一个重要概念, 它描述了函数在某一点的变化率. 关于微分, 傅里叶变换有如下重要性质.

性质 7.8 (傅里叶变换的微分性质) 对于一个平方可积的函数 $f(x)$, 设其傅里叶变换为 $F(\omega)$, 那么其导数 $f'(x)$ 的傅里叶变换 $\tilde{F}(\omega)$ 与原信号的傅里叶变换 $F(\omega)$ 之间存在如下关系

$$\tilde{F}(\omega) = i\omega F(\omega).$$

证明 根据傅里叶变换的定义, 我们有

$$
\begin{aligned}
\tilde{F}(\omega) &= \frac{1}{\sqrt{2\pi}} \int_{-\infty}^{\infty} f'(x) e^{-i\omega x} dx \\
&= \frac{1}{\sqrt{2\pi}} f(x) e^{-i\omega x} \Big|_{-\infty}^{\infty} + \frac{i\omega}{\sqrt{2\pi}} \int_{-\infty}^{\infty} f(x) e^{-i\omega x} dx \\
&= i\omega F(\omega).
\end{aligned}
$$
∎

然而, 对于离散信号, 计算导数并非易事. 最常用的方法是采用有限差分 (Finite Difference, 简称差分) 来近似导数. 类似于傅里叶变换的微分性质, 我们有如下关于离散傅里叶变换的差分性质.

性质 7.9 (离散傅里叶变换的差分性质[①]) 令矩阵 $\mathbf{\Delta} \in \mathbb{R}^{(2N+1)\times(2N+1)}$ 为一个差分矩阵, 那么对于一个离散信号 $\boldsymbol{f} = [f_{-N} \quad f_{-N+1} \quad \cdots \quad f_{N-1} \quad f_N]^{\mathrm{T}}$, 其差分为 $\mathbf{\Delta}\boldsymbol{f}$, 并且两者的离散傅里叶变换之间存在如下关系

$$\mathbf{F}\mathbf{\Delta}\boldsymbol{f} = \mathbf{\Lambda}\mathbf{F}\boldsymbol{f}, \tag{7.19}$$

其中 $\mathbf{F}$ 为一个 $(2N+1) \times (2N+1)$ 大小的离散傅里叶变换矩阵, 而矩阵 $\mathbf{\Lambda}$ 为一个对角矩阵, 其对角元素为 $\dfrac{2\pi n i}{2N+1}$, $n = -N, -N+1, \cdots, N-1, N$.

证明 注意到, 对于离散信号 $\boldsymbol{f} = [f_{-N} \quad f_{-N+1} \quad \cdots \quad f_{N-1} \quad f_N]^{\mathrm{T}}$, 利用离散傅里叶变换, 我们可以将其分解为一系列复指数函数的求和, 即

$$f_k = \frac{1}{\sqrt{2N+1}} \sum_{n=-N}^{N} F_n e^{\frac{2\pi n k i}{2N+1}}, \quad k = -N, -N+1, \cdots, N-1, N,$$

[①] 为了方便推导, 本小节中的信号均以 0 时刻为采样中心, 离散傅里叶变换同样也以 0 频为中心.

其中 F_n 为其离散傅里叶变换的系数. 如果将 k 看作是一个连续变量, 那么对上面的等式两边关于 k 求导, 我们可以得到

$$f'_k = \frac{1}{\sqrt{2N+1}} \sum_{n=-N}^{N} \left(\frac{2\pi n i}{2N+1} F_n \right) e^{\frac{2\pi n k i}{2N+1}}.$$

可以发现, 上式括号中的表达式 $\dfrac{2\pi n i}{2N+1} F_n$ 正是 f'_k 的离散傅里叶变换的系数. 也就是说, 离散信号 f_k 的 "导数" 的离散傅里叶变换 $\tilde{F}_n$ 和原信号的离散傅里叶变换 F_n 之间应当存在如下关系

$$\tilde{F}_n = \frac{2\pi n i}{2N+1} F_n. \tag{7.20}$$

假设存在一个差分矩阵 $\boldsymbol{\Delta}$, 使得对于任意的离散信号 $\boldsymbol{f}$, 都有其差分为 $\boldsymbol{\Delta f}$, 那么基于 (7.20), 可以得到 $\boldsymbol{f}$ 的离散傅里叶变换 $\mathbf{F} \boldsymbol{f}$ 与其差分 $\boldsymbol{\Delta f}$ 的离散傅里叶变换 $\mathbf{F} \boldsymbol{\Delta f}$ 之间存在如下关系

$$\mathbf{F} \boldsymbol{\Delta f} = \boldsymbol{\Lambda} \mathbf{F} \boldsymbol{f}, \tag{7.21}$$

其中矩阵 $\boldsymbol{\Lambda}$ 为一个对角矩阵, 即

$$\boldsymbol{\Lambda} = \begin{bmatrix} -\dfrac{2\pi N i}{2N+1} & & & & \\ & -\dfrac{2\pi (N-1) i}{2N+1} & & & \\ & & \ddots & & \\ & & & \dfrac{2\pi (N-1) i}{2N+1} & \\ & & & & \dfrac{2\pi N i}{2N+1} \end{bmatrix}. \qquad \blacksquare$$

尽管性质 7.9 给出了离散傅里叶变换的差分性质, 但其中的差分矩阵 $\boldsymbol{\Delta}$ 仍然是未知的. 在实际应用中, 常用的差分格式有前向差分 (Forward Difference)、后向差分 (Backward Difference) 和中心差分 (Central Difference). 对于一个无限长的离散信号 f_k, 以上三种差分的计算公式分别如下

$$\Delta_f f_k = \frac{f_{k+1} - f_k}{h}, \quad \Delta_b f_k = \frac{f_k - f_{k-1}}{h}, \quad \Delta_c f_k = \frac{f_{k+1} - f_{k-1}}{2h},$$

其中 $\Delta_f f_k$, $\Delta_b f_k$ 和 $\Delta_c f_k$ 分别表示信号的前向差分、后向差分和中心差分, 而 h 为步长, 通常可以令其为常数 1.

进一步地, 对于有限长的离散信号 f, 我们可以对其进行周期延拓, 并利用上式进行差分计算. 这其实相当于构建如下的循环矩阵作为向量 f 的差分算子,

$$
\boldsymbol{\Delta}_f = \begin{bmatrix} -1 & 1 & 0 & \cdots & 0 \\ 0 & -1 & 1 & \cdots & 0 \\ 0 & 0 & -1 & \ddots & 0 \\ \vdots & \vdots & \ddots & \ddots & 1 \\ 1 & 0 & 0 & 0 & -1 \end{bmatrix}, \quad \boldsymbol{\Delta}_b = \begin{bmatrix} 1 & 0 & 0 & \cdots & -1 \\ -1 & 1 & 0 & \cdots & 0 \\ 0 & -1 & 1 & \ddots & 0 \\ \vdots & \vdots & \ddots & \ddots & 0 \\ 0 & 0 & 0 & -1 & 1 \end{bmatrix},
$$

$$
\boldsymbol{\Delta}_c = \frac{1}{2} \begin{bmatrix} 0 & 1 & 0 & \cdots & -1 \\ -1 & 0 & 1 & \cdots & 0 \\ 0 & -1 & 0 & \ddots & 0 \\ \vdots & \vdots & \ddots & \ddots & 1 \\ 1 & 0 & 0 & -1 & 0 \end{bmatrix}.
$$

注意到 (7.19) 对于任意的 f 都成立, 因此完美的差分矩阵应满足如下定理.

定理 7.6 对于一个离散信号 $f \in \mathbb{R}^{2N+1}$, 其对应的完美差分矩阵 $\boldsymbol{\Delta}$ 有如下表达式

$$
\boldsymbol{\Delta} = \mathbf{F}^{\mathrm{H}} \boldsymbol{\Lambda} \mathbf{F}, \tag{7.22}
$$

其中 $\mathbf{F}$ 是一个 $(2N+1) \times (2N+1)$ 的离散傅里叶变换矩阵, 而 $\boldsymbol{\Lambda}$ 为一个对角矩阵, 其对角元素为 $\dfrac{2\pi n i}{2N+1}$, $n = -N, -N+1, \cdots, N-1, N$.

根据推论 7.1, 可以发现 $\boldsymbol{\Delta}$ 必然是一个循环矩阵, 并且该循环矩阵的特征值正是对角矩阵 $\boldsymbol{\Lambda}$ 的对角元素. 那么, 上面给出的三种差分矩阵是否是我们所需要的完美差分矩阵呢? 首先, 我们可以排除前向差分矩阵和后向差分矩阵. 这是因为完美差分矩阵应当是一个反对称矩阵

$$
\boldsymbol{\Delta}^{\mathrm{T}} = \boldsymbol{\Delta}^{\mathrm{H}} = \left(\mathbf{F}^{\mathrm{H}} \boldsymbol{\Lambda} \mathbf{F}\right)^{\mathrm{H}} = \mathbf{F}^{\mathrm{H}} \boldsymbol{\Lambda}^{\mathrm{H}} \mathbf{F} = -\mathbf{F}^{\mathrm{H}} \boldsymbol{\Lambda} \mathbf{F} = -\boldsymbol{\Delta},
$$

而前向差分矩阵和后向差分矩阵均不满足这一性质. 对于中心差分矩阵, 尽管它是一个反对称矩阵, 但下式表明其特征值为 $i\sin\left(\dfrac{2\pi n}{2N+1}\right)$, $n = -N, -N+1, \cdots, N-1, N$, 并不符合 (7.22) 中完美差分矩阵的特征值分布.

$$
\mathbf{\Delta}_c \begin{bmatrix} e^{-\frac{2\pi Nn}{2N+1}i} \\ e^{-\frac{2\pi(N-1)n}{2N+1}i} \\ \vdots \\ e^{\frac{2\pi(N-1)n}{2N+1}i} \\ e^{\frac{2\pi Nn}{2N+1}i} \end{bmatrix} = \frac{1}{2} \begin{bmatrix} e^{-\frac{2\pi(N-1)n}{2N+1}i} - e^{\frac{2\pi Nn}{2N+1}i} \\ e^{\frac{2\pi(N-2)n}{2N+1}i} - e^{-\frac{2\pi Nn}{2N+1}i} \\ \vdots \\ e^{\frac{2\pi Nn}{2N+1}i} - e^{-\frac{2\pi(N-2)n}{2N+1}i} \\ e^{-\frac{2\pi Nn}{2N+1}i} - e^{\frac{2\pi(N-1)n}{2N+1}i} \end{bmatrix}
$$

$$
= \frac{1}{2}\left(e^{\frac{2\pi n}{2N+1}i} - e^{-\frac{2\pi n}{2N+1}i} \right) \begin{bmatrix} e^{-\frac{2\pi Nn}{2N+1}i} \\ e^{-\frac{2\pi(N-1)n}{2N+1}i} \\ \vdots \\ e^{\frac{2\pi(N-1)n}{2N+1}i} \\ e^{\frac{2\pi Nn}{2N+1}i} \end{bmatrix} = i\sin\left(\frac{2\pi n}{2N+1}\right) \begin{bmatrix} e^{-\frac{2\pi Nn}{2N+1}i} \\ e^{-\frac{2\pi(N-1)n}{2N+1}i} \\ \vdots \\ e^{\frac{2\pi(N-1)n}{2N+1}i} \\ e^{\frac{2\pi Nn}{2N+1}i} \end{bmatrix}.
$$

图 7.18 展示了一系列不同采样点数下获得的离散正弦信号 $\sin\left(\dfrac{4\pi k}{2N+1}\right)$, 其中 $N = 25, 10, 5$ 分别对应了图 7.18 (a) 到图 7.18 (c). 如果将其看作连续信号, 便可以计算其导数, 并对求导结果进行采样, 得到序列 $\dfrac{4\pi}{2N+1}\cos\left(\dfrac{4\pi k}{2N+1}\right)$, 对应图 7.19 (a) 到图 7.19(c) 中的红色曲线. 而将差分矩阵 $\mathbf{\Delta}_c$ 作用到信号上, 也可以得到原信号的中心差分结果, 对应图 7.19 (a) 到图 7.19(c) 中的紫色曲线.

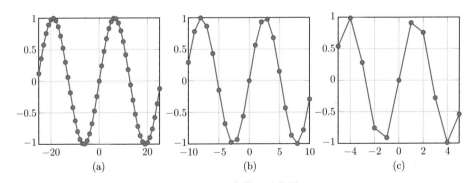

图 7.18 离散正弦信号

(a) $N = 25$; (b) $N = 10$; (c) $N = 5$

从图 7.19 中可以看到, 当采样点数 $N = 25$ 时, 中心差分矩阵的结果与理论值非常接近, 然而随着采样点数的减少, 中心差分矩阵的结果与理论值之间的误差逐渐增大，这进一步表明中心差分矩阵也不是完美的差分矩阵.

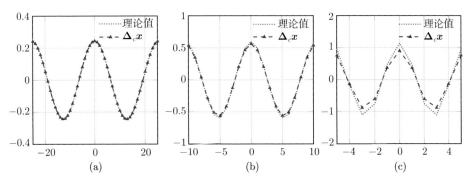

图 7.19　离散正弦信号的导数与中心差分

(a) $N = 25$; (b) $N = 10$; (c) $N = 5$

事实上，根据 (7.22)，我们可以直接计算得到完美差分矩阵. 以 $N = 2$ 为例，此时的 Δ 为一个 5×5 的矩阵，其具体取值如下

$$\begin{bmatrix} 0 & 1.0690 & -0.6607 & 0.6607 & -1.0690 \\ -1.0690 & 0 & 1.0690 & -0.6607 & 0.6607 \\ 0.6607 & -1.0690 & 0 & 1.0690 & -0.6607 \\ -0.6607 & 0.6607 & -1.0690 & 0 & 1.0690 \\ 1.0690 & -0.6607 & 0.6607 & -1.0690 & 0 \end{bmatrix}.$$

对于前面提到的离散正弦信号，基于 (7.22) 构建相应大小的差分矩阵 Δ，并将其作用到原始信号，便可得到图 7.20 中的差分结果. 从图中可以看到，完美差分矩阵 Δ 的结果与理论值完全一致.

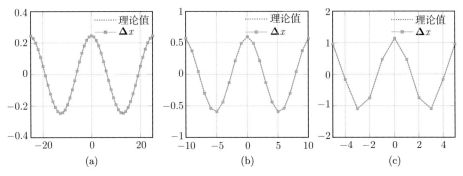

图 7.20　离散正弦信号的导数与完美差分

(a) $N = 25$; (b) $N = 10$; (c) $N = 5$

　　类似于循环移位矩阵, 完美差分矩阵的任意次幂也具有实际的物理意义. 比如 $\boldsymbol{\Delta}^2$ 可以用来计算二阶差分, 而小数次幂则可以用来获得分数阶差分.

7.8　离散傅里叶变换与离散余弦变换

　　尽管离散傅里叶变换在理论上具有重要意义, 并且快速傅里叶变换 (FFT) 在一定程度上加快了计算速度, 但其在很多领域的实用性仍然受到复数运算的限制. 由于实偶函数的傅里叶变换仍然是偶函数, 这一特性催生了一种专门在实数域中进行的变换——离散余弦变换 (Discrete Cosine Transform, DCT).

　　观察离散傅里叶正变换公式 (7.11), 在忽略常数系数的情况下, 可以发现结果能够拆分为两部分

$$X_n = \sum_{k=0}^{N-1} x_k e^{-\frac{2\pi nki}{N}} = \sum_{k=0}^{N-1} x_k \cos\left(\frac{2\pi nk}{N}\right) - i \sum_{k=0}^{N-1} x_k \sin\left(\frac{2\pi nk}{N}\right).$$

因此, 可以对离散信号 x_k $(k = 0, 1, \cdots, N-1)$ 进行对称延拓得到一个 $2N-1$ 点的离散信号 $\tilde{x}_k$ $(k = -(N-1), \cdots, N-1)$. 延拓后的信号关于原点对称, 即对于任意的 $k \in \{1, 2, \cdots, N-1\}$, 均有 $\tilde{x}_{-k} = \tilde{x}_k = x_k$. 记对称延拓信号的离散傅里叶变换为 $\tilde{X}_n$ $(n = -(N-1), \cdots, N-1)$. 容易验证, 该序列的任意分量的虚部均为零, 即

$$
\begin{aligned}
\mathrm{imag}(\tilde{X}_n) &= -\sum_{k=-(N-1)}^{N-1} \tilde{x}_k \sin\left(\frac{2\pi nk}{N}\right) \\
&= -\sum_{k=1}^{N-1} \tilde{x}_k \sin\left(\frac{2\pi nk}{N}\right) - \sum_{k=-(N-1)}^{-1} \tilde{x}_k \sin\left(\frac{2\pi nk}{N}\right) \\
&= -\sum_{k=1}^{N-1} x_k \sin\left(\frac{2\pi nk}{N}\right) + \sum_{k=1}^{N-1} x_k \sin\left(\frac{2\pi nk}{N}\right) \\
&= 0.
\end{aligned}
$$

经过简单的验证可知, $\tilde{X}_n$ 的实部同样关于原点对称, 即 $\mathrm{real}(\tilde{X}_n) = \mathrm{real}(\tilde{X}_{-n})$, 且有如下表达式

$$\mathrm{real}(\tilde{X}_n) = \sum_{k=-(N-1)}^{N-1} \tilde{x}_k \cos\left(\frac{2\pi nk}{N}\right)$$

$$= \tilde{x}_0 + \sum_{k=1}^{N-1} \tilde{x}_k \cos\left(\frac{2\pi nk}{N}\right) + \sum_{k=-(N-1)}^{-1} \tilde{x}_k \cos\left(\frac{2\pi nk}{N}\right)$$

$$= x_0 + 2\sum_{k=1}^{N-1} x_k \cos\left(\frac{2\pi nk}{N}\right).$$

从上面公式中可以发现, 当 $n = 0$ 时, 延拓后信号离散傅里叶变换的分量 $\tilde{X}_0 = x_0 + 2\sum_{k=1}^{N-1} x_k$ 并不正比于原始信号离散傅里叶变换的分量 $X_0 = \frac{1}{N}\sum_{k=0}^{N-1} x_k$. 这是因为我们对信号进行对称延拓的时候, x_0 位于对称中心 (如图 7.21(a) 所示), 并没有被复制. 为了克服以上矛盾, 通常需要首先将信号平移 $\frac{1}{2}$ 个单位, 然后再对其进行对称延拓得到包含 $2N$ 个点的离散信号 (如图 7.21(b) 所示). 延拓后信号的离散傅里叶变换对应原始信号的离散余弦变换, 具体见定义 7.7 .

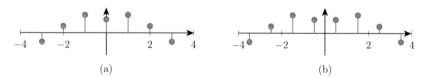

图 7.21 两种信号对称延拓方式

(a) 直接延拓; (b) 平移后延拓

定义 7.7 (离散余弦变换) 给定一个实向量

$$\boldsymbol{x} = \begin{bmatrix} x_0 & x_1 & \cdots & x_{N-1} \end{bmatrix}^{\mathrm{T}},$$

那么其离散余弦变换同样为一个实向量

$$\boldsymbol{X} = \begin{bmatrix} X_0 & X_1 & \cdots & X_{N-1} \end{bmatrix}^{\mathrm{T}}.$$

并且, 离散余弦变换的正变换公式为

$$X_n = \sum_{k=0}^{N-1} x_k \cos\left(\frac{\pi n\left(k + \frac{1}{2}\right)}{N}\right), \quad n = 0, 1, \cdots, N-1. \qquad (7.23)$$

离散余弦逆变换公式为

$$x_k = \frac{X_0}{N} + \frac{2}{N}\sum_{n=1}^{N-1} X_n \cos\left(\frac{\pi n\left(k + \frac{1}{2}\right)}{N}\right), \quad k = 0, 1, \cdots, N-1. \qquad (7.24)$$

与离散傅里叶变换类似, 离散余弦变换也可以写成矩阵的形式, 令 $\mathbf{C}$ 为离散余弦变换矩阵, 则离散余弦变换可以表示为矩阵与向量乘积的形式

$$X = \mathbf{C}x,$$

其中 $\mathbf{C}$ 有如下表达式

$$\mathbf{C} = \begin{bmatrix} 1 & 1 & \cdots & 1 \\ \cos\left(\dfrac{\pi\frac{1}{2}}{N}\right) & \cos\left(\dfrac{\pi\frac{3}{2}}{N}\right) & \cdots & \cos\left(\dfrac{\pi\frac{2N-1}{2}}{N}\right) \\ \vdots & \vdots & \ddots & \vdots \\ \cos\left(\dfrac{\pi(N-1)\frac{1}{2}}{N}\right) & \cos\left(\dfrac{\pi(N-1)\frac{3}{2}}{N}\right) & \cdots & \cos\left(\dfrac{\pi(N-1)\frac{2N-1}{2}}{N}\right) \end{bmatrix}.$$

离散余弦变换与拉普拉斯算子有着非常紧密的联系. 对于一维连续信号, 拉普拉斯算子指的就是函数的二阶导数; 而当信号为离散信号时, 拉普拉斯算子则可以通过两次差分来进行近似. 设有离散信号 x, 对于非边界处的数据点 ($n = 1, 2, \cdots, N-2$), 其二阶差分为

$$x''[n] = (x[n] - x[n+1]) - (x[n-1] - x[n]) = 2x[n] - x[n-1] - x[n+1].$$

而对于边界处的数据点, 为了保证矩阵的对称性, 其二阶差分这里定义为

$$x''[0] = x[0] - x[1], \quad x''[N-1] = x[N-1] - x[N-2].$$

那么, 对于一个向量 x, 可以通过如下的矩阵运算得到其二阶差分

$$x'' = \mathbf{L}x,$$

其中矩阵 $\mathbf{L}$ 有如下形式

$$\mathbf{L} = \begin{bmatrix} 1 & -1 & & & \\ -1 & 2 & -1 & & \\ & \ddots & \ddots & \ddots & \\ & & -1 & 2 & -1 \\ & & & -1 & 1 \end{bmatrix}.$$

将离散余弦变换矩阵 $\mathbf{C}$ 的第 $n+1$ 行记作 s_n^{T}, 我们可以验证矩阵 $\mathbf{L}$ 的特征向量矩阵正是 $\mathbf{C}^{\mathrm{T}} = [\begin{array}{cccc} s_0 & s_1 & \cdots & s_{N-1} \end{array}]$. 具体地, 对于矩阵 $\mathbf{L}$, 我们有如下定理.

定理 7.7 拉普拉斯算子对应的矩阵 $\mathbf{L}$ 有如下特征分解公式

$$\mathbf{L} = \mathbf{C}^{\mathrm{T}}\mathbf{D}\mathbf{C}^{-\mathrm{T}},$$

其中 $\mathbf{C}$ 为离散余弦变换矩阵, $\mathbf{D}$ 为对角矩阵, 有如下表示

$$\mathbf{D} = 2\begin{bmatrix} 0 & & & \\ & 1-\cos\left(\dfrac{\pi}{N}\right) & & \\ & & \ddots & \\ & & & 1-\cos\left(\dfrac{\pi(N-1)}{N}\right) \end{bmatrix}.$$

证明 对于向量

$$\boldsymbol{s}_n = \begin{bmatrix} \cos\left(\dfrac{\pi n\frac{1}{2}}{N}\right) & \cos\left(\dfrac{\pi n\frac{3}{2}}{N}\right) & \cdots & \cos\left(\dfrac{\pi n\frac{2N-1}{2}}{N}\right) \end{bmatrix}^{\mathrm{T}},$$

其二阶差分为 $\mathbf{L}\boldsymbol{s}_n$, 有如下表达式

$$\mathbf{L}\boldsymbol{s}_n = \begin{bmatrix} \cos\left(\dfrac{\pi n\frac{1}{2}}{N}\right) - \cos\left(\dfrac{\pi n\frac{3}{2}}{N}\right) \\ 2\cos\left(\dfrac{\pi n\frac{3}{2}}{N}\right) - \cos\left(\dfrac{\pi n\frac{1}{2}}{N}\right) - \cos\left(\dfrac{\pi n\frac{5}{2}}{N}\right) \\ \vdots \\ \cos\left(\dfrac{\pi n\frac{2N-1}{2}}{N}\right) - \cos\left(\dfrac{\pi n\frac{2N-3}{2}}{N}\right) \end{bmatrix}.$$

注意到

$$\cos\left(\frac{\pi n\frac{1}{2}}{N}\right) = \cos\left(-\frac{\pi n\frac{1}{2}}{N}\right), \quad \cos\left(\frac{\pi n\frac{2N-1}{2}}{N}\right) = \cos\left(\frac{\pi n\frac{2N+1}{2}}{N}\right),$$

因此 $\mathbf{L}\boldsymbol{s}_n$ 可以进一步表示为

$$\mathbf{L}s_n = \begin{bmatrix} 2\cos\left(\dfrac{\pi n\frac{1}{2}}{N}\right) - \cos\left(-\dfrac{\pi n\frac{1}{2}}{N}\right) - \cos\left(\dfrac{\pi n\frac{3}{2}}{N}\right) \\[4mm] 2\cos\left(\dfrac{\pi n\frac{3}{2}}{N}\right) - \cos\left(\dfrac{\pi n\frac{1}{2}}{N}\right) - \cos\left(\dfrac{\pi n\frac{5}{2}}{N}\right) \\[4mm] \vdots \\[4mm] 2\cos\left(\dfrac{\pi n\frac{2N-1}{2}}{N}\right) - \cos\left(\dfrac{\pi n\frac{2N-3}{2}}{N}\right) - \cos\left(\dfrac{\pi n\frac{2N+1}{2}}{N}\right) \end{bmatrix}.$$

利用三角函数和差化积公式, 向量 s_n 的二阶差分的第 $k+1$ 个元素可以统一表示为

$$2\cos\left(\dfrac{\pi n\frac{2k+1}{2}}{N}\right) - \cos\left(\dfrac{\pi n\frac{2k-1}{2}}{N}\right) - \cos\left(\dfrac{\pi n\frac{2k+3}{2}}{N}\right)$$

$$= \left(\cos\left(\dfrac{\pi n\frac{2k+1}{2}}{N}\right) - \cos\left(\dfrac{\pi n\frac{2k-1}{2}}{N}\right)\right)$$

$$- \left(\cos\left(\dfrac{\pi n\frac{2k+3}{2}}{N}\right) - \cos\left(\dfrac{\pi n\frac{2k+1}{2}}{N}\right)\right)$$

$$= -2\sin\left(\dfrac{\pi nk}{N}\right)\sin\left(\dfrac{\pi n\frac{1}{2}}{N}\right) + 2\sin\left(\dfrac{\pi n(k+1)}{N}\right)\sin\left(\dfrac{\pi n\frac{1}{2}}{N}\right).$$

再次利用三角函数和差化积公式, 我们有

$$-2\sin\left(\dfrac{\pi nk}{N}\right)\sin\left(\dfrac{\pi n\frac{1}{2}}{N}\right) + 2\sin\left(\dfrac{\pi n(k+1)}{N}\right)\sin\left(\dfrac{\pi n\frac{1}{2}}{N}\right)$$

$$= 2\left(\sin\left(\dfrac{\pi n(k+1)}{N}\right) - \sin\left(\dfrac{\pi nk}{N}\right)\right)\sin\left(\dfrac{\pi n\frac{1}{2}}{N}\right)$$

$$= 4\cos\left(\frac{\pi n(k+\frac{1}{2})}{N}\right)\sin^2\left(\frac{\pi n\frac{1}{2}}{N}\right)$$

$$= 2\cos\left(\frac{\pi n(k+\frac{1}{2})}{N}\right)\left(1-\cos\left(\frac{\pi n}{N}\right)\right).$$

所以, $\mathbf{L}\boldsymbol{s}_n$ 可以简化为

$$\mathbf{L}\boldsymbol{s}_n = 2\left(1-\cos\left(\frac{\pi n}{N}\right)\right)\begin{bmatrix}\cos\left(\dfrac{\pi n\frac{1}{2}}{N}\right)\\[2mm]\cos\left(\dfrac{\pi n\frac{3}{2}}{N}\right)\\[2mm]\vdots\\[2mm]\cos\left(\dfrac{\pi n\frac{2N-1}{2}}{N}\right)\end{bmatrix} = 2\left(1-\cos\left(\frac{\pi n}{N}\right)\right)\boldsymbol{s}_n.$$

这表明 $\boldsymbol{s}_n$ 为矩阵 $\mathbf{L}$ 的特征向量, 并且对应的特征值为 $2\left(1-\cos\left(\frac{\pi n}{N}\right)\right)$. 又因为离散余弦变换矩阵 $\mathbf{C}$ 第 $n+1$ 个行向量为 $\boldsymbol{s}_n^{\mathrm{T}}$, 所以对于矩阵 $\mathbf{L}$ 我们有如下等式成立

$$\mathbf{L}\mathbf{C}^{\mathrm{T}} = \mathbf{C}^{\mathrm{T}}\mathbf{D}.$$

上式同时右乘 $\mathbf{C}^{-\mathrm{T}}$ 便可得到定理中的结论. ∎

7.9 傅里叶变换的物理解释

事实上, 傅里叶变换并不仅仅是一个人为发明的分析工具, 它还存在于物理世界中. 我们所熟悉的凸透镜对一个平面波的作用就等价于进行一次傅里叶变换. 如图 7.22 所示, 搭载样品信息的平面波在透镜后焦面上的分布正比于样品分布的傅里叶变换, 即

$$G(x') \propto \int g(x) e^{-i2\pi x \frac{x'}{\lambda f}} dx,$$

其中 λ 为平面波的波长.

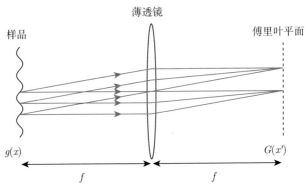

图 7.22　薄透镜的傅里叶变换作用

　　这背后的原理也并不复杂, 我们知道凸透镜会将平行光汇聚至焦平面上的一点. 但是, 显然不同位置的平行光需要穿过的薄透镜的厚度不同, 到达焦平面所需的光程也不相同, 所以不同位置的光在抵达焦平面后产生不同的相位延迟, 即抵达焦平面的光有表达式: $g(x) e^{-i2\pi x \frac{x'}{\lambda f}}$. 并且平行光在凸透镜的作用下汇聚至焦平面上的一点, 这从物理层面实现了积分的效果. 两者相结合就等价于对输入的平面光进行一次傅里叶变换.

　　傅里叶变换已经在诸多领域产生了广泛的应用, 比如信号处理领域的频谱仪、机械领域的振动分析仪、光学领域的傅里叶变换光谱仪、微波遥感领域的相控阵雷达和合成孔径雷达、医学领域的核磁共振等.

7.10　傅里叶变换在应用中的问题

　　前面几小节给出了傅里叶变换相关的理论结果和性质, 但在实际应用中, 傅里叶变换也存在一些需要注意的问题. 本节对其中的频谱分辨率、频谱泄漏、时变信号和分数傅里叶变换这几个常见问题展开讨论.

7.10.1　频谱分辨率问题

　　假设在某一应用中, 以采样率为 $f_s = \dfrac{\omega_s}{2\pi}$(为了方便计算, 这里以赫兹 Hz 为采样率单位) 对数据进行采样, 得到 N 点数据 $\boldsymbol{x} = [\begin{array}{cccc} x_0 & x_1 & \cdots & x_{N-1} \end{array}]^{\mathrm{T}}$, 并且设该数据的离散傅里叶变换为 $\boldsymbol{X} = [\begin{array}{cccc} X_0 & X_1 & \cdots & X_{N-1} \end{array}]^{\mathrm{T}}$.

根据性质 7.3, 我们知道时域的离散化对应了频域的周期化, 因此该离散信号频谱的周期与其对应的采样频率相同, 均为 $f_s = \dfrac{\omega_s}{2\pi}$ Hz. 在一个周期内, 离散傅里叶变换共有 N 点, 因此离散傅里叶变换的频率分辨率为 $\dfrac{f_s}{N}$ Hz, 即相邻两个频点 X_k 和 X_{k+1} 的频率差为 $\dfrac{f_s}{N}$ Hz. 比如, 在图 7.23 (a) 中, 我们以 $f_s = 100$Hz 采集了 1 s 的频率为 5.5Hz 的正弦信号 $x(t) = \sin\left(2\pi(5.5t)\right)$. 对应的采样点正好为 100 个 ($N = 100$), 相应的值分别为 $x_k = \sin\left(2\pi\left(\dfrac{5.5k}{100}\right)\right)$.

此时, 直接对该信号进行离散傅里叶变换所对应的频谱分辨率为 1Hz, 这意味着我们无法从信号的离散傅里叶变换中直接获得其精确的频率. 一般来说, 采样频率是由器件决定的, 不便于改动. 所以, 通常我们能做的就是改变采样点数 N. 因为频谱分辨率为 $\dfrac{f_s}{N}$, 所以想要提高频谱分辨率, 就需要增加采样点数. 但是问题来了, 对于已经采集好的数据, 其采样点数是固定的, 这时该如何处理?

有趣的是, 频谱分辨率 $\dfrac{f_s}{N}$ 只依赖于数据的采样点数 N 而与采集到的数据内容无关. 这意味着, 即便我们在已经采集到的数据后面添加上全是零的信号, 然后再对其做离散傅里叶变换, 数据的频谱分辨率依旧有可能得到提升. 如图 7.23 (c) 所示, 补零后的信号 (从 N 点补至 $20N$ 点) 的离散傅里叶变换的频谱更加细密光滑, 且能清晰地判断出信号频率为 5.5Hz 左右.

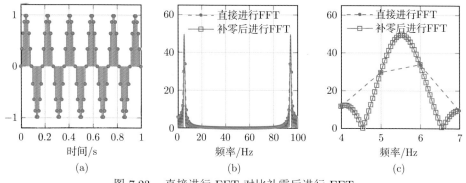

图 7.23 直接进行 FFT 对比补零后进行 FFT
(a) 采集的信号; (b) FFT 结果对比; (c) FFT 对比结果的局部区域放大

需要指出的是, 由于没有带来额外的信息, 上述补零处理对频谱分辨率的提升是有限的. 尤其是在数据被噪声污染的情况下, 想要进一步提升频谱分辨率, 关键还在于采集更多有效的数据.

7.10.2　频谱泄漏问题

　　对于图 7.24 (a) 中的一个复信号 $e^{j2\pi ft}$(只绘制了实部, 其中 $f = 5$), 将其补零至 $20N$ 点, 然后进行离散傅里叶变换得到的结果的模值如图 7.24 (b) 所示. 可以发现, 尽管原信号是一个单频的复信号, 其傅里叶变换理论上只有一个峰, 但实际上该信号的离散傅里叶变换的峰值附近都是有值的, 该现象被称作频谱泄漏. 之所以会产生这种现象, 是因为当我们对信号进行采样的时候, 不仅将信号离散化了, 还用矩形窗将原本从负无穷延伸到正无穷的信号给截断了. 矩形窗的长度与采样点数相同都为 N, 图 7.24 (c) 展示了其补零至 $20N$ 后做离散傅里叶变换的结果 (为了方便观察, 频率中心被设置在了 0Hz 处). 可以看到, 矩形窗的频谱由很多类似花瓣形状的尖峰构成的, 其中最高的峰称作**主瓣**, 其余的峰称作**旁瓣**. 由于截断的过程等价于用这个矩形窗乘以原信号, 因此利用时域相乘等于频域循环卷积的性质, 最终得到的傅里叶变换结果为无限长的复信号的频谱卷积矩形窗的频谱. 而无限长的复信号的频谱为一个冲激函数, 因此两者的卷积结果实际上等价于对矩形窗的频谱进行平移, 这就导致了截断后信号的傅里叶变换也会存在大量的旁瓣.

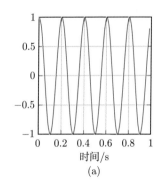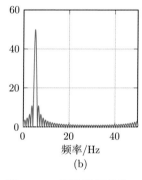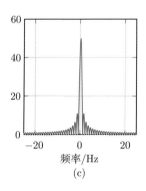

图 7.24　频谱泄漏现象

(a) 截断后的信号; (b) 信号的离散傅里叶变换; (c) 对应的矩形窗的频谱

　　既然频谱泄漏是由矩形窗引入的, 那么可以将其替换为其他旁瓣较小的窗, 来减少频谱泄漏的程度, 比如 blackman 窗、hamming 窗等. 从图 7.25 中能够发现, 在添加了 blackman 窗或 hamming 窗后, 信号离散傅里叶变换的旁瓣大大减少了. 但这么做需要付出一定的代价, 图 7.25 (b) 和图 7.25 (d) 中加窗之后的信号的离散傅里叶变换, 在旁瓣被抑制的同时主瓣变宽了, 这意味着频谱分辨率的降低. 因此, 在实际应用中, 我们需要在频谱分辨率和频谱泄漏之间做权衡, 针对具体需求选择合适的窗函数.

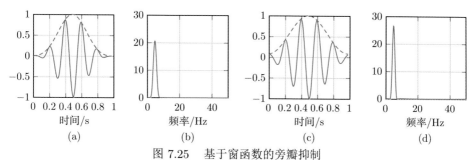

图 7.25 基于窗函数的旁瓣抑制

(a) 添加 blackman 窗后的信号; (b) 添加 blackman 窗后信号的离散傅里叶变换; (c) 添加 hamming 窗后的信号; (d) 添加 hamming 窗后信号的离散傅里叶变换

7.10.3 时变信号问题

傅里叶变换要求信号的频率是稳定的, 不随时间而改变. 但是真实世界中有很多信号的频率是随时间变化的, 比如人的心跳、地震的震波等. 这时候我们希望能够获得时变信号在不同时刻的频谱, 显然只用离散傅里叶变换是没有办法做到的. 如图 7.26 (a) 所示的啁啾 (Chirp) 信号就是一个典型的频率随时间变化的信号 $e^{j2\pi(f+Kt)t}$(频率从 5Hz 增加到 20Hz, 其中 $f=5, K=7.5$), 其离散傅里叶变换如图 7.26 (b) 所示, 从中只能得到其频谱范围.

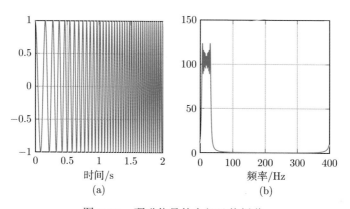

图 7.26 啁啾信号的实部及其频谱

为了获得时变信号在不同时刻的频谱, 我们可以对该信号进行短时傅里叶变换 (Short Time Fourier Transform, STFT). STFT 的思想很简单, 具体而言就是利用一个滑动窗口来截取信号, 然后对每个窗口进行离散傅里叶变换, 从而得到时变信号在不同时刻的频谱. 如图 7.27 (a) 所示, 我们将信号拆分为 8 个窗口, 并对每个窗口内的信号进行离散傅里叶变换, 从而获得图 7.27 (b) 中的 8 个频谱. 如果将这 8 个频谱按照时间排列成二维图像, 就得到了如图 7.27 (c) 所示的时频分析结果. 当然, 为了获得更高的时间分辨率, 可以允许窗口重叠, 并增加滑动窗口的数量, 对应的结果如图 7.27 (d) 所示. 但窗口的大小会影响时间分辨率, 窗口越大, 对应的时间分辨率就越低; 而窗口越小, 对应的时间分辨率则越高. 值得注意的是, 虽然小的窗口有助于提高时间分辨率, 但是也会由于包含过少的采样点而导致频谱分辨率过低.

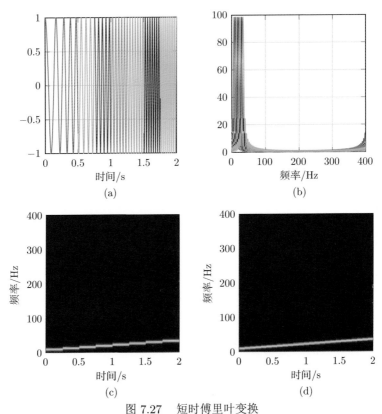

图 7.27　短时傅里叶变换

(a) 将信号切分为 8 个窗口; (b) 对每个窗口进行离散傅里叶变换; (c) 将 8 个频谱按照时间排列成二维图像; (d) 更多的窗口对应的时频分析结果

在实际应用中, 对于低频信号的部分, 我们希望窗口要尽可能大一些, 从而获得更高的频率分辨率; 而对于高频信号的部分, 我们希望窗口要尽可能小一些, 来获得更高的时间分辨率. 但短时傅里叶变换的窗口大小是固定的, 这使得其无法兼顾高时间分辨率和高频率分辨率. 为了克服这一问题, 小波变换被提了出来. 通过对一个特定的小波函数进行平移 (不同时间) 和缩放 (不同频率), 我们可以得到一组基

$$\left\{ \frac{1}{\sqrt{a}} \varphi\left(\frac{t-b}{a} \right) \, \middle| \, a \in \mathbb{R}^+, b \in \mathbb{R} \right\},$$

其中 $\varphi(t)$ 被称作母小波. 常见的母小波函数有墨西哥帽 (Mexican Hat) 小波、哈尔 (Haar) 小波、多贝西 (Daubechies) 小波等.

从图 7.28 中可以看到, 变换时间平移参数 b 就类似于短时傅里叶变换中窗口的滑动, 对应分析不同时间段信号的频谱. 而变换尺度参数 a, 实际上是改变了小波函数的频率, 对应分析信号不同的频率成分. 可以看到, 当 a 较大时, 小波函数窗口较大, 波形变化缓慢; 而当 a 较小时, 小波函数窗口较小, 并且波形变化较快. 换句话说, 小波变换对低频信号进行分析时使用较大的窗口, 而对高频信号进行分析时使用较小的窗口. 这很好地解决了短时傅里叶变换的缺点, 使得小波变换能够兼顾频率和时间分辨率. 计算啁啾信号在这组基上的展开便可以获得如图 7.29 所示的小波时频分析结果.

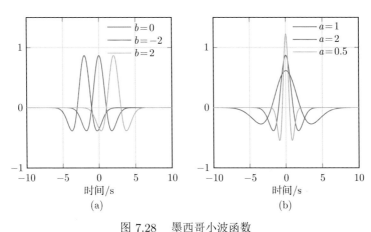

图 7.28 墨西哥小波函数

(a) 变换尺度缩放参数 a; (b) 变换时间平移参数 b

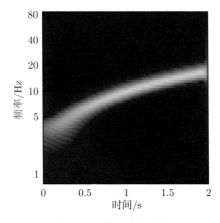

图 7.29 小波变换结果

　　无论是短时傅里叶变换还是小波变换, 本质上都与傅里叶变换类似, 它们都是首先选择一组基底, 然后计算信号在这组基下的表出系数. 事实上, 基底的选择理论上存在无穷多种, 不同的基底对应了不同的变换, 相应的表出系数也因此具有相同的数学或物理意义. 此外, 对于指数增长或衰减信号, 可以使用拉普拉斯变换或者 Z 变换来进行分析[41].

7.10.4 分数傅里叶变换

　　对向量 x 进行一次离散傅里叶变换可以记作 $\mathbf{F}x$, 进行两次离散傅里叶变换可以记作 $\mathbf{F}^2x$. 那么对于一个任意实数 α, 是否能进行 α 次的离散傅里叶变换呢? 这背后对应的概念正是分数傅里叶变换 (Fractional Fourier Transform, FRFT), 通常对向量 x 进行 α 次离散傅里叶变换可以记作 $\mathbf{F}^\alpha x$.

　　如果将傅里叶变换类比作是二维平面上的旋转的话, 由于 $\mathbf{F}^4 = \mathbf{I}$, 傅里叶正变换其实对应了 $90°$ 的旋转, 而傅里叶逆变换对应了 $-90°$ 的旋转. 进一步地, 分数傅里叶变换的引入则相当于允许进行任意角度的旋转, 比如 $\mathbf{F}^\alpha$ 可以看作是一个 $(90\alpha)°$ 的旋转. 因此, 在 α 不为整数的时候, 分数傅里叶变换的结果兼具信号的时域和频域特征, 所以利用分数傅里叶变换可以对一些信号进行时频分析, 在部分场景下获得比普通傅里叶变换更好的结果.

　　图 7.30 (a) 展示的信号 s 实际上是由图 7.30 (d) 中的两个信号组成的, 分别是原始信号 x 和噪声信号 n. 从图 7.30 (d) 和图 7.30 (e) 中可以看到, 原始信号 x 和噪声信号 n 无论是在时域还是在频域, 都是重叠在一起的, 因此很难直接从时域或是频域上将噪声信号分离并去除掉. 但是在特定角度 α 的分数傅里叶变换下, 原始信号 x 和噪声信号 n 却可以很好地被区分开, 如图 7.30 (c) 和图 7.30 (f) 所示. 因此, 可以在分数傅里叶变换的结果 $\mathbf{F}^\alpha x$ 上添加一个窗函数对噪声信号进行抑制, 之后再进行相应的分数傅里叶逆变换 $\mathbf{F}^{-\alpha}$ 便能得到如图 7.31 中所示的结果.

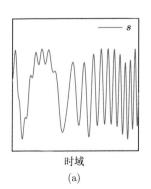
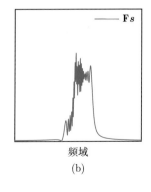
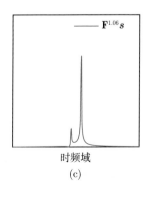

时域   频域   时频域

(a)   (b)   (c)

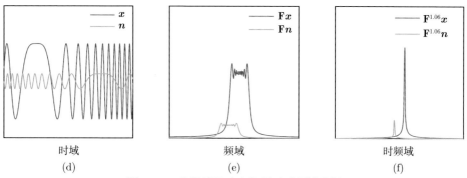

图 7.30　分数傅里叶变换用于时频域分解

(a) 含有噪声的信号; (b) 离散傅里叶变换; (c) 分数傅里叶变换; (d) 原信号与噪声信号; (e) 离散傅里叶变换;
(f) 分数傅里叶变换

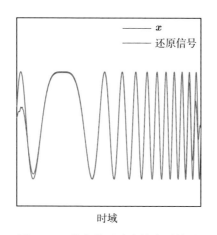

图 7.31　分数傅里叶变换去噪结果

7.11　小　　结

至此, 本章的主要内容总结为以下 6 条:

(1) 傅里叶级数告诉我们, 满足一定条件的周期函数可以表示为一系列三角函数的和.

(2) 任意平方可积的函数的傅里叶变换可以认为是周期为无穷大的周期函数的傅里叶级数.

(3) 在傅里叶变换中, 时域的周期化对应频域的离散化, 而时域的离散化对应频域的周期化.

(4) 离散傅里叶变换是酉变换, 其变换矩阵是相应大小的循环移位矩阵的特征向量矩阵.

(5) 平移 (循环移位) 和相移对应同一个线性变换, 该线性变换在时域内表现为平移, 在频域内表现为相移, 而 (离散) 傅里叶变换则架起了两者之间转换关系的桥梁.

(6) 循环移位矩阵在时域内可以实现 sinc 函数的功能.

第 8 章 连通中心演化

连通中心演化 (Connection Center Evolution, CCE) 是一种能够自适应确定数据中心的新方法. 本章首先介绍了传统中心确定方法的不足和图论 (Graph Theory) 的若干基本概念, 然后以图论中途径个数的概念为基准, 介绍了 CCE 的原始动机和基本原理. 最后, 通过引入矩阵的特征分解来重构相似度矩阵, 有效降低了 CCE 的计算复杂度.

8.1 问 题 背 景

在前面的章节中, 主成分分析和主偏度分析分别向我们揭示了数据二阶统计量和三阶统计量的内涵和意义. 事实上, 在诸多场景中, 数据的一阶统计量也有着重要的应用.

对于给定的数据, 其样本一阶统计量——样本均值 (向量) 一般可以用来表征样本观测值的中心位置. 一定程度而言, 数据的样本均值或者中心点可以认为是数据中最具代表性的点. 对于图 8.1 (a) 中分布在二维平面上的数据, 我们可以通过简单地计算得到数据的样本均值向量 (见图中黑点). 从图中可以看出, 它确实大致位于平面上数据的中心位置. 如果将图 8.1 (a) 中的二维平面卷成三维空间中的曲面, 则可得到图 8.1 (b) 所示的新的数据分布. 我们同样可以通过简单地计算得到卷曲后数据的中心位置 (图 8.1 (b) 中的黑点). 遗憾的是, 此时的中心位置并不在曲面之内, 因此它并不能反映数据在曲面上分布的一般水平或集中趋势. 那么, 一个有趣的问题来了: 当数据分布在一个复杂的流形上时, 如何确定其在流形上的代表点呢?

此外, 在很多情况下, 待研究的观测对象往往包含多种目标, 相应的数据也会出现多簇集中分布的情形. 此时, 相对于全局中心, 数据的局部中心更能精细地反映数据整体的集中与疏散结构, 因此也更具参考价值. 那么, 对于给定的数据, 我们如何自动判断其中心的个数及相应的位置呢? 接下来的几个小节, 我们将对上述问题进行深入探讨.

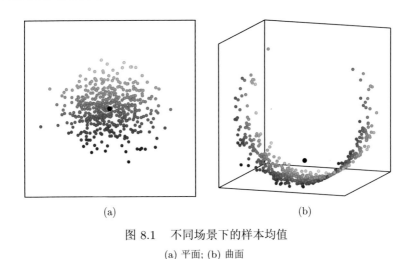

(a)   (b)

图 8.1　不同场景下的样本均值

(a) 平面; (b) 曲面

8.2　基于 K-means 的中心确定算法

数据局部中心的确定在模式识别及其他相关领域是一个经久不衰的研究课题, 研究人员也已经提出和发展了多种针对性的算法. 其中 K-means 算法以其简单、快速、有效的特点而被广泛应用 (算法具体步骤请参考第 5.6 节, 这里就不再赘述). 在类别数设为 3 的情况下, K-means 可以较为准确地得到图 8.2 中数据的局部中心.

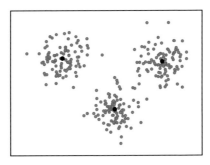

图 8.2　多簇数据的局部中心

由于 K-means 算法局部中心的确定主要基于样本间的欧氏距离和样本的一阶统计量 (样本均值), 因此, 理论上只有在各个簇的数据都呈现 "球状" 分布的时候, 该算法才可以得到理想的结果. 而在实际应用中, 这一要求很难得到满足. 比如图 8.3 中的 "火焰" 数据, 可以看出, 该数据存在两个较为明显的簇, 且下方的簇明显不符合 "球状" 分布. 当利用 K-means 算法确定该数据的局部中心时, 即使中心的个数设置为正确的簇数 2, 所得到的中心位置也明显偏离正确的中心位置 (如图 8.3 (a)). 此外, K-means 算法还存在局部极值问题, 即当选择不同的初始中心的时候, 算法可能会收敛到不同的局部中心. 图 8.3 (b) 和图 8.3 (c) 分别给出了 K-means 的另外两个局部极值结果. 还有一点需要说明的是, K-means 算法需要人为设置局部中心的个数, 不合理的中心数量会使得结果缺乏可解释性. 尽管研究人员已经发展了多种自动确定中心个数的算法, 但从上面的例子可以看出, 即使在给定合理中心数量的前提下, 面对多数 "不规则" 的数据, K-means 算法仍然很难得到理想的结果.

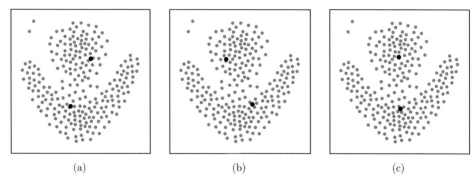

(a) (b) (c)

图 8.3 K-means 算法在不同初始中心下确定的 "火焰" 数据的局部中心

为了克服上述 K-means 算法存在的问题, 本章引入一种新的确定数据中心的方法 ——连通中心演化[42]. 该方法主要基于图论, 因此, 接下来我们首先给出图论的相关基本概念.

8.3   图论的基本概念

图论是数学中一个应用广泛的分支, 而图 (Graph) 是图论的主要研究对象. 具体而言, 图是由若干给定的顶点及连接两顶点的边所构成的图形, 其中顶点用于代表事物, 连接两顶点的边则用于表示两个事物间存在某种关系.

8.3.1   图的基本术语

我们首先给出图的定义, 以及一些相关概念.

定义 8.1 (图)   图 G 是由有限非空集合 V 及其二元子集 E 构成的二元组, 通常表示为 $G = (V, E)$. 其中, $V = \{v_1, v_2, \cdots, v_n\}$ 是图 G 中顶点的集合, 称为点集; $E = \{e_1, e_2, \cdots, e_m\}$ 是图 G 中边的集合, 称为边集.

注意到, 图论中顶点的位置以及边的长短、曲直并不重要, 我们只需关注顶点的多少及它们之间的连接关系即可. 根据不同的分类规则, 可将图分为不同的类型. 其中, 基于边的方向性可将图分为有向图和无向图.

定义 8.2 (无向图和有向图)　对于图 G 中的两个顶点 v_i 和 v_j, 若与它们相关联的边 e_k 是无序的, 则称该边为无向边, 可记为 (v_i, v_j) 或 (v_j, v_i). 当 E 是无向边的有限集合时, 图 G 为无向图. 与之相对, 若 e_k 是从顶点 v_i 到 v_j 的有向边, 则将其记作 $\langle v_i, v_j \rangle$. 当 E 是有向边的有限集合时, 图 G 为有向图.

以图 8.4 为例, 无向图 G_1 和有向图 G_2 的顶点集合都可以表示为

$$V = \{v_1, v_2, v_3, v_4\}.$$

然而, 它们的边集却有所不同. 对于无向图 G_1, 其边集可以表示为

$$E(G_1) = \{(v_1, v_2), (v_1, v_3), (v_1, v_4), (v_2, v_4)\},$$

其中的边是无序的, 如 (v_1, v_2) 和 (v_2, v_1) 表示的是同一条边. 而有向图 G_2 的边集则可以表示为

$$E(G_2) = \{\langle v_1, v_2 \rangle, \langle v_1, v_3 \rangle, \langle v_1, v_4 \rangle, \langle v_2, v_1 \rangle, \langle v_2, v_4 \rangle\},$$

其中的每条边都有对应的起始顶点和终止顶点, 如 $\langle v_1, v_2 \rangle$ 仅表示由 v_1 指向 v_2 的一条边.

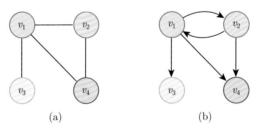

图 8.4　图的分类 (根据边的方向性)

(a) 无向图 G_1; (b) 有向图 G_2

在本章, 我们的讨论将着眼于无向图的性质和应用. 基于边的稠密性, 可以将无向图分为完全图、稠密图和稀疏图.

定义 8.3 (完全图、稠密图和稀疏图)　在无向图中, 若任意的顶点间都有边相关联, 则这种类型的无向图为完全图. 边的数目相对较多的图 (接近于完全图) 可称为稠密图, 边的数目相对较少的图可称为稀疏图.

完全图、稠密图和稀疏图的示例如图 8.5 所示. 若一个图的顶点数目为 n, 边的数目为 m, 则在完全图中, 顶点个数与边的数目的关系为 $m = n \times (n-1)/2$; 在稀疏图中, m 远小于 $n \times (n-1)/2$, 而对于稠密图, 则边数介于完全图和稀疏图

之间. 可见, 稀疏图和稠密图常常是相对而言的, 它的界定并没有绝对的标准. 需要注意的是, 上面的讨论仅涉及关联不同顶点的边, 除此之外, 还有一类特殊的边, 即自环 (定义 8.4).

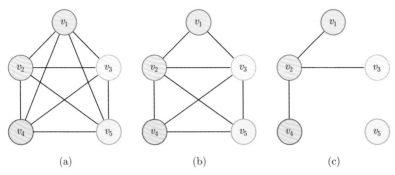

图 8.5　图的分类 (根据边的稠密性)

(a) 完全图; (b) 稠密图; (c) 稀疏图

定义 8.4 (自环)　无向图中, 关联同一个顶点 v_i 的一条边 (v_i, v_i) 称为自环.

如图 8.6 所示, $(v_i, v_i)(i = 1, 2, 3, 4)$ 均为自环. 在本章的后续小节中, 形如此类含有自环的无向图, 将是我们的重点研究对象.

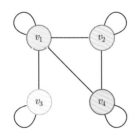

图 8.6　一个具有自环的无向图

有了上述基础定义后, 接下来给出途径的概念, 它对于数据中心的确定将起到关键的作用.

定义 8.5 (途径)　在图 $G = \{V, E\}$ 中, 从顶点 v_i 出发到达顶点 v_j 所经过的点和边的非空交替序列称为途径. 同时, 途径中边的数目称为途径的长度.

例如, 在图 8.7 中, 从 v_1 到 v_1 的长度为 3 的途径可以是 $v_1 \rightarrow v_3 \rightarrow v_2 \rightarrow v_1$[①], 也可以是 $v_1 \rightarrow v_2 \rightarrow v_3 \rightarrow v_1$, 所以图 8.7 中从 v_1 到 v_1 的长度为 3 的途径的数目为 2.

---

① 该途径可由它的顶点序列唯一确定, 完整的写法应为 $v_1 \xrightarrow{e_2} v_3 \xrightarrow{e_3} v_2 \xrightarrow{e_1} v_1$.

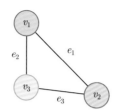

图 8.7　一个简单的无向图

值得注意的是, 途径允许重复的点和边存在, 当从一个顶点移动到另一个顶点时, 实际上可能不止一次地经过图中的某些边. 比如, 从 v_2 到 v_3 的长度为 4 的一条途径为 $v_2 \to v_1 \to v_3 \to v_2 \to v_3$, 显然, 该途径重复经过了顶点 v_2 和 v_3, 以及边 e_3.

有了途径的概念, 便可以进一步引出连通的定义.

定义 8.6 (连通)　在无向图中, 若两个顶点之间存在至少一条途径, 则称两个顶点是连通的. 如果无向图中任意一对顶点都是连通的, 则称此图是连通图.

例如, 图 8.5(a) 和图 8.5(b) 所示的图皆为连通图, 而图 8.5(c) 中, v_5 与其他顶点间均不存在途径, 因此该图不是连通图. 在实际应用中, 实体所对应的顶点间的连接关系往往更加复杂, 很多情况下并不能简单地用连通、非连通来描述. 此时, 可以引入加权图的概念.

定义 8.7 (加权图)　若图 G 中的每一条边 e_i, 都对应一个权重值 $W(e_i) \in \mathbb{R}$, 则称图 G 为加权图.

基于加权图, 我们可以表示从一个顶点到另一个顶点的距离、花费的代价、所需的时间等更为丰富的信息.

8.3.2　图的存储结构

上一节中, 我们采用图形来表示图. 它形象直观, 但并不适用于描述顶点和边较多的图. 因此, 这里将介绍两种图的存储表示方法: 邻接矩阵和邻接表.

1. 邻接矩阵

若将一个图中所有点的邻接 (见定义 8.8) 关系都存储在一个方阵 $\mathbf{A} = (a_{ij})$ 中, 其中

$$
a_{ij} = \begin{cases} 1, & (v_i, v_j) \in E, \\ 0, & (v_i, v_j) \notin E, \end{cases}
$$

则矩阵 $\mathbf{A}$ 称为图 G 的邻接矩阵. 在矩阵 $\mathbf{A}$ 中, $a_{ij} = 1$ 即说明 v_i 和 v_j 邻接,

$a_{ij} = 0$ 则说明二者不邻接. 以图 8.6 为例, 该图的邻接矩阵为

$$
\mathbf{A} = \begin{bmatrix} 1 & 1 & 1 & 1 \\ 1 & 1 & 0 & 1 \\ 1 & 0 & 1 & 0 \\ 1 & 1 & 0 & 1 \end{bmatrix}.
$$

显然, 无向图的邻接矩阵是沿主对角线对称的. 同时, 对于具有自环的无向图, 每个顶点均与自身邻接, 因此, 对应的邻接矩阵的主对角线元素 a_{ii} 均为 1.

2. 邻接表

尽管在大多数情况下, 使用邻接矩阵来存储图已经十分便捷, 但是, 当存储稀疏图时, 对应的邻接矩阵也是稀疏的, 其中大量的 0 元素会浪费较多的存储空间, 此时, 采用邻接表存储可以有效改善这一问题. 简而言之, 邻接表只存储邻接矩阵中非零的元素, 从而节省了存储空间. 以图 8.6 为例, 其对应的邻接表如图 8.8 所示.

$$
\begin{aligned}
&v_1 : v_1, \, v_2, \, v_3, \, v_4 \\
&v_2 : v_1, \, v_2, \, v_4 \\
&v_3 : v_1, \, v_3 \\
&v_4 : v_1, \, v_2, \, v_4
\end{aligned}
$$

图 8.8 邻接表示例

定义 8.8 (邻接) 设 $G = \{V, E\}$ 是具有 n 个顶点的图, 对于顶点 v_i 和 v_j, 若 $(v_i, v_j) \in E$, 则称 v_i 和 v_j 在 G 中是邻接的.

8.4 连通中心演化

连通中心演化是一种基于图论的确定数据中心的算法. 在本节中, 我们将首先介绍算法的动机、理论依据以及相关概念, 然后给出算法的基本步骤及它在不同场景下的中心确定结果. 需要指出的是, 本节的研究对象为具有自环的无向图, 为了简化图示, 本节以及之后小节的所有图均略去顶点的自环.

8.4.1 动机与理论依据

我们从一个简单的具有自环的无向图说起, 从图 8.9 中可以看出, 图 G_1 具有 4 个顶点, 7 条边 (包括 4 个顶点的自环). 根据各个顶点的邻接关系, 可以给出

该图的邻接矩阵 $\mathbf{A}_1$. 需要再次强调的是, 邻接矩阵包含了各个顶点间的邻接关系: 当 $\boldsymbol{v}_i$ 和 $\boldsymbol{v}_j$ 邻接时, 邻接矩阵中相应的元素 $a_{ij} = 1$; 否则, $a_{ij} = 0$.

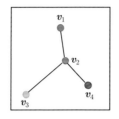

$$\mathbf{A}_1 = \begin{bmatrix} 1 & 1 & 0 & 0 \\ 1 & 1 & 1 & 1 \\ 0 & 1 & 1 & 0 \\ 0 & 1 & 0 & 1 \end{bmatrix}$$

图 8.9　具有自环的无向图 G_1 及其邻接矩阵 $\mathbf{A}_1$

从图 8.9 可以看出, 顶点 $\boldsymbol{v}_2$ 显然位于该图的中心位置, 体现在邻接矩阵中, 则表现为相对于其他顶点, 该顶点与更多的点邻接. 也就是说, 我们可以简单地从邻接矩阵中计算所有行或者所有列中 1 的个数, 然后选择其中具有最多 1 的行或者列对应的顶点作为该图的中心.

然而, 对于一般的图, 上述计数法并不一定完全适用. 比如, 对于图 8.10 中的图 G_2, 它的邻接矩阵为 $\mathbf{A}_2$, 经过简单的计算可知, 相较于其他顶点, 有更多的顶点与 $\boldsymbol{v}_2$ 邻接. 因此, 按照上面的规则, $\boldsymbol{v}_2$ 应该为该图的中心点. 尽管 $\boldsymbol{v}_2$ 确实位于 G_2 的局部中心位置附近, 但 $\boldsymbol{v}_6$ 似乎也可以认为是该图的一个局部中心. 也就是说, 上述的计数法无法处理同时存在多个局部中心的图.

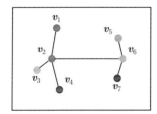

$$\mathbf{A}_2 = \begin{bmatrix} 1 & 1 & 0 & 0 & 0 & 0 & 0 \\ 1 & 1 & 1 & 1 & 0 & 1 & 0 \\ 0 & 1 & 1 & 0 & 0 & 0 & 0 \\ 0 & 1 & 0 & 1 & 0 & 0 & 0 \\ 0 & 0 & 0 & 0 & 1 & 1 & 0 \\ 0 & 1 & 0 & 0 & 1 & 1 & 1 \\ 0 & 0 & 0 & 0 & 0 & 1 & 1 \end{bmatrix}$$

图 8.10　具有自环的无向图 G_2 及其邻接矩阵 $\mathbf{A}_2$

如果把图的各个顶点比作交通网络的站点, 图的中心则可认为是该网络的交通枢纽. 而交通枢纽显然是车辆往返最为频繁的站点, 那么是否可以通过邻接矩阵把这种象征站点繁忙程度的量表达出来呢? 遗憾的是, 邻接矩阵只能表征顶点间是否邻接的静态关系, 而各个站点的繁忙程度却是一种动态信息, 单纯的邻接矩阵并不能直接表达这种动态信息.

有趣的是, 虽然顶点间的邻接性是一种静态信息, 但是顶点间的多次邻接则可展现出顶点间的动态信息. 而顶点的多次邻接可以通过简单的邻接矩阵的幂来实现. 比如对于图 8.9 的图, 它的邻接矩阵的平方如下

$$\mathbf{A}_1^2 = \begin{bmatrix} 2 & 2 & 1 & 1 \\ 2 & 4 & 2 & 2 \\ 1 & 2 & 2 & 1 \\ 1 & 2 & 1 & 2 \end{bmatrix}.$$

$\mathbf{A}_1^2$ 中的每一个元素 $a_{ij}^{(2)}$ 都具有明确的物理意义, 即它就是从顶点 v_i 到顶点 v_j 所有长度为 2 的途径的个数. 比如, $a_{22}^{(2)} = 4$, 这意味着从 v_2 出发到 v_2 结束所有的长度为 2 的途径一共有 4 条, 分别如表 8.1 所示.

表 8.1 所有从 v_2 到 v_2 长度为 2 的途径

序号	途径
1	$v_2 \rightarrow v_2 \rightarrow v_2$
2	$v_2 \rightarrow v_1 \rightarrow v_2$
3	$v_2 \rightarrow v_3 \rightarrow v_2$
4	$v_2 \rightarrow v_4 \rightarrow v_2$

同样地, 我们也可以计算该邻接矩阵的三次方如下

$$\mathbf{A}_1^3 = \begin{bmatrix} 4 & 6 & 3 & 3 \\ 6 & 10 & 6 & 6 \\ 3 & 6 & 4 & 3 \\ 3 & 6 & 3 & 4 \end{bmatrix}.$$

$\mathbf{A}_1^3$ 中的每一个元素 $a_{ij}^{(3)}$ 也都具有明确的物理意义, 即它就是从顶点 v_i 到顶点 v_j 所有长度为 3 的途径的个数. 比如, $a_{13}^{(3)} = 3$, 这意味着从 v_1 出发到 v_3 结束所有的长度为 3 的途径一共有 3 条, 分别如表 8.2 所示.

表 8.2 所有从 v_1 到 v_3 长度为 3 的途径

序号	途径
1	$v_1 \rightarrow v_2 \rightarrow v_3 \rightarrow v_3$
2	$v_1 \rightarrow v_2 \rightarrow v_2 \rightarrow v_3$
3	$v_1 \rightarrow v_1 \rightarrow v_2 \rightarrow v_3$

同样地, 我们可以给出 G_2 的邻接矩阵的二次方、三次方及四次方如下

$$\mathbf{A}_2^2 = \begin{bmatrix} 2 & 2 & 1 & 1 & 0 & 1 & 0 \\ 2 & 5 & 2 & 2 & 1 & 2 & 1 \\ 1 & 2 & 2 & 1 & 0 & 1 & 0 \\ 1 & 2 & 1 & 2 & 0 & 1 & 0 \\ 0 & 1 & 0 & 0 & 2 & 2 & 1 \\ 1 & 2 & 1 & 1 & 2 & 4 & 2 \\ 0 & 1 & 0 & 0 & 1 & 2 & 2 \end{bmatrix}, \quad \mathbf{A}_2^3 = \begin{bmatrix} 4 & 7 & 3 & 3 & 1 & 3 & 1 \\ 7 & 13 & 7 & 7 & 3 & 9 & 3 \\ 3 & 7 & 4 & 3 & 1 & 3 & 1 \\ 3 & 7 & 3 & 4 & 1 & 3 & 1 \\ 1 & 3 & 1 & 1 & 4 & 6 & 3 \\ 3 & 9 & 3 & 3 & 6 & 10 & 6 \\ 1 & 3 & 1 & 1 & 3 & 6 & 4 \end{bmatrix},$$

$$\mathbf{A}_2^4 = \begin{bmatrix} 11 & 20 & 10 & 10 & 4 & 12 & 4 \\ 20 & 43 & 20 & 20 & 12 & 28 & 12 \\ 10 & 20 & 11 & 10 & 4 & 12 & 4 \\ 10 & 20 & 10 & 11 & 4 & 12 & 4 \\ 4 & 12 & 4 & 4 & 10 & 16 & 9 \\ 12 & 28 & 12 & 12 & 16 & 31 & 16 \\ 4 & 12 & 4 & 4 & 9 & 16 & 10 \end{bmatrix}.$$

其中的元素也有如上明确的物理意义 (请读者自行验证). 事实上, 对于无向图的邻接矩阵的任意次正整数幂, 我们都有类似的结论, 相应内容见如下定理.

定理 8.1   设 $G = (V, E)$ 是一个含有自环的无向图, 图 G 的邻接矩阵记为 $\mathbf{A}$. 则 $\mathbf{A}^k$ 第 i 行第 j 列的元素值 $a_{ij}^{(k)}$, 等于图 G 中第 i 个顶点到第 j 个顶点长度为 k 的途径的数目.

那么, 如何将上述结论与交通网络中各个站点的繁忙程度建立关联呢? 事实上, 一个站点如果是交通枢纽, 则它必然对应更多的途径. 具体而言, 该站点不但到自己有更多的途径, 而且到别的站点也有更多的途径. 比如, 如果把 G_1 和 G_2 看作两张交通网络图, 其中的顶点则对应网络中的各个站点. 那么, 我们可以从 $\mathbf{A}_1^2$ 和 $\mathbf{A}_1^3$ 中看出图 8.9 中 v_2 是 G_1 中最为繁忙的站点, 而从 $\mathbf{A}_2^2$, $\mathbf{A}_2^3$ 和 $\mathbf{A}_2^4$ 中可以看出, 图 8.10 中 v_2 是 G_2 中最为繁忙的站点. 但这似乎与上面讲的计数法并没有本质的区别.

我们知道, 一个站点是否可以定义为交通枢纽, 不仅与该站点总体的繁忙程度相关, 更取决于该站点相对于别的站点的繁忙程度. 具体而言, 如果一个站点到自己的途径个数大于到别的站点的途径个数, 这通常意味着, 相对于别的站点, 有更多条路线在此汇集或分布, 因此, 就可以认为该站点为交通枢纽, 即该顶点是相应的无向图的中心.

由定理 8.1 可知, 若一个包含 n 个顶点的图 G 的邻接矩阵为 $\mathbf{A}$, 对于任意给定的途径长度 k, 我们都可以通过 $\mathbf{A}^k$ 来计算顶点 v_i 到自身及其他顶点的长度为

k 的途径数量. 其中, v_i 到自身的途径数量等于 $\mathbf{A}^k$ 中的对角线元素 $a_{ii}^{(k)}$, 而到其他顶点的途径数量对应于非对角线元素 $a_{ij}^{(k)}$(其中 $j = 1, 2, \cdots, n$ 且 $j \neq i$). 也就是说, 若想评估每个站点的相对繁忙程度, 我们只需比较 $\mathbf{A}^k$ 中的对角线元素与其所在行的其他元素大小即可. 当一个对角线元素 $a_{ii}^{(k)}$ 为其所在行的唯一最大值时, 相应的顶点 v_i 就可以认为是该图的一个中心.

首先我们使用图 G_1 来验证上述判断方法. 在 $\mathbf{A}_1^2$ 中, $a_{22}^{(2)}$ 是该矩阵第二行中唯一的最大元素, 而其他对角线元素都小于或等于同一行的至少一个非对角线元素. 由此可以推断, 如果只考察途径长度为 $k = 2$ 的路线, 则 v_2 是图 G_1 的中心顶点. 同样地, 通过对比 $\mathbf{A}_1^3$ 中的元素可以发现, 如果只考虑途径长度为 $k = 3$ 的路线, v_2 依然是图 G_1 的中心顶点. 事实上, 可以验证, 对于任意大于 3 的 k 值, v_2 都是该图的唯一中心点.

接下来我们使用图 G_2 继续验证上述判断方法. 在 $\mathbf{A}_2^2$ 中, 我们观察到对角线元素 $a_{66}^{(2)}$ 虽然小于 $a_{22}^{(2)}$, 但这两个元素分别都是它们所在行的最大元素, 这意味着, 在只考察途径长度为 $k = 2$ 的路线时, 顶点 v_2 和 v_6 都是图 G_2 的中心顶点, 这个结果与我们对该图的直观认知相符合. 此外, 通过观察 $\mathbf{A}_2^3$ 和 $\mathbf{A}_2^4$, 我们也可以得到相同的结论. 而当 $k = 5$ 时, 情况发生了变化, 此时 $a_{22}^{(5)}$ 是 $\mathbf{A}_2^5$ 的所有行中唯一的比所有非对角元素都大的对角元素. 这意味着, 当考察途径长度为 $k = 5$ 的路线时, v_6 将不再是图 G_2 的中心点, 而 v_2 则成为该图唯一的中心. 可以验证, 当 $k > 5$ 时, v_2 总是图 G_2 的唯一中心点.

$$\mathbf{A}_2^5 = \begin{bmatrix} 31 & 63 & 30 & 30 & 16 & 40 & 16 \\ 63 & 131 & 63 & 63 & 40 & 95 & 40 \\ 30 & 63 & 31 & 30 & 16 & 40 & 16 \\ 30 & 63 & 30 & 31 & 16 & 40 & 16 \\ 16 & 40 & 16 & 16 & 26 & 47 & 25 \\ 40 & 95 & 40 & 40 & 47 & 91 & 47 \\ 16 & 40 & 16 & 16 & 25 & 47 & 26 \end{bmatrix}.$$

从上面的例子可以看出, 图的中心并不是一成不变的. 不同的途径长度可能会对应不同的中心点. 事实上, 这个现象是合理的. 对于不同的途径长度 k, 邻接矩阵的 k 次幂分别表示了图的各个顶点间在不同尺度或者不同深度下的连通情况, 相应的中心点则反映了图在该尺度下的汇集情况. 因此, 上述中心判定方法事实上给出了一种图的中心从局部到整体, 从微观到宏观的动态变迁历程. 与静态的、单一尺度的中心确定方法相比, 这显然可以充分挖掘图的内在结构信息, 从而为图中心的确定提供一种更加全面和实用的视角.

8.4.2　相关概念

上一小节中, 我们给出了 CCE 的动机与理论依据, 然而在实际应用中, 对于一组待处理的真实数据 $V = \{\boldsymbol{v}_1, \boldsymbol{v}_2, \cdots, \boldsymbol{v}_n\}$, 由于样本点之间的邻接关系是未知的, 因此无法直接构建出只包含 0 和 1 的邻接矩阵. 此时, 任意两个样本点间的二值邻接关系需要用一个可以连续取值的相似关系来表征它们的相似性. 相应地, 上述具有邻接矩阵 $\mathbf{A}$ 的无向图则转化为了具有相似度矩阵 $\mathbf{S}$ 的加权图. 对于任意两个顶点 $\boldsymbol{v}_i$ 和 $\boldsymbol{v}_j$, 可以使用如下的高斯核函数来衡量它们之间的相似性,

$$s_{ij} = \exp\left(-\frac{\|\boldsymbol{v}_i - \boldsymbol{v}_j\|^2}{2\sigma^2}\right), \tag{8.1}$$

其中 σ 是尺度参数, 用于控制高斯核函数的作用范围. σ 越大, 高斯核函数的影响的范围就越大. 可以发现, s_{ij} 会随着 $\boldsymbol{v}_i$ 和 $\boldsymbol{v}_j$ 间距离的增加而减小, 且 $0 \leqslant s_{ij} \leqslant 1$. 当 $\boldsymbol{v}_i = \boldsymbol{v}_j$ 时, $s_{ij} = 1$, 这意味着, 一个顶点与自己的相似度为 1; 而当 $\|\boldsymbol{v}_i - \boldsymbol{v}_j\|^2$ 趋于无穷时, s_{ij} 趋于 0, 这意味着两个距离无穷远的顶点, 其相似度为 0.

考虑图 8.9 所示的无向图 G_1. 当我们不知道顶点之间的邻接关系时, 就可以根据顶点间的距离来计算高斯核函数, 进而构建相应的相似度矩阵 $\mathbf{S}$, 如图 8.11 所示.

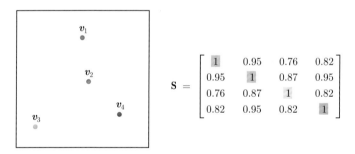

$$\mathbf{S} = \begin{bmatrix} 1 & 0.95 & 0.76 & 0.82 \\ 0.95 & 1 & 0.87 & 0.95 \\ 0.76 & 0.87 & 1 & 0.82 \\ 0.82 & 0.95 & 0.82 & 1 \end{bmatrix}$$

图 8.11　基于高斯核函数构建的相似度矩阵 $(\sigma = 1)$

在实际应用中, 高斯核函数并不是唯一的相似度函数, 常见的还有超高斯核函数和亚高斯核函数. 它们都由高斯核函数推广而来, 其形式如下

$$s_{ij} = \exp\left(-\frac{\|\boldsymbol{v}_i - \boldsymbol{v}_j\|^{2p}}{2^p \sigma^{2p}}\right). \tag{8.2}$$

当 $p = 1$ 时, (8.2) 即为 (8.1) 中的高斯核函数; 当 $p > 1$ 时, 称为超高斯核函数; 当 $0 < p < 1$ 时, 称为亚高斯核函数. 为了更直观感受高斯核函数、超高斯核函数和亚高斯核函数的区别, 图 8.12 展示了三种核函数下相似度随观测数据间距离的

变化而变化的曲线图. 在处理真实数据时, 我们可以根据数据的特点和实际需要选择合适的函数和参数进行相似度矩阵的构建.

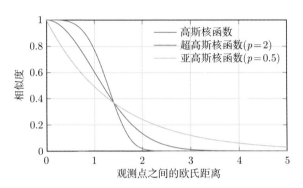

图 8.12   高斯、超高斯和亚高斯核函数的比较 (三个核函数的 σ 值均为 1)

注意到, 相较于邻接矩阵, 相似度矩阵更适合用于描述真实数据散点间的相似性, 因而得到了更为广泛的应用. 相应地, 有必要将途径数目这一概念从邻接矩阵推广到相似度矩阵 (即定义 8.9 中的 k 阶连通度). 二者的不同之处在于, 途径数目是通过邻接矩阵直接计算得出的整数, 而连通度则是由相似度矩阵计算出的实数.

定义 8.9 (k 阶连通度)   给定观测数据 V 的一个相似度矩阵 $\mathbf{S}$, 我们称 $\mathbf{S}$ 的 k 次幂 $\mathbf{S}^k$ 中的元素 $s_{ij}^{(k)}$ 为顶点 $\boldsymbol{v}_i$ 和 $\boldsymbol{v}_j$ 之间的 k 阶连通度, 记为 $\mathrm{con}^{(k)}(\boldsymbol{v}_i, \boldsymbol{v}_j)$. 特别地, 将对角线元素 $s_{ii}^{(k)}$ 定义为顶点 $\boldsymbol{v}_i$ 的 k 阶连通度, 记为 $\mathrm{con}^{(k)}(\boldsymbol{v}_i, \boldsymbol{v}_i)$.

类似于具有邻接矩阵的无向图情形, 对于具有相似度矩阵的加权无向图, 若把图中的每个顶点看作交通网络中的一个站点, 那么一个顶点的连通度同样可以生动地表示其繁忙程度. 进一步地, 当一个站点到其自身的连通度大于该站点到其他站点的连通度时, 该站点可以认为是交通网络的中心或枢纽, 相应的顶点即为数据的中心点.

定义 8.10 (k 阶中心)   对于观测数据 V 中的一个顶点 $\boldsymbol{v}_i$, 如果其满足如下不等式

$$\mathrm{con}^{(k)}(\boldsymbol{v}_i, \boldsymbol{v}_i) > \mathrm{con}^{(k)}(\boldsymbol{v}_i, \boldsymbol{v}_j), \quad j = 1, 2, \cdots, n, j \neq i, \tag{8.3}$$

则称该点为数据 V 的 k 阶中心. 同时, 对于 $\mathbf{S}^k$, 如果顶点 $\boldsymbol{v}_i$ 满足不等式 (8.3), 则称 $s_{ii}^{(k)}$ 为矩阵 $\mathbf{S}^k$ 的对角极大元素. 如果所有顶点都满足 (8.3), 则称 $\mathbf{S}^k$ 为对角极大矩阵.

得到中心点后, CCE 进一步提出了相对连通度的概念.

定义 8.11 (k 阶相对连通度)   对于观测数据 V 中的任意两个不同顶点 $\boldsymbol{v}_i$ 和

$\boldsymbol{v}_j(i, j = 1, 2, \cdots, n)$, 我们称

$$\text{rcon}^{(k)}(\boldsymbol{v}_i, \boldsymbol{v}_j) = \frac{\text{con}^{(k)}(\boldsymbol{v}_i, \boldsymbol{v}_j)}{\text{con}^{(k)}(\boldsymbol{v}_i, \boldsymbol{v}_i)} \tag{8.4}$$

为 $\boldsymbol{v}_j$ 相对于 $\boldsymbol{v}_i$ 的 k 阶相对连通度.

　　基于相对连通度的概念, 我们可以将样本集划分为不同的簇. 具体而言, 若观测数据 V 有 m 个 k 阶中心, $\mathbf{C}^{(k)} = \{\boldsymbol{c}_1^{(k)}, \boldsymbol{c}_2^{(k)}, \cdots, \boldsymbol{c}_m^{(k)}\}$, 对于任意顶点 $\boldsymbol{v}_j$, 它将会被分配给第 i^* 个中心, 若

$$i^* = \underset{i}{\arg\max} \ \text{rcon}^{(k)}\left(\boldsymbol{c}_i^{(k)}, \boldsymbol{v}_j\right), \tag{8.5}$$

即每个顶点 $\boldsymbol{v}_j$ 都被分配给与其相对连通度最大的中心 $\boldsymbol{c}_{i^*}^{(k)}$. 需要注意的是, 上式理论上可能会产生一个以上的最大值, 此时, 顶点可以分配给任意一个中心. 不过在实际应用中, 这种情况发生的概率极低.

8.4.3　算法具体步骤

　　基于上述定义, 对于给定的观测数据 $V = \{\boldsymbol{v}_1, \boldsymbol{v}_2, \cdots, \boldsymbol{v}_n\}$, CCE 的实现过程可以总结为如下步骤.

　　(1) 构建样本相似度矩阵 $\mathbf{S}$;

　　(2) 计算相似度矩阵的 k 次方 $\mathbf{S}^k (k = 1, 2, 3, \cdots)$, 根据定义 8.10 确定出数据的 k 阶中心点;

　　(3) 根据 (8.5), 将数据的非中心点分配给相应的中心点.

　　当 $k = 1$ 时, 相似度矩阵 $\mathbf{S}^1 = \mathbf{S}$ 是一个对角极大矩阵, 此时, 所有的顶点都是中心点. 当 $k = 2$ 时, 每一个顶点的 2 阶连通度将受到与其相似度较高的附近点的影响, 局部中心的数量也会随之减少. 随着 k 的增大, 所有的顶点的 k 阶连通度将逐渐受到更大范围的点的影响, 局部中心的数量一般会进一步减少. 对于一个连通图, 中心的数量一般最终都会缩减到 1, 相应的中心点对应数据的全局中心.

　　由此可见, 随着 k 的增大, CCE 展现了顶点之间从微观到宏观的连通关系. 在这里, k 起到了调节观测尺度的作用, k 从小到大的变化过程对应着图的中心由局部到整体的演化过程, 这就是算法被命名为连通中心演化的原因. 为了便于读者实现, 算法 8.1 给出了 CCE 的伪代码.

算法 8.1 CCE 算法流程

输入: 数据集 $V = \{\boldsymbol{v}_1, \boldsymbol{v}_2, \cdots, \boldsymbol{v}_n\}$, 尺度参数 σ, 迭代次数 T

输出: 所有中心结果及非中心点分配结果

1. 根据 (8.1) 计算相似矩阵 $\mathbf{S}$
2. **for** $k = 1 : T$ **do**
3.   计算 $\mathbf{S}^{(k)} = \mathbf{S}^{(k-1)}\mathbf{S}$
4.   根据定义 8.10 找到一组中心 $\mathbf{C}^{(k)} = \{\boldsymbol{c}_1^{(k)}, \boldsymbol{c}_2^{(k)}, \cdots, \boldsymbol{c}_m^{(k)}\}$
5.   根据 (8.5), 将每个顶点都分配给相对连通度最大的中心
6. **end for**

接下来, 我们分别用图 8.11 和图 8.14 中的这两个数据集来直观展示 CCE 的计算过程. 如果没有特别说明, 在后面我们将统一采用 (8.1) 所定义的高斯核函数来构建相似度矩阵 $\mathbf{S}$.

对于图 8.11 所示的 4 个顶点的数据集, 当 $k = 1$ 时, 相似度矩阵 $\mathbf{S}$ 是一个对角极大矩阵, 此时, 所有顶点均为中心点; 当 $k \geqslant 2$ 时, $s_{22}^{(k)}$ 始终是 $\mathbf{S}^k$ 的唯一对角极大元素, 因此 $\boldsymbol{v}_2$ 为该图的唯一中心 (如图 8.13 所示).

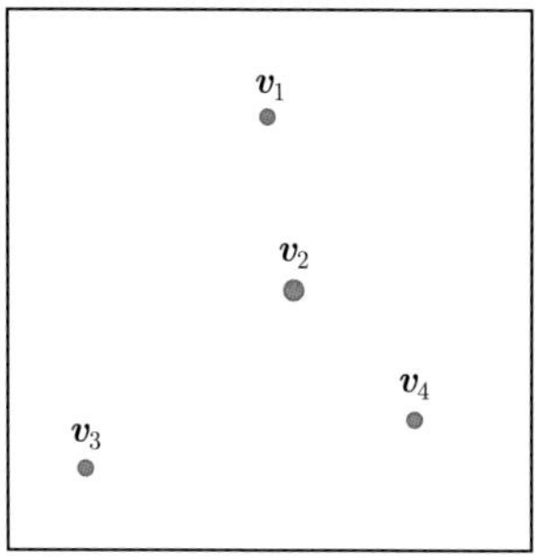

$$\mathbf{S}^2 = \begin{bmatrix} 3.16 & 3.34 & 3.02 & 3.16 \\ 3.34 & 3.56 & 3.24 & 3.39 \\ 3.02 & 3.24 & 3.01 & 3.09 \\ 3.16 & 3.39 & 3.09 & 3.24 \end{bmatrix}$$

$$\mathbf{S}^4 = \begin{bmatrix} 40.28 & 42.96 & 39.25 & 40.88 \\ 42.96 & 45.83 & 41.87 & 43.60 \\ 39.25 & 41.87 & 38.26 & 39.84 \\ 40.88 & 43.60 & 39.84 & 41.49 \end{bmatrix}$$

图 8.13   CCE 计算过程 $(\sigma = 1)$

同理, 对于图 8.14 中 7 个顶点的数据集, 当 $k = 1$ 时, 7 个顶点均为中心点; 当 $k = 2, 3, 4$ 时, $\boldsymbol{v}_2$ 和 $\boldsymbol{v}_6$ 为局部中心; 当 $k \geqslant 5$ 时, $\boldsymbol{v}_2$ 是该图的唯一中心.

正如前面所述, CCE 的一大特点在于其提供了对数据集从微观到宏观的多尺度分析能力. 也就是说, 对于一个给定的数据集, CCE 并不直接给出单一的中心确定结果, 而是对于每一个观测尺度 (k), CCE 都可以给出数据集的一个相应的中心确定结果. 这事实上与我们对数据从局部到全局的认识相吻合. 以图 8.15 中的 "银河" 数据为例, 该数据集模拟了一个人造的银河系, 其中位于中心的最大的一簇数据为银河的中心. 银心周围 5 个数据集则对应了 5 个不同的类似太阳系的恒星系统, 而每个恒星系统又由中间的恒星和周边的 5 个行星组成. 显然, 当我们

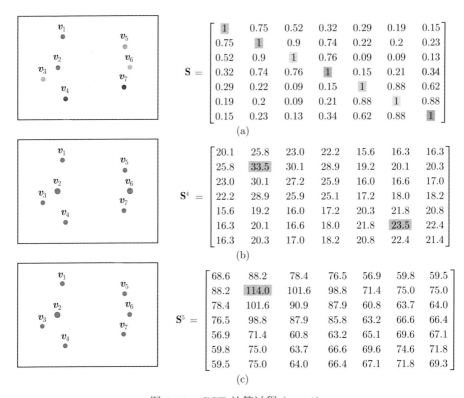

图 8.14　CCE 计算过程 $(\sigma = 1)$

(a) $k = 1$; (b) $k = 4$; (c) $k \geqslant 5$

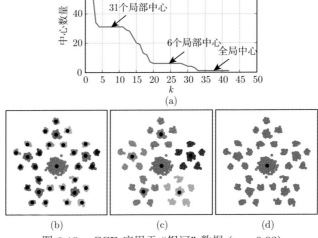

图 8.15　CCE 应用于 "银河" 数据 $(\sigma = 0.03)$

(a) 中心数量变化情况; (b) 31 个局部中心; (c) 6 个局部中心; (d) 全局中心

从行星的尺度看这块数据, 图中的 31 簇数据都有自己的中心; 当我们从恒星的尺度看这块数据, 图中的 5 簇恒星系统都只能有一个中心 (再加上银心, 该数据共有 6 个中心); 而当我们从银河的尺度看这块数据, 银心是这个系统的唯一全局中心. 当我们把 CCE 用于该数据集, 从 CCE 的中心数量迭代曲线可以看出, 该曲线有三个明显的平台, 正好分别对应了对这块数据的上述三种尺度的观测. 也就是说, 尽管 CCE 可以不加区分地对于每一个 k 都给出相应的中心确定结果, 但数据本身会根据自己的分布结构而在 CCE 的迭代曲线上展现出合理的观测尺度取值和相应的中心确定结果.

此外, CCE 也可以处理较为复杂的流形数据集, 以 "火焰" 数据集为例 (见图 8.16), CCE 识别出的局部中心更为准确和具有代表性. 在处理 "双月" 数据集时 (见图 8.17), CCE 识别的局部中心分别位于两个半圆弧上, 也与我们对中心位置的期望相符.

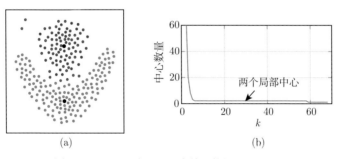

图 8.16　CCE 应用于 "火焰" 数据 ($\sigma = 0.1$)

(a) 两个局部中心; (b) 中心数量变化情况

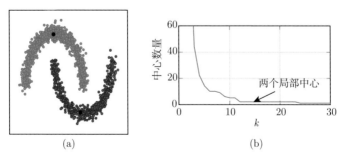

图 8.17　CCE 应用于 "双月" 数据 ($\sigma = 0.06$)

(a) 两个局部中心; (b) 中心数量变化情况

8.5　基于特征分解的快速连通中心演化算法

本节我们首先分析 CCE 的空间复杂度和时间复杂度, 然后给出相应的降低复杂度的策略.

8.5.1　算法的计算复杂度

对于给定的观测数据 $V = \{\boldsymbol{v}_1, \boldsymbol{v}_2, \cdots, \boldsymbol{v}_n\}$, CCE 的执行分为三个步骤: 相似度矩阵的构建、相似度矩阵的幂的计算 (用于确定中心点) 和非中心点的分配.

CCE 的空间复杂度主要体现在相似度矩阵的构建以及相似度矩阵的各次幂的存储上. 对于有 n 个顶点的数据集, 其相似度矩阵 $\mathbf{S}$ 及其各次幂的大小均为 $n \times n$, 当迭代总次数为 T 时, CCE 的空间复杂度最高可达 $\mathcal{O}(Tn^2)$.

CCE 的时间复杂度主要体现在相似度矩阵的各次幂的计算. 对于两个 $n \times n$ 的矩阵, 它们乘积的时间复杂度为 $\mathcal{O}(n^3)$, 因此相似度矩阵的各次幂的时间复杂度也可以认为是 $\mathcal{O}(n^3)$. 当迭代总次数为 T 时, CCE 总的时间复杂度为 $\mathcal{O}(Tn^3)$.

当观测数据的样本点比较多时, CCE 会具有较高的空间复杂度和时间复杂度. 比如, 当 $n = 2 \times 10^5$ 时, 相似度矩阵就会包含 $(2 \times 10^5) \times (2 \times 10^5)$ 个元素. 假设一个元素占据一个字节, 那么仅相似度矩阵的存储就会占据大约 33.7G 的空间, 这样的内存开销对于目前大多数个人电脑而言都是不可接受的. 此外, 相似度矩阵的幂的时间复杂度也会随着 n 的增加而急剧攀升, 对于 $(2 \times 10^5) \times (2 \times 10^5)$ 大小的矩阵的幂的计算, 大多数科学计算商业软件也无能为力. 因此, 克服或者缓解 CCE 的时间复杂度问题, 是 CCE 从理论走向应用的关键环节.

8.5.2　时间复杂度的降低

在 CCE 的执行中, 需要从低到高计算相似度矩阵 $\mathbf{S}$ 的各次幂. 因此, 可以利用如下公式计算 $\mathbf{S}$ 的 k 次幂

$$\mathbf{S}^k = \mathbf{S}^{k-1}\mathbf{S}. \tag{8.6}$$

不难发现, (8.6) 的计算牵涉两个已知矩阵的乘积, 对于包含 n 个顶点的数据集, 其时间复杂度为 $\mathcal{O}(n^3)$.

为了降低 CCE 中计算相似度矩阵的幂的时间复杂度, 可以对相似度矩阵进行特征分解

$$\mathbf{S} = \mathbf{U}\mathbf{D}\mathbf{U}^{-1}, \tag{8.7}$$

其中 $\mathbf{D} = \mathrm{diag}([\begin{array}{cccc} \lambda_1 & \lambda_2 & \cdots & \lambda_n \end{array}]^{\mathrm{T}})$ 为 $\mathbf{S}$ 的特征值矩阵, $\mathbf{U} = [\begin{array}{cccc} \boldsymbol{u}_1 & \boldsymbol{u}_2 & \cdots & \boldsymbol{u}_n \end{array}]$ 为相应的特征向量矩阵. 由于相似度矩阵一般为实对称矩阵, 因此其特征向量矩阵

$\mathbf{U}$ 必然为正交矩阵, 即 $\mathbf{U}^{-1} = \mathbf{U}^{\mathrm{T}}$. 此时, 相似度矩阵 $\mathbf{S}$ 的 k 次幂可以由下面的公式得到,

$$\mathbf{S}^k = (\mathbf{UDU}^{-1})^k = \mathbf{UD}^k\mathbf{U}^{-1} = \mathbf{UD}^k\mathbf{U}^{\mathrm{T}}. \tag{8.8}$$

比较 (8.6) 和 (8.8) 可知, (8.6) 中需要两个矩阵的乘积, 而 (8.8) 中则需要三个矩阵的乘积. 也就是说, 通过相似度矩阵的特征分解来得到矩阵的幂, CCE 的时间复杂度反而上升了. 然而, 我们可以将 (8.8) 进一步展开为

$$\mathbf{S}^k = \mathbf{UD}^k\mathbf{U}^{\mathrm{T}} = \lambda_1^k\boldsymbol{u}_1\boldsymbol{u}_1^{\mathrm{T}} + \lambda_2^k\boldsymbol{u}_2\boldsymbol{u}_2^{\mathrm{T}} + \cdots + \lambda_n^k\boldsymbol{u}_n\boldsymbol{u}_n^{\mathrm{T}}. \tag{8.9}$$

不妨设 $\lambda_1 \geqslant \lambda_2 \geqslant \cdots \geqslant \lambda_n \geqslant 0$, 此时, 可以认为公式 (8.9) 中前面特征值比较大的项对 $\mathbf{S}^k$ 的贡献较大, 而后面特征值比较小的项对 $\mathbf{S}^k$ 的贡献较小. 在此时, 我们有理由舍弃后面贡献较小的项而只保留前面贡献较大的项来近似 $\mathbf{S}^k$. 假设我们只保留前面 r 项, 则可得到 $\mathbf{S}^k$ 的近似为

$$\mathbf{S}^k \approx \tilde{\mathbf{S}}^k = \lambda_1^k\boldsymbol{u}_1\boldsymbol{u}_1^{\mathrm{T}} + \lambda_2^k\boldsymbol{u}_2\boldsymbol{u}_2^{\mathrm{T}} + \cdots + \lambda_r^k\boldsymbol{u}_r\boldsymbol{u}_r^{\mathrm{T}}. \tag{8.10}$$

记 $\tilde{\mathbf{D}} = \mathrm{diag}([\ \lambda_1\ \ \lambda_2\ \ \cdots\ \ \lambda_r\ ]^{\mathrm{T}})$, $\tilde{\mathbf{U}} = [\ \boldsymbol{u}_1\ \ \boldsymbol{u}_2\ \ \cdots\ \ \boldsymbol{u}_r\ ]$, 则 (8.10) 可以重新表示为

$$\tilde{\mathbf{S}}^k = \tilde{\mathbf{U}}\tilde{\mathbf{D}}^k\tilde{\mathbf{U}}^{\mathrm{T}}. \tag{8.11}$$

图 8.18 直观展示了 (8.11) 的计算过程. 不难推导出 (8.11) 中 $\tilde{\mathbf{S}}$ 的 k 次幂的时间复杂度为 $\mathcal{O}(n^2 r)$, 当 $r \ll n$ 时, $\tilde{\mathbf{S}}^k$ 的计算在时间复杂度上将远小于 $\mathbf{S}^k$ 的计算.

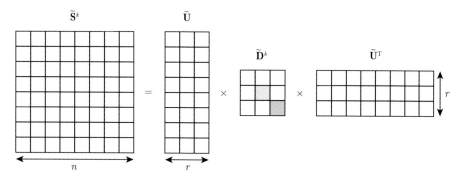

图 8.18　时间复杂度的降低示意图 $(n = 8, r = 3)$

　　下面, 我们将通过两个具体实例来直观展示上述复杂度的降低对 CCE 算法的影响. 算法中相似度矩阵的幂的计算将用公式 (8.11) 来近似. 图 8.19 是一个由 8 个顶点构成的数据集.

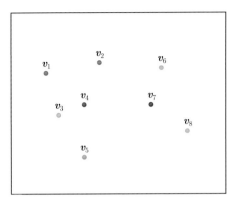

图 8.19   由 8 个顶点构成的数据集

取尺度参数 $\sigma = 0.5$, 可得到它对应的相似度矩阵 **S**,

$$
\mathbf{S} = \begin{bmatrix}
1 & 0.3622 & 0.5356 & 0.4404 & 0.0623 & 0.0110 & 0.0173 & 0.0004 \\
0.3622 & 1 & 0.2328 & 0.5226 & 0.0518 & 0.2756 & 0.2328 & 0.0171 \\
0.5356 & 0.2328 & 1 & 0.7728 & 0.4533 & 0.0139 & 0.0542 & 0.0036 \\
0.4404 & 0.5226 & 0.7728 & 1 & 0.4111 & 0.0875 & 0.2226 & 0.0229 \\
0.0623 & 0.0518 & 0.4533 & 0.4111 & 1 & 0.0104 & 0.0915 & 0.0229 \\
0.0110 & 0.2756 & 0.0139 & 0.0875 & 0.0104 & 1 & 0.6243 & 0.2226 \\
0.0173 & 0.2328 & 0.0542 & 0.2226 & 0.0915 & 0.6243 & 1 & 0.5180 \\
0.0004 & 0.0171 & 0.0036 & 0.0229 & 0.0229 & 0.2226 & 0.5180 & 1
\end{bmatrix}.
$$

对 **S** 做特征分解, 可得 $\mathbf{S} = \mathbf{U}\mathbf{D}\mathbf{U}^{\mathrm{T}}$, 其中特征值矩阵 **D** 和相应的特征向量矩阵 **U** 分别为

$$
\mathbf{D} = \begin{bmatrix}
2.75 & 0 & 0 & 0 & 0 & 0 & 0 & 0 \\
0 & 1.89 & 0 & 0 & 0 & 0 & 0 & 0 \\
0 & 0 & 1.09 & 0 & 0 & 0 & 0 & 0 \\
0 & 0 & 0 & 0.83 & 0 & 0 & 0 & 0 \\
0 & 0 & 0 & 0 & 0.59 & 0 & 0 & 0 \\
0 & 0 & 0 & 0 & 0 & 0.43 & 0 & 0 \\
0 & 0 & 0 & 0 & 0 & 0 & 0.29 & 0 \\
0 & 0 & 0 & 0 & 0 & 0 & 0 & 0.13
\end{bmatrix},
$$

$$
\mathbf{U} = \begin{bmatrix}
0.37 & -0.21 & -0.36 & -0.46 & 0.40 & -0.49 & 0.21 & -0.16 \\
0.38 & 0.07 & -0.52 & 0.25 & -0.60 & -0.23 & -0.12 & 0.29 \\
0.48 & -0.27 & 0.19 & -0.13 & 0.26 & 0.36 & -0.28 & 0.60 \\
0.53 & -0.16 & 0.03 & 0.07 & -0.20 & 0.47 & 0.08 & -0.65 \\
0.29 & -0.14 & 0.67 & 0.34 & -0.09 & -0.57 & 0.05 & -0.03 \\
0.20 & 0.52 & -0.14 & 0.40 & 0.50 & -0.07 & -0.47 & -0.18 \\
0.26 & 0.58 & 0.10 & 0.01 & 0.07 & 0.14 & 0.71 & 0.24 \\
0.12 & 0.47 & 0.28 & -0.66 & -0.33 & -0.09 & -0.37 & -0.08
\end{bmatrix}.
$$

如果设置保留的特征个数为 3, 则相应的特征值矩阵和特征向量矩阵为

$$
\tilde{\mathbf{D}} = \begin{bmatrix}
2.75 & 0 & 0 \\
0 & 1.89 & 0 \\
0 & 0 & 1.09
\end{bmatrix}, \quad
\tilde{\mathbf{U}} = \begin{bmatrix}
0.37 & -0.21 & -0.36 \\
0.38 & 0.07 & -0.52 \\
0.48 & -0.27 & 0.19 \\
0.53 & -0.16 & 0.03 \\
0.29 & -0.14 & 0.67 \\
0.20 & 0.52 & -0.14 \\
0.26 & 0.58 & 0.10 \\
0.12 & 0.47 & 0.28
\end{bmatrix},
$$

从而可以得到相似度矩阵 $\mathbf{S}$ 的近似

$$
\tilde{\mathbf{S}} = \tilde{\mathbf{U}}\tilde{\mathbf{D}}\tilde{\mathbf{U}}^{\mathrm{T}}
$$

$$
= \begin{bmatrix}
0.608 & 0.566 & 0.529 & 0.595 & 0.089 & 0.056 & -0.002 & -0.174 \\
0.566 & 0.695 & 0.357 & 0.510 & -0.102 & 0.354 & 0.285 & 0.019 \\
0.529 & 0.357 & 0.821 & 0.794 & 0.597 & -0.033 & 0.061 & -0.026 \\
0.595 & 0.510 & 0.794 & 0.825 & 0.491 & 0.132 & 0.206 & 0.043 \\
0.089 & -0.102 & 0.597 & 0.491 & 0.763 & -0.087 & 0.116 & 0.173 \\
0.056 & 0.354 & -0.033 & 0.132 & -0.087 & 0.651 & 0.705 & 0.481 \\
-0.002 & 0.285 & 0.061 & 0.206 & 0.116 & 0.705 & 0.835 & 0.624 \\
-0.174 & 0.019 & -0.026 & 0.043 & 0.173 & 0.481 & 0.624 & 0.533
\end{bmatrix}.
$$

基于 $\tilde{\mathbf{S}}$ 的该数据的 CCE 中心确定结果如图 8.20 所示. 可以看到, CCE 成功地识别出了两个局部中心点 v_4 和 v_7, 以及全局中心 v_4. 这一结果与我们对该数据的直观感受一致, 从而说明采用相似度矩阵的合理近似对数据中心的确定影响较小.

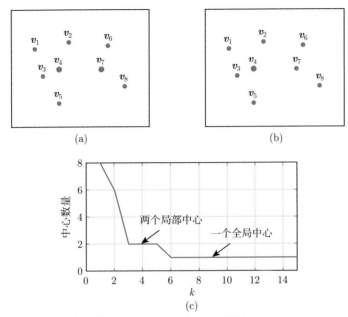

图 8.20　基于近似相似度矩阵的 CCE 算法 ($\sigma = 0.5, r = 3$)

(a) $3 \leqslant k \leqslant 5$ 时, v_4 和 v_7 为两个局部中心; (b) $k \geqslant 6$ 时, v_4 为全局中心; (c) 中心数量变化情况

接下来, 我们用另一个例子来讨论所保留的特征个数 r 对算法结果的影响. 如图 8.21 所示, 所使用的数据集由两个大小不同的簇构成, 其中的大簇包含 450 个数据点, 而小簇包含 50 个数据点. 在实验中, 我们首先构建数据的相似度矩阵 $\mathbf{S}(\sigma = 1)$, 然后对其进行特征分解, 通过保留不同数量的特征来分别近似相似度矩阵, 并将其应用于中心的确定. 作为基准对照, 当 $r = 500$ 时, 模型保留了所有的特征, 相当于原始的 CCE 算法 (图 8.21 (a)).

通过观察相似度矩阵 $\mathbf{S}$ 的特征值, 我们发现其中包含了 18 个负值. 当我们选择保留所有正特征值来重构相似度矩阵时, 得到的结果如图 8.21 (b) 所示. 从中可以看出, 这些负特征值的舍弃并没有对算法的最终结果产生影响. 这说明, 对于该数据, 相似度矩阵的负特征值及其对应的特征向量并未包含定位簇中心的关键信息.

进一步地, 当仅保留 10 个最大特征值时, CCE 算法依然能够准确地找到簇的中心数量和位置 (见图 8.21 (c)). 这一结果表明, 相似度矩阵中的这 10 个较大特征值和对应的特征向量已经足够反映数据的关键结构和模式信息. 然而, 当 r 值进一步降低至 5 个时 (见图 8.21 (d)), CCE 算法虽然也得到了两个局部中心的结果, 但这个结果并没有包含数量较小的簇的中心. 可能的原因在于, 较小的簇通常对应数据中的细微结构或次要模式, 当所保留的特征数量过少时, 这些细微结构将无法被算法捕捉. 因此, 对于给定的数据, 如何选择合适数量的特征使得 CCE 可以兼顾性能与效率是一个值得深入研究的问题.

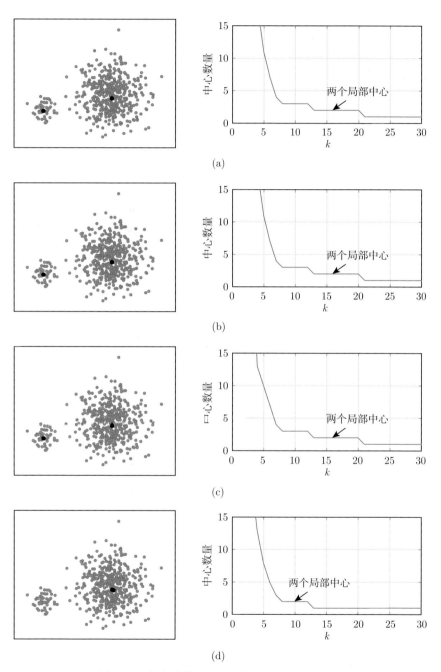

图 8.21　特征个数对 CCE 算法的影响 ($\sigma = 1$)

(a) $r = 500$; (b) $r = 482$; (c) $r = 10$; (d) $r = 5$

8.5.3　空间复杂度的降低

在上一小节中, 我们通过公式 (8.11) 来近似得到相似度矩阵的幂, 实现了时间复杂度的显著降低. 但是, 这样的处理并没有降低算法的空间复杂度. 具体而言, 在算法执行的过程中, 对于每一个尺度 k, 为了衡量不同观测值之间的连通度, 我们都需要用一个 $n \times n$ 的矩阵来存储 $\tilde{\mathbf{S}}^k$, 其空间需求与相似度矩阵的 k 次方 $\mathbf{S}^k$ 一致.

通过观察公式 (8.11) 和图 8.18, 可以发现 $\tilde{\mathbf{S}}^k \in \mathbb{R}^{n \times n}$ 能够通过矩阵 $\tilde{\mathbf{U}} \in \mathbb{R}^{n \times r}$ 与 $\tilde{\mathbf{D}}^k \in \mathbb{R}^{r \times r}$ 以及 $\tilde{\mathbf{U}}^{\mathrm{T}} \in \mathbb{R}^{r \times n}$ 的乘积形式来表示, 并且 $\tilde{\mathbf{S}}^k$ 中的每一个元素均可由 $\tilde{\mathbf{U}}$ 和 $\tilde{\mathbf{D}}$ 中的相应元素通过一定的运算得到 (如图 8.22 所示). 这意味着, 仅通过 $\tilde{\mathbf{U}}$ 和 $\tilde{\mathbf{D}}$ 即可完成样本中心的确定工作.

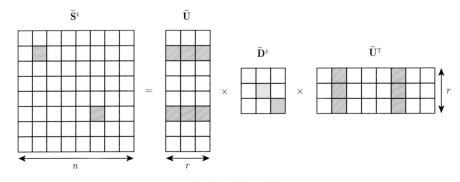

图 8.22　空间复杂度的降低示意图 $(n = 8, r = 3)$

具体而言, 我们只需存储 $\tilde{\mathbf{U}}$ 和 $\tilde{\mathbf{D}}$, 并利用 $\tilde{\mathbf{U}}$ 中的行向量以及 $\tilde{\mathbf{D}}^k$ 来逐一得到各个顶点间的 k 阶连通度. 如将 $\tilde{\mathbf{U}}$ 记作

$$\tilde{\mathbf{U}} = [\boldsymbol{u}_1 \, \boldsymbol{u}_2 \cdots \boldsymbol{u}_r] = \begin{bmatrix} \boldsymbol{p}_1^{\mathrm{T}} \\ \boldsymbol{p}_2^{\mathrm{T}} \\ \vdots \\ \boldsymbol{p}_n^{\mathrm{T}} \end{bmatrix},$$

那么对于数据集中的任意两个顶点 $\boldsymbol{v}_i$ 和 $\boldsymbol{v}_j$, 它们之间的 k 阶连通度, 也即矩阵 $\tilde{\mathbf{S}}^k$ 的第 i 行第 j 列元素可以由如下公式得到,

$$\tilde{s}_{ij}^{(k)} = \boldsymbol{p}_i^{\mathrm{T}} \tilde{\mathbf{D}}^k \boldsymbol{p}_j.$$

如此一来, CCE 的空间复杂度问题就得到了很大的缓解. 为了展现基于特征分解的快速 CCE 算法在处理较大数据集时的性能, 我们选取了一个规模更大的 "双

月"复杂流形数据集, 如图 8.23 所示, 该数据集包含 10000 个观测点. 原始 CCE 算法在处理此数据集时, 不仅耗时较长, 而且对存储空间的需求也相对较大. 相比之下, 改进后的算法在仅保留 30 个主要特征的情况下, 通过使用更小的矩阵 $\tilde{\mathbf{U}} \in \mathbb{R}^{10000 \times 30}$ 和 $\tilde{\mathbf{D}} \in \mathbb{R}^{30 \times 30}$ 即可实现原始 CCE 的主要功能. 从图 8.23 中可以看到, 这样的处理在显著降低计算复杂度的情况下, 仍然能够充分保证 CCE 的中心确定及相应的类别分配效果.

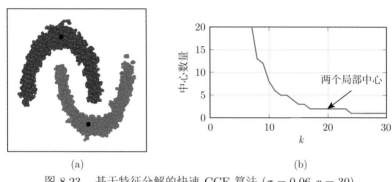

图 8.23　基于特征分解的快速 CCE 算法 ($\sigma = 0.06, r = 30$)

(a) 两个局部中心; (b) 中心数量变化情况

8.6　连通中心演化在应用中的问题

从前面的讨论可知, CCE 算法可以给出数据从局部到整体的各个尺度的中心确定结果. 然而在应用中, CCE 也存在相似度矩阵构建、中心数跳变、样本量失衡、相似度矩阵的负值以及中心位置局限等问题.

8.6.1　相似度矩阵构建问题

在 CCE 中, 相似度矩阵的构建通常采用全连通的方式. 这种方式会在所有的元素之间建立关联, 从而导致数据的中心个数并不能停留在合理的数值而最终都归为 1. 为了解决这个问题, 我们可以采用 K-近邻 (K-Nearest Neighbors, KNN) 和互近邻 (Mutual Nearest Neighbors, MNN) 等方法来构建截断的相似度矩阵.

K-近邻方法只考虑每个顶点与其 K 个近邻 (即与该顶点距离最近的 K 个顶点) 之间的连通度. 具体来说, 对于观测数据集 $V = \{\boldsymbol{v}_1, \boldsymbol{v}_2, \cdots, \boldsymbol{v}_n\}$, 如果 $\boldsymbol{v}_i$ 是 $\boldsymbol{v}_j$ 的 K-近邻, 或 $\boldsymbol{v}_j$ 是 $\boldsymbol{v}_i$ 的 K-近邻, 那么它们之间的相似度可以用一个正值表示; 否则, 该相似度将直接置 0.

互近邻方法则采用了更加严格的标准, 要求邻近性必须是双向的. 如果用高斯核函数来构建相似度矩阵 $\mathbf{S}$, 并用其中的元素 s_{ij} 来表示 $\boldsymbol{v}_i$ 和 $\boldsymbol{v}_j$ 之间的连通度,

则此时

$$
s_{ij} = \begin{cases} \exp\left(\dfrac{-\|\boldsymbol{v}_i - \boldsymbol{v}_j\|^2}{2\sigma^2}\right), & \boldsymbol{v}_i \in \mathrm{KNN}(\boldsymbol{v}_j) \text{ 且 } \boldsymbol{v}_j \in \mathrm{KNN}(\boldsymbol{v}_i), \\ 0, & \text{其他}. \end{cases} \tag{8.12}
$$

利用上述方法, 我们就可以为 CCE 构建一个稀疏的相似度矩阵. 在很多情况下, 这样的处理不仅可以降低相似度矩阵的存储负担, 而且也可以通过切断相距较远的顶点之间的关联, 来规避原始 CCE 中最终中心数归 1 的问题.

仍以图 8.17 中的 "双月" 数据集为例, 我们首先利用公式 (8.12) 构建该数据的互近邻截断相似度矩阵, 并将其用于 CCE 的后续计算. 其中, 尺度参数设置为 $\sigma = 0.06$, 互近邻数设置为 $K = 50$, 相应的结果如图 8.24 所示. 从图中可以看出, 与原始 CCE 算法类似, 基于截断相似度矩阵的 CCE 算法也能够识别出合适的中心. 并且, 随着迭代次数 k 的增加, 它的中心数量始终保持为 2, 这对于簇之间具有明显边界分隔的数据集来说, 无疑是一个更加合理的结果.

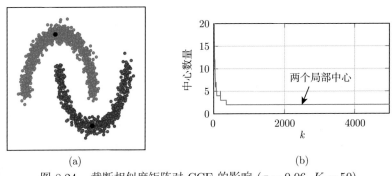

图 8.24   截断相似度矩阵对 CCE 的影响 ($\sigma = 0.06$, $K = 50$)

(a) 两个局部中心; (b) 中心数量变化情况

8.6.2   中心数跳变问题

在 CCE 算法执行的过程中, 样本的中心数量一般会随着相似度矩阵的幂次的增加而整体呈现阶梯状下降趋势, 其中的平台往往对应了一定尺度范围内相对稳定的中心确定结果. 然而, 当尺度参数 σ 设置不当时, 中心的数量可能会随着相似度矩阵幂次的增加而急剧下降. 此时, 某些合理的局部中心可能会由于相邻幂次间的观测尺度相差过大而不能对应一个平台, 甚至有被直接跳过的可能.

为了解决以上问题, 我们可以引入分数阶 CCE 的概念. 即通过在 CCE 中采用相似度矩阵的小数次幂代替其整数次幂来减小相邻幂次间的观测尺度, 从而降低某些观测尺度下的中心被漏检的可能. 具体而言, 假设相似度矩阵的特征分解为

$\mathbf{S} = \mathbf{U}\mathbf{D}\mathbf{U}^{\mathrm{T}}$, 对于任意的实数 $\alpha(0 < \alpha < 1)$, 相似度矩阵 $\mathbf{S}$ 的 α 次幂可以按照如下两种方式进行计算.

(1) 当特征值矩阵 $\mathbf{D}$ 中包含负特征值时, 将其中的负特征值置为 0, 并将置零后的特征值矩阵记为 $\tilde{\mathbf{D}}$, 那么 $\mathbf{S}^{\alpha}$ 可以由 $\mathbf{U}\tilde{\mathbf{D}}^{\alpha}\mathbf{U}^{\mathrm{T}}$ 近似表示.

(2) 首先计算 $\mathbf{D}^2$ 以避免出现负值, 然后可得 $\mathbf{S}^{\alpha} = \mathbf{U}(\mathbf{D}^2)^{\alpha/2}\mathbf{U}^{\mathrm{T}}$.

下面, 我们再次以图 8.19 中 8 个顶点的数据集为例来展示分数阶 CCE 的优势. 将尺度参数设置为 $\sigma = 1$, 然后分别应用原始 CCE (迭代步长为 1) 和分数阶 CCE (迭代步长为 $\alpha = 0.25$) 来确定该图的中心. 结果显示, 虽然两个算法都能找到两个局部中心点 v_4 和 v_7, 以及全局中心 v_4, 但原始 CCE 的中心数量迭代曲线下降较快, 这使得两个局部中心的捕捉较为困难. 相比之下, 这两个点在分数阶 CCE 的迭代曲线上对应了一个较为宽广的平台, 因此也更容易被算法确定为局部中心 (如图 8.25 所示).

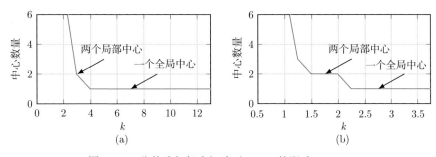

图 8.25　分数阶相似度矩阵对 CCE 的影响 $(\sigma = 1)$

(a) 原始 CCE; (b) 分数阶 CCE $(\alpha = 0.25)$

8.6.3　样本量失衡问题

在实际应用中, 数据集的不同簇中所包含的样本数量往往是不一致的. 尤其是, 当不同簇的样本规模存在显著差异时, 就容易引发样本量失衡问题. 即, CCE 算法更倾向于关注那些规模较大的簇, 而容易忽视那些规模较小的簇及其相应的局部中心.

为解释样本量失衡现象, 我们接下来首先介绍度矩阵的概念. 度矩阵

$$\mathbf{D} = \mathrm{diag}([\begin{array}{cccc} d_1 & d_2 & \cdots & d_n \end{array}]^{\mathrm{T}})$$

中的每一个对角元素 d_i 都等于相似度矩阵 $\mathbf{S}$ 第 i 行所有元素的和, 即 $d_i = \sum_{j=1}^{n} s_{ij}$. d_i 称为第 i 个顶点的度数, 它代表了第 i 个顶点到其他所有顶点的总体相似度或者总体连通度. 也可以说, 度矩阵体现了每个顶点对图中其他顶点总的影响程度.

在我们构建相似度矩阵 **S** 时, 大簇中的顶点通常与更多的顶点相邻, 因此一般也具有更大的度数. 相对而言, 小簇中的顶点往往仅与少数邻近的顶点保持了较高的相似度, 因此它们的度数也相对较小. 而 **S** 的幂乘本质上是一种迭代的放大过程, 在这个过程中, 高度数的顶点在图中的影响力逐渐增强, 而低度数顶点的影响力则相对减弱. 其结果是, 对于一些小簇中的顶点, 尽管在自己的簇内可能很重要, 但在整个图的分析中, 它们的影响力和可见性往往会逐渐被较大簇中的顶点所掩盖. 为了克服这一问题, 在对相似度矩阵 **S** 进行幂运算之前, 我们可以首先对其进行归一化处理

$$\mathbf{S} \leftarrow \mathbf{D}^{-1/2}\mathbf{S}\mathbf{D}^{-1/2}. \tag{8.13}$$

通过上式将度矩阵的逆平方根 $\mathbf{D}^{-1/2}$ 作用于相似度矩阵 **S**, 我们对各个顶点间的相似度进行了适当的缩放. 对于大簇中的顶点, 它们的相似度会因为较大的度数得到减小. 与此相反, 规模较小的簇中的顶点在归一化处理后则获得了更高的权重. 也就是说, 上述的归一化处理旨在通过度的均衡化来抑制样本量失衡问题.

接下来, 我们用一个直观的例子来展示归一化相似度矩阵对 CCE 算法的影响. 可以看到, 图 8.26 和图 8.27 中的数据都包含 100 个点, 且都分为两簇. 不同

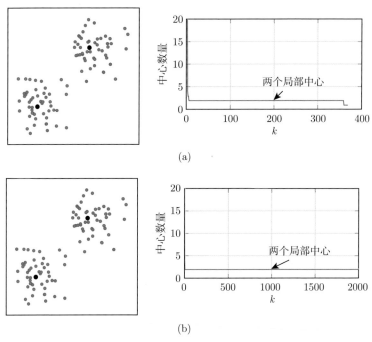

图 8.26　归一化相似度矩阵对 CCE 的影响 (样本数量 $50:50$, $\sigma = 0.1$)

(a) 原始 CCE; (b) 归一化 CCE

的是, 在图 8.26 中, 两簇的样本数量之比为 50:50, 而在图 8.27 中, 两簇的样本数量之比为 90:10. 对于这两组数据, 我们将尺度参数 σ 均设置为 0.1, 并从中心的位置和中心数量迭代曲线这两个方面来比较原始 CCE 和归一化 CCE 的异同.

从图 8.26 和图 8.27 可以看出, 无论是原始 CCE 还是相似度矩阵经过归一化处理的 CCE, 都能有效识别出该数据样本的中心位置. 然而, 二者的中心数量迭代曲线却表现出了显著的差异. 在相同的条件下, 原始 CCE 的收敛速度总是快于归一化 CCE. 并且, 对于原始 CCE 来说, 中心数量的曲线平台长度依赖于样本在各簇中的分布情况. 当每个簇内的样本数量差别不大时, 中心数量迭代曲线具有更长的平台, 而当簇与簇间的规模相差很大时, 平台的长度明显缩短, 此时中心的数量会快速降低到 1. 相比之下, 无论样本分布如何, 归一化 CCE 的中心数量迭代曲线总是有足够长的平台. 这一特点表明, 归一化 CCE 算法能够有效克服不同簇间的样本量失衡问题, 因此在多数情况下可以得到更为合理的中心确定结果.

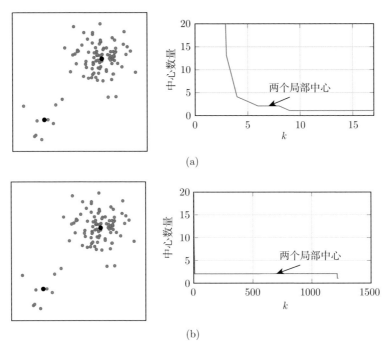

图 8.27   归一化相似度矩阵对 CCE 的影响 (样本数量 90:10, $\sigma = 0.1$)

(a) 原始 CCE; (b) 归一化 CCE

8.6.4   相似度矩阵的负值问题

在第 8.5 节中, 我们介绍了一种基于特征分解的快速 CCE 算法, 从而有效降低了 CCE 的时间复杂度. 然而, 特征分解重构的相似度矩阵可能包含负值元素.

例如, 对于图 8.19 中 8 个顶点的数据集, 我们重构的相似度矩阵

$$\tilde{\mathbf{S}} = \tilde{\mathbf{U}}\tilde{\mathbf{D}}\tilde{\mathbf{U}}^{\mathrm{T}} =$$

$$
\begin{bmatrix}
0.608 & 0.566 & 0.529 & 0.595 & 0.089 & 0.056 & -0.002 & -0.174 \\
0.566 & 0.695 & 0.357 & 0.510 & -0.102 & 0.354 & 0.285 & 0.019 \\
0.529 & 0.357 & 0.821 & 0.794 & 0.597 & -0.033 & 0.061 & -0.026 \\
0.595 & 0.510 & 0.794 & 0.825 & 0.491 & 0.132 & 0.206 & 0.043 \\
0.089 & -0.102 & 0.597 & 0.491 & 0.763 & -0.087 & 0.116 & 0.173 \\
0.056 & 0.354 & -0.033 & 0.132 & -0.087 & 0.651 & 0.705 & 0.481 \\
-0.002 & 0.285 & 0.061 & 0.206 & 0.116 & 0.705 & 0.835 & 0.624 \\
-0.174 & 0.019 & -0.026 & 0.043 & 0.173 & 0.481 & 0.624 & 0.533
\end{bmatrix},
$$

其包含了若干负值元素. 这些负值元素的存在虽然并不影响 CCE 算法的中心确定, 但也使得相应顶点间的相似性缺乏合理解释.

有多种手段可以用于解决重构相似度矩阵元素的负值问题, 接下来我们介绍其中的一种方法——对称非负矩阵分解[43]. 该方法通过低秩非负矩阵 $\mathbf{H}$ 及其转置 $\mathbf{H}^{\mathrm{T}}$ 的乘积来逼近相似度矩阵 $\mathbf{S}$,

$$\min_{\mathbf{H} \geqslant 0} \|\mathbf{S} - \mathbf{H}\mathbf{H}^{\mathrm{T}}\|_{\mathrm{F}}^2, \tag{8.14}$$

其中, $\mathbf{H} \in \mathbb{R}^{n \times r}$, 且 r 通常远小于 n. 通过求解 (8.14), 我们可以得到一个非负矩阵 $\mathbf{H}$, 相应地, 由其重构的相似度矩阵 $\tilde{\mathbf{S}} = \mathbf{H}\mathbf{H}^{\mathrm{T}}$ 也自然不会包含负值. 此外, 该优化问题可以简化为交替非负最小二乘问题[43], 感兴趣的读者可以参考相关文献获取更多信息.

下面, 为直观展示对称非负矩阵分解的效果, 我们同样将其应用于图 8.19 中的 8 顶点数据集, 当低秩非负矩阵 $\mathbf{H}$ 的秩设为 $r = 3$ 时, (8.14) 的解 $\mathbf{H}$ 及重构的相似度矩阵 $\tilde{\mathbf{S}}$ 为

$$
\mathbf{H} =
\begin{bmatrix}
0 & 0.844 & 0 \\
0 & 0.693 & 0.294 \\
0.644 & 0.612 & 0 \\
0.568 & 0.691 & 0.123 \\
0.913 & 0 & 0.002 \\
0 & 0.023 & 0.799 \\
0.127 & 0 & 0.911 \\
0 & 0 & 0.657
\end{bmatrix},
$$

$$\tilde{\mathbf{S}} = \mathbf{H}\mathbf{H}^{\mathrm{T}}$$

$$
= \begin{bmatrix}
0.7129 & 0.5852 & 0.5171 & 0.5838 & 0 & 0.0193 & 0 & 0 \\
0.5852 & 0.5670 & 0.4245 & 0.5155 & 0.0005 & 0.2510 & 0.2680 & 0.1934 \\
0.5171 & 0.4245 & 0.7894 & 0.7894 & 0.5878 & 0.0140 & 0.0818 & 0 \\
0.5838 & 0.5155 & 0.7894 & 0.8163 & 0.5194 & 0.1141 & 0.1843 & 0.0809 \\
0 & 0.0005 & 0.5878 & 0.5194 & 0.8340 & 0.0013 & 0.1175 & 0.0010 \\
0.0193 & 0.2510 & 0.0140 & 0.1141 & 0.0013 & 0.6388 & 0.7275 & 0.5249 \\
0 & 0.2680 & 0.0818 & 0.1843 & 0.1175 & 0.7275 & 0.8453 & 0.5982 \\
0 & 0.1934 & 0 & 0.0809 & 0.0010 & 0.5249 & 0.5982 & 0.4316
\end{bmatrix}.
$$

此时, 重构相似度矩阵中的元素均非负, 因而可以规避由负值所引起的相似性的解释性问题. 进一步地, 基于对称非负矩阵分解, 我们利用如下的公式来近似相似度矩阵的 k 次幂

$$\mathbf{S}^k \approx \tilde{\mathbf{S}}^k = (\mathbf{H}\mathbf{H}^{\mathrm{T}})^k = \mathbf{H}(\mathbf{H}^{\mathrm{T}}\mathbf{H})^{k-1}\mathbf{H}^{\mathrm{T}}. \tag{8.15}$$

由于 $\mathbf{H}^{\mathrm{T}}\mathbf{H}$ 的大小一般都远小于 $\mathbf{H}\mathbf{H}^{\mathrm{T}}$ 的大小, 因此, 对称非负矩阵分解算法的引入不仅能够规避重构相似度矩阵中元素的可解释问题, 而且也能有效降低 CCE 的时间复杂度.

8.6.5　中心位置局限问题

从前面的讨论可知, CCE 在数据中心信息挖掘方面展现了独特的优势和极大的应用潜质. 然而, 由于 CCE 算法的限制, 它所确定的中心点必然是原始数据集合中的点, 这对于大多数应用虽然无可厚非, 但在诠释某些特殊结构的数据时仍稍显不足.

下面以图 8.28 中展示的对称数据集为例, 从图中可以看到该数据中的 5 个蓝色散点分布在正五边形的顶点上. 当 $\sigma = 1$ 时, 该数据对应的相似度矩阵为

$$
\mathbf{S} = \begin{bmatrix}
1 & 0.501 & 0.164 & 0.164 & 0.501 \\
0.501 & 1 & 0.501 & 0.164 & 0.164 \\
0.164 & 0.501 & 1 & 0.501 & 0.164 \\
0.164 & 0.164 & 0.501 & 1 & 0.501 \\
0.501 & 0.164 & 0.164 & 0.501 & 1
\end{bmatrix}.
$$

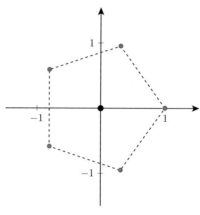

图 8.28　正五边形数据

经过简单的计算, 可以得到相似度矩阵的 5 次方和 15 次方分别为

$$
\mathbf{S}^5 = \begin{bmatrix}
14.23 & 13.88 & 13.33 & 13.33 & 13.88 \\
13.88 & 14.23 & 13.88 & 13.33 & 13.33 \\
13.33 & 13.88 & 14.23 & 13.88 & 13.33 \\
13.33 & 13.33 & 13.88 & 14.23 & 13.88 \\
13.88 & 13.33 & 13.33 & 13.88 & 14.23
\end{bmatrix},
$$

$$
\mathbf{S}^{15} = \begin{bmatrix}
64685.29 & 64684.76 & 64683.90 & 64683.90 & 64684.76 \\
64684.76 & 64685.29 & 64684.76 & 64683.90 & 64683.90 \\
64683.90 & 64684.76 & 64685.29 & 64684.76 & 64683.90 \\
64683.90 & 64683.90 & 64684.76 & 64685.29 & 64684.76 \\
64684.76 & 64683.90 & 64683.90 & 64684.76 & 64685.29
\end{bmatrix}.
$$

不难发现, 无论 k 怎么选, 这 5 个点始终都是 CCE 的样本中心. 而对于大多数应用, 图中的黑点尽管不属于数据集合, 但它显然是一个更合理的数据中心. 此外, 可以验证, 随着 k 的增加, $\mathbf{S}^k$ 逐渐趋于一个所有元素都相同的矩阵. 这是因为 $\begin{bmatrix} \dfrac{1}{5} & \dfrac{1}{5} & \dfrac{1}{5} & \dfrac{1}{5} & \dfrac{1}{5} \end{bmatrix}^{\mathrm{T}}$ 是 $\mathbf{S}$ 最大特征值对应的特征向量. 当我们用该特征向量作为权重时, 对数据中的 5 个点加权求和

$$\begin{bmatrix} \cos(0°) & \cos(72°) & \cos(144°) & \cos(216°) & \cos(288°) \\ \sin(0°) & \sin(72°) & \sin(144°) & \sin(216°) & \sin(288°) \end{bmatrix} \begin{bmatrix} \dfrac{1}{5} \\ \dfrac{1}{5} \\ \dfrac{1}{5} \\ \dfrac{1}{5} \\ \dfrac{1}{5} \end{bmatrix} = \begin{bmatrix} 0 \\ 0 \end{bmatrix},$$

即可得到理想的中心位置为 $(0,0)$. 事实上, 上述中心确定的策略也适用于任何非对称数据. 只不过, 在实际应用中, 上述方法得到的全局中心与 CCE 得到全局中心通常没有显著的区别.

8.7　小　　结

至此, 本章的主要内容总结为以下 6 条:

(1) 本章介绍一种新的数据中心确定机制——连通中心演化 (CCE).

(2) 一定程度而言, CCE 是一阶统计分析的天然工具.

(3) CCE 将图论中顶点间途径条数的概念推广到实数情形, 建立了连通度的概念.

(4) 基于相对连通度的概念, CCE 可以自动确定局部中心的位置和个数.

(5) CCE 能够提供数据从微观到宏观、从局部到整体的各尺度中心确定和类别分配的结果.

(6) 连通度提供了一种衡量数据相似性的新的度量方式.

第 9 章　瑞　利　商

(广义) 瑞利商 (Rayleigh Quotient, RQ) 是对数据进行多因素分析的基本工具. 本章首先给出瑞利商和广义瑞利商的相关定义和性质, 然后讨论了它们的取值范围. 最后, 针对各种应用场景的 (广义) 瑞利商问题给出了简要的介绍.

9.1　问 题 背 景

在实际应用中, 观测数据往往是多种因素共同作用的结果. 最常见的是, 当数据中包含加性噪声的时候, 观测数据可以表示为真实数据与噪声之和, 即

$$\mathbf{X} = \mathbf{S} + \mathbf{N},$$

其中 $\mathbf{S}$ 为没有被噪声污染的真实数据, $\mathbf{N}$ 为加性噪声, $\mathbf{X}$ 为观测数据. 此时, 用前面讲的各种方法对该数据进行处理, 所得到的结果难免都会受到噪声的影响. 比如, 当噪声的方差在各个方向的大小不一致时, 对观测数据 $\mathbf{X}$ 进行主成分分析, 最终得到的各个主成分很难真正反映真实信号 $\mathbf{S}$ 的二阶统计信息分布情况. 从图 9.1 可以看出, 由于噪声的影响, 观测数据的各个主成分方向与真实数据的相应主成分方向之间有一个明显的夹角. 特别地, 当噪声在某个方向的方差远大于真实数据在各个方向的方差时, 观测数据的第一主成分将主要由噪声组成.

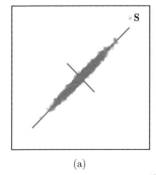 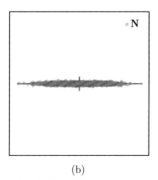 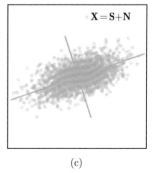

(a)　　　　　　　　　　(b)　　　　　　　　　　(c)

图 9.1　噪声对数据主成分的影响

(a) 真实数据 $\mathbf{S}$ 及其主成分方向; (b) 噪声数据 $\mathbf{N}$ 及其主成分方向; (c) 观测数据 $\mathbf{X} = \mathbf{S} + \mathbf{N}$ 及其主成分方向

针对上述这种包含多因素的数据, 如何统筹其中各种因素从而提取出我们想

要的信息在诸多领域都有着重要的应用价值, 而接下来要讲的 (广义) 瑞利商正是处理此类问题的必备手段.

9.2 瑞利商的定义与性质

定义 9.1 (瑞利商)　对于一个埃尔米特矩阵 $\mathbf{M}$ 和一个非零向量 $\boldsymbol{x}$, 矩阵 $\mathbf{M}$ 在向量 $\boldsymbol{x}$ 上的瑞利商定义为

$$R(\mathbf{M}, \boldsymbol{x}) = \frac{\boldsymbol{x}^{\mathrm{H}} \mathbf{M} \boldsymbol{x}}{\boldsymbol{x}^{\mathrm{H}} \boldsymbol{x}}. \tag{9.1}$$

在实际应用中 $\mathbf{M}$ 更多是一个实对称矩阵, 此时共轭转置 $\boldsymbol{x}^{\mathrm{H}}$ 就变为普通的转置 $\boldsymbol{x}^{\mathrm{T}}$, 对应的瑞利商可以表示为

$$R(\mathbf{M}, \boldsymbol{x}) = \frac{\boldsymbol{x}^{\mathrm{T}} \mathbf{M} \boldsymbol{x}}{\boldsymbol{x}^{\mathrm{T}} \boldsymbol{x}}.$$

进一步地, 关于瑞利商, 有如下的性质.

性质 9.1 (齐次性)　若 α 和 β 为任意两个非零复数, 则

$$R(\beta \mathbf{M}, \alpha \boldsymbol{x}) = \beta R(\mathbf{M}, \boldsymbol{x}).$$

证明　根据定义 9.1 , 不难得到

$$R(\beta \mathbf{M}, \alpha \boldsymbol{x}) = \frac{(\alpha \boldsymbol{x})^{\mathrm{H}} \beta \mathbf{M} \alpha \boldsymbol{x}}{(\alpha \boldsymbol{x})^{\mathrm{H}} \alpha \boldsymbol{x}} = \frac{|\alpha|^2 \beta \boldsymbol{x}^{\mathrm{H}} \mathbf{M} \boldsymbol{x}}{|\alpha|^2 \boldsymbol{x}^{\mathrm{H}} \boldsymbol{x}} = \frac{\beta \boldsymbol{x}^{\mathrm{H}} \mathbf{M} \boldsymbol{x}}{\boldsymbol{x}^{\mathrm{H}} \boldsymbol{x}} = \beta R(\mathbf{M}, \boldsymbol{x}). \quad \blacksquare$$

性质 9.2 (平移不变性)　若 k 为任意一个复数, 则

$$R(\mathbf{M} - k\mathbf{I}, \boldsymbol{x}) = R(\mathbf{M}, \boldsymbol{x}) - k.$$

证明　直接计算 $R(\mathbf{M} - k\mathbf{I}, \boldsymbol{x})$ 可得

$$R(\mathbf{M} - k\mathbf{I}, \boldsymbol{x}) = \frac{\boldsymbol{x}^{\mathrm{H}} (\mathbf{M} - k\mathbf{I}) \boldsymbol{x}}{\boldsymbol{x}^{\mathrm{H}} \boldsymbol{x}} = \frac{\boldsymbol{x}^{\mathrm{H}} \mathbf{M} \boldsymbol{x} - k \boldsymbol{x}^{\mathrm{H}} \boldsymbol{x}}{\boldsymbol{x}^{\mathrm{H}} \boldsymbol{x}} = R(\mathbf{M}, \boldsymbol{x}) - k. \quad \blacksquare$$

性质 9.3 (正交性)　向量 $(\mathbf{M} - R(\mathbf{M}, \boldsymbol{x})\mathbf{I})\boldsymbol{x}$ 与 $\boldsymbol{x}$ 正交.

证明　根据 (9.1), 可以得到

$$R(\mathbf{M}, \boldsymbol{x}) \boldsymbol{x}^{\mathrm{H}} \boldsymbol{x} = \boldsymbol{x}^{\mathrm{H}} \mathbf{M} \boldsymbol{x}.$$

将上式两侧同时减去 $R(\mathbf{M}, \boldsymbol{x})\boldsymbol{x}^{\mathrm{H}} \boldsymbol{x}$, 得到

$$\boldsymbol{x}^{\mathrm{H}} (\mathbf{M} - R(\mathbf{M}, \boldsymbol{x})\mathbf{I}) \boldsymbol{x} = 0,$$

即向量 $(\mathbf{M} - R(\mathbf{M}, \boldsymbol{x})\mathbf{I})\boldsymbol{x}$ 与 $\boldsymbol{x}$ 正交. $\quad \blacksquare$

性质 9.4 (最小残差)　对于任意向量 $\boldsymbol{x}$ 和任意实数 k, 恒有

$$\|(\mathbf{M} - R(\mathbf{M}, \boldsymbol{x})\mathbf{I})\boldsymbol{x}\|^2 \leqslant \|(\mathbf{M} - k\mathbf{I})\boldsymbol{x}\|^2.$$

证明　由于 $\|(\mathbf{M} - k\mathbf{I})\boldsymbol{x}\|^2$ 是关于 k 的二次型,

$$\begin{aligned}
\|(\mathbf{M} - k\mathbf{I})\boldsymbol{x}\|^2 &= \boldsymbol{x}^{\mathrm{H}}(\mathbf{M} - k\mathbf{I})^{\mathrm{H}}(\mathbf{M} - k\mathbf{I})\boldsymbol{x} \\
&= \boldsymbol{x}^{\mathrm{H}}(\mathbf{M}^{\mathrm{H}} - k\mathbf{I})(\mathbf{M} - k\mathbf{I})\boldsymbol{x} \\
&= \boldsymbol{x}^{\mathrm{H}}(\mathbf{M}^{\mathrm{H}}\mathbf{M} - 2k\mathbf{M} + k^2\mathbf{I})\boldsymbol{x} \\
&= k^2\boldsymbol{x}^{\mathrm{H}}\boldsymbol{x} - 2k\boldsymbol{x}^{\mathrm{H}}\mathbf{M}\boldsymbol{x} + \boldsymbol{x}^{\mathrm{H}}\mathbf{M}^{\mathrm{H}}\mathbf{M}\boldsymbol{x},
\end{aligned}$$

显然该二次型在

$$k = \frac{\boldsymbol{x}^{\mathrm{H}}\mathbf{M}\boldsymbol{x}}{\boldsymbol{x}^{\mathrm{H}}\boldsymbol{x}} = R(\mathbf{M}, \boldsymbol{x})$$

时取得最小值. 因此, 有

$$\|(\mathbf{M} - R(\mathbf{M}, \boldsymbol{x})\mathbf{I})\boldsymbol{x}\|^2 \leqslant \|(\mathbf{M} - k\mathbf{I})\boldsymbol{x}\|^2. \qquad \blacksquare$$

瑞利商有两个常见的推广形式, 具体见定义 9.2 和定义 9.3 .

定义 9.2 (广义瑞利商 I)　对于一个埃尔米特矩阵 $\mathbf{A}$, 以及一个埃尔米特正定矩阵 $\mathbf{B}$, 矩阵 $\mathbf{A}$ 和 $\mathbf{B}$ 在向量 $\boldsymbol{x}$ 上的广义瑞利商定义为

$$R(\mathbf{A}, \mathbf{B}; \boldsymbol{x}) = \frac{\boldsymbol{x}^{\mathrm{H}}\mathbf{A}\boldsymbol{x}}{\boldsymbol{x}^{\mathrm{H}}\mathbf{B}\boldsymbol{x}}. \tag{9.2}$$

可以利用 Cholesky 分解将这种形式的广义瑞利商转换为 (9.1) 中的形式. 注意到 $\mathbf{B}$ 是一个埃尔米特正定矩阵, 所以存在一个下三角矩阵 $\mathbf{L}$, 使得 $\mathbf{B} = \mathbf{L}^{\mathrm{H}}\mathbf{L}$. 令 $\hat{\boldsymbol{x}} = \mathbf{L}\boldsymbol{x}$, 则有

$$R(\mathbf{A}, \mathbf{B}; \boldsymbol{x}) = \frac{\hat{\boldsymbol{x}}^{-\mathrm{H}}\mathbf{L}^{-\mathrm{H}}\mathbf{A}\mathbf{L}^{-1}\hat{\boldsymbol{x}}}{\hat{\boldsymbol{x}}^{\mathrm{H}}\hat{\boldsymbol{x}}} = R(\mathbf{L}^{-\mathrm{H}}\mathbf{A}\mathbf{L}^{-1}, \hat{\boldsymbol{x}}).$$

除了 Cholesky 分解外, 我们还可以令 $\mathbf{L} = \mathbf{B}^{\frac{1}{2}}$ 为一个埃尔米特矩阵, 此时同样有 $\mathbf{B} = \mathbf{L}^{\mathrm{H}}\mathbf{L}$.

定义 9.3 (广义瑞利商 II)　对于一个矩阵 $\mathbf{A}$, 以及两个埃尔米特对称正定矩阵 $\mathbf{B}$ 和 $\mathbf{C}$, 矩阵 $\mathbf{A}, \mathbf{B}$ 和 $\mathbf{C}$ 的广义瑞利商有如下定义

$$R(\mathbf{A}, \mathbf{B}, \mathbf{C}; \boldsymbol{x}, \boldsymbol{y}) = \frac{\boldsymbol{x}^{\mathrm{H}}\mathbf{A}\boldsymbol{y}}{\sqrt{\boldsymbol{x}^{\mathrm{H}}\mathbf{B}\boldsymbol{x}\boldsymbol{y}^{\mathrm{H}}\mathbf{C}\boldsymbol{y}}}. \tag{9.3}$$

可以看到, 这个形式的广义瑞利商相对比较复杂, 定义 9.1 中的瑞利商和定义 9.2 中的广义瑞利商 I 都可以认为是其特例.

9.3 瑞利商的取值范围

方便起见, 我们仅考虑 $\mathbf{M}$ 为实对称矩阵的情况. 注意到, 对于任意一个非零的实数 α, 都有 $R(\mathbf{M}, \alpha\boldsymbol{x}) = R(\mathbf{M}, \boldsymbol{x})$. 这意味着瑞利商的取值与 $\boldsymbol{x}$ 的长度无关, 而只与 $\boldsymbol{x}$ 的方向有关. 因此, 研究瑞利商的取值范围等价于求解 (9.4) 中给出的优化问题,

$$\begin{cases} \max\limits_{\boldsymbol{x}}(\min\limits_{\boldsymbol{x}}) & \boldsymbol{x}^{\mathrm{T}}\mathbf{M}\boldsymbol{x} \\ \text{s.t.} & \boldsymbol{x}^{\mathrm{T}}\boldsymbol{x} = 1. \end{cases} \tag{9.4}$$

9.3.1 特征分析法

在前面的章节中, 比如第 2, 4 和 6 章, 我们已经多次遇到这种形式的优化问题. 该问题的求解可以转化为 $\mathbf{M}$ 的特征值与特征向量问题, 因此 $R(\mathbf{M}, \boldsymbol{x})$ 的取值范围在矩阵 $\mathbf{M}$ 的最小特征值与最大特征值之间, 即

$$\lambda_{\min} \leqslant R(\mathbf{M}, \boldsymbol{x}) \leqslant \lambda_{\max},$$

其中 $\lambda_{\min}$ 和 $\lambda_{\max}$ 分别为矩阵 $\mathbf{M}$ 的最小和最大特征值, 并且当 $\boldsymbol{x}$ 为对应的特征向量时, 瑞利商取得最小值或最大值.

9.3.2 线性规划法

此外, 还可以使用线性规划法来求解瑞利商的取值范围. 对于一个实对称矩阵 $\mathbf{M} \in \mathbb{R}^{n \times n}$, 不妨假设其特征值矩阵为

$$\mathbf{D} = \operatorname{diag}([\ \lambda_1 \quad \lambda_2 \quad \cdots \quad \lambda_n \ ]^{\mathrm{T}}),$$

对应的特征向量矩阵为 $\mathbf{V} = [\ \boldsymbol{v}_1 \quad \boldsymbol{v}_2 \quad \cdots \quad \boldsymbol{v}_n \ ]$. 那么矩阵 $\mathbf{M}$ 有如下的特征分解公式

$$\mathbf{M} = \mathbf{V}\mathbf{D}\mathbf{V}^{-1}.$$

此时的瑞利商可以进一步写作

$$R(\mathbf{M}, \boldsymbol{x}) = \frac{\boldsymbol{x}^{\mathrm{T}}\mathbf{M}\boldsymbol{x}}{\boldsymbol{x}^{\mathrm{T}}\boldsymbol{x}} = \frac{\boldsymbol{x}^{\mathrm{T}}\mathbf{V}\mathbf{D}\mathbf{V}^{-1}\boldsymbol{x}}{\boldsymbol{x}^{\mathrm{T}}\boldsymbol{x}} = \frac{(\mathbf{V}^{\mathrm{T}}\boldsymbol{x})^{\mathrm{T}}\mathbf{D}(\mathbf{V}^{-1}\boldsymbol{x})}{\boldsymbol{x}^{\mathrm{T}}\boldsymbol{x}}. \tag{9.5}$$

又因为 $\mathbf{V}$ 是一个正交矩阵, 即 $\mathbf{V}^{\mathrm{T}} = \mathbf{V}^{-1}$, 因此可以将上式写成如下的求和形式

$$R(\mathbf{M}, \boldsymbol{x}) = \frac{(\mathbf{V}^{\mathrm{T}}\boldsymbol{x})^{\mathrm{T}}\mathbf{D}(\mathbf{V}^{\mathrm{T}}\boldsymbol{x})}{\boldsymbol{x}^{\mathrm{T}}\boldsymbol{x}} = \sum_i \lambda_i \frac{(\boldsymbol{v}_i^{\mathrm{T}}\boldsymbol{x})^2}{\boldsymbol{x}^{\mathrm{T}}\boldsymbol{x}}. \tag{9.6}$$

不妨令

$$\alpha_i = \frac{(\boldsymbol{v}_i^{\mathrm{T}}\boldsymbol{x})^2}{\boldsymbol{x}^{\mathrm{T}}\boldsymbol{x}}, \quad \boldsymbol{\alpha} = [\ \alpha_1 \quad \alpha_2 \quad \cdots \quad \alpha_n\ ]^{\mathrm{T}}, \quad \boldsymbol{\lambda} = [\ \lambda_1 \quad \lambda_2 \quad \cdots \quad \lambda_n\ ]^{\mathrm{T}},$$

那么 (9.6) 可以进一步简化为

$$R(\mathbf{M}, \boldsymbol{x}) = \sum_i \lambda_i \alpha_i = \boldsymbol{\lambda}^{\mathrm{T}}\boldsymbol{\alpha}. \tag{9.7}$$

进一步地可以发现, $\boldsymbol{\alpha}$ 满足如下约束

$$\sum_i \alpha_i = \sum_i \frac{(\boldsymbol{v}_i^{\mathrm{T}}\boldsymbol{x})^2}{\boldsymbol{x}^{\mathrm{T}}\boldsymbol{x}} = \frac{(\mathbf{V}^{\mathrm{T}}\boldsymbol{x})^{\mathrm{T}}\mathbf{V}^{\mathrm{T}}\boldsymbol{x}}{\boldsymbol{x}^{\mathrm{T}}\boldsymbol{x}} = \frac{\boldsymbol{x}^{\mathrm{T}}\mathbf{V}\mathbf{V}^{\mathrm{T}}\boldsymbol{x}}{\boldsymbol{x}^{\mathrm{T}}\boldsymbol{x}} = \frac{\boldsymbol{x}^{\mathrm{T}}\boldsymbol{x}}{\boldsymbol{x}^{\mathrm{T}}\boldsymbol{x}} = 1. \tag{9.8}$$

综合 (9.7) 和 (9.8), 瑞利商最大值的求解能够转换为如下的线性规划问题

$$\begin{cases} \max_{\boldsymbol{\alpha}} \quad \boldsymbol{\lambda}^{\mathrm{T}}\boldsymbol{\alpha} \\ \text{s.t.} \quad \mathbf{1}^{\mathrm{T}}\boldsymbol{\alpha} = 1, \quad \boldsymbol{\alpha} \geqslant \mathbf{0}. \end{cases} \tag{9.9}$$

并且, 对于这样的线性规划问题, 有如下的重要定理.

定理 9.1   在有限维线性规划问题中, 如果最优解存在, 则它必定在可行域的某个顶点处取得.

注意到, 线性规划问题 (9.9) 中的可行域顶点有如下的形式

$$\boldsymbol{\alpha}_i = [\ 0 \quad \cdots \quad 0 \quad 1 \quad 0 \quad \cdots \quad 0\ ]^{\mathrm{T}},$$

即第 i 个元素为 1, 其余元素为 0 的向量, 并且这 n 个顶点对应的目标函数值分别为 $\lambda_1, \lambda_2, \cdots, \lambda_n$. 当 $n = 3$ 时, 该线性规划问题的可行域如图 9.2 中蓝色三角形所示. 而根据定理 9.1 , 其最优解必定为三角形的三个顶点中的一个. 因此, 瑞利商的最大值为 $\lambda_{\max} = \max(\lambda_1, \lambda_2, \cdots, \lambda_n)$. 同理, 瑞利商的最小值为 $\lambda_{\min} = \min(\lambda_1, \lambda_2, \cdots, \lambda_n)$. 综上, 利用线性规划法获得的瑞利商的取值范围依旧为

$$\lambda_{\min} \leqslant R(\mathbf{M}, \boldsymbol{x}) \leqslant \lambda_{\max}.$$

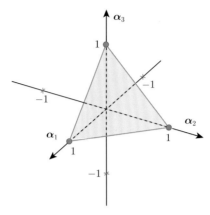

图 9.2 问题 (9.9) 在 $n = 3$ 时的可行域

9.3.3 广义瑞利商的取值范围

对于定义 9.2 中的广义瑞利商 I, 由于其可以转换为普通的瑞利商问题, 它的取值范围的推导与普通瑞利商的推导相同, 这里不再赘述. 而定义 9.3 中的广义瑞利商 II 则依旧可以通过拉格朗日乘子法来求解. 考虑实数矩阵的情况, 可以使用 Cholesky 分解将其转换为如下形式

$$R(\hat{\boldsymbol{\Lambda}}; \hat{\boldsymbol{x}}, \hat{\boldsymbol{y}}) = \frac{\hat{\boldsymbol{x}}^{\mathrm{T}} \hat{\mathbf{A}} \hat{\boldsymbol{y}}}{\sqrt{\hat{\boldsymbol{x}}^{\mathrm{T}} \hat{\boldsymbol{x}} \hat{\boldsymbol{y}}^{\mathrm{T}} \hat{\boldsymbol{y}}}} = \frac{\hat{\boldsymbol{x}}^{\mathrm{T}}}{\sqrt{\hat{\boldsymbol{x}}^{\mathrm{T}} \hat{\boldsymbol{x}}}} \hat{\mathbf{A}} \frac{\hat{\boldsymbol{y}}}{\sqrt{\hat{\boldsymbol{y}}^{\mathrm{T}} \hat{\boldsymbol{y}}}}, \tag{9.10}$$

其中 $\hat{\boldsymbol{x}} = \mathbf{L}_{\mathbf{B}} \boldsymbol{x}$, $\hat{\boldsymbol{y}} = \mathbf{L}_{\mathbf{C}} \boldsymbol{y}$, $\hat{\mathbf{A}} = \mathbf{L}_{\mathbf{C}}^{-1} \mathbf{A} \mathbf{L}_{\mathbf{B}}^{-1}$, 并且我们有 $\mathbf{L}_{\mathbf{B}}^{\mathrm{T}} \mathbf{L}_{\mathbf{B}} = \mathbf{B}$ 以及 $\mathbf{L}_{\mathbf{C}}^{\mathrm{T}} \mathbf{L}_{\mathbf{C}} = \mathbf{C}$.
令

$$\tilde{\boldsymbol{x}} = \frac{\hat{\boldsymbol{x}}}{\sqrt{\hat{\boldsymbol{x}}^{\mathrm{T}} \hat{\boldsymbol{x}}}}, \quad \tilde{\boldsymbol{y}} = \frac{\hat{\boldsymbol{y}}}{\sqrt{\hat{\boldsymbol{y}}^{\mathrm{T}} \hat{\boldsymbol{y}}}},$$

则 (9.10) 可以进一步表示为

$$R(\hat{\mathbf{A}}; \hat{\boldsymbol{x}}, \hat{\boldsymbol{y}}) = \frac{\hat{\boldsymbol{x}}^{\mathrm{T}}}{\sqrt{\hat{\boldsymbol{x}}^{\mathrm{T}} \hat{\boldsymbol{x}}}} \hat{\mathbf{A}} \frac{\hat{\boldsymbol{y}}}{\sqrt{\hat{\boldsymbol{y}}^{\mathrm{T}} \hat{\boldsymbol{y}}}} = \tilde{\boldsymbol{x}}^{\mathrm{T}} \hat{\mathbf{A}} \tilde{\boldsymbol{y}}. \tag{9.11}$$

由于 $\tilde{\boldsymbol{x}}$ 和 $\tilde{\boldsymbol{y}}$ 均为单位向量, 则 (9.11) 的极大值问题可以转换为如下的等式优化问题

$$\begin{cases} \max\limits_{\tilde{\boldsymbol{x}}, \tilde{\boldsymbol{y}}} & \tilde{\boldsymbol{x}}^{\mathrm{T}} \hat{\mathbf{A}} \tilde{\boldsymbol{y}} \\ \text{s.t.} & \tilde{\boldsymbol{x}}^{\mathrm{T}} \tilde{\boldsymbol{x}} = \tilde{\boldsymbol{y}}^{\mathrm{T}} \tilde{\boldsymbol{y}} = 1. \end{cases} \tag{9.12}$$

优化问题 (9.12) 也等价于如下优化问题

$$\begin{cases} \max\limits_{\boldsymbol{x},\boldsymbol{y}} & \boldsymbol{x}^{\mathrm{T}}\mathbf{A}\boldsymbol{y} \\ \mathrm{s.t.} & \boldsymbol{x}^{\mathrm{T}}\mathbf{B}\boldsymbol{x} = \boldsymbol{y}^{\mathrm{T}}\mathbf{C}\boldsymbol{y} = 1. \end{cases} \tag{9.13}$$

根据第 4 章的相关结论, 我们知道 $\tilde{\boldsymbol{x}}, \tilde{\boldsymbol{y}}$ 的解正是矩阵 $\hat{\mathbf{A}}$ 的左右奇异向量. 不妨假设矩阵 $\hat{\mathbf{A}}$ 最大的奇异值 $\hat{\lambda}_{\max}$ 对应的左特征向量和右特征向量分别为 $\hat{\boldsymbol{u}}_{\max}$ 和 $\hat{\boldsymbol{v}}_{\max}$, 最小的奇异值 $\hat{\lambda}_{\min}$ 对应的左特征向量和右特征向量分别为 $\hat{\boldsymbol{u}}_{\min}$ 和 $\hat{\boldsymbol{v}}_{\min}$. 则广义瑞利商的最大值为 $\hat{\lambda}_{\max}$, 此时 $\tilde{\boldsymbol{x}} = \hat{\boldsymbol{u}}_{\max}, \tilde{\boldsymbol{y}} = \hat{\boldsymbol{v}}_{\max}$; 广义瑞利商的最小值为 $-\hat{\lambda}_{\max}$, 此时 $\tilde{\boldsymbol{x}} = \hat{\boldsymbol{u}}_{\max}, \tilde{\boldsymbol{y}} = -\hat{\boldsymbol{v}}_{\max}$, 或者 $\tilde{\boldsymbol{x}} = -\hat{\boldsymbol{u}}_{\max}, \tilde{\boldsymbol{y}} = \hat{\boldsymbol{v}}_{\max}$; 此外, 广义瑞利商的绝对最小值为 $\hat{\lambda}_{\min}$, 此时 $\tilde{\boldsymbol{x}} = \hat{\boldsymbol{u}}_{\min}, \tilde{\boldsymbol{y}} = \hat{\boldsymbol{v}}_{\min}$.

9.4　瑞利商的应用

瑞利商作为数学工具, 在赋予其中的矩阵不同物理意义的情况下, 可用于解决各类实际问题. 本节将着重介绍 (广义) 瑞利商的 10 个常见应用场景, 以展示其在实际应用中的普遍适用性.

9.4.1　主成分分析

主成分分析是一种最常用的数据降维方法. 如第 2 章所述, 主成分分析以数据在某个方向的方差作为目标函数, 从而建立了如下的优化模型

$$\begin{cases} \max\limits_{\boldsymbol{u}} & \boldsymbol{u}^{\mathrm{T}}\boldsymbol{\Sigma}\boldsymbol{u} \\ \mathrm{s.t.} & \boldsymbol{u}^{\mathrm{T}}\boldsymbol{u} = 1, \end{cases} \tag{9.14}$$

其中 $\boldsymbol{\Sigma}$ 为给定数据的协方差矩阵. 事实上, 上述优化模型等价于如下的瑞利商极值问题

$$\max\limits_{\boldsymbol{u}} \ R(\boldsymbol{\Sigma}, \boldsymbol{u}) = \frac{\boldsymbol{u}^{\mathrm{T}}\boldsymbol{\Sigma}\boldsymbol{u}}{\boldsymbol{u}^{\mathrm{T}}\boldsymbol{u}}.$$

因此, 主成分分析可以认为是关于数据的协方差矩阵 $\boldsymbol{\Sigma}$ 的瑞利商问题.

9.4.2　最小化噪声分量变换

最小化噪声分量 (Minimum Noise Fraction, MNF) 变换是高光谱遥感领域中的一个经典的数据降维方法. 该方法假设观测数据由真实数据和加性噪声两部分组成, 即

$$\mathbf{X} = \mathbf{S} + \mathbf{N},$$

其中 $\mathbf{S}$ 是真实的高光谱数据, $\mathbf{N}$ 是噪声, 而 $\mathbf{X}$ 则是实际的观测数据. 在实际应用中, 当需要对如上含有噪声的数据进行降维处理的时候, 如果直接对观测数据

$\mathbf{X}$ 进行主成分分析, 所得到的各个主成分或多或少会受到噪声的影响, 从而使得最终的结果难以反映真实信号的方差极值情况. 为了解决这一问题, Green 等学者[44] 提出了 MNF 变换算法, 相应的优化模型为

$$\min_{\boldsymbol{u}} \frac{\boldsymbol{u}^{\mathrm{T}}\boldsymbol{\Sigma}_{\mathbf{N}}\boldsymbol{u}}{\boldsymbol{u}^{\mathrm{T}}\boldsymbol{\Sigma}_{\mathbf{X}}\boldsymbol{u}} \quad \text{或} \quad \max_{\boldsymbol{u}} \frac{\boldsymbol{u}^{\mathrm{T}}\boldsymbol{\Sigma}_{\mathbf{X}}\boldsymbol{u}}{\boldsymbol{u}^{\mathrm{T}}\boldsymbol{\Sigma}_{\mathbf{N}}\boldsymbol{u}}, \tag{9.15}$$

其中 $\boldsymbol{\Sigma}_{\mathbf{X}}$ 和 $\boldsymbol{\Sigma}_{\mathbf{N}}$ 分别为观测数据 $\mathbf{X}$ 和噪声 $\mathbf{N}$ 的协方差矩阵. 在实际应用中, 通常可以通过对 $\mathbf{X}$ 进行高通滤波得到对噪声 $\mathbf{N}$ 的一个估计.

从 (9.15) 可以看出, MNF 变换可以归结为关于 $\boldsymbol{\Sigma}_{\mathbf{X}}$ 和 $\boldsymbol{\Sigma}_{\mathbf{N}}$ 的广义瑞利商 I 问题. 与主成分分析不同的是, MNF 致力于寻求具有极大信噪比的数据投影方向, 它也等价于观测数据噪声白化后的主成分分析. 因此, MNF 可以认为包含了两个主成分分析过程, 首先是通过对噪声进行主成分分析得到噪声白化矩阵, 然后是对噪声白化后的数据进行主成分分析.

9.4.3 典型相关分析

典型相关分析是一种经典的多变量统计分析方法, 可以用于分析两个数据集之间的相关性. 根据第 4 章, 给定两个数据集 $\mathbf{X}$ 和 $\mathbf{Y}$, 典型相关分析的优化模型为

$$\max_{\boldsymbol{u},\boldsymbol{v}} \frac{\boldsymbol{u}^{\mathrm{T}}\boldsymbol{\Sigma}_{12}\boldsymbol{v}}{\sqrt{\boldsymbol{u}^{\mathrm{T}}\boldsymbol{\Sigma}_{11}\boldsymbol{u}\boldsymbol{v}^{\mathrm{T}}\boldsymbol{\Sigma}_{22}\boldsymbol{v}}}, \tag{9.16}$$

其中 $\boldsymbol{\Sigma}_{11}$ 和 $\boldsymbol{\Sigma}_{22}$ 分别为数据 $\mathbf{X}$ 和 $\mathbf{Y}$ 的自相关矩阵 (或协方差矩阵), $\boldsymbol{\Sigma}_{12}$ 为数据集 $\mathbf{X}$ 和 $\mathbf{Y}$ 的互相关矩阵 (或互协方差矩阵). 从 (9.16) 中可以发现, 典型相关分析的目标是找到两个投影方向, 使得两个数据在投影后尽可能相似. 进一步地, 可以看到 (9.16) 与定义 9.3 给出的广义瑞利商 II 的形式相同, 因此典型相关分析可以认为是关于数据自相关矩阵 (或协方差矩阵)$\boldsymbol{\Sigma}_{11}$, $\boldsymbol{\Sigma}_{22}$ 和互相关矩阵 (或互协方差矩阵)$\boldsymbol{\Sigma}_{12}$ 的广义瑞利商 II 问题.

9.4.4 线性判别分析

线性判别分析 (Linear Discriminant Analysis, LDA) 是一种有监督的数据降维方法, 其基本思想是找到一个投影方向使得投影后不同类别的数据尽可能分开, 而同一类别的数据尽可能聚集. 设有均值向量为 $\boldsymbol{\mu}$ 的数据集 $\mathbf{X} = [\boldsymbol{x}_1 \quad \boldsymbol{x}_2 \quad \cdots \quad \boldsymbol{x}_n] \in \mathbb{R}^{d \times n}$, 假设其可以被拆分为 k 类, 分别记作 $\mathbf{X}_1 \in \mathbb{R}^{d \times n_1}, \mathbf{X}_2 \in \mathbb{R}^{d \times n_2}, \cdots, \mathbf{X}_k \in \mathbb{R}^{d \times n_k}$. 并且, 对于第 i 类数据, 其均值向量为 $\boldsymbol{\mu}_i$, 协方差矩阵为 $\boldsymbol{\Sigma}_i$.

如选取投影方向为 $\boldsymbol{u} \in \mathbb{R}^{d \times 1}$, 那么投影后数据的类间散度为

$$\boldsymbol{u}^{\mathrm{T}}\mathbf{S}_{\mathrm{B}}\boldsymbol{u}$$

其中 $\mathbf{S}_{\mathrm{B}} = \sum_{i=1}^{k} n_i (\boldsymbol{\mu}_i - \boldsymbol{\mu})(\boldsymbol{\mu}_i - \boldsymbol{\mu})^{\mathrm{T}}$ 称作**类间散度矩阵** (Between-class Scatter Matrix). 与此同时, 投影后数据的类内散度为

$$\boldsymbol{u}^{\mathrm{T}} \mathbf{S}_{\mathrm{W}} \boldsymbol{u},$$

其中 $\mathbf{S}_{\mathrm{W}} = \sum_{i=1}^{k} n_i \boldsymbol{\Sigma}_i$ 称作**类内散度矩阵** (Within-class Scatter Matrix).

根据线性判别分析的基本思想, 即希望类间散度 $\boldsymbol{u}^{\mathrm{T}} \mathbf{S}_{\mathrm{B}} \boldsymbol{u}$ 尽可能大的同时, 类内散度 $\boldsymbol{u}^{\mathrm{T}} \mathbf{S}_{\mathrm{W}} \boldsymbol{u}$ 尽可能小, 相应的优化模型为

$$\max_{\boldsymbol{u}} \frac{\boldsymbol{u}^{\mathrm{T}} \mathbf{S}_{\mathrm{B}} \boldsymbol{u}}{\boldsymbol{u}^{\mathrm{T}} \mathbf{S}_{\mathrm{W}} \boldsymbol{u}}. \tag{9.17}$$

因此, 线性判别分析可以认为是关于类间散度矩阵 $\mathbf{S}_{\mathrm{B}}$ 和类内散度矩阵 $\mathbf{S}_{\mathrm{W}}$ 的广义瑞利商 I 问题. 从图 9.3 中可以看出, 相较于主成分分析, 线性判别分析能够提供更有利于类别区分的投影方向.

图 9.3   线性判别分析对比主成分分析

此外不难验证, 整个数据的协方差矩阵和类间散度矩阵、类内散度矩阵之间存在如下关系

$$\boldsymbol{\Sigma} = \frac{1}{n} \left(\mathbf{S}_{\mathrm{B}} + \mathbf{S}_{\mathrm{W}} \right).$$

9.4.5   局部线性嵌入

局部线性嵌入算法是一种常用的非线性降维方法, 相比于主成分分析, LLE 算法更加注重保持数据的局部线性结构. 事实上, 根据第 6 章中的相关推导, 我们知道 LLE 算法主要包含了两个步骤. 首先, 为了求解某一个观测点 $\boldsymbol{x}_i$ 对应的邻域线性表出系数 $\boldsymbol{w}_i$, LLE 算法需要求解如下带约束的优化问题

$$\begin{cases} \min_{\boldsymbol{w}_i} & \boldsymbol{w}_i^{\mathrm{T}} \mathbf{Z}_i^{\mathrm{T}} \mathbf{Z}_i \boldsymbol{w}_i \\ \text{s.t.} & \mathbf{1}^{\mathrm{T}} \boldsymbol{w}_i = 1. \end{cases} \tag{9.18}$$

而该问题等价于求解如下的广义瑞利商问题

$$\max_{\boldsymbol{w}_i} \frac{\boldsymbol{w}_i^{\mathrm{T}} \mathbf{1}\mathbf{1}^{\mathrm{T}} \boldsymbol{w}_i}{\boldsymbol{w}_i^{\mathrm{T}} \mathbf{Z}_i^{\mathrm{T}} \mathbf{Z}_i \boldsymbol{w}_i}.$$

其次, 为了求解数据的低维表示, LLE 算法还需要求解如下优化问题

$$\begin{cases} \min_{\boldsymbol{y}} & \|\boldsymbol{y} - \mathbf{W}\boldsymbol{y}\|_2^2 \\ \text{s.t.} & \boldsymbol{y}^{\mathrm{T}}\boldsymbol{y} = 1. \end{cases} \tag{9.19}$$

其中 $\mathbf{W}$ 为数据的权重矩阵. 注意到

$$\|\boldsymbol{y} - \mathbf{W}\boldsymbol{y}\|_2^2 = \|(\mathbf{I} - \mathbf{W})\boldsymbol{y}\|_2^2 = \boldsymbol{y}^{\mathrm{T}}(\mathbf{I} - \mathbf{W})^{\mathrm{T}}(\mathbf{I} - \mathbf{W})\boldsymbol{y},$$

因此, (9.19) 等价于如下的瑞利商问题

$$\min_{\boldsymbol{w}} \frac{\boldsymbol{y}^{\mathrm{T}} \mathbf{M} \boldsymbol{y}}{\boldsymbol{y}^{\mathrm{T}} \boldsymbol{y}},$$

其中 $\mathbf{M} = (\mathbf{I} - \mathbf{W})^{\mathrm{T}}(\mathbf{I} - \mathbf{W})$.

综上所述, LLE 算法共包含了两个瑞利商问题. 一个是用于求解局部表出系数的关于矩阵 $\mathbf{1}\mathbf{1}^{\mathrm{T}}$ 和矩阵 $\mathbf{Z}_i^{\mathrm{T}}\mathbf{Z}_i$ 的广义瑞利商 I 问题; 一个是用于求解数据低维表示的关于矩阵 $\mathbf{M}$ 的瑞利商问题.

9.4.6　法曲率

法曲率[45] 是微分几何中的一个重要概念, 用于描述曲面在特定方向上的弯曲程度. 如图 9.4 所示, 当切向量 $\boldsymbol{t}$ 长度足够小时, 曲面在该点处沿着 $\boldsymbol{t}$ 方向的法曲率可以近似为红色线段长度的两倍比上蓝色曲线长度的平方. 需要注意的是, 这里的切向量 $\boldsymbol{t}$ 并不是一个三维向量, 而是曲面在点 $\boldsymbol{p}$ 处的切平面上的二维坐标向量, 即 $\boldsymbol{t} = [\ du \quad dv\ ]^{\mathrm{T}}$.

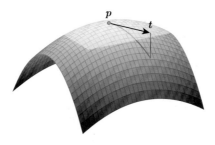

图 9.4　法曲率示意图

给定曲面上一点 $\boldsymbol{p}$ 和该点处的一个切向量 $\boldsymbol{t}$, 曲面在该点处沿着 $\boldsymbol{t}$ 方向的法曲率有如下计算公式

$$\kappa = \frac{\mathrm{II}}{\mathrm{I}} = \frac{\boldsymbol{t}^{\mathrm{T}}\mathbf{B}\boldsymbol{t}}{\boldsymbol{t}^{\mathrm{T}}\mathbf{A}\boldsymbol{t}}, \tag{9.20}$$

其中 I 为曲面在点 $\boldsymbol{p}$ 处的第一基本形式, $\mathbf{A}$ 为第一基本形式系数矩阵; II 为曲面在点 $\boldsymbol{p}$ 处的第二基本形式, $\mathbf{B}$ 为第二基本形式系数矩阵.

通常一个曲面在各个方向的弯曲情况并不相同, 比如图 9.4 所示的一个三维空间中二维曲面, 而利用法曲率公式 (9.20), 我们就可以把曲面的最大 (小) 弯曲方向求解问题转化如下的广义瑞利商 I 问题

$$\min_{\boldsymbol{t}} \frac{\boldsymbol{t}^{\mathrm{T}}\mathbf{B}\boldsymbol{t}}{\boldsymbol{t}^{\mathrm{T}}\mathbf{A}\boldsymbol{t}} \quad \text{或} \quad \max_{\boldsymbol{t}} \frac{\boldsymbol{t}^{\mathrm{T}}\mathbf{B}\boldsymbol{t}}{\boldsymbol{t}^{\mathrm{T}}\mathbf{A}\boldsymbol{t}}. \tag{9.21}$$

因此, 法曲率的极值问题是关于曲面第一基本形式的矩阵表示 $\mathbf{A}$ 和曲面第二基本形式的矩阵表示 $\mathbf{B}$ 的广义瑞利商 I 问题.

在微分几何中, 法曲率取得的最大值或者最小值称作主曲率, 对应的方向称作主曲率方向, 最大主曲率与最小主曲率的乘积为高斯曲率, 最大主曲率与最小主曲率的均值为平均曲率. 值得注意的是, 高斯曲率是曲面的内蕴不变量, 当我们对一个曲面进行任意的等距变换时, 曲面上的任意点在各个方向的法曲率可能会发生变化, 但是其高斯曲率始终为一个固定值.

9.4.7 自然频率估计

在结构分析和机械工程中, 一个系统的自然频率[46] 是指在没有外界激励的情况下, 系统自身固有的振动频率. 设一个系统共有 n 个自由度, 或者说由 n 个部分组成, 那么可以用一个对角矩阵 $\mathbf{M} \in \mathbb{R}^{n \times n}$ 来表示系统的质量分布

$$\mathbf{M} = \begin{bmatrix} m_1 & 0 & \cdots & 0 \\ 0 & m_2 & \cdots & 0 \\ \vdots & \vdots & \ddots & \vdots \\ 0 & 0 & \cdots & m_n \end{bmatrix},$$

因而矩阵 $\mathbf{M}$ 也称作系统的**质量矩阵**. 又因为系统各部分之间可能存在相互作用, 可以用一个**刚度矩阵K** $\in \mathbb{R}^{n \times n}$ 来表示各部分之间的刚性关系. 假设系统在某一时刻各部件位移为 $\boldsymbol{x} = \begin{bmatrix} x_1 & x_2 & \cdots & x_n \end{bmatrix}^{\mathrm{T}}$, 那么此时各部件受到的力 $\boldsymbol{f} = \begin{bmatrix} f_1 & f_2 & \cdots & f_n \end{bmatrix}^{\mathrm{T}}$ 有如下表达式

$$\boldsymbol{f} = -\mathbf{K}\boldsymbol{x}.$$

设系统在该时刻各部件的加速度为 $\boldsymbol{a} = [\ a_1\quad a_2\quad \cdots\quad a_n\ ]^{\mathrm{T}}$，那么根据牛顿第二定律，有

$$\boldsymbol{f} = -\mathbf{K}\boldsymbol{x} = \mathbf{M}\boldsymbol{a}. \tag{9.22}$$

一般我们假设系统的振动为简谐振动，在不受到外力的干扰下，各部件会以相同的频率振动，对应的振动频率 ω 正是系统的自然频率. 设各个部件的振幅为 $\boldsymbol{u} = [\ u_1\quad u_2\quad \cdots\quad u_n\ ]^{\mathrm{T}}$，那么位移 $\boldsymbol{x}$ 和加速度 $\boldsymbol{a}$ 有如下表达式

$$\boldsymbol{x} = \cos(\omega t)\boldsymbol{u}, \quad \boldsymbol{a} = \frac{\partial^2 \boldsymbol{x}}{\partial t^2} = -\omega^2 \cos(\omega t)\boldsymbol{u}. \tag{9.23}$$

将 (9.23) 代入 (9.22)，可以得到

$$\mathbf{K}\boldsymbol{u} = \omega^2 \mathbf{M}\boldsymbol{u}. \tag{9.24}$$

对上式左右同时左乘 $\boldsymbol{u}^{\mathrm{T}}$，则有

$$\boldsymbol{u}^{\mathrm{T}}\mathbf{K}\boldsymbol{u} = \omega^2 \boldsymbol{u}^{\mathrm{T}}\mathbf{M}\boldsymbol{u}. \tag{9.25}$$

所以，可以通过求解如下的优化问题来进行系统最小自然频率的估计，

$$\min_{\boldsymbol{u}} \frac{\boldsymbol{u}^{\mathrm{T}}\mathbf{K}\boldsymbol{u}}{\boldsymbol{u}^{\mathrm{T}}\mathbf{M}\boldsymbol{u}}, \tag{9.26}$$

对应的特征向量 $\boldsymbol{u}$ 为该自然频率下的振动模态. 因此，自然频率估计是关于系统质量矩阵 $\mathbf{M}$ 和刚度矩阵 $\mathbf{K}$ 的广义瑞利商 I 问题.

9.4.8 谱聚类

谱聚类 (Spectral Clustering)[47] 是一种基于图论的聚类方法，它首先基于待分类的数据构建一个无向图，然后将这个无向图切割为多个子图，使得子图之间的相似度尽可能低. 设有数据集 $\mathbf{X} = [\ \boldsymbol{x}_1\quad \boldsymbol{x}_2\quad \cdots\quad \boldsymbol{x}_n\ ] \in \mathbb{R}^{d \times n}$，对于二分类的情况，谱聚类的目标函数如下

$$\begin{cases} \min\limits_{\boldsymbol{f}} & \dfrac{1}{2} \sum\limits_{i,j=1}^{n} w_{ij}(f_i - f_j)^2 \\ \text{s.t.} & \boldsymbol{f} = [\ f_1\quad f_2\quad \cdots\quad f_n\ ]^{\mathrm{T}} \in \{0,1\}^{n \times 1}, \end{cases} \tag{9.27}$$

其中 w_{ij} 表示数据点 $\boldsymbol{x}_i$ 和 $\boldsymbol{x}_j$ 之间的相似度，一般来说 w_{ij} 越接近 1，那么两个数据点越相似，而 w_{ij} 越接近 0，则两个数据点越不相似. 聚类结果包含在向量 $\boldsymbol{f}$

中, $f_i = 0$ 表示数据点 $\boldsymbol{x}_i$ 属于第一类, $f_i = 1$ 则表示数据点 $\boldsymbol{x}_i$ 属于第二类. 显然, 如果 $\boldsymbol{x}_i$ 和 $\boldsymbol{x}_j$ 是同一类的, 那么 $(f_i - f_j)^2 = 0$, 反之 $(f_i - f_j)^2 = 1$. 因此, $\frac{1}{2} \sum_{i,j=1}^{n} w_{ij}(f_i - f_j)^2$ 实际上可以认为是不同类别的数据之间的相似度之和, 并且这个求和可以进一步表示为如下的矩阵形式

$$\frac{1}{2} \sum_{i,j=1}^{n} w_{ij}(f_i - f_j)^2 = \sum_{i,j=1}^{n} w_{ij} f_i^2 - \sum_{i,j=1}^{n} w_{ij} f_i f_j = \boldsymbol{f}^{\mathrm{T}}(\mathbf{D} - \mathbf{W})\boldsymbol{f}.$$

其中, $\mathbf{W}$ 是数据的相似度矩阵, 其对角线元素为 0, 非对角线元素为 w_{ij}, 即

$$\mathbf{W} = \begin{bmatrix} 0 & w_{12} & \cdots & w_{1n} \\ w_{21} & 0 & \cdots & w_{2n} \\ \vdots & \vdots & \ddots & \vdots \\ w_{n1} & w_{n2} & \cdots & 0 \end{bmatrix}.$$

而 $\mathbf{D} = \mathrm{diag}([\begin{array}{cccc} d_1 & d_2 & \cdots & d_n \end{array}]^{\mathrm{T}})$ 为度矩阵, 其对角线元素为 $d_i = \sum_{j=1}^{n} w_{ij}$, 即 $\mathbf{W}$ 的第 i 行所有元素之和. 记 $\mathbf{L}$ 为 $\mathbf{D} - \mathbf{W}$, 在图论中, $\mathbf{L}$ 通常被称作拉普拉斯矩阵.

如果放宽对 $\boldsymbol{f}$ 的约束, 只约束 $\boldsymbol{f}$ 的模长为 1, 那么谱聚类等价于最小化如下的瑞利商

$$\min_{\boldsymbol{f}} \frac{\boldsymbol{f}^{\mathrm{T}}\mathbf{L}\boldsymbol{f}}{\boldsymbol{f}^{\mathrm{T}}\boldsymbol{f}}.$$

由于谱聚类有可能倾向于将单个孤立点分为一类, 因此在实际应用中, 通常需要对拉普拉斯矩阵进行归一化, 即

$$\tilde{\mathbf{L}} = \mathbf{D}^{-\frac{1}{2}} \mathbf{L} \mathbf{D}^{-\frac{1}{2}}.$$

此时, 谱聚类等价于最小化如下的 (广义) 瑞利商问题

$$\min_{\tilde{\boldsymbol{f}}} \frac{\tilde{\boldsymbol{f}}^{\mathrm{T}}\tilde{\mathbf{L}}\tilde{\boldsymbol{f}}}{\tilde{\boldsymbol{f}}^{\mathrm{T}}\tilde{\boldsymbol{f}}} = \min_{\boldsymbol{f}} \frac{\boldsymbol{f}^{\mathrm{T}}\mathbf{L}\boldsymbol{f}}{\boldsymbol{f}^{\mathrm{T}}\mathbf{D}\boldsymbol{f}}.$$

综上所述, 谱聚类是关于拉普拉斯矩阵 $\mathbf{L}$ 的瑞利商问题, 而归一化谱聚类是关于拉普拉斯矩阵 $\mathbf{L}$ 和度矩阵 $\mathbf{D}$ 的广义瑞利商 I 问题.

9.4.9 约束能量最小化

约束能量最小化 (Constrained Energy Minimization, CEM)[48] 是高光谱领域中一个经典的目标检测算法, 该算法可以在仅知道目标光谱的情况下, 利用图

像的二阶统计信息检测出图像中的感兴趣目标. 给定包含 n 个光谱向量的高光谱数据 $\mathbf{X} = \begin{bmatrix} \boldsymbol{x}_1 & \boldsymbol{x}_2 & \cdots & \boldsymbol{x}_n \end{bmatrix} \in \mathbb{R}^{d \times n}$ 以及待检测的感兴趣目标的光谱向量 $\boldsymbol{d}$, CEM 致力于寻找一个投影方向 $\boldsymbol{w}$, 使得目标 $\boldsymbol{d}$ 在该方向的投影为常数的同时, 所有背景像元在该方向投影后的平均能量尽可能小. 相应的优化模型如下

$$\begin{cases} \min_{\boldsymbol{w}} & \dfrac{1}{n} \sum_{i=1}^{n} \left(\boldsymbol{w}^{\mathrm{T}} \boldsymbol{x}_i \right)^2 \\ \mathrm{s.t.} & \boldsymbol{d}^{\mathrm{T}} \boldsymbol{w} = 1. \end{cases} \tag{9.28}$$

由于

$$\frac{1}{n} \sum_{i=1}^{n} \left(\boldsymbol{w}^{\mathrm{T}} \boldsymbol{x}_i \right)^2 = \boldsymbol{w}^{\mathrm{T}} \left(\frac{1}{n} \sum_{i=1}^{n} \boldsymbol{x}_i \boldsymbol{x}_i^{\mathrm{T}} \right) \boldsymbol{w},$$

并记

$$\mathbf{R} = \frac{1}{n} \sum_{i=1}^{n} \boldsymbol{x}_i \boldsymbol{x}_i^{\mathrm{T}},$$

则 (9.28) 可以转换为

$$\begin{cases} \min_{\boldsymbol{w}} & \boldsymbol{w}^{\mathrm{T}} \mathbf{R} \boldsymbol{w} \\ \mathrm{s.t.} & \boldsymbol{d}^{\mathrm{T}} \boldsymbol{w} = 1. \end{cases} \tag{9.29}$$

利用拉格朗日乘子法, 容易求得 (9.29) 的解为

$$\boldsymbol{w} = \frac{\mathbf{R}^{-1} \boldsymbol{d}}{\boldsymbol{d}^{\mathrm{T}} \mathbf{R}^{-1} \boldsymbol{d}}.$$

事实上, (9.29) 等价于如下无约束的优化模型

$$\max_{\boldsymbol{w}} \frac{\boldsymbol{w}^{\mathrm{T}} \boldsymbol{d} \boldsymbol{d}^{\mathrm{T}} \boldsymbol{w}}{\boldsymbol{w}^{\mathrm{T}} \mathbf{R} \boldsymbol{w}}.$$

因此, CEM 也可以归结为关于矩阵 $\boldsymbol{d}\boldsymbol{d}^{\mathrm{T}}$ 和 $\mathbf{R}$ 的广义瑞利商 I 问题.

9.4.10 正交子空间投影

正交子空间投影 (Orthogonal Subspace Projection, OSP)[49] 算法是高光谱遥感图像领域中一个常用的混合像元分析方法. 该算法基于线性混合模型, 利用端元信息对高光谱图像进行解混. 设有高光谱数据 $\mathbf{X} = \begin{bmatrix} \boldsymbol{x}_1 & \boldsymbol{x}_2 & \cdots & \boldsymbol{x}_n \end{bmatrix} \in \mathbb{R}^{d \times n}$,

线性混合模型假设每一个像元的光谱向量 $\boldsymbol{x}_j$ 可以表示为图像中所有端元的线性组合, 即

$$\boldsymbol{x}_j = \sum_{i=1}^{p} a_{ij}\boldsymbol{u}_i + \boldsymbol{n}_j,$$

其中 $\boldsymbol{u}_j$ 为端元光谱向量, $\boldsymbol{n}_i$ 为噪声. 如记 $\mathbf{U} = \begin{bmatrix} \boldsymbol{u}_1 & \boldsymbol{u}_2 & \cdots & \boldsymbol{u}_p \end{bmatrix} \in \mathbb{R}^{d \times p}$ 为端元光谱向量构成的矩阵, $\mathbf{A} \in \mathbb{R}^{p \times n}$ 为相应的丰度矩阵, $\mathbf{N} \in \mathbb{R}^{d \times n}$ 为噪声矩阵, 那么数据 $\mathbf{X}$ 可以表示为

$$\mathbf{X} = \mathbf{UA} + \mathbf{N}.$$

假设感兴趣目标的端元光谱向量为 $\boldsymbol{u}_k$, 而从端元矩阵 $\mathbf{U}$ 中去掉端元 $\boldsymbol{u}_k$ 后的矩阵为

$$\mathbf{U}_k = \begin{bmatrix} \boldsymbol{u}_1 & \cdots & \boldsymbol{u}_{k-1} & \boldsymbol{u}_{k+1} & \cdots & \boldsymbol{u}_p \end{bmatrix} \in \mathbb{R}^{d \times (p-1)},$$

则 OSP 算法的优化模型如下

$$\max_{\boldsymbol{w}} \frac{\boldsymbol{w}^{\mathrm{T}}(\mathbf{P}_{\mathbf{U}_k}^{\perp} \boldsymbol{u}_k \boldsymbol{u}_k^{\mathrm{T}} \mathbf{P}_{\mathbf{U}_k}^{\perp})\boldsymbol{w}}{\boldsymbol{w}^{\mathrm{T}}(\mathbf{P}_{\mathbf{U}_k}^{\perp} \mathbf{N}\mathbf{N}^{\mathrm{T}} \mathbf{P}_{\mathbf{U}_k}^{\perp})\boldsymbol{w}}, \tag{9.30}$$

其中 $\mathbf{P}_{\mathbf{U}_k}^{\perp} = \mathbf{I} - \mathbf{U}_k(\mathbf{U}_k^{\mathrm{T}}\mathbf{U}_k)^{-1}\mathbf{U}_k^{\mathrm{T}}$ 为矩阵 $\mathbf{U}_k$ 列空间的正交补投影算子. 可以发现, OSP 算法致力于在 $\mathbf{U}_k$ 的正交补空间寻求使得感兴趣目标具有最大信噪比的投影方向. 因此, 根据 (9.30), OSP 算法可以归结为关于矩阵 $\mathbf{P}_{\mathbf{U}_k}^{\perp} \boldsymbol{u}_k \boldsymbol{u}_k^{\mathrm{T}} \mathbf{P}_{\mathbf{U}_k}^{\perp}$ 和 $\mathbf{P}_{\mathbf{U}_k}^{\perp} \mathbf{N}\mathbf{N}^{\mathrm{T}} \mathbf{P}_{\mathbf{U}_k}^{\perp}$ 的广义瑞利商 I 问题.

9.5 小 结

至此, 本章的主要内容总结为以下 2 条:

(1) 瑞利商与广义瑞利商问题广泛存在于实际应用中.

(2) 瑞利商与广义瑞利商的求解可以归结为相应矩阵的特征值与特征向量问题.

参 考 文 献

[1] Shalabh. Theory of ridge regression estimation with applications[J]. Journal of the Royal Statistical Society Series A: Statistics in Society, 2022, 185(2): 742-743.

[2] FISCHLER Martin-A., BOLLES Robert-C. Random sample consensus: a paradigm for model fitting with applications to image analysis and automated cartography [G]//FISCHLER Martin-A., FIRSCHEIN Oscar. Readings in Computer Vision. San Francisco (CA): Morgan Kaufmann, 1987: 726-740.

[3] PEARSON Karl. On lines and planes of closest fit to systems of points in space [J]. The London, Edinburgh, and Dublin Philosophical Magazine and Journal of Science, 1901, 2(11): 559-572.

[4] HOTELLING Harold. Analysis of a complex of statistical variables into principal components[J]. Journal of Educational Psychology, 1933, 24: 498-520.

[5] HYVÄRINEN Aapo, OJA Erkki. A fast fixed-point algorithm for independent component analysis[J]. Neural Computation, 1997, 9(7): 1483-1492.

[6] CARDOSO Jean-François, SOULOUMIAC Antoine. Blind beamforming for non-Gaussian signals[C]//IEE proceedings F (Radar and Signal Processing), 1993, 140(6): 362-370.

[7] GENG Xiurui, JI Luyan, SUN Kang. Principal skewness analysis: algorithm and its application for multispectral/hyperspectral images indexing[J]. IEEE Geoscience and Remote Sensing Letters, 2014, 11(10): 1821-1825.

[8] LIU Shuangzhe. Matrix results on the Khatri-Rao and Tracy-Singh products[J]. Linear Algebra and Its Applications, 1999, 289(1): 267-277.

[9] LIM Lek-Heng. Singular values and eigenvalues of tensors: A variational approach [C]//1st IEEE International Workshop on Computational Advances in Multi-Sensor Adaptive Processing, 2005, 2005: 129-132.

[10] QI Liqun. Eigenvalues of a real supersymmetric tensor[J]. Journal of Symbolic Computation, 2005, 40(6): 1302-1324.

[11] GENG Xiurui, WANG Lei. NPSA: nonorthogonal principal skewness analysis[J]. IEEE Transactions on Image Processing, 2020, 29: 6396-6408.

[12] HYVÄRINEN A, OJA E. Independent component analysis: algorithms and applications[J]. Neural Networks, 2000, 13(4): 411-430.

[13] GENG Xiurui, WANG Lei, ZHU Liangliang, et al. A new property of the triangle and its application[J].Unpublished manuscript.

[14] OLKIN Ingram, RUBIN Herman. Multivariate beta distributions and independence properties of the Wishart distribution[J]. The Annals of Mathematical Statistics, 1964, 35(1): 261-269.

[15] GENG Xiurui, MENG Lingbo, LI Lin, et al. Momentum principal skewness analysis [J]. IEEE Geoscience and Remote Sensing Letters, 2015, 12(11): 2262-2266.

[16] CARTWRIGHT Dustin, STURMFELS Bernd. The number of eigenvalues of a tensor [J]. Linear Algebra and Its Applications, 2013, 438(2): 942-952.

[17] CUI Chunfeng, DAI Yuhong, NIE Jiawang. All real eigenvalues of symmetric tensors[J]. SIAM Journal on Matrix Analysis and Applications, 2014, 35(4): 1582-1601.

[18] CHEN Liping, HAN Lixing, ZHOU Liangmin. Computing tensor eigenvalues via homotopy methods[J]. SIAM Journal on Matrix Analysis and Applications, 2016, 37(1): 290-319.

[19] HOTELLING Harold. Relations between two sets of variates[J]. Biometrika, 1936, 28(3-4): 321-377.

[20] GINAT Omer. The Method of Alternating Projections[Z]. 2018.

[21] PARRA Lucas-C. Multi-Set Canonical Correlation Analysis Simply Explained[Z]. 2018.

[22] RUPNIK Jan, SHAWE-TAYLOR John. Multi-view canonical correlation analysis [C]//Conference on Data Mining and Data Warehouses (SiKDD2010), vol. 473, 2010.

[23] LUO Yong, TAO Dacheng, RAMAMOHANARAO Kotagiri, et al. Tensor canonical correlation analysis for multi-view dimension reduction[J]. IEEE Transactions on Knowledge and Data Engineering, 2015, 27(11): 3111-3124.

[24] HITCHCOCK Frank-Lauren. The expression of a tensor or a polyadic as a sum of products[J]. Journal of Mathematics and Physics, 1927, 6: 164-189.

[25] TUCKER Ledyard-R. Some mathematical notes on three-mode factor analysis[J]. Psychometrika, 1966, 31(3): 279-311.

[26] GENG Xiurui. Circle projection for multi-view canonical correlation analysis[J]. Unpublished manuscript.

[27] LEE Sun-Ho, CHOI Seungjin. Two-dimensional canonical correlation analysis[J]. IEEE Signal Processing Letters, 2007, 14(10): 735-738.

[28] YANG Xinghao, LIU Weifeng, LIU Wei, et al. A survey on canonical correlation analysis[J]. IEEE Transactions on Knowledge and Data Engineering, 2021, 33(6): 2349-2368.

[29] LEE Daniel-D, SEUNG H. Sebastian. Algorithms for non-negative matrix factorization[C]//Conference on Neural Information Processing Systems (NeurIPS), 2000: 556-562.

[30] LIN Chih-Jen. On the convergence of multiplicative update algorithms for nonnegative matrix factorization[J]. IEEE Transactions on Neural Networks, 2007, 18(6): 1589-1596.

[31] GENG Xiurui, JI Luyan, YANG Weitun, et al. The multiplicative update rule for an extension of the iterative constrained endmembers algorithm[J]. International Journal of Remote Sensing, 2017, 38(23): 7457-7467.

[32] ROWEIS Sam-T, SAUL Lawrence-K. Nonlinear dimensionality reduction by locally linear embedding[J]. Science, 2000, 290(5500): 2323-2326.

[33] BELKIN Mikhail, NIYOGI Partha. Laplacian eigenmaps for dimensionality reduction and data representation[J]. Neural Computation, 2003, 15(6): 1373-1396.

[34] HINTON Geoffrey-E, ROWEIS Sam-T. Stochastic neighbor embedding[C]//Conference on Neural Information Processing Systems (NeurIPS), 2002: 833-840.

[35] TORGERSON Warren-S. Multidimensional scaling: I. theory and method[J]. Psychometrika, 1952, 17(4): 401-419.

[36] TENENBAUM Joshua-B, de SILVA Vin, LANGFORD John-C. A global geometric framework for nonlinear dimensionality reduction[J]. Science, 2000, 290(5500): 2319-2323.

[37] ZHANG Zhenyue, WANG Jing. MLLE: modified locally linear embedding using multiple weights[C]//Conference on Neural Information Processing Systems (NeurIPS), 2006: 1593-1600.

[38] DONOHO David-L, GRIMES Carrie. Hessian eigenmaps: locally linear embedding techniques for high-dimensional data[J]. Proceedings of the National Academy of Sciences, 2003, 100(10): 5591-5596.

[39] HILBERT David. Geometry and the Imagination[M]. 2nd ed. New York: AMS Chelsea Pub., 1999.

[40] 耿修瑞. 矩阵之美 (基础篇)[M]. 北京: 科学出版社, 2023.

[41] SMITH Steven-W. The Scientist and Engineer's Guide to Digital Signal Processing [M]. California: California Technical Publishing, 1997.

[42] GENG Xiurui, TANG Hairong. Clustering by connection center evolution[J]. Pattern Recognition, 2020, 98.

[43] KUANG D, YUN Sangwoon, PARK Haesun. SymNMF: nonnegative low-rank approximation of a similarity matrix for graph clustering[J]. Journal of Global Optimization, 2015, 62: 545-574.

[44] GREEN A A, BERMAN M, SWITZER P, et al. A transformation for ordering multispectral data in terms of image quality with implications for noise removal[J]. IEEE Transactions on Geoscience and Remote Sensing, 1988, 26(1): 65-74.

[45] 梁灿彬, 周彬. 微分几何入门与广义相对论 [M]. 北京: 北京师范大学出版社, 2000.

[46] TONGUE Benson-H. Principles of Vibration[M]. Oxford: Oxford University Press, 2001.

[47] LUXBURG Ulrike-Von. A tutorial on spectral clustering[J]. Statistics and Computing, 2007, 17(4): 395-416.

[48] HARSANYI J C. Detection and Classification of Subpixel Spectral Signatures in Hyperspectral Image Sequences[M]. Baltimore: University of Maryland Baltimore County, 1993.

[49] CHANG Chein-I. Orthogonal subspace projection (OSP) revisited: A comprehensive study and analysis[J]. IEEE Transactions on Geoscience and Remote Sensing, 2005, 43(3): 502-518.

附录 A　向量范数与矩阵范数

首先给出范数的概念:

定义 A.1 (范数)　若 V 是数域上的线性空间, 在其上定义了一个实值函数 $\|\cdot\|: V \to \mathbb{R}$, 满足

(1) 非负性: $\|\boldsymbol{x}\| \geqslant 0$, $\|\boldsymbol{x}\| = 0 \Leftrightarrow \boldsymbol{x} = 0$;

(2) 齐次性: $\|\alpha\boldsymbol{x}\| = |\alpha|\|\boldsymbol{x}\|$;

(3) 三角不等式: $\|\boldsymbol{x} + \boldsymbol{y}\| \leqslant \|\boldsymbol{x}\| + \|\boldsymbol{y}\|$,

其中 $\boldsymbol{x}$ 和 $\boldsymbol{y}$ 是 V 中的任意矢量, α 为数域上的任意标量. 则称 $\|\cdot\|$ 为线性空间 V 上的范数. 特别地, 当线性空间的元素为矩阵时, 相应的范数也称为**矩阵范数**.

接下来, 我们给出常用的向量范数与矩阵范数.

A.1　向 量 范 数

我们以欧氏空间为例, 给出 n 维欧氏空间中元素的各种常用范数. 其中, 下面用到的向量 $\boldsymbol{x} = [\begin{array}{cccc} x_1 & x_2 & \cdots & x_n \end{array}]^{\mathrm{T}}$, $\boldsymbol{y} = [\begin{array}{cccc} y_1 & y_2 & \cdots & y_n \end{array}]^{\mathrm{T}}$ 均为 n 维欧氏空间中的向量.

1. ℓ_1-范数:

$$\|\boldsymbol{x}\|_1 = \sum_{i=1}^{n} |x_i|.$$

由向量的 ℓ_1-范数 (简称 1-范数) 可以定义向量之间的**曼哈顿距离 (Manhattan Distance)**

$$d_{\boldsymbol{x}\boldsymbol{y}} = \|\boldsymbol{x} - \boldsymbol{y}\|_1 = \sum_{i=1}^{n} |x_i - y_i|.$$

图 A.1 给出了二维平面上到原点的曼哈顿距离为 1 的所有的点的几何结构.

2. ℓ_2-范数:

$$\|\boldsymbol{x}\|_2 = \left(\sum_{i=1}^{n} x_i^2\right)^{\frac{1}{2}}.$$

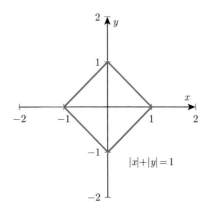

图 A.1　　在二维平面上到原点的曼哈顿距离为 1 的点集的几何结构

由向量的 ℓ_2-范数 (简称 2-范数) 定义可以定义向量之间的**欧氏距离 (Euclidean Distance)**:

$$d_{\boldsymbol{xy}} = \|\boldsymbol{x} - \boldsymbol{y}\| = \left(\sum_{i=1}^{n} (x_i - y_i)^2 \right)^{\frac{1}{2}}.$$

图 A.2 给出了二维平面上到原点的欧氏距离为 1 的所有的点的几何结构.

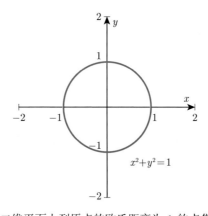

图 A.2　　在二维平面上到原点的欧氏距离为 1 的点集的几何结构

3. ℓ_p-范数:

$$\|\boldsymbol{x}\|_p = \left(\sum_{i=1}^{n} |x_i|^p \right)^{\frac{1}{p}}.$$

由向量的 ℓ_p-范数 (简称 p-范数) 可以定义向量之间的**闵可夫斯基距离 (Min-**

kowski Distance):

$$d_{xy} = \|\boldsymbol{x} - \boldsymbol{y}\|_p = \left(\sum_{i=1}^{n} |x_i - y_i|^p \right)^{\frac{1}{p}}.$$

图 A.3 分别给出了 $p = 0.5$ 和 $p = 4$ 时二维平面上到原点的闵可夫斯基距离为 1 的所有的点的几何结构.

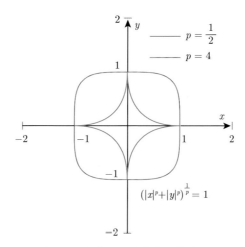

图 A.3　在二维平面上到原点的闵可夫斯基距离为 1 的点集的几何结构

4. ∞-范数:

$$\|\boldsymbol{x}\|_\infty = \max_{1 \leqslant i \leqslant n} |x_i|.$$

由向量的 ∞-范数可以定义向量之间的**切比雪夫距离** (Chebyshev Distance):

$$d_{\boldsymbol{xy}} = \|\boldsymbol{x} - \boldsymbol{y}\|_\infty = \max_{1 \leqslant i \leqslant n} |x_i - y_i|.$$

∞-范数可以看作是 ℓ_p-范数在 p 趋于无穷时的极限情形, 即有

$$\|\boldsymbol{x}\|_\infty = \lim_{p \to \infty} \left(\sum_{i=1}^{n} |x_i|^p \right)^{\frac{1}{p}}.$$

相应地, 到原点的切比雪夫距离为 1 的图形也延续上面几个图形的规律, 为正方形结构 (图 A.4).

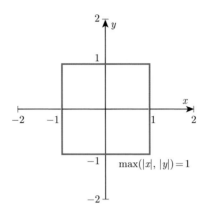

图 A.4   在二维平面上到原点的切比雪夫距离为 1 的点集的几何结构

5. ℓ_0-范数:

$$\|\boldsymbol{x}\|_0 = \sum_{i=1}^{n} \mathbb{I}(x_i),$$

其中, $\mathbb{I}(\cdot)$ 为指示函数, 有如下表达式

$$\mathbb{I}(x_i) = \begin{cases} 1, & x_i \neq 0, \\ 0, & x_i = 0. \end{cases}$$

简而言之, 向量的 ℓ_0-范数 (简称 0-范数) 等于向量中非零元素的个数. 图 A.5 给出了二维平面上两个分量都不大于 1 且 ℓ_0-范数为 1 的所有的点的几何结构. 需要注意的是, 向量的 ℓ_0-范数并不是普通意义的范数, 因为它并不满足范数齐次性的性质.

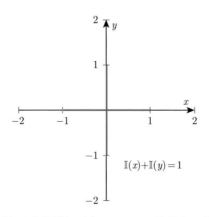

图 A.5   二维平面上两个分量都不大于 1 且 ℓ_0-范数为 1 的点集的几何结构

A.2 矩 阵 范 数

常用的矩阵范数 (其中 $\mathbf{A}$ 为 $m \times n$ 实矩阵) 如下.

1. 弗罗贝尼乌斯范数 (Frobenius Norm):

矩阵 $\mathbf{A}$ 的弗罗贝尼乌斯范数 (简称 F-范数) 是最常用的矩阵范数, 公式如下

$$\|\mathbf{A}\|_{\mathrm{F}} = \sqrt{\mathrm{tr}(\mathbf{A}^{\mathrm{T}}\mathbf{A})} = \left(\sum_{i=1}^{m} \sum_{j=1}^{n} a_{ij}^2 \right)^{\frac{1}{2}}.$$

事实上, 它相当于将矩阵 $\mathbf{A}$ 展成向量后的 ℓ_2-范数, 即 $\|\mathbf{A}\|_{\mathrm{F}} = \|\mathrm{vec}(\mathbf{A})\|_2$.

2. p-范数:

矩阵 $\mathbf{A}$ 的 p-范数定义为

$$\|\mathbf{A}\|_p = \max_{\boldsymbol{x} \neq 0} \frac{\|\mathbf{A}\boldsymbol{x}\|_p}{\|\boldsymbol{x}\|_p},$$

其中, $\|\boldsymbol{x}\|_p$ 是向量 $\boldsymbol{x}$ 的 ℓ_p-范数. 需要注意的是, 矩阵 $\mathbf{A}$ 的 2-范数和它的 F-范数一般情况下并不等价.

3. 行和范数 (Row-sum Norm):

$$\|\mathbf{A}\|_{\mathrm{row}} = \max_{1 \leqslant i \leqslant m} \left\{ \sum_{j=1}^{n} |a_{ij}| \right\}.$$

4. 列和范数 (Column-sum Norm):

$$\|\mathbf{A}\|_{\mathrm{col}} = \max_{1 \leqslant j \leqslant n} \left\{ \sum_{i=1}^{m} |a_{ij}| \right\}.$$

5. 谱范数 (Spectrum Norm):

$$\|\mathbf{A}\|_{\mathrm{spec}} = \sigma_{\max} = \sqrt{\lambda_{\max}},$$

其中 $\sigma_{\max}$ 是矩阵 $\mathbf{A}$ 的最大奇异值, 即 $\mathbf{A}^{\mathrm{T}}\mathbf{A}$ 的最大特征值 $\lambda_{\max}$ 的平方根.

6. 马哈拉诺比斯范数 (Mahalanobis Norm):

$$\|\mathbf{A}\|_{\boldsymbol{\Omega}} = \sqrt{\mathrm{tr}(\mathbf{A}^{\mathrm{T}}\boldsymbol{\Omega}\mathbf{A})},$$

其中 $\boldsymbol{\Omega}$ 为正定矩阵.

7. 核范数 (Nuclear Norm):

$$\|\mathbf{A}\|_* = \mathrm{tr}(\sqrt{\mathbf{A}^{\mathrm{T}}\mathbf{A}}).$$

经过简单的验证可知, 矩阵的核范数等于矩阵的所有奇异值之和.

附录 B　矩阵微积分

B.1　实值标量函数相对于实向量的梯度

设 $f(\boldsymbol{x})$ 是一个以向量 $\boldsymbol{x} = [\begin{array}{cccc} x_1 & x_2 & \cdots & x_n \end{array}]^{\mathrm{T}}$ 为自变量的实标量函数, 则该函数相对于自变量的梯度定义为

$$\frac{\partial f(\boldsymbol{x})}{\partial \boldsymbol{x}} = \left[\begin{array}{cccc} \dfrac{\partial f(\boldsymbol{x})}{\partial x_1} & \dfrac{\partial f(\boldsymbol{x})}{\partial x_2} & \cdots & \dfrac{\partial f(\boldsymbol{x})}{\partial x_n} \end{array}\right]^{\mathrm{T}}.$$

$\dfrac{\partial f(\boldsymbol{x})}{\partial \boldsymbol{x}}$ 也可以记作 $\nabla_{\boldsymbol{x}} f(\boldsymbol{x})$, 其中 $\nabla_{\boldsymbol{x}} = \left[\begin{array}{cccc} \dfrac{\partial}{\partial x_1} & \dfrac{\partial}{\partial x_2} & \cdots & \dfrac{\partial}{\partial x_n} \end{array}\right]^{\mathrm{T}}$ 为梯度算子.

类似地, 也可以给出函数 $f(\boldsymbol{x})$ 相对于行向量 $\boldsymbol{x}^{\mathrm{T}} = [\begin{array}{cccc} x_1 & x_2 & \cdots & x_n \end{array}]$ 的梯度为

$$\frac{\partial f(\boldsymbol{x})}{\partial \boldsymbol{x}^{\mathrm{T}}} = \left[\begin{array}{cccc} \dfrac{\partial f(\boldsymbol{x})}{\partial x_1} & \dfrac{\partial f(\boldsymbol{x})}{\partial x_2} & \cdots & \dfrac{\partial f(\boldsymbol{x})}{\partial x_n} \end{array}\right] = \nabla_{\boldsymbol{x}^{\mathrm{T}}} f(\boldsymbol{x}).$$

从上面的式子可以看出:

(1) 以列 (行) 向量为自变量的实标量函数, 其对于自变量的梯度仍然为一个大小相同的列 (行) 向量.

(2) 梯度的每个分量代表着函数在该分量所在坐标方向上的变化率.

实值标量函数相对于实向量的梯度, 满足如下几个规则 (请读者自行推导):

(1) 线性法则: 若 $f(\boldsymbol{x})$ 和 $g(\boldsymbol{x})$ 分别是向量 $\boldsymbol{x}$ 的实值标量函数, c_1 和 c_2 为实常数, 则

$$\frac{\partial (c_1 f(\boldsymbol{x}) + c_2 g(\boldsymbol{x}))}{\partial \boldsymbol{x}} = c_1 \frac{\partial f(\boldsymbol{x})}{\partial \boldsymbol{x}} + c_2 \frac{\partial g(\boldsymbol{x})}{\partial \boldsymbol{x}}.$$

(2) 乘积法则 (标量版): 若 $f(\boldsymbol{x})$ 和 $g(\boldsymbol{x})$ 分别是向量 $\boldsymbol{x}$ 的实值标量函数, 则

$$\frac{\partial (f(\boldsymbol{x}) g(\boldsymbol{x}))}{\partial \boldsymbol{x}} = g(\boldsymbol{x}) \frac{\partial f(\boldsymbol{x})}{\partial \boldsymbol{x}} + f(\boldsymbol{x}) \frac{\partial g(\boldsymbol{x})}{\partial \boldsymbol{x}}.$$

(3) 乘积法则 (向量版): 若 $\boldsymbol{f}(\boldsymbol{x}), \boldsymbol{g}(\boldsymbol{x})$ 为实列向量函数, 则

$$\frac{\partial (\boldsymbol{f}^{\mathrm{T}}(\boldsymbol{x}) \boldsymbol{g}(\boldsymbol{x}))}{\partial \boldsymbol{x}} = \frac{\partial \boldsymbol{f}^{\mathrm{T}}(\boldsymbol{x})}{\partial \boldsymbol{x}} \boldsymbol{g}(\boldsymbol{x}) + \frac{\partial \boldsymbol{g}^{\mathrm{T}}(\boldsymbol{x})}{\partial \boldsymbol{x}} \boldsymbol{f}(\boldsymbol{x}).$$

(4) 商法则: 若 $f(\boldsymbol{x})$ 和 $g(\boldsymbol{x})$ 分别是向量 $\boldsymbol{x}$ 的实值标量函数, 且 $g(\boldsymbol{x}) \neq 0$, 则

$$\frac{\partial (f(\boldsymbol{x})/g(\boldsymbol{x}))}{\partial \boldsymbol{x}} = \frac{1}{g^2(\boldsymbol{x})} \left(g(\boldsymbol{x}) \frac{\partial f(\boldsymbol{x})}{\partial \boldsymbol{x}} - f(\boldsymbol{x}) \frac{\partial g(\boldsymbol{x})}{\partial \boldsymbol{x}} \right).$$

(5) 链式法则: 若 $\boldsymbol{g}(\boldsymbol{x})$ 是实列向量函数, 则

$$\frac{\partial (f(\boldsymbol{g}(\boldsymbol{x})))}{\partial \boldsymbol{x}} = \frac{\partial \boldsymbol{g}^{\mathrm{T}}(\boldsymbol{x})}{\partial \boldsymbol{x}} \frac{\partial f(\boldsymbol{g})}{\partial \boldsymbol{g}}.$$

例 B.1 试求实值标量函数 $f(\boldsymbol{x}) = \boldsymbol{a}^{\mathrm{T}}\boldsymbol{x}$ 相对于自变量 $\boldsymbol{x} = [x_1 \quad x_2 \quad \cdots \quad x_n]^{\mathrm{T}}$ 的梯度.

解 由于 $f(\boldsymbol{x}) = \boldsymbol{a}^{\mathrm{T}}\boldsymbol{x} = a_1 x_1 + \cdots + a_n x_n$, 所以

$$\frac{\partial f(\boldsymbol{x})}{\partial \boldsymbol{x}} = \frac{\partial \boldsymbol{a}^{\mathrm{T}}\boldsymbol{x}}{\partial \boldsymbol{x}} = \left[\begin{array}{cccc} \dfrac{\partial \boldsymbol{a}^{\mathrm{T}}\boldsymbol{x}}{\partial x_1} & \dfrac{\partial \boldsymbol{a}^{\mathrm{T}}\boldsymbol{x}}{\partial x_2} & \cdots & \dfrac{\partial \boldsymbol{a}^{\mathrm{T}}\boldsymbol{x}}{\partial x_n} \end{array} \right]^{\mathrm{T}} = \left[\begin{array}{cccc} a_1 & a_2 & \cdots & a_n \end{array} \right]^{\mathrm{T}} = \boldsymbol{a}.$$

同理, 可得

$$\frac{\partial f(\boldsymbol{x})}{\partial \boldsymbol{x}^{\mathrm{T}}} = \frac{\partial \boldsymbol{a}^{\mathrm{T}}\boldsymbol{x}}{\partial \boldsymbol{x}^{\mathrm{T}}} = \left[\begin{array}{cccc} \dfrac{\partial \boldsymbol{a}^{\mathrm{T}}\boldsymbol{x}}{\partial x_1} & \dfrac{\partial \boldsymbol{a}^{\mathrm{T}}\boldsymbol{x}}{\partial x_2} & \cdots & \dfrac{\partial \boldsymbol{a}^{\mathrm{T}}\boldsymbol{x}}{\partial x_n} \end{array} \right] = \left[\begin{array}{cccc} a_1 & a_2 & \cdots & a_n \end{array} \right] = \boldsymbol{a}^{\mathrm{T}}.$$

例 B.2 试求实值标量函数 $f(\boldsymbol{x}) = \boldsymbol{x}^{\mathrm{T}}\mathbf{A}\boldsymbol{x}$ 相对于自变量 $\boldsymbol{x} = [x_1 \quad x_2 \quad \cdots \quad x_n]^{\mathrm{T}}$ 的梯度.

解 首先有

$$f(\boldsymbol{x}) = \boldsymbol{x}^{\mathrm{T}}\mathbf{A}\boldsymbol{x} = \sum_{i=1}^{n} \sum_{j=1}^{n} a_{ij} x_i x_j,$$

其中, $f(\boldsymbol{x})$ 中含有 x_k 的项为

$$f_{x_k}(\boldsymbol{x}) = \sum_{j=1, j \neq k}^{n} a_{kj} x_k x_j + \sum_{i=1, i \neq k}^{n} a_{ik} x_i x_k + a_{kk} x_k x_k.$$

$f_{x_k}(\boldsymbol{x})$ 相对于 x_k 的偏导数为

$$\frac{\partial f_{x_k}(\boldsymbol{x})}{\partial x_k} = \sum_{j=1, j \neq k}^{n} a_{kj} x_j + \sum_{i=1, i \neq k}^{n} a_{ik} x_i + 2 a_{kk} x_k = \sum_{j=1}^{n} a_{kj} x_j + \sum_{i=1}^{n} a_{ik} x_i$$

$$= \mathbf{A}(k, :)\boldsymbol{x} + \mathbf{A}^{\mathrm{T}}(k, :)\boldsymbol{x}.$$

因此, $f(\boldsymbol{x})$ 相对于 $\boldsymbol{x}$ 的梯度为

$$
\begin{aligned}
\frac{\partial f(\boldsymbol{x})}{\partial \boldsymbol{x}} &= \left[\begin{array}{cccc} \dfrac{\partial f(\boldsymbol{x})}{\partial x_1} & \dfrac{\partial f(\boldsymbol{x})}{\partial x_2} & \cdots & \dfrac{\partial f(\boldsymbol{x})}{\partial x_n} \end{array} \right]^{\mathrm{T}} \\
&= \left[\begin{array}{cccc} \dfrac{\partial f_{x_1}(\boldsymbol{x})}{\partial x_1} & \dfrac{\partial f_{x_2}(\boldsymbol{x})}{\partial x_2} & \cdots & \dfrac{\partial f_{x_n}(\boldsymbol{x})}{\partial x_n} \end{array} \right]^{\mathrm{T}} \\
&= \mathbf{A}\boldsymbol{x} + \mathbf{A}^{\mathrm{T}}\boldsymbol{x}.
\end{aligned}
$$

B.2　实值向量函数相对于实向量的梯度

m 维列向量函数 $\boldsymbol{f}(\boldsymbol{x}) = \left[\begin{array}{cccc} f_1(\boldsymbol{x}) & f_2(\boldsymbol{x}) & \cdots & f_m(\boldsymbol{x}) \end{array} \right]^{\mathrm{T}}$ 相对于 n 维行向量 $\boldsymbol{x}^{\mathrm{T}}$ 的梯度为一个 $m \times n$ 的矩阵, 即

$$
\frac{\partial \boldsymbol{f}(\boldsymbol{x})}{\partial \boldsymbol{x}^{\mathrm{T}}} = \left[\begin{array}{cccc} \dfrac{\partial f_1(\boldsymbol{x})}{\partial x_1} & \dfrac{\partial f_1(\boldsymbol{x})}{\partial x_2} & \cdots & \dfrac{\partial f_1(\boldsymbol{x})}{\partial x_n} \\[2mm] \dfrac{\partial f_2(\boldsymbol{x})}{\partial x_1} & \dfrac{\partial f_2(\boldsymbol{x})}{\partial x_2} & \cdots & \dfrac{\partial f_2(\boldsymbol{x})}{\partial x_n} \\[2mm] \vdots & \vdots & \ddots & \vdots \\[2mm] \dfrac{\partial f_m(\boldsymbol{x})}{\partial x_1} & \dfrac{\partial f_m(\boldsymbol{x})}{\partial x_2} & \cdots & \dfrac{\partial f_m(\boldsymbol{x})}{\partial x_n} \end{array} \right].
$$

m 维列向量函数相对于列向量 $\boldsymbol{x}$ 的梯度, 将是一个更高的列向量, 即

$$
\frac{\partial \boldsymbol{f}(\boldsymbol{x})}{\partial \boldsymbol{x}} = \left[\begin{array}{c} \dfrac{\partial \boldsymbol{f}(\boldsymbol{x})}{\partial x_1} \\[2mm] \dfrac{\partial \boldsymbol{f}(\boldsymbol{x})}{\partial x_2} \\[2mm] \vdots \\[2mm] \dfrac{\partial \boldsymbol{f}(\boldsymbol{x})}{\partial x_n} \end{array} \right] = \mathrm{vec}\left(\frac{\partial \boldsymbol{f}(\boldsymbol{x})}{\partial \boldsymbol{x}^{\mathrm{T}}} \right).
$$

m 维行向量函数 $\boldsymbol{f}^{\mathrm{T}}(\boldsymbol{x})$ 相对于 n 维列向量 $\boldsymbol{x}$ 的梯度为一个 $n \times m$ 的矩阵, 即

$$\frac{\partial \boldsymbol{f}^{\mathrm{T}}(\boldsymbol{x})}{\partial \boldsymbol{x}} = \begin{bmatrix} \dfrac{\partial f_1(\boldsymbol{x})}{\partial x_1} & \dfrac{\partial f_2(\boldsymbol{x})}{\partial x_1} & \cdots & \dfrac{\partial f_m(\boldsymbol{x})}{\partial x_1} \\[2mm] \dfrac{\partial f_1(\boldsymbol{x})}{\partial x_2} & \dfrac{\partial f_2(\boldsymbol{x})}{\partial x_2} & \cdots & \dfrac{\partial f_m(\boldsymbol{x})}{\partial x_2} \\[2mm] \vdots & \vdots & \ddots & \vdots \\[2mm] \dfrac{\partial f_1(\boldsymbol{x})}{\partial x_n} & \dfrac{\partial f_2(\boldsymbol{x})}{\partial x_n} & \cdots & \dfrac{\partial f_m(\boldsymbol{x})}{\partial x_n} \end{bmatrix}.$$

m 维行向量函数 $\boldsymbol{f}^{\mathrm{T}}(\boldsymbol{x})$ 相对于行向量 $\boldsymbol{x}^{\mathrm{T}}$ 的梯度, 将是一个更长的行向量, 即

$$\frac{\partial \boldsymbol{f}^{\mathrm{T}}(\boldsymbol{x})}{\partial \boldsymbol{x}^{\mathrm{T}}} = \left(\mathrm{vec}\left(\frac{\partial \boldsymbol{f}^{\mathrm{T}}(\boldsymbol{x})}{\partial \boldsymbol{x}} \right) \right)^{\mathrm{T}}.$$

例 B.3 试求实向量函数 $\boldsymbol{f}(\boldsymbol{x}) = \mathbf{A}\boldsymbol{x}$ 相对于向量 $\boldsymbol{x}^{\mathrm{T}}$ 的梯度.

解 (方法 1) 由于

$$\boldsymbol{f}(\boldsymbol{x}) = \mathbf{A}\boldsymbol{x} = \begin{bmatrix} \mathbf{A}(1,:)\boldsymbol{x} \\ \mathbf{A}(2,:)\boldsymbol{x} \\ \vdots \\ \mathbf{A}(n,:)\boldsymbol{x} \end{bmatrix},$$

所以

$$\frac{\partial \boldsymbol{f}(\boldsymbol{x})}{\partial \boldsymbol{x}^{\mathrm{T}}} = \begin{bmatrix} \dfrac{\partial(\mathbf{A}(1,:)\boldsymbol{x})}{\partial \boldsymbol{x}^{\mathrm{T}}} \\[2mm] \dfrac{\partial(\mathbf{A}(2,:)\boldsymbol{x})}{\partial \boldsymbol{x}^{\mathrm{T}}} \\[2mm] \vdots \\[2mm] \dfrac{\partial(\mathbf{A}(n,:)\boldsymbol{x})}{\partial \boldsymbol{x}^{\mathrm{T}}} \end{bmatrix} = \begin{bmatrix} \mathbf{A}(1,:) \\ \mathbf{A}(2,:) \\ \vdots \\ \mathbf{A}(n,:) \end{bmatrix} = \mathbf{A}.$$

(方法 2) 由于

$$\boldsymbol{f}(\boldsymbol{x}) = \mathbf{A}\boldsymbol{x} = x_1 \mathbf{A}(:,1) + x_2 \mathbf{A}(:,2) + \cdots + x_n \mathbf{A}(:,n),$$

所以

$$\frac{\partial \boldsymbol{f}(\boldsymbol{x})}{\partial \boldsymbol{x}^{\mathrm{T}}} = \left[\begin{array}{cccc} \dfrac{\partial \boldsymbol{f}(\boldsymbol{x})}{\partial x_1} & \dfrac{\partial \boldsymbol{f}(\boldsymbol{x})}{\partial x_2} & \cdots & \dfrac{\partial \boldsymbol{f}(\boldsymbol{x})}{\partial x_n} \end{array} \right]$$

$$= \left[\begin{array}{cccc} \mathbf{A}(:,1) & \mathbf{A}(:,2) & \cdots & \mathbf{A}(:,n) \end{array} \right] = \mathbf{A}.$$

同理, 可以得到

$$\frac{\partial \boldsymbol{f}(\boldsymbol{x})}{\partial \boldsymbol{x}} = \mathrm{vec}(\mathbf{A}),$$

$$\frac{\partial \boldsymbol{f}^{\mathrm{T}}(\boldsymbol{x})}{\partial \boldsymbol{x}} = \left(\frac{\partial \boldsymbol{f}(\boldsymbol{x})}{\partial \boldsymbol{x}^{\mathrm{T}}} \right)^{\mathrm{T}} = \mathbf{A}^{\mathrm{T}},$$

$$\frac{\partial \boldsymbol{f}^{\mathrm{T}}(\boldsymbol{x})}{\partial \boldsymbol{x}^{\mathrm{T}}} = \left(\frac{\partial \boldsymbol{f}(\boldsymbol{x})}{\partial \boldsymbol{x}} \right)^{\mathrm{T}} = \mathrm{vec}(\mathbf{A})^{\mathrm{T}}.$$

B.3 实值函数相对于实矩阵的梯度

实值函数 $f(\mathbf{A})$ 相对于其自变量 $m \times n$ 矩阵 $\mathbf{A} = (a_{ij})$ 的梯度仍然是一个 $m \times n$ 的矩阵, 即

$$\frac{\partial f(\mathbf{A})}{\partial \mathbf{A}} = \left[\begin{array}{cccc} \dfrac{\partial f(\mathbf{A})}{\partial a_{11}} & \dfrac{\partial f(\mathbf{A})}{\partial a_{12}} & \cdots & \dfrac{\partial f(\mathbf{A})}{\partial a_{1n}} \\[3mm] \dfrac{\partial f(\mathbf{A})}{\partial a_{21}} & \dfrac{\partial f(\mathbf{A})}{\partial a_{22}} & \cdots & \dfrac{\partial f(\mathbf{A})}{\partial a_{2n}} \\[3mm] \vdots & \vdots & \ddots & \vdots \\[3mm] \dfrac{\partial f(\mathbf{A})}{\partial a_{m1}} & \dfrac{\partial f(\mathbf{A})}{\partial a_{m2}} & \cdots & \dfrac{\partial f(\mathbf{A})}{\partial a_{mn}} \end{array} \right] = \nabla_{\mathbf{A}} f(\mathbf{A}).$$

事实上, 实值函数相对于矩阵的梯度与实值函数相对于向量的梯度并没有本质的区别, 它们之间可以通过下面的公式相互转化

$$\nabla_{\mathbf{A}} f(\mathbf{A}) = \mathrm{unvec}\left(\nabla_{\mathrm{vec}(\mathbf{A})} f(\mathrm{vec}(\mathbf{A})) \right),$$

其中 $\mathrm{unvec}(\cdot)$ 是 $\mathrm{vec}(\cdot)$ 的逆操作, 它将一个向量转化为一个矩阵.

例 B.4 试求函数 $f(\mathbf{A}) = \boldsymbol{x}^{\mathrm{T}} \mathbf{A} \boldsymbol{y}$ 相对于矩阵 $\mathbf{A}$ 的梯度.

解 (方法 1) 逐元素求导, 由于

$$f(\mathbf{A}) = \boldsymbol{x}^{\mathrm{T}} \mathbf{A} \boldsymbol{y} = \sum_{i=1}^{m} \sum_{j=1}^{n} a_{ij} x_i y_j,$$

因此

$$\frac{\partial f(\mathbf{A})}{\partial a_{ij}} = x_i y_j,$$

所以

$$\frac{\partial f(\mathbf{A})}{\partial \mathbf{A}} = \begin{bmatrix} \dfrac{\partial f(\mathbf{A})}{\partial a_{11}} & \dfrac{\partial f(\mathbf{A})}{\partial a_{12}} & \cdots & \dfrac{\partial f(\mathbf{A})}{\partial a_{1n}} \\ \dfrac{\partial f(\mathbf{A})}{\partial a_{21}} & \dfrac{\partial f(\mathbf{A})}{\partial a_{22}} & \cdots & \dfrac{\partial f(\mathbf{A})}{\partial a_{2n}} \\ \vdots & \vdots & \ddots & \vdots \\ \dfrac{\partial f(\mathbf{A})}{\partial a_{m1}} & \dfrac{\partial f(\mathbf{A})}{\partial a_{m2}} & \cdots & \dfrac{\partial f(\mathbf{A})}{\partial a_{mn}} \end{bmatrix} = \begin{bmatrix} x_1 y_1 & x_1 y_2 & \cdots & x_1 y_n \\ x_2 y_1 & x_2 y_2 & \cdots & x_2 y_n \\ \vdots & \vdots & \ddots & \vdots \\ x_m y_1 & x_m y_2 & \cdots & x_m y_n \end{bmatrix}$$

$$= \begin{bmatrix} x_1 \\ x_2 \\ \vdots \\ x_m \end{bmatrix} \begin{bmatrix} y_1 & y_2 & \cdots & y_n \end{bmatrix} = \boldsymbol{x} \boldsymbol{y}^{\mathrm{T}}.$$

(方法 2) 向量求导法, 由于

$$f(\mathbf{A}) = \boldsymbol{x}^{\mathrm{T}} \mathbf{A} \boldsymbol{y} = \mathrm{vec}(\mathbf{A})^{\mathrm{T}} (\boldsymbol{y} \otimes \boldsymbol{x}),$$

因此

$$\frac{\partial f(\mathrm{vec}(\mathbf{A}))}{\partial \, \mathrm{vec}(\mathbf{A})} = \boldsymbol{y} \otimes \boldsymbol{x},$$

又因为

$$\boldsymbol{y} \otimes \boldsymbol{x} = \mathrm{vec}(\boldsymbol{x} \boldsymbol{y}^{\mathrm{T}}),$$

所以

$$\frac{\partial f(\mathbf{A})}{\partial \mathbf{A}} = \mathrm{unvec}(\nabla_{\mathrm{vec}(\mathbf{A})} f(\mathrm{vec}(\mathbf{A}))) = \mathrm{unvec}(\boldsymbol{y} \otimes \boldsymbol{x}) = \boldsymbol{x} \boldsymbol{y}^{\mathrm{T}}.$$

B.4   矩 阵 微 分

对于一个以向量 $\boldsymbol{x} = [\ x_1 \quad x_2 \quad \cdots \quad x_n\ ]^{\mathrm{T}}$ 为自变量的实值函数 $f(\boldsymbol{x})$, 其微分公式如下

$$df(\boldsymbol{x}) = \sum_{i=1}^{n} \frac{\partial f(\boldsymbol{x})}{\partial x_i} dx_i.$$

对于一个 $m \times n$ 矩阵 $\mathbf{X} = (x_{ij})$ 为自变量的实值函数 $f(\mathbf{X})$, 其微分公式为

$$df(\mathbf{X}) = \sum_{i=1}^{m} \sum_{j=1}^{n} \frac{\partial f(\mathbf{X})}{\partial x_{ij}} dx_{ij}. \tag{B.1}$$

通过简单计算, 可以验证 (B.1) 可以重新表示为如下形式

$$df(\mathbf{X}) = \mathrm{tr}\left(\left(\frac{\partial f(\mathbf{X})}{\partial \mathbf{X}} \right)^{\mathrm{T}} d\mathbf{X} \right), \tag{B.2}$$

其中

$$d\mathbf{X} = \begin{bmatrix} dx_{11} & dx_{12} & \cdots & dx_{1n} \\ dx_{21} & dx_{22} & \cdots & dx_{2n} \\ \vdots & \vdots & \ddots & \vdots \\ dx_{m1} & dx_{m2} & \cdots & dx_{mn} \end{bmatrix}.$$

需要指出的是, 由于向量是矩阵的特例, 所以当自变量 $\mathbf{X}$ 为向量时, (B.2) 仍然成立.

矩阵微分有如下常用的性质 (请读者尝试证明):

(1) 常数矩阵的微分矩阵为零矩阵, 即

$$d(\mathbf{A}) = \mathbf{0}.$$

(2) 矩阵转置的微分矩阵等于原矩阵的微分矩阵的转置, 即

$$d(\mathbf{X}^{\mathrm{T}}) = (d\mathbf{X})^{\mathrm{T}}.$$

(3) 矩阵微分算子为线性算子, 即对于任意常数 a, b 和相同大小的矩阵函数 $\mathbf{X}, \mathbf{Y}$, 都有

$$d(a\mathbf{X} + b\mathbf{Y}) = a d\mathbf{X} + b d\mathbf{Y}.$$

(4) 矩阵函数的迹的微分等于其微分的迹, 即

$$d(\mathrm{tr}(\mathbf{X})) = \mathrm{tr}(d\mathbf{X}).$$

(5) 两个矩阵函数的乘积的微分满足如下规则

$$d(\mathbf{XY}) = (d\mathbf{X})\mathbf{Y} + \mathbf{X}d\mathbf{Y}.$$

(6) 矩阵函数的克罗内克积的微分满足如下规则

$$d(\mathbf{X} \otimes \mathbf{Y}) = (d\mathbf{X}) \otimes \mathbf{Y} + \mathbf{X} \otimes d\mathbf{Y}.$$

(7) 矩阵函数的逆的微分满足如下规则

$$d(\mathbf{X}^{-1}) = -\mathbf{X}^{-1}(d\mathbf{X})\mathbf{X}^{-1}.$$

例 B.5　试用矩阵微分法求函数 $f(\mathbf{A}) = \boldsymbol{x}^{\mathrm{T}}\mathbf{A}\boldsymbol{y}$ 相对于矩阵 $\mathbf{A}$ 的梯度.
解　由于

$$df(\mathbf{A}) = d(\boldsymbol{x}^{\mathrm{T}}\mathbf{A}\boldsymbol{y}) = d(\mathrm{tr}(\boldsymbol{x}^{\mathrm{T}}\mathbf{A}\boldsymbol{y})) = \mathrm{tr}(d(\boldsymbol{x}^{\mathrm{T}}\mathbf{A}\boldsymbol{y})) = \mathrm{tr}(\boldsymbol{y}\boldsymbol{x}^{\mathrm{T}}d\mathbf{A}),$$

基于 (B.2), 有

$$\left(\frac{\partial f(\mathbf{A})}{\partial \mathbf{A}}\right)^{\mathrm{T}} = \boldsymbol{y}\boldsymbol{x}^{\mathrm{T}},$$

因此

$$\frac{\partial f(\mathbf{A})}{\partial \mathbf{A}} = (\boldsymbol{y}\boldsymbol{x}^{\mathrm{T}})^{\mathrm{T}} = \boldsymbol{x}\boldsymbol{y}^{\mathrm{T}}.$$

例 B.6　试用矩阵微分法求实值标量函数 $f(\boldsymbol{x}) = \boldsymbol{x}^{\mathrm{T}}\mathbf{A}\boldsymbol{x}$ 相对于向量 $\boldsymbol{x}$ 的梯度.
解　由于

$$df(\boldsymbol{x}) = d(\boldsymbol{x}^{\mathrm{T}}\mathbf{A}\boldsymbol{x}) = d(\mathrm{tr}(\boldsymbol{x}^{\mathrm{T}}\mathbf{A}\boldsymbol{x}))$$

$$= \mathrm{tr}(d(\boldsymbol{x}^{\mathrm{T}}\mathbf{A}\boldsymbol{x})) = \mathrm{tr}((d\boldsymbol{x}^{\mathrm{T}})\mathbf{A}\boldsymbol{x} + \boldsymbol{x}^{\mathrm{T}}\mathbf{A}d\boldsymbol{x})$$

$$= \mathrm{tr}(\boldsymbol{x}^{\mathrm{T}}\mathbf{A}^{\mathrm{T}}d\boldsymbol{x}) + \mathrm{tr}(\boldsymbol{x}^{\mathrm{T}}\mathbf{A}d\boldsymbol{x}) = \mathrm{tr}((\boldsymbol{x}^{\mathrm{T}}\mathbf{A}^{\mathrm{T}} + \boldsymbol{x}^{\mathrm{T}}\mathbf{A})d\boldsymbol{x}),$$

基于 (B.2), 有

$$\left(\frac{\partial f(\boldsymbol{x})}{\partial \boldsymbol{x}}\right)^{\mathrm{T}} = \boldsymbol{x}^{\mathrm{T}}\mathbf{A}^{\mathrm{T}} + \boldsymbol{x}^{\mathrm{T}}\mathbf{A},$$

因此

$$\frac{\partial f(\boldsymbol{x})}{\partial \boldsymbol{x}} = (\boldsymbol{x}^{\mathrm{T}}\mathbf{A}^{\mathrm{T}} + \boldsymbol{x}^{\mathrm{T}}\mathbf{A})^{\mathrm{T}} = \mathbf{A}\boldsymbol{x} + \mathbf{A}^{\mathrm{T}}\boldsymbol{x}.$$

B.5   迹函数的梯度矩阵

对于一个 $n \times n$ 的实矩阵 $\mathbf{X} = (x_{ij})$, 它的迹定义为它的对角元素之和, 即

$$\mathrm{tr}(\mathbf{X}) = \sum_{i=1}^{n} x_{ii}.$$

显然, 矩阵的迹可以认为是以矩阵为自变量的实值函数. 由于

$$\frac{\partial \, \mathrm{tr}(\mathbf{X})}{\partial x_{ij}} = \begin{cases} 0, & i \neq j, \\ 1, & i = j, \end{cases}$$

因此, 矩阵的迹函数相对于该矩阵的梯度为单位矩阵, 即

$$\frac{\partial \, \mathrm{tr}(\mathbf{X})}{\partial \mathbf{X}} = \mathbf{I}.$$

关于矩阵的迹, 上面的例 B.5 和例 B.6 的推导过程中都用到了一个重要的性质:

$$\mathrm{tr}(\mathbf{AB}) = \mathrm{tr}(\mathbf{BA}),$$

即, 矩阵乘积的迹与乘积顺序无关.

例 B.7   试求 $f(\mathbf{X}) = \mathrm{tr}(\mathbf{AXB})$ 相对于矩阵 $\mathbf{X}$ 的梯度.

解   由于

$$df(\mathbf{X}) = d(\mathrm{tr}(\mathbf{AXB})) = \mathrm{tr}(d(\mathbf{AXB})) = \mathrm{tr}(\mathbf{A}(d\mathbf{X})\mathbf{B}) = \mathrm{tr}(\mathbf{BA}(d\mathbf{X})),$$

基于 (B.2), 我们有

$$\left(\frac{\partial f(\mathbf{X})}{\partial \mathbf{X}} \right)^{\mathrm{T}} = \mathbf{BA},$$

因此

$$\frac{\partial f(\mathbf{X})}{\partial \mathbf{X}} = (\mathbf{BA})^{\mathrm{T}} = \mathbf{A}^{\mathrm{T}}\mathbf{B}^{\mathrm{T}}.$$

例 B.8   试求 $f(\mathbf{X}) = \mathrm{tr}(\mathbf{AX}^{-1}\mathbf{B})$ 相对于矩阵 $\mathbf{X}$ 的梯度.

解   由于

$$df(\mathbf{X}) = d(\mathrm{tr}(\mathbf{AX}^{-1}\mathbf{B})) = \mathrm{tr}(d(\mathbf{AX}^{-1}\mathbf{B}))$$

$$= \mathrm{tr}(\mathbf{A}(d\mathbf{X}^{-1})\mathbf{B}) = \mathrm{tr}(-\mathbf{AX}^{-1}(d\mathbf{X})\mathbf{X}^{-1}\mathbf{B})$$

$$= \mathrm{tr}(-\mathbf{X}^{-1}\mathbf{BAX}^{-1}d\mathbf{X}),$$

基于 (B.2), 我们有

$$\left(\frac{\partial f(\mathbf{X})}{\partial \mathbf{X}}\right)^{\mathrm{T}} = -\mathbf{X}^{-1}\mathbf{B}\mathbf{A}\mathbf{X}^{-1},$$

因此

$$\frac{\partial f(\mathbf{X})}{\partial \mathbf{X}} = (-\mathbf{X}^{-1}\mathbf{B}\mathbf{A}\mathbf{X}^{-1})^{\mathrm{T}} = -\mathbf{X}^{-\mathrm{T}}\mathbf{A}^{\mathrm{T}}\mathbf{B}^{\mathrm{T}}\mathbf{X}^{-\mathrm{T}}.$$

例 B.9 试求 $f(\mathbf{X}) = \mathrm{tr}(\mathbf{X}^{\mathrm{T}}\mathbf{X})$ 相对于矩阵 $\mathbf{X}$ 的梯度.

解 (方法 1) 矩阵微分法, 由于

$$df(\mathbf{X}) = d(\mathrm{tr}(\mathbf{X}^{\mathrm{T}}\mathbf{X})) = \mathrm{tr}(d(\mathbf{X}^{\mathrm{T}}\mathbf{X})) = \mathrm{tr}((d\mathbf{X}^{\mathrm{T}})\mathbf{X} + \mathbf{X}^{\mathrm{T}}d\mathbf{X})$$

$$= \mathrm{tr}((d\mathbf{X}^{\mathrm{T}})\mathbf{X}) + \mathrm{tr}(\mathbf{X}^{\mathrm{T}}d\mathbf{X}) = \mathrm{tr}(\mathbf{X}^{\mathrm{T}}d\mathbf{X}) + \mathrm{tr}(\mathbf{X}^{\mathrm{T}}d\mathbf{X}) = \mathrm{tr}(2\mathbf{X}^{\mathrm{T}}d\mathbf{X}),$$

基于 (B.2), 我们有

$$\left(\frac{\partial f(\mathbf{X})}{\partial \mathbf{X}}\right)^{\mathrm{T}} = 2\mathbf{X}^{\mathrm{T}},$$

因此

$$\frac{\partial f(\mathbf{X})}{\partial \mathbf{X}} = 2\mathbf{X}.$$

(方法 2) 向量求导法, 由于

$$\mathrm{tr}(\mathbf{X}^{\mathrm{T}}\mathbf{X}) = \|\mathbf{X}\|_{\mathrm{F}}^2 = \mathrm{vec}(\mathbf{X})^{\mathrm{T}}\mathrm{vec}(\mathbf{X}),$$

因此

$$\frac{\partial \mathrm{tr}(\mathbf{X}^{\mathrm{T}}\mathbf{X})}{\partial \mathbf{X}} = \mathrm{unvec}\left(\frac{\partial(\mathrm{vec}(\mathbf{X})^{\mathrm{T}}\mathrm{vec}(\mathbf{X}))}{\partial\mathrm{vec}(\mathbf{X})}\right) = \mathrm{unvec}(2\mathrm{vec}(\mathbf{X})) = 2\mathbf{X}.$$

从上面的例子可以看出, (B.2) 是矩阵迹函数自变量求导的基本工具. 我们常见的矩阵迹函数的梯度基本都可以基于 (B.2) 按照上述例子中的套路进行求解.

B.6 行列式的梯度矩阵

对于一个 $n \times n$ 的实满秩矩阵 $\mathbf{X} = (x_{ij})$, 其行列式 $|\mathbf{X}|$ 也是一个以矩阵为自变量的实值函数. 为了计算该函数相对于矩阵的梯度, 我们可以将行列式按第 i 行展开或者按第 j 列展开, 对应的公式分别为

$$|\mathbf{X}| = \sum_{j=1}^{n} x_{ij}c_{ij}, \quad |\mathbf{X}| = \sum_{i=1}^{n} x_{ij}c_{ij},$$

其中 $\mathbf{C} = (c_{ij})$ 为矩阵 $\mathbf{X}$ 的代数余子式矩阵.

无论采用哪种行列式展开方式, 都可以得到 $|\mathbf{X}|$ 相对于变量 x_{ij} 的梯度为

$$\frac{\partial |\mathbf{X}|}{\partial x_{ij}} = c_{ij}.$$

因此, $|\mathbf{X}|$ 相对于 $\mathbf{X}$ 的梯度为

$$\frac{\partial |\mathbf{X}|}{\partial \mathbf{X}} = \mathbf{C}.$$

又因为矩阵的代数余子式矩阵是其伴随矩阵的转置, 即 $\mathbf{C} = (\mathbf{X}^*)^{\mathrm{T}}$, 且矩阵的伴随矩阵又可表示为矩阵的行列式与矩阵的逆的乘积, 即 $\mathbf{X}^* = |\mathbf{X}|\mathbf{X}^{-1}$, 所以 $|\mathbf{X}|$ 相对于 $\mathbf{X}$ 的梯度最终可以表示为

$$\frac{\partial |\mathbf{X}|}{\partial \mathbf{X}} = |\mathbf{X}|\mathbf{X}^{-\mathrm{T}}. \tag{B.3}$$

基于 (B.2) 和 (B.3), 我们可以得到矩阵行列式的微分公式如下

$$d|\mathbf{X}| = \mathrm{tr}(|\mathbf{X}|\mathbf{X}^{-1}d\mathbf{X}). \tag{B.4}$$

例 B.10   试求 $f(\mathbf{X}) = |\mathbf{AXB}|$ 相对于矩阵 $\mathbf{X}$ 的梯度.

解   基于 (B.4), 我们有

$$df(\mathbf{X}) = d|\mathbf{AXB}| = \mathrm{tr}(|\mathbf{AXB}|(\mathbf{AXB})^{-1}d(\mathbf{AXB}))$$

$$= \mathrm{tr}(|\mathbf{AXB}|(\mathbf{AXB})^{-1}\mathbf{A}(d\mathbf{X})\mathbf{B})$$

$$= \mathrm{tr}(|\mathbf{AXB}|\mathbf{B}(\mathbf{AXB})^{-1}\mathbf{A}d\mathbf{X}).$$

因此, $f(\mathbf{X}) = |\mathbf{AXB}|$ 相对于矩阵 $\mathbf{X}$ 的梯度为

$$\frac{\partial |\mathbf{AXB}|}{\partial \mathbf{X}} = (|\mathbf{AXB}|\mathbf{B}(\mathbf{AXB})^{-1}\mathbf{A})^{\mathrm{T}} = |\mathbf{AXB}|\mathbf{A}^{\mathrm{T}}(\mathbf{B}^{\mathrm{T}}\mathbf{X}^{\mathrm{T}}\mathbf{A}^{\mathrm{T}})^{-1}\mathbf{B}^{\mathrm{T}}.$$

例 B.11   试求 $f(\mathbf{X}) = |\mathbf{X}^{\mathrm{T}}\mathbf{A}\mathbf{X}|$ 相对于矩阵 $\mathbf{X}$ 的梯度.

解 基于 (B.4), 我们有

$$
df(\mathbf{X}) = d|\mathbf{X}^{\mathrm{T}}\mathbf{A}\mathbf{X}| = \mathrm{tr}(|\mathbf{X}^{\mathrm{T}}\mathbf{A}\mathbf{X}|(\mathbf{X}^{\mathrm{T}}\mathbf{A}\mathbf{X})^{-1}d(\mathbf{X}^{\mathrm{T}}\mathbf{A}\mathbf{X}))
$$

$$
= \mathrm{tr}(|\mathbf{X}^{\mathrm{T}}\mathbf{A}\mathbf{X}|(\mathbf{X}^{\mathrm{T}}\mathbf{A}\mathbf{X})^{-1}((d\mathbf{X}^{\mathrm{T}})\mathbf{A}\mathbf{X} + \mathbf{X}^{\mathrm{T}}\mathbf{A}d\mathbf{X}))
$$

$$
= \mathrm{tr}(|\mathbf{X}^{\mathrm{T}}\mathbf{A}\mathbf{X}|(\mathbf{X}^{\mathrm{T}}\mathbf{A}\mathbf{X})^{-1}(d\mathbf{X}^{\mathrm{T}})\mathbf{A}\mathbf{X}) + \mathrm{tr}(|\mathbf{X}^{\mathrm{T}}\mathbf{A}\mathbf{X}|(\mathbf{X}^{\mathrm{T}}\mathbf{A}\mathbf{X})^{-1}\mathbf{X}^{\mathrm{T}}\mathbf{A}d\mathbf{X})
$$

$$
= \mathrm{tr}(|\mathbf{X}^{\mathrm{T}}\mathbf{A}\mathbf{X}|\mathbf{X}^{\mathrm{T}}\mathbf{A}^{\mathrm{T}}(d\mathbf{X})(\mathbf{X}^{\mathrm{T}}\mathbf{A}^{\mathrm{T}}\mathbf{X})^{-1}) + \mathrm{tr}(|\mathbf{X}^{\mathrm{T}}\mathbf{A}\mathbf{X}|(\mathbf{X}^{\mathrm{T}}\mathbf{A}\mathbf{X})^{-1}\mathbf{X}^{\mathrm{T}}\mathbf{A}d\mathbf{X})
$$

$$
= \mathrm{tr}(|\mathbf{X}^{\mathrm{T}}\mathbf{A}\mathbf{X}|(\mathbf{X}^{\mathrm{T}}\mathbf{A}^{\mathrm{T}}\mathbf{X})^{-1}\mathbf{X}^{\mathrm{T}}\mathbf{A}^{\mathrm{T}}d\mathbf{X}) + \mathrm{tr}(|\mathbf{X}^{\mathrm{T}}\mathbf{A}\mathbf{X}|(\mathbf{X}^{\mathrm{T}}\mathbf{A}\mathbf{X})^{-1}\mathbf{X}^{\mathrm{T}}\mathbf{A}d\mathbf{X})
$$

$$
= \mathrm{tr}(|\mathbf{X}^{\mathrm{T}}\mathbf{A}\mathbf{X}|((\mathbf{X}^{\mathrm{T}}\mathbf{A}^{\mathrm{T}}\mathbf{X})^{-1}\mathbf{X}^{\mathrm{T}}\mathbf{A}^{\mathrm{T}} + (\mathbf{X}^{\mathrm{T}}\mathbf{A}\mathbf{X})^{-1}\mathbf{X}^{\mathrm{T}}\mathbf{A})d\mathbf{X}).
$$

因此, $f(\mathbf{X}) = |\mathbf{X}^{\mathrm{T}}\mathbf{A}\mathbf{X}|$ 相对于矩阵 $\mathbf{X}$ 的梯度为

$$
\frac{\partial |\mathbf{X}^{\mathrm{T}}\mathbf{A}\mathbf{X}|}{\partial \mathbf{X}} = (|\mathbf{X}^{\mathrm{T}}\mathbf{A}\mathbf{X}|((\mathbf{X}^{\mathrm{T}}\mathbf{A}^{\mathrm{T}}\mathbf{X})^{-1}\mathbf{X}^{\mathrm{T}}\mathbf{A}^{\mathrm{T}} + (\mathbf{X}^{\mathrm{T}}\mathbf{A}\mathbf{X})^{-1}\mathbf{X}^{\mathrm{T}}\mathbf{A}))^{\mathrm{T}}
$$

$$
= |\mathbf{X}^{\mathrm{T}}\mathbf{A}\mathbf{X}|(\mathbf{A}\mathbf{X}(\mathbf{X}^{\mathrm{T}}\mathbf{A}\mathbf{X})^{-1} + \mathbf{A}^{\mathrm{T}}\mathbf{X}(\mathbf{X}^{\mathrm{T}}\mathbf{A}^{\mathrm{T}}\mathbf{X})^{-1}).
$$

当矩阵 $\mathbf{A}$ 为单位矩阵且 $\mathbf{X}^{\mathrm{T}}\mathbf{X}$ 可逆时, 上式退化为

$$
\frac{\partial |\mathbf{X}^{\mathrm{T}}\mathbf{X}|}{\partial \mathbf{X}} = 2|\mathbf{X}^{\mathrm{T}}\mathbf{X}|\mathbf{X}(\mathbf{X}^{\mathrm{T}}\mathbf{X})^{-1}.
$$

同理可得, 当 $\mathbf{X}\mathbf{X}^{\mathrm{T}}$ 可逆时, 我们有

$$
\frac{\partial |\mathbf{X}\mathbf{X}^{\mathrm{T}}|}{\partial \mathbf{X}} = 2|\mathbf{X}\mathbf{X}^{\mathrm{T}}|(\mathbf{X}\mathbf{X}^{\mathrm{T}})^{-1}\mathbf{X}.
$$

B.7 黑塞矩阵

实值函数 $f(\boldsymbol{x})$ 相对于向量 $\boldsymbol{x} = [x_1 \quad x_2 \quad \cdots \quad x_n]^{\mathrm{T}}$ 的二阶偏导数称为该函数的黑塞矩阵, 定义为

$$
\frac{\partial^2 f(\boldsymbol{x})}{\partial \boldsymbol{x} \partial \boldsymbol{x}^{\mathrm{T}}} = \frac{\partial}{\partial \boldsymbol{x}^{\mathrm{T}}}\left(\frac{\partial f(\boldsymbol{x})}{\partial \boldsymbol{x}}\right) = \begin{bmatrix} \dfrac{\partial^2 f(\boldsymbol{x})}{\partial x_1 \partial x_1} & \dfrac{\partial^2 f(\boldsymbol{x})}{\partial x_1 \partial x_2} & \cdots & \dfrac{\partial^2 f(\boldsymbol{x})}{\partial x_1 \partial x_n} \\[2mm] \dfrac{\partial^2 f(\boldsymbol{x})}{\partial x_2 \partial x_1} & \dfrac{\partial^2 f(\boldsymbol{x})}{\partial x_2 \partial x_2} & \cdots & \dfrac{\partial^2 f(\boldsymbol{x})}{\partial x_2 \partial x_n} \\[2mm] \vdots & \vdots & \ddots & \vdots \\[2mm] \dfrac{\partial^2 f(\boldsymbol{x})}{\partial x_n \partial x_1} & \dfrac{\partial^2 f(\boldsymbol{x})}{\partial x_n \partial x_2} & \cdots & \dfrac{\partial^2 f(\boldsymbol{x})}{\partial x_n \partial x_n} \end{bmatrix} = \nabla_{\boldsymbol{x}}^2 f(\boldsymbol{x}).
$$

函数的黑塞矩阵一般记为 $\mathbf{H}$. 容易验证, 函数的黑塞矩阵 $\mathbf{H}$ 是一个实对称矩阵.

类似地, 我们可以给出实值函数 $f(\boldsymbol{x})$ 相对于向量 $\boldsymbol{x}$ 的三阶偏导数为

$$\nabla_{\boldsymbol{x}}^3 f(\boldsymbol{x}) = \left(\frac{\partial^3 f(\boldsymbol{x})}{\partial x_i \partial x_j \partial x_k} \right).$$

此时, $\nabla_{\boldsymbol{x}}^3 f(\boldsymbol{x})$ 将不再是一个矩阵, 而是一个三阶张量, $\dfrac{\partial^3 f(\boldsymbol{x})}{\partial x_i \partial x_j \partial x_k}$ 是该张量的一个元素. 一般地, 我们可以给出实值函数 $f(\boldsymbol{x})$ 相对于向量 $\boldsymbol{x}$ 的任意 k 阶偏导数为

$$\nabla_{\boldsymbol{x}}^k f(\boldsymbol{x}) = \left(\frac{\partial^k f(\boldsymbol{x})}{\partial x_{i_1} \partial x_{i_2} \cdots \partial x_{i_k}} \right).$$

相应地, $\nabla_{\boldsymbol{x}}^k f(\boldsymbol{x})$ 为一个 k 阶对称张量, 且 $\dfrac{\partial^k f(\boldsymbol{x})}{\partial x_{i_1} \partial x_{i_2} \cdots \partial x_{i_k}}$ 是该张量的一个元素.

基于实值函数相对于向量的各阶偏导数, 我们可以给出以向量为自变量的实值函数泰勒公式的一般表达式

$$f(\boldsymbol{x} + \Delta \boldsymbol{x}) = f(\boldsymbol{x}) + \sum_{k=1}^{\infty} \frac{1}{k!} (\nabla_{\boldsymbol{x}}^k f(\boldsymbol{x})) \times_1 \Delta \boldsymbol{x} \times_2 \Delta \boldsymbol{x} \cdots \times_k \Delta \boldsymbol{x}, \qquad (\text{B.5})$$

其中 $\nabla_{\boldsymbol{x}}^1 f(\boldsymbol{x}) = \nabla_{\boldsymbol{x}} f(\boldsymbol{x})$. 值得说明的是, (B.5) 中求和公式的每一项都有明确的物理意义. 在 $\Delta \boldsymbol{x}$ 为单位向量的情况下,

$$(\nabla_{\boldsymbol{x}}^k f(\boldsymbol{x})) \times_1 \Delta \boldsymbol{x} \times_2 \Delta \boldsymbol{x} \cdots \times_k \Delta \boldsymbol{x}$$

正好为函数 $f(\boldsymbol{x})$ 在 $\Delta \boldsymbol{x}$ 方向的 k 阶方向导数. 比如, $k = 1$ 时,

$$(\nabla_{\boldsymbol{x}}^1 f(\boldsymbol{x})) \times_1 \Delta \boldsymbol{x} = (\Delta \boldsymbol{x})^{\mathrm{T}} \nabla_{\boldsymbol{x}} f(\boldsymbol{x})$$

为函数 $f(\boldsymbol{x})$ 在 $\Delta \boldsymbol{x}$ 方向的方向导数. 当 $k = 2$ 时,

$$(\nabla_{\boldsymbol{x}}^2 f(\boldsymbol{x})) \times_1 \Delta \boldsymbol{x} \times_2 \Delta \boldsymbol{x} = (\Delta \boldsymbol{x})^{\mathrm{T}} \nabla_{\boldsymbol{x}}^2 f(\boldsymbol{x}) \Delta \boldsymbol{x} = (\Delta \boldsymbol{x})^{\mathrm{T}} \mathbf{H} \Delta \boldsymbol{x}$$

为函数 $f(\boldsymbol{x})$ 在 $\Delta \boldsymbol{x}$ 方向的二阶方向导数.

利用黑塞矩阵, 可以给出实值函数的局部极小值条件, 具体而言, 我们有

定理 B.1 (局部极小值条件)   如果 $\boldsymbol{x}^*$ 是函数 $f(\boldsymbol{x})$ 的局部极小值, 并且 $\nabla_{\boldsymbol{x}}^2 f(\boldsymbol{x})$ 在 $\boldsymbol{x}^*$ 附近连续, 则 $\nabla_{\boldsymbol{x}} f(\boldsymbol{x}^*) = \boldsymbol{0}, \nabla_{\boldsymbol{x}}^2 f(\boldsymbol{x}^*) \geqslant \boldsymbol{0}$. 其中 $\nabla_{\boldsymbol{x}}^2 f(\boldsymbol{x}^*) \geqslant \boldsymbol{0}$ 代表 $f(\boldsymbol{x})$ 在 $\boldsymbol{x}^*$ 处的黑塞矩阵是半正定的.

同理, 我们也可以给出实值函数的局部极大值条件, 即

定理 B.2 (局部极大值条件) 如果 x^* 是函数 $f(x)$ 的局部极大值, 并且 $\nabla_x^2 f(x)$ 在 x^* 附近连续, 则 $\nabla_x f(x^*) = \mathbf{0}, \nabla_x^2 f(x^*) \leqslant \mathbf{0}$. 其中 $\nabla_x^2 f(x^*) \leqslant \mathbf{0}$ 代表 $f(x)$ 在 x^* 处的黑塞矩阵是半负定的.

例 B.12 试分析函数 $f(x, y) = x^2 + y^2 + 1$ 的局部极值情况.

解 首先计算函数对于自变量的一阶偏导数为

$$\frac{\partial f(x, y)}{\partial x} = 2x, \quad \frac{\partial f(x, y)}{\partial y} = 2y.$$

令一阶偏导数为零, 可以得到该函数唯一的驻点 (静止点) 为 $x = 0, y = 0$. 然后计算该函数的黑塞矩阵为

$$\mathbf{H} = \begin{bmatrix} \dfrac{\partial^2 f(x, y)}{\partial x^2} & \dfrac{\partial^2 f(x, y)}{\partial x \partial y} \\ \dfrac{\partial^2 f(x, y)}{\partial y \partial x} & \dfrac{\partial^2 f(x, y)}{\partial y^2} \end{bmatrix} = \begin{bmatrix} 2 & 0 \\ 0 & 2 \end{bmatrix}.$$

显然, $\mathbf{H}$ 为正定矩阵. 根据定理 B.1 , $x = 0$, $y = 0$ 是函数 $f(x, y) = x^2 + y^2 + 1$ 的局部极小值点. 事实上, $x = 0$, $y = 0$ 也是该函数的全局最小值点 (图 B.1).

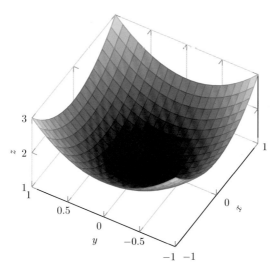

图 B.1 函数 $f(x, y) = x^2 + y^2 + 1$ 示意图

例 B.13 试分析函数 $f(x, y) = x^3 + y^3 - 3x - 3y + 1$ 的局部极值情况.

解 首先计算函数对于自变量的一阶偏导数为

$$\frac{\partial f(x, y)}{\partial x} = 3x^2 - 3, \quad \frac{\partial f(x, y)}{\partial y} = 3y^2 - 3.$$

令一阶偏导数等零可得到该函数的 4 个驻点分别为 $(1, 1)$, $(1, -1)$, $(-1, 1)$, $(-1, -1)$. 而该函数的黑塞矩阵为

$$
\mathbf{H} = \left[\begin{array}{cc} \dfrac{\partial^2 f(x, y)}{\partial x^2} & \dfrac{\partial^2 f(x, y)}{\partial x \partial y} \\[3mm] \dfrac{\partial^2 f(x, y)}{\partial y \partial x} & \dfrac{\partial^2 f(x, y)}{\partial y^2} \end{array} \right] = \left[\begin{array}{cc} 6x & 0 \\ 0 & 6y \end{array} \right].
$$

当 $x = 1$, $y = 1$ 时, $\mathbf{H}$ 为正定矩阵, 因此点 $(1, 1)$ 是该函数的极小值点; 当 $x = -1$, $y = -1$ 时, $\mathbf{H}$ 为负定矩阵, 因此点 $(-1, -1)$ 是该函数的极大值点; 当 $x = 1$, $y = -1$ 时, $\mathbf{H}$ 为不定矩阵, 因此点 $(1, -1)$ 是该函数的鞍点; 当 $x = -1$, $y = 1$ 时, $\mathbf{H}$ 仍为不定矩阵, 因此点 $(-1, 1)$ 也是该函数的鞍点 (图 B.2).

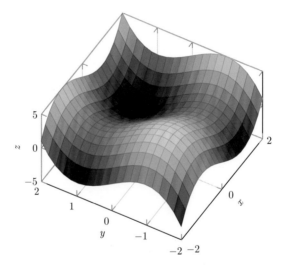

图 B.2   函数 $f(x, y) = x^3 + y^3 - 3x - 3y + 1$ 示意图